AF341273
AF341273

rès de Vérone

X-NEUVIÈME

IS

GER, LIBRAIRES-ÉDITEURS

LE PONT-ROYAL

LX

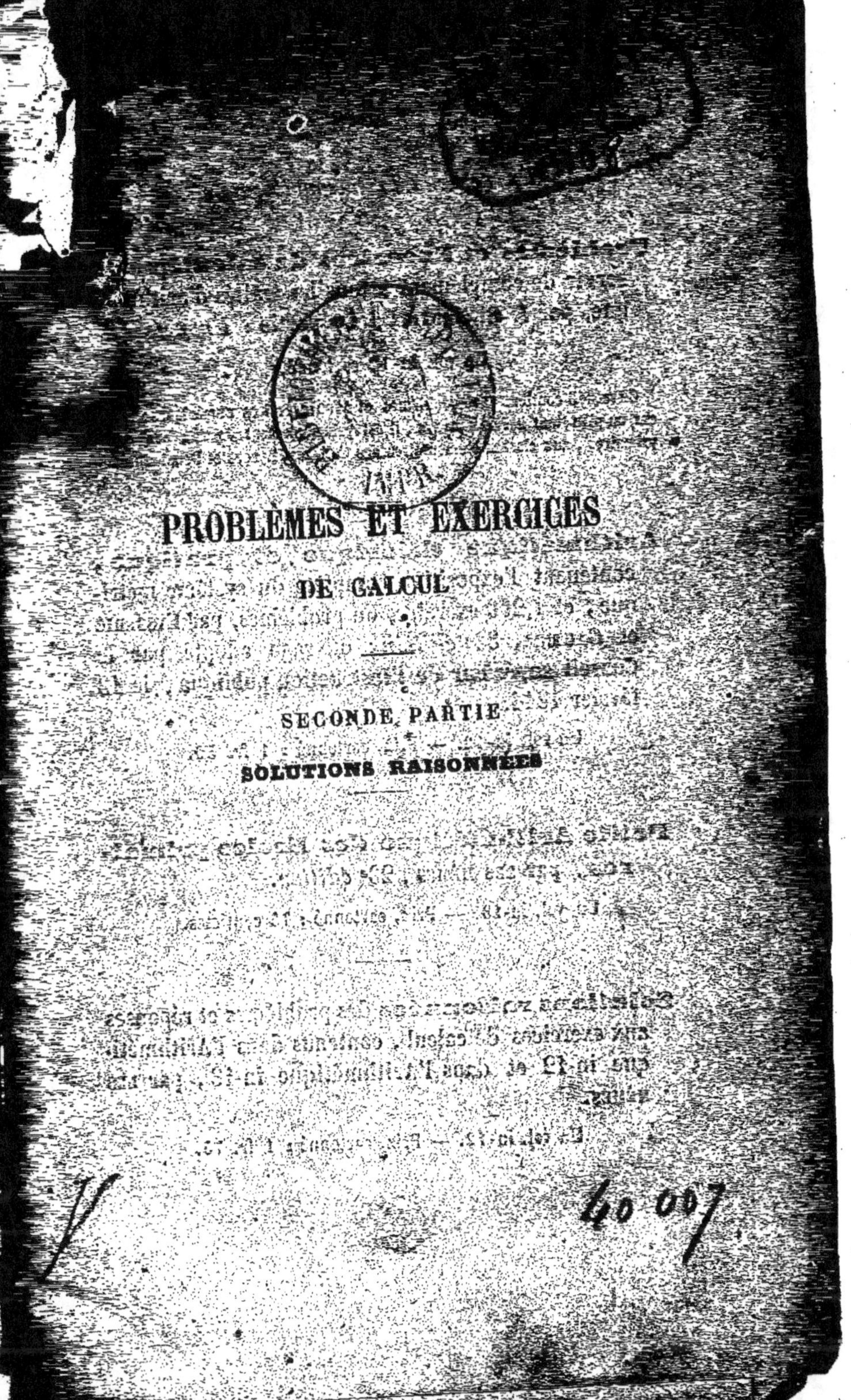

PROBLÈMES ET EXERCICES

DE CALCUL

SECONDE PARTIE

SOLUTIONS RAISONNÉES

En vente à la même librairie :

Problèmes et Exercices de calcul, pouvant servir de complément à tous les traités d'arithmétique, par J.-B. GAUTIER ; 1re partie : *Énoncés.*

Un vol. in-12 cartonné.

Ce recueil contient 1500 problèmes et 2000 exercices numériques ; rédigé sur un plan tout à fait nouveau, il est principalement destiné aux écoles primaires, aux classes élémentaires des Collèges, Lycées et Pensionnats.

Arithmétique théorique et pratique, contenant l'exposition complète du système métrique, et 1,200 exercices ou problèmes, par EYSSÉRIC et GAUTIER, 33e *édition* ; ouvrage adopté par le Conseil supérieur de l'Instruction publique, le 13 février 1844.

Un vol. in-12. — Prix, cartonné : 1 fr. 50.

Petite Arithmétique des Écoles primaires, par LES MÊMES, 23e *édition.*

Un vol. in-18. — Prix, cartonné : 75 centimes.

Solutions raisonnées des problèmes et réponses aux exercices de calcul, contenus dans l'Arithmétique in-12 et dans l'Arithmétique in-18, par LES MÊMES.

Un vol. in-12. — Prix, cartonné : 1 fr. 75.

PROBLÈMES
ET EXERCICES
DE CALCUL

POUVANT SERVIR DE COMPLÉMENT

À TOUS LES TRAITÉS D'ARITHMÉTIQUE

contenant

DES NOTES ET DES ÉCLAIRCISSEMENTS SUR LES QUESTIONS PROPOSÉES,
AVEC FIGURES DANS LE TEXTE

PAR

J.-B. GAUTIER

Auteur de divers ouvrages élémentaires

SECONDE PARTIE

SOLUTIONS RAISONNÉES

BIBLIOTHÈQUE IMPÉRIALE IMPR.

PARIS

DELAGRAVE ET Cie, LIBRAIRES-ÉDITEURS

Rue des Écoles, 78

Près du Musée de Cluny et de la Sorbonne.

1867

*Tout exemplaire non revêtu de la griffe de l'auteur
sera réputé contrefait.*

Gautier

PROBLÈMES ET EXERCICES

DE CALCUL.

1. *Rép.* Onze. Dix-sept. Vingt-cinq. Trente-huit. Quarante-six. Cinquante. Soixante-quatre. Septante-neuf. Quatre-vingt-trois. Quatre-vingt-seize. Trente-un. Quarante-cinq.

2. *Rép.* Dix-neuf. Vingt-trois. Trente. Quarante-cinq. Cinquante-quatre. Soixante-trois. Septante-un. Quatre-vingts. Quatre-vingt-douze. Quatre-vingt-sept. Vingt-six. Treize.

3. *Rép.* Trente-huit. Dix-huit. Vingt-trois. Quinze. Quarante. Cinquante-deux. Soixante-neuf. Septante-quatre. Trente-six. Quatre-vingt-onze. Vingt-sept. Quatre-vingt-neuf.

4. *Rép.* Cent quatorze. Cent vingt-cinq. Cent trente. Cent quarante-sept. Cent cinquante-six. Cent soixante-deux. Cent soixante-onze. Cent quatre-vingts. Cent quatre-vingt-quinze.

5. *Rép.* Cent dix. Deux cent trois. Cinq cent trente-cinq. Trois cent quarante-huit. Quatre cent six. Cinq cent septante-neuf. Six cent huit. Sept cent vingt-sept. Huit cent un.

6. *Rép.* Deux cent cinq. Trois cent vingt. Quatre cent vingt-un. Cinq cent sept. Six cent septante. Sept cent quatre-vingt-deux. Huit cent quatre-vingt-dix. Neuf cent trois. Quatre cents.

7. *Rép.* Mille deux cent dix-huit. Mille quatre cent vingt-cinq. Mille cinq cent soixante neuf. Mille cinq cent quarante-un. Mille six cent quatre-vingt-quatre. Mille huit cent vingt-sept. Mille neuf cent trente-cinq.

8. *Rép.* Mille cinq cent soixante. Mille six cent six. Trois mille vingt-quatre. Quatre mille cinquante. Sept mille trois cent quatre-vingt-neuf. Six mille quarante-huit. Huit mille dix-neuf.

9. *Rép.* Six mille sept cent trois. Quatre mille vingt-un. Cinq mille huit. Sept mille cinq cent un. Deux mille cent quatre. Huit mille six cent sept. Trois mille quatre-vingt-dix.

10. *Rép.* Sept mille quatre cents. Trois mille neuf cent cinquante-quatre. Mille cinq cent trois. Six mille deux. Cinq mille trente-sept. Neuf mille quatre. Huit mille un.

11. *Rép.* Douze mille trois cent cinquante-quatre. Seize mille cent quarante-trois. Vingt-sept mille cinq cent soixante-un. Trente-quatre mille neuf cent vingt-huit. Soixante-neuf mille huit cent dix. Quatre-vingt-quatre mille six cent trente-sept.

12. *Rép.* Quinze mille quatre cent six. Dix-neuf mille vingt-trois. Quatorze mille cinq cent cinq. Dix-huit mille six cents. Cinquante-trois mille vingt. Septante-cinq mille neuf.

13. *Rép.* Quarante mille sept cents. Vingt-un mille dix. Trente mille neuf cent treize. Quatre-vingt mille dix-sept. Cinquante-deux mille soixante-trois. Quatre-vingt-onze mille deux cent sept.

14. *Rép.* Onze mille cinq. Vingt mille cinq cent un. Trente mille cent quatre. Soixante mille quinze. Quarante-un mille dix. Soixante-dix mille six.

15. *Rép.* Cent vingt-quatre mille trois cent soixante-huit. Deux cent trente-sept mille cinq cent quatre-vingt-seize. Sept cent soixante-cinq mille neuf cent quatorze. Cinq cent septante-huit mille trois cent vingt-un. Six cent quatorze mille quatre cent quinze.

16. *Rép.* Trois cent vingt-six mille deux cent sept. Cinq cent soixante mille trois cent neuf. Deux cent quatre-vingt-treize mille cent trois. Quatre cent huit mille neuf cent vingt. Sept cent dix mille cent un.

17. *Rép.* Cent cinquante mille dix-neuf. Trois cent quatre-vingt-dix mille huit. Neuf cent mille septante-deux. Six cent mille cent vingt-quatre. Sept cent trois mille quarante. Deux cent mille cinq.

18. *Rép.* Un million cinq cent quarante-deux mille six cent trente-neuf. Quatre millions huit cent septante-un mille deux cent soixante-cinq. Sept millions neuf cent trente-six mille cent vingt-huit. Cinq millions deux cent soixante-quatre mille cinq cent septante-trois. Neuf millions quatre cent trente-deux mille huit cent dix-sept.

19. *Rép.* Un million sept cent soixante-cinq mille quarante-deux. Trois millions cinq cent quarante-sept mille cinq cents. Huit millions six cent trois mille quatre cent sept. Quatre millions six cent mille deux cent neuf. Deux millions quatre mille cent. Sept millions dix mille six.

20. *Rép.* Quatorze millions six cent neuf mille quarante-sept. Vingt-cinq millions sept cent mille six. Quarante millions quatre-vingt-trois mille cent deux. Quatre-vingt-seize millions sept mille vingt-un. Soixante-trois millions quatre.

21. *Rép.* Trois cent quarante-cinq millions six cent vingt-huit mille neuf cent seize. Sept cent deux millions trente-cinq mille quatre cent six. Cent millions cinq cent huit mille trois. Cinq cent millions quatre mille deux cents. Quatre-vingt millions sept mille.

22. *Rép.* Un milliard huit cent quatre-vingt-treize millions sept cent cinquante-six mille quatre cent vingt. Cinq milliards quatre cent six millions neuf cent sept mille dix-huit. Neuf milliards sept millions quatre mille vingt-cinq. Deux milliards cent mille six.

23. *Rép.* Septante-un milliards trois cent huit millions quatre cent vingt mille douze. Quarante milliards soixante-cinq millions huit cent sept mille trois cent quatre-vingt-dix. Trente-quatre milliards cent six mille neuf. Soixante-deux milliards cent millions vingt mille cent quarante.

24. *Rép.* Deux cent onze milliards sept millions trois cent mille vingt-huit. Cent cinquante milliards six cent un mille septante. Cinq cent milliards quarante millions deux mille.

EXERCICES SUR L'ÉCRITURE DES NOMBRES ENTIERS.

Rép.

25. 13 19 23 37 49 51 65 74 86.

26. 11 14 32 43 56 67 75 82 94.

27. 18 25 42 53 68 79 99.

28. 112 124 131 146 157 163 172 186 195.

29. 113 206 533 341 408 597 606 724 807.

30. 203 329 425 509 670 789 806 917 403.

31. 1112 1407 1596 1625 1703 1837 1026.

32. 1561 1609 3034 4052 7882 6480 8017.

33. 7002 2041 6005 5701 3106 4090 8609.

34. 6700 4580 2308 6009 5042 8006 9007.

35. 13456 15022 26751 35829 64917 81705.

36. 17209 19032 14501 16800 57040 65005.

37. 40500 31010 50918 53032 81606 70001.

38. 12006 30408 50105 60017 72010 90004.

39. 135468 273956 657941 415617.

40. 263705 960302 394080 171010.

41. 140018 830009 200097 503060 600002.

42. 1452963 8671425 9736138 3546751 4925817.

43. 2675024 5348500 6804307 4500900 2005100 7010005.

44. 14607065 52005006 30084101 69007012 41000004.

45. 436582916 207053406 100805003 500003042 700080000.

46. 1988564720 4509608017 7009004015 6000100002 1112112111.

47. 61803240015 40056708913 54000108006 26001040018

48. 211093700032 150000701060 900004003000.

EXERCICES SUR L'ADDITION DES NOMBRES ENTIERS.

49.	125	50.	106	51.	65
	140		82		111
	78		118		240
	254		310		37
Rép. =	592	Rép. =	616	Rép. =	453

52. Rép. = 2109   60. Rép. = 132124

53. Rép. = 2433   61. Rép. = 56746

54. Rép. = 22740   62. Rép. = 177202

55. Rép. = 12792   63. Rép. = 317558

56. Rép. = 79212   64. Rép. = 39250

57. Rép. = 48630   65. Rép. = 175623

58. Rép. = 162348   66. Rép. = 104068

59. Rép. = 117328   67. Rép. = 705743315

PROBLÈMES

SUR L'ADDITION DES NOMBRES ENTIERS.

68. Il y en a : 13 + 116 + 66 = Rép. 195.

69. Cela fait 2030 + 690 = *Rép.* 2720 kilomètres.

70. Le poids brut comprend celui de la marchandise plus celui de l'emballage, c'est-à-dire 115 + 29 = Rép. 144 kilogrammes.

71. La longueur demandée = 180 + 620 = Rép. 800 kilomètres.

72. Le poids cherché = 52 + 25 = Rép. 77 kilog.

73. 35 + 19 = 54 degrés. Tel est donc le nombre de degrés de chaleur marqué, par le thermomètre, à l'ombre, dans la ville du Caire.

74. L'âge demandé = 410 + 90 = Rép. 500 ans.

75. En comptant les dents, le corps contient évidemment 206 + 32 = Rép. 238 os.

76. La valeur demandée est égale à 6410226735 + 4663934062 = Rép. 11074160797 francs.

77. La Meuse a la longueur de l'Isère qui est de 320 kilom., plus la longueur de la Durance, qui est de 380. Sa longueur totale est donc de 320 + 380 = Rép. 700 kilomètres.

78. La somme empruntée = 540 + 965 = Rép. 1505 francs.

79. L'écureuil et le lapin vivent 7 ans. Le chat et le renard, qui vivent 8 ans de plus, vivent donc 7 + 8 = 1re Rép. 15 ans. Mais les poules vivant 15 ans de plus que les animaux des deux dernières espèces, vivent par conséquent 15 + 15 = 2me Rép. 30 ans.

80. Le poids demandé = 58 + 14 = Rép. 72 kilog.

81. Le revenu qu'il faut se compose de la somme qu'on met de côté, et des sommes que l'on dépense suivant le détail de la question. Ce revenu égale donc 300 + 600 + 250 + 75 + 180 + 350 = Rép. 1755 francs.

82. La hauteur demandée = 57 + 43 = Rép. 100m.

83. Le Rhône et la Saône réunis débitent 650 + 250 = 900 mètres cubes. Par conséquent, le débit du Rhin est de 900 + 200 = Rép. 1100 mètres cubes.

84. Cela fait 12000 + 15600 + 25000 + 4300 = Rép. 56900 kilomètres.

85. La distance cherchée = 1200 + 2800 = Rép. 4000 mètres.

86. Le poids demandé = 44 + 21 = Rép. 65 kilog.

87. La longueur demandée = 4440 + 2500 + 10900 + 2800 = Rép. 20640 kilomètres.

88. La valeur demandée = 30538539 + 24722626 + 1838646 + 1067517 = Rép. 58167328 francs.

89. Cette longueur est égale à la hauteur des tours et 34 mètres en sus = 66 + 34 = Rép. 100 mètres.

90. Placez les uns sous les autres les nombres qui se rapportent à chaque espèce de mines ; faites l'addition des nombres, vous aurez Rép. 16 espèces de mines et 403 mines différentes.

91. Le 1ᵉʳ nombre demandé = 500 000 000 000 000 mètres carrés ;

Le 2ᵉ nombre = 1 000 000 000 000 000 000 000 mètres cubes ;

Le 3ᵉ nombre = 4 800 000 000 000 000 000 000 000 kilogrammes.

EXERCICES SUR LA SOUSTRACTION DES NOMBRES ENTIERS. (1)

92.

De 428	De 645	De 567
ôtez 217	ôtez 513	ôtez 347
il reste Rép. 211	il reste Rép. 132	il reste Rép. 220

De 789	De 956
ôtez 455	ôtez 221
il reste Rép. 334	il reste Rép. 735

93.

347	—	105	= Rép. 242
405	—	302	= Rép. 103
279	—	140	= Rép. 139
550	—	230	= Rép. 320
710	—	310	= Rép. 400

94.

2849	—	1825	= Rép. 1024
4365	—	2112	= Rép. 2253
5786	—	3574	= Rép. 2212
6923	—	1913	= Rép. 5010
9565	—	3514	= Rép. 6051

---

(1) Les exercices nᵒˢ 92 à 96 présentent les cas où chaque chiffre du plus petit nombre se trouve inférieur ou égal au chiffre qui lui correspond dans le plus grand nombre. Dans les nᵒˢ 98 à 103, au contraire, le plus petit nombre renferme toujours quelque chiffre supérieur au chiffre correspondant du plus grand nombre. Ces deux séries renferment ainsi, par ordre de difficultés, les différents cas de la soustraction.

95.
$$2645 - 1024 = \text{Rép. } 1621$$
$$3906 - 3702 = \text{Rép. } 204$$
$$6729 - 1506 = \text{Rép. } 5223$$
$$3560 - 1560 = \text{Rép. } 2000$$
$$6175 - 6135 = \text{Rép. } 40$$

96.
$$12729 - 10506 = \text{Rép. } 2223$$
$$26387 - 15342 = \text{Rép. } 11045$$
$$45060 - 23010 = \text{Rép. } 22050$$
$$70914 - 60500 = \text{Rép. } 10414$$
$$11015 - 10010 = \text{Rép. } 1005$$

97.
$$25917 - 614 = \text{Rép. } 25303$$
$$19700 - 300 = \text{Rép. } 19400$$
$$53125 - 3015 = \text{Rép. } 50110$$
$$81396 - 216 = \text{Rép. } 81180$$
$$30140 - 120 = \text{Rép. } 30020$$

98.
$$534 - 426 = \text{Rép. } 108$$
$$641 - 135 = \text{Rép. } 506$$
$$753 - 382 = \text{Rép. } 371$$
$$917 - 220 = \text{Rép. } 697$$
$$405 - 371 = \text{Rép. } 34$$

99.
$$327 - 248 = \text{Rép. } 79$$
$$261 - 173 = \text{Rép. } 88$$
$$904 - 506 = \text{Rép. } 398$$
$$800 - 607 = \text{Rép. } 193$$
$$501 - 193 = \text{Rép. } 308$$

100.
$$3754 - 1965 = \text{Rép. } 1789$$
$$1508 - 1439 = \text{Rép. } 69$$
$$4000 - 2153 = \text{Rép. } 1847$$
$$6010 - 5997 = \text{Rép. } 13$$
$$9112 - 1003 = \text{Rép. } 8109$$

101.
$$20465 - 10576 = \text{Rép. } 9889$$
$$31070 - 29999 = \text{Rép. } 1071$$
$$72010 - 53405 = \text{Rép. } 18605$$
$$50000 - 45129 = \text{Rép. } 4871$$
$$40503 - 10608 = \text{Rép. } 29895$$

102.
$$234625 - 157839 = \text{Rép. } 76786$$
$$704050 - 526084 = \text{Rép. } 177966$$
$$101803 - 100957 = \text{Rép. } 846$$
$$600101 - 274109 = \text{Rép. } 325992$$
$$800015 - 711196 = \text{Rép. } 88819$$

103.

$$115326 - 17548 = \text{Rép. } 97778$$
$$240302 - 20514 = \text{Rép. } 219788$$
$$310125 - 4169 = \text{Rép. } 305956$$
$$5120015 - 476008 = \text{Rép. } 1644007$$
$$9004130 - 106241 = \text{Rép. } 8897889$$

PROBLÈMES

SUR LA SOUSTRACTION DES NOMBRES ENTIERS.

104. Le poids net est égal au poids brut moins le poids de l'emballage. Il égale donc $237 - 42 = \text{Rép.}$ 195 kilog.

105. L'actif forme l'avoir, et le passif, les dettes du négociant. L'état de ses affaires est donc bon ou mauvais, selon qu'il a plus ou moins de bien que de dettes. Dans notre exemple, la différence $14058 - 11546 = 2512$ indique que le passif surpasse l'actif de 2512 fr. L'état des affaires est donc mauvais.

106. On obtient la différence de deux nombres, en retranchant le plus petit du plus grand ; on aura donc le nombre d'élèves cherché, en retranchant 126 de 180, ce qui donne $180 - 126 = \text{Rép. } 54$.

107. La marchandise revenait à $709 - 117 = \text{Rép.}$ 592 francs.

108. La différence demandée $= 5556 - 1852 = \text{Rép. } 3704$ mètres.

109. Le pain est un mélange de farine et d'eau. Or, pour que 100 kilog. de farine produisent 130 kilog. de pain, il faut que l'eau forme l'excédant du second poids sur le premier. Cet excédant est donc égal à $130 - 100 = \text{Rép. } 30$ kilog.

110. L'opération donne $80 - 38 = \text{Rép. } 42$ kilog.

111. Le poids demandé $= 80 - 65 = \text{Rép. } 15$ kil.

112. La longueur demandée $= 89 - 43 = \text{Rép.}$ 46 centimètres.

2

113. L'augmentation cherchée = 36039364 — 21769163 = Rép. 14270201 habitants.

114. L'opération donne 53 — 36 = Rép. 17 kilog.

115. Plantes blanches 1194   De   4190
—   rouges   923   ôtez 3661
—   jaunes   950 il reste Rép. 529 plan-
—   bleues   594 tes des quatre derniè-
    Total : 3661 res couleurs.

116. La profondeur demandée = 6488 — 3988 = Rép. 2500 mètres.

117. En opérant suivant les indications du problème, on a d'abord 31 + 85 = 116 kilog., puis 116 — 37 = Rép. 79 kilog. pour le poids demandé.

118. Plantes violettes 308   De   4190
—   vertes   153   ôtez 529
—   oranges   50 il reste Rép. 3661 plan-
—   brunes   18 tes des quatre dernières
    Total : 529 couleurs.

119. On trouvera la différence demandée en retranchant 930 de 1670, ce qui donne 1670 — 930 = Rép. 740 kilog.

120.   Déchet   3 parties.
       Son   23
       Total : 26 parties.

De   100 parties ou kilog. de blé
ôtez   26   de son et déchet.
il reste Rép. 74 parties ou kilog. de farine.

121. La profondeur demandée = 73 — 50 = Rép. 23 mètres.

122. La hauteur cherchée = 4000 — 300 = Rép. 3700 mètres.

123. La différence cherchée = 538 — 260 = Rép. 278 degrés.

124. L'opération donne 200000 — 14800 = Rép. 185200 mètres pour la distance cherchée.

125. Puisque 8500 est la somme de deux nombres dont l'un est connu et l'autre ne l'est pas, on trouvera ce dernier, en retranchant 3100 de 8500. L'opération donne 8500 — 3100 = Rép. 5400 kilomètres.

126.

1194	—	187 espèces odoriférantes	=	1007 espèces sans
923	—	84	=	839 odeur.
950	—	77	=	873
594	—	31	=	563
308	—	13	=	295
153	—	24	=	129
50	—	3	=	47
18	—	1	=	17

Il y a 1° Rép. 420 espèces odorif.; 2° Rép. 3770 espèces, etc.

EXERCICES SUR LA MULTIPLICATION DES NOMBRES ENTIERS (1).

127.

426	×	2	= Rép.	852
518	×	3	= Rép.	1554
2709	×	4	= Rép.	10836
4853	×	5	= Rép.	24265
9674	×	7	= Rép.	67718

---

(1) Les exercices qui suivent sont classés selon la méthode de notre Arith., c'est-à-dire que les séries nos 127 et 128 de notre recueil correspondent et font suite aux séries 98 et 99 de notre Traité d'Arithm., page 44, les séries nos 129 et 130 aux séries 100 et 101, les séries nos 131 et 132 à la série 102, les séries nos 133 et 134 à la série 103, les séries nos 135 et 136 à la série 104, les séries nos 137 et 138 à la série 105, les séries nos 139 et 140 à la série 106, les séries nos 141 et 142 à la série 107, la série 143 aux séries 108 et 109. De sorte que le professeur qui suit notre Traité a l'avantage de pouvoir donner sur les différents cas de la multiplication, ainsi que sur toutes les règles de l'Arithmétique, un grand nombre d'exercices dont la solution lui est connue d'avance.

128.	5397	× 6 =	Rép.	32382
	7920	× 4 =	Rép.	31680
	18205	× 9 =	Rép.	163845
	86548	× 8 =	Rép.	692384
	78632	× 5 =	Rép.	393160
129.	268	× 10 =	Rép.	2680
	719	× 100 =	Rép.	71900
	120	× 1000 =	Rép.	120000
	825	× 100 =	Rép.	82500
	5903	× 10 =	Rép.	59030
130.	137	× 10000 =	Rép.	1370000
	9406	× 10 =	Rép.	94060
	350	× 100 =	Rép.	35000
	6543	× 1000 =	Rép.	6543000
	110	× 10000 =	Rép.	1100000
131.	278	× 39 =	Rép.	10842
	1693	× 85 =	Rép.	143905
	736	× 354 =	Rép.	260544
	4057	× 928 =	Rép.	3764896
	7285	× 459 =	Rép.	3343815
132.	17515	× 4782 =	Rép.	83756730
	34502	× 8675 =	Rép.	299304850
	78146	× 1927 =	Rép.	150587342
	65038	× 3456 =	Rép.	225291632
	450913	× 2149 =	Rép.	969012037
133.	517	× 406 =	Rép.	209902
	248	× 3005 =	Rép.	745240
	376	× 51009 =	Rép.	19179384
	583	× 20307 =	Rép.	11838981
	9652	× 60003 =	Rép.	579148956
134.	215	× 304 =	Rép.	65360
	633	× 7008 =	Rép.	4436064
	954	× 14005 =	Rép.	13360770
	127	× 30902 =	Rép.	3924554
	8472	× 70001 =	Rép.	593048472
135.	429	× 36 =	Rép.	15444
	347	× 608 =	Rép.	210976
	7832	× 40809 =	Rép.	319616088
	378	× 5003 =	Rép.	1891134
	1924	× 30075 =	Rép.	57864300

136.
968 × 85 = Rép. 82260
517 × 506 = Rép. 261602
835 × 7008 = Rép. 5851680
3476 × 20309 = Rép. 70594084
988 × 10007 = Rép. 39326881

137.
587 × 250 = Rép. 146750
143 × 400 = Rép. 57200
320 × 810 = Rép. 259200
260 × 500 = Rép. 130000
900 × 700 = Rép. 630000

138.
670 × 120 = Rép. 80400
700 × 530 = Rép. 371000
4380 × 300 = Rép. 1314000
26000 × 7400 = Rép. 192400000
398000 × 52000 = Rép. 20696000000

139. Le carré de :
19 est 19 × 19 = Rép. 361
45 est 45 × 45 = Rép. 2025
138 est 138 × 138 = Rép. 19044
283 est 283 × 283 = Rép. 80089
564 est 564 × 564 = Rép. 318096

140. Le carré de :
109 est 109 × 109 = Rép. 11881
427 est 427 × 427 = Rép. 182329
796 est 796 × 796 = Rép. 633616
1508 est 1508 × 1508 = Rép. 2274064
6562 est 6562 × 6562 = Rép. 43059844

141. Le cube de :
17 est 17 × 17 × 17 = Rép. 4913
33 est 33 × 33 × 33 = Rép. 35937
112 est 112 × 112 × 112 = Rép. 1404928
320 est 320 × 320 × 320 = Rép. 32768000
629 est 629 × 629 × 629 = Rép. 248858189

142. Le cube de :
95 est 95 × 95 × 95 = Rép. 857375
126 est 126 × 126 × 126 = Rép. 2000376
514 est 514 × 514 × 514 = Rép. 135796744
1203 est 1203 × 1203 × 1203 = Rép. 1740992427
4648 est 4648 × 4648 × 4648 = Rép. 100414945792

2*

143.
$$6027 \times 9 \times 68 \times 1370 = \text{Rép. } 5053277880$$
$$126 \times 48 \times 97 = \text{Rép. } 586656$$
$$375 \times 154 \times 83 = \text{Rép. } 4793250$$
$$12542 \times 25 \times 462 \times 19 = \text{Rép. } 2752341900$$
$$1408 \times 36 \times 69 = \text{Rép. } 3497472$$

PROBLÈMES

SUR LA MULTIPLICATION DES NOMBRES ENTIERS.

144. On devra 6 fois 15 cent. = Rép. 90 cent.

145. La long. demandée $= 250 \times 2 =$ Rép. 500 k.

146. 126 fois 3 fr. = Rép. 378 fr.

147. La consommation demandée $= 40 \times 28 =$ Rép. 1120 kilog.

148. La bombe pèse 15 fois 6 kilog. = Rép. 90 kil.

149. Puisque 1 cheval exige 2 heures de temps, 9 chevaux exigent 9 fois plus de temps ou $2 \times 9 =$ Rép. 18 heures.

150. Si le boulet de 24 pèse 12 kilog. ou, ce qui est la même chose, renferme 12 kilog. de fonte, 4500 boulets semblables renferment 4500 fois plus de fonte ou $12 \times 4500 =$ Rép. 54000 kilog.

151. Puisque 1 mètre carré peut contenir 6 personnes, 40 mètres pourront contenir 40 fois plus de personnes ou $6 \times 40 =$ Rép. 240 personnes.

152. Si 1 soldat consomme 4 litres d'eau, 55 soldats consommeront 55 fois plus d'eau ou $4 \times 55 =$ Rép. 220 litres.

153. En opérant suivant les indications du problème, on a d'abord $15 \times 20 =$ Rép. 300 ans pour le temps que peut vivre un olivier ; secondement, $300 \times 2 =$ Rép. 600 ans pour l'âge que le chêne peut atteindre.

154. Puisque 1 kilom. de chemin exige une dépense de 100 fr. par an, 174 kilom. exigeront 174 fois 100 fr. = Rép. 17400 frans.

155. Si la lieue marine vaut 5556 mètres, 12 lieues valent 12 fois plus de mètres ou 5556 $\times$ 12 = Rép. 66672 mètres.

156. Puisque 1 cheval occupe 3 mètres de longueur, 2670 chevaux occuperont une longueur 2670 fois plus grande ou 3 $\times$ 2670 = Rép. 8010 mètres.

157. L'excédant demandé = 252276 hect. $\times$ 17 = Rép. 4288692 hectolitres.

158. Puisque 1 naissance par an représente une population de 34 habitants, 85 naissances représentent une population 85 fois plus grande = 34 $\times$ 85 = Rép. 2890 habitants.

159. Si 1 décès par an représente une population de 41 habitants, 23 décès représentent une population 23 fois plus grande ou 41 $\times$ 23 = Rép. 943 hab.

160. La longueur demandée = 125 $\times$ 4 = Rép. 500 kilomètres.

161. L'espace cherché = 337 $\times$ 4 $\times$ 5 = Rép. 6740 mètres.

162. Le poids demandé = 40 $\times$ 2 = Rép. 80 kil.

163. La quantité cherchée = 2 $\times$ 6 = Rép. 12 h.

164. Puisque 1 poule donne 52 œufs, 72556862 poules donnent 72556862 plus d'œufs ou 52 $\times$ 72556862 = Rép. 3772956824 œufs.

165. En opérant suivant les indications du problème, on a d'abord, pour le carré de 20, 20 $\times$ 20 = 400, puis 400 $\times$ 20000 = Rép. 8000000.

166. Dans le 1er cas, la charge = 900 $\times$ 3 = Rép. 2700 k.
— 2e — = 900 $\times$ 4 = Rép. 3600 k.
— 3e — = 900 $\times$ 5 = Rép. 4500 k.

167. A 300 voyageurs par jour chaque omnibus transporte, par année, 300 $\times$ 365 = 109500 voyageurs ; or, les omnibus étant au nombre de 3000, cela fait 109500 × 3000 = Rép. 328500000 voyageurs transportés dans le courant de l'année.

168. 55 pièces par minute font 55 × 60 = 3300 pièces par heure et pour une journée de 10 heures, 3300 × 10 = 1re Rép. 33000 pièces. Mais chaque pièce représente 5 francs de valeur ; en conséquence, 33000 pièces représentent 33000 fois 5 francs = 2e Rép. 165000 francs.

169. 50 fois 20 ans = Rép. 1000 ans.

170. Il y a 5 × 100000 = Rép. 500000 ânes ; 30 × 100000 = Rép. 3000000 chevaux.

171. La hauteur demandée = 3 fois 1198 mètres = Rép. 3594 mètres.

172. On a 400 × 400 = Rép. 160000 espèces.

173. Si un jeune homme de 20 à 21 ans représente une population de 114 habitants, 17 jeunes hommes de cet âge représentent une population 17 fois plus grande ou 114 × 17 = Rép. 1938 habitants.

174. L'âge demandé = 150 × 2 = Rép. 300 ans.

175. La terre parcourt 60 fois 500 mètres = 30000 mètres ou 30 kilom. par seconde, et dans 10 secondes 30 × 10 = Rép. 300 kilomètres.

176. L'épaisseur demandée = 2491 × 24 + 216 = Rép. 60000 mètres.

177. Puisque 1 pièce a 900 coups à tirer, 150 canons ont 150 fois plus de coups ou 900 × 150 = Rép. 135000 coups.

178. Si 1 mariage représente une population de 128 habitants, 57 mariages représentent une population 57 fois plus grande ou 128 × 57 = Rép. 7296 h.

179. L'ours, le chien et le loup vivent 20 ans. Les corbeaux, les perroquets, les cygnes, les chameaux et les aigles, qui vivent 5 fois plus longtemps, vivent donc

5 fois 20 ans = Rép. 100 ans. Mais l'éléphant vivant 4 fois plus longtemps que ces cinq dernières espèces, vit 4 fois 100 = Rép. 400 ans.

180. 20 batteries de 6 pièces font $20 \times 6 = 120$ pièces; or, puisque 1 pièce a 200 coups à tirer, 120 pièces ont 120 fois plus de coups ou $200 \times 120 =$ Rép. 24000 coups. Tel doit être conséquemment l'approvisionnement demandé, en dehors de la réserve.

181. Le nombre des battements du pouls est de :
$140 \times 5 =$ Rép. 700 chez les enfants nouveau-nés.
$70 \times 5 =$ Rép. 350 chez l'adulte.
$55 \times 5 =$ Rép. 275 chez les vieillards.

182. 15 poules donnent $15 \times 60 = 900$ œufs.
    8 cannes $8 \times 30 = 240$
    3 dindes $3 \times 20 = 60$
    2 oies $2 \times 30 = 60$
                              Total = Rép. $\overline{1260}$ œufs.

183. Comme la lumière se meut infiniment plus vite que le son, on aperçoit l'une longtemps avant d'entendre l'autre. Mais le son, le bruit du canon par exemple, parcourt 337 mètres par seconde ; conséquemment, si ce bruit met 11 secondes pour être entendu d'un navire à l'autre, il est certain que la distance qui sépare ces navires est de 11 fois 337 mètres = Rép. 3707 mètres.

184. D'après les considérations du problème précédent, la distance cherchée $= 337 \times 3 =$ Rép. 1011 mètres.

185. Puisqu'une bougie brille 8 fois plus que la Lune, le Soleil qui brille 12000 fois plus qu'une bougie brille donc 12000 fois 8 ou = Rép. 96000 fois plus que la Lune.

186. La quantité cherchée $= 18 \times 5 =$ Rép. 90 litres ou décimètres cubes.

187. La 4me puissance de 17 ou $\overline{17}^4 = 17 \times 17 \times 17 \times 17 =$ Rép. 83531.

188. Le cube de $16 = \overline{16}^3 = 16 \times 16 \times 16$ = Rép. 4096.

189. La 6me puissance de $10 = \overline{10}^6 = 10 \times 10 \times 10 \times 10 \times 10 \times 10 =$ Rép. 1000000.

190. La 8e puissance de $11 = \overline{11}^8 = 11 \times 11 \times 11 \times 11 \times 11 \times 11 \times 11 \times 11 =$ R. 214 842 881.

191. Disposez l'opération de la manière suivante :

18	$=$	18
18×3	$=$	54
18×3^2	$= 18 \times 9$	162
18×3^3	$= 18 \times 27$	486
18×3^4	$= 18 \times 81$	1458
18×3^5	$= 18 \times 243$	4374
18×3^6	$= 18 \times 729$	13122
18×3^7	$= 18 \times 2187$	39366
18×3^8	$= 18 \times 6561$	118098
18×3^9	$= 18 \times 19683$	354294
18×3^{10}	$= 18 \times 59049$	1062882
18×3^{11}	$= 18 \times 177147$	3188646
18×3^{12}	$= 18 \times 531441$	9565938
18×3^{13}	$= 18 \times 1594323$	28697814

Total $=$ Rép. 43046712

192. La valeur demandée $= \overline{14}^2 \times 165 = 14 \times 14 \times 165 =$ Rép. 32340 francs.

193. Ce diamant vaut $\overline{279}^2 \times 140 = 279 \times 279 \times 140 =$ Rép. 10897740 francs.

194.

Le carré de $21 = 441$
Le carré de $20 = 400$
Différence cherchée $=$ Rép. $\overline{41}$

Le carré de $65 = 4225$
Le carré de $64 = 4096$
Différence cherchée $=$ Rép. $\overline{129}$

195. 1° Le cube de 13 = 13 × 13 × 13 = 2197
— de 12 = 12 × 12 × 12 = 1728

Différence demandée = Rép. 469

2° Le cube de 101 = 101 × 101 × 101 = 1030301
— de 100 = 100 × 100 × 100 = 1000000

Différence demandée = Rép. 30301

196. 71 fois 71 carreaux = Rép. 5041 carreaux.

197. 128 fois 128 pieds = Rép. 16384 arbres.

198. Au 1er rang : 100 × 100 = Rép. 10000 hommes
au 2e rang : 98 × 98 = Rép. 9604 —
au 3e rang : 96 × 96 = Rép. 9216 —

Total. = Rép. 28820 hom.

199. Puisque sous le rapport de la clarté un bec de gaz vaut 10 bougies ou 12 chandelles, 7 becs de gaz valent 7 fois autant que 10 bougies, soit 7 × 10 = 70 bougies, et 7 fois autant que 12 chandelles, soit 7 × 12 = 84 chandelles. Conséquemment, il faudrait 70 bougies ou 84 chandelles pour remplacer la lumière de 7 becs de gaz.

200. Si relativement au chauffage 1 kilog. de coke vaut 2 kilog. de bois, 37 kilog. de coke valent 37 fois plus ou 2 × 37 = 74 kilog. de bois. Telle est donc la quantité de bois qu'il faut pour remplacer 37 kilog. de coke.

201. Le chemin à faire dans les conditions du problème serait de 95640 lieues pour le premier voyageur ; de 9 × 10664 = 95976 lieues pour le second voyageur. La différence entre ces deux parcours étant 95976 — 95640 = 336 lieues, il s'ensuit que le premier voyageur arriverait le plus tôt, puisqu'il atteindrait la Lune quand l'autre aurait encore 336 lieues de chemin à faire pour achever les neuf tours du Globe.

202. Puisque dans une heure de temps 1 bec con

somme 140 litres de gaz, dans 5 heures il consomme 5 fois plus de gaz ou $140 \times 5 = 700$ litres, et 4 becs consomment $700 \times 4 =$ Rép. 2800 litres.

203. Le rendement est de :

1er cas, 5×100 kilog. $=$ Rép. 500 kilog. blé.
2e cas, 7×100 kilog. $=$ Rép. 700 —
3e cas, 9×100 kilog. $=$ Rép. 900 —
4e cas, 10×100 kilog. $=$ Rép. 1000 —

EXERCICES SUR LA DIVISION DES NOMBRES ENTIERS (1).

204.	69 divisé par 3	$=$ Rép.	23
	125 — 5	$=$ Rép.	25
	208 — 4	$=$ Rép.	52
	532 — 7	$=$ Rép.	76
	684 — 2	$=$ Rép.	342
205.	336 — 6	$=$ Rép.	56
	512 — 8	$=$ Rép.	64
	783 — 9	$=$ Rép.	87
	865 — 5	$=$ Rép.	173
	924 — 7	$=$ Rép.	132
206.	625 — 25	$=$ Rép.	25
	527 — 31	$=$ Rép.	17
	874 — 19	$=$ Rép.	46
	987 — 47	$=$ Rép.	21
	728 — 14	$=$ Rép.	52
207.	3618 — 27	$=$ Rép.	134
	4770 — 18	$=$ Rép.	265
	8487 — 69	$=$ Rép.	123
	9920 — 32	$=$ Rép.	310
	7935 — 15	$=$ Rép.	529

(1) Les séries 204 et 205 de ce recueil correspondent aux séries 146 et 147 de notre Arith., page 70 ; les séries 206 à 213 aux séries 148, 149, 150, 151 ; les séries 214 et 215 à la série 152 ; les séries 216 et 217 à la série 153 ; les séries 218 et 219 aux séries 154 et 155.

208.

6570	divisé par	438	= Rép.	15
2875	—	125	= Rép.	23
8398	—	247	= Rép.	34
9653	—	197	= Rép.	49
8528	—	164	= Rép.	52

209.

44544	—	512	= Rép.	87
50660	—	745	= Rép.	68
66044	—	869	= Rép.	76
26564	—	916	= Rép.	29
33915	—	357	= Rép.	95

210.

249165	—	45	= Rép.	5537
193984	—	56	= Rép.	3464
806652	—	99	= Rép.	8148
508664	—	67	= Rép.	7592
685610	—	74	= Rép.	9265

211.

211591	—	457	= Rép.	463
467686	—	617	= Rép.	758
544825	—	589	= Rép.	925
821792	—	976	= Rép.	842
522680	—	895	= Rép.	584

212.

4866048	—	5632	= Rép.	864
2648107	—	4913	= Rép.	539
1076625	—	2175	= Rép.	495
2049112	—	8296	= Rép.	247
7145188	—	9578	= Rép.	746

213.

57457108	—	103	= Rép.	557836
26797278	—	579	= Rép.	46282
60074776	—	7192	= Rép.	8353
563538150	—	67425	= Rép.	8358
2338651756	—	358469	= Rép.	6524

214.

1442	—	7	= Rép.	206
22484	—	28	= Rép.	803
56646	—	54	= Rép.	1049
371424	—	106	= Rép.	3504
2192920	—	365	= Rép.	6008

215.

415535	—	205	= Rép.	2027
640257	—	457	= Rép.	1401
1089258	—	543	= Rép.	2006
7862848	—	112	= Rép.	70204
15202432	—	304	= Rép.	50008

3

216.	10320	divisé par	86	=	Rép.	120
	65000	—	65	=	Rép.	1000
	21400	—	107	=	Rép.	200
	37800	—	126	=	Rép.	300
	93600	—	234	=	Rép.	400
217.	416400	—	347	=	Rép.	1200
	2156000	—	539	=	Rép.	4000
	5450000	—	109	=	Rép.	50000
	686000	—	98	=	Rép.	7000
	11360000	—	142	=	Rép.	80000
218.	9840	—	80	=	Rép.	123
	8690	—	110	=	Rép.	79
	74400	—	300	=	Rép.	248
	2335500	—	4500	=	Rép.	519
	556800	—	9600	=	Rép.	58
219.	80400	—	600	=	Rép.	134
	348400	—	5200	=	Rép.	67
	391000	—	17000	=	Rép.	23
	3625000	—	29000	=	Rép.	125
	54000000	—	1080000	=	Rép.	50

PROBLÈMES

SUR LA DIVISION DES NOMBRES ENTIERS.

220. Puisque en 12 heures de temps le briquetier fait 10000 briques, dans 1 heure il en fait 12 fois moins ou la douzième partie de 10000. La division donne $\frac{10000}{12}$ = Rép. $833\frac{4}{12}$, ou 833 à 834 briques.

221. Si 40 kilog. de liége produisent 7000 bouchons, 1 kilog. produit 40 fois moins de bouchons ou la 40e partie de 7000. L'opération donne $\frac{7000}{40}$ = Rép. 175 bouchons.

222. Le hêtre vivant 300 ans, le saule qui vit 5 fois moins de temps, vit la 5e partie de 300 ans ou $\frac{300}{5}$ = Rép. 60 ans.

223. Puisque 148 mètres coûtent 1628 francs, 1 mètre coûte 148 fois moins ou la 148e partie de 1628 = $\frac{1628}{148}$ = Rép. 11 francs.

224. 3 semaines $= 3 \times 7 = 21$ jours. Or, si dans 21 jours la mère abeille pond 12000 œufs, dans 1 jour elle pond 21 fois moins d'œufs ou la 21ᵉ partie de 12000. La division donne $\frac{12000}{21} =$ Rép. 571 œufs $\frac{9}{21}$, ou mieux 571 à 572 œufs.

225. En effectuant les calculs indiqués, on a pour le nombre demandé : $\frac{329}{7} + 16 = 47 + 16 =$ Rép. 63.

226. 76 pas valant 50 mètres, 1 pas vaut 76 fois moins ou la 76ᵉ partie de 50 mètres $= \frac{50}{76}$. On ne poussera pas plus loin la solution, le résultat final présentant le cas d'une division avec un quotient fractionnaire, opération que les élèves sont censés ne pouvoir effectuer, ne connaissant pas encore la théorie des fractions.

227. Si pour 900 coups on compte 1 bouche à feu, autant de fois 900 sera contenu dans 58500, autant de bouches à feu on devra compter. La division donne $\frac{58500}{900} = \frac{595}{9} =$ Rép. 65.

228. Si 10 brochets donnent 500000 œufs, 1 brochet donne 10 fois moins d'œufs ou la 10ᵉ partie de 500000 $=$ Rép. 50000 œufs.

229. L'opération indiquée donne $\frac{286}{26} =$ Rép. 11 mètres.

230. Puisque 2 millions d'habitants mangent 100 millions d'œufs, 1 habitant mange la 2000000 partie de 100 millions ou $\frac{100000000}{2000000} =$ Rép. 50 œufs.

231. Puisque 1 boulet pèse 6 ou 8 kilog, selon l'espèce, autant de fois ces nombres seront contenus dans 48000 kilog., autant de boulets de chaque espèce on pourra fabriquer. La division donne, pour la 1ʳᵉ espèce, $\frac{48000}{6} =$ Rép. 8000 boulets ; pour la 2ᵐᵉ espèce, $\frac{48000}{8} =$ Rép. 6000 boulets.

232. Si 51 kilomètres de distance exigent 1 journée de marche, autant de fois 51 sera contenu dans 816 kilomètres, autant de journées de marche il faudra. La division donne $\frac{816}{51} =$ Rép. 16 jours.

233. Si pour 23 mètres il faut 1 journée de travail, autant de fois 23 sera contenu dans 1196 mètres, autant de journées il faudra. L'opération donne $\frac{1196}{23}$ = Rép. 52 journées.

234. En effectuant la division indiquée, on a pour la distance cherchée $\frac{1279030}{46}$ = Rép. 27805 mètres.

Nota. On suppose l'une des deux personnes placée sur une élévation, sans quoi la rondeur de la Terre les rendraient invisibles l'une à l'autre.

235. La quantité cherchée est :
Pour chaque cheval $= \frac{30}{2} =$ Rép. 15 kilog.
Pour chaque bœuf $= \frac{30}{3} =$ Rép. 10 kil.
Pour chaque mouton $= \frac{30}{15} =$ Rép. 2 kil.

236. Si 12 hectolitres pèsent 564 kilog., 1 hectolitre pèse 12 fois moins ou la 12ᵉ partie de 564 $= \frac{564}{12} =$ Rép. 47 kilog.

237. Si 34 habitants fournissent 1 naissance, autant de fois 34 sera contenu dans 4250, autant de naissances on devra compter. L'opération donne $\frac{4250}{34} =$ Rép. 125 naissances.

238. Il faudrait autant d'hommes que 870 contient de fois 145 kilog. La division donne $\frac{870}{145} =$ Rép. 6 hommes.

239. Puisque 1 mouton fournit 60 rations, autant de fois 60 est contenu dans 900, autant de moutons il faut. La division donne $\frac{900}{60} =$ Rép. 15 moutons.

240. On a vu (probl. 183) que le son sert à mesurer la distance comprise entre le point où il se produit et celui d'où il est entendu ; il suit de là que, connaissant cette distance, on peut déterminer le nombre de secondes que le son a mis à la parcourir ; il suffit, pour cela, de diviser la distance donnée par 347. Le quotient exprime le nombre de secondes demandé. Appliquant ce procédé au problème donné, on aura $\frac{3033}{337} =$ Rép. 9 secondes pour l'intervalle demandé.

241. Puisque pour une population de 114 habitants on compte 1 jeune homme de 20 à 21 ans, autant de fois 114 sera contenu dans 5472, autant de jeunes hommes on doit avoir. La division donne $\frac{5472}{114}$ = Rép. 48.

242. En effectuant la division indiquée, on a pour le poids cherché $\frac{79}{3}$ = Rép. 26 kilogrammes.

243. Si 72556862 poules donnent 3772956824 œufs, une poule donne 72556862 fois moins d'œufs, ou la 72556862ᵉ partie de 3772956824. La division donne $\frac{3772956824}{72556862}$ = Rép. 52 œufs.

244. Pour les 260000 maisons divisées entre les 1924000 habitants de Londres, on a $\frac{1924000}{260000} = \frac{1924}{260}$ = Rép. 7 habitants $\frac{104}{260}$, ou mieux 7 à 8 huit habitants. Pour les 29526 maisons divisées entre les 1727419 habitants de Paris, on a $\frac{1727419}{29526}$ = Rép. 58 habitants $\frac{11911}{29526}$, et mieux 58 à 59 habitants.

245. Si l'on compte 1 mariage pour 128 habitants, autant de fois 128 sera contenu dans 11776, autant de mariages on devra compter. La division donne $\frac{11776}{128}$ = Rép. 92.

246. 1º La division de 137 par 2 donne 68 pour la partie entière du quotient, et pour reste 1, ce qui fait 68 + 1 = 69 kilogrammes pour le poids de l'hectolitre de lin;

2º 68 kilog. ou la partie entière du quotient, exprimée en kilog., égale le poids de l'hectolitre de graines de colza.

247. Si une population de 41 habitants donne 1 décès par an, autant de fois 41 sera contenu dans 4387, autant de décès ou devra compter dans la commune de C***. La division donne $\frac{4387}{41}$ = Rép. 107 décès.

248. Puisque 3 pas = 2 mètres, autant de fois 3 sera contenu dans 327, autant de fois 2 mètres la distance contiendra. La division donne $\frac{327}{3} = 109$ pas ; or, comme chaque pas vaut 2 mètres, on aura $109 \times 2 =$ Rép. 218 mètres pour la distance demandée.

249. Puisqu'il faut 24 heures ou une journée pour l'évaporation de 1 millimètre d'eau, autant de fois 1 sera contenu dans 65 millimètres, autant de journées il faudra pour l'évaporation de la tranche entière. L'opération donne évidemment $\frac{65}{1} =$ Rép. 65 journées.

250. Autant de fois 400 est contenu dans 2491, autant d'heures de chemin il faut. L'opération donne $\frac{2491}{400} =$ Rép. 6 heures plus $\frac{91}{400}$ d'heure.

251. Le nombre 6 suivi de vingt-quatre zéros = 6000000000000000000000000. Ce dernier nombre divisé par 1000, ou le poids de la Terre exprimé en tonnes = Rép. 6000000000000000000000 kilog.

252. Le Soleil étant 1400000 fois plus gros que la Terre, si l'on représente la grosseur de celle-ci, par 1 grain de blé, celle du Soleil sera évidemment représentée par 1400000 grains ; or, comme, d'un autre côté, 10000 grains font 1 litre, autant de fois 10000 sera contenu dans 1400000, autant de litres il faudra pour représenter la grosseur du Soleil. La division donne $\frac{1400000}{10000} =$ Rép. 140 litres ou 14 décalitres.

253. A chaque voyage le tombereau parcourt réellement 1200 mètres pour l'aller, 1200 mètres pour le retour, et fictivement 300 mètres pour compenser la perte de temps de la charge et de la décharge. Ainsi considéré, chaque voyage comprend donc ou est censé comprendre 2700 mètres de chemin. Cela posé, autant de fois 2700 mètres est contenu dans 36000, autant de voyages on aura. La division donne $\frac{36000}{2700} = \frac{360}{27} =$ Rép. 13 voyages $\frac{9}{27}$.

254. 40 kilog. transportés à 500 mètres ou $40 \times 500 = 20000$ kilog. transportés à 1 mètre, ou 1 kilog. transporté à 20000 mètres. La question revient donc à chercher un nombre tel qu'en le multipliant par 25 on reproduira 20000 mètres, ce qui indique que 20000 est le produit du facteur 25 par un facteur inconnu. On trouvera le facteur inconnu en divisant 20000 par 25. L'opération donne $\frac{20000}{25}$ = Rép. 800 mètres.

255. Comme travail mécanique, 44 kilog. transportés à 20 kilom. équivalent à $44 \times 20000 = 880000$ kil. transportés à 1 mètre, ou 1 kil. transporté à 880000 mètres, ce que l'on exprime par 880000 k.m. Or, puisque le nombre cherché de kilog. transportés à 1 kilom. ou 1000 mèt. représente la même quantité d'action que 880000 k.m., il faut que ce nombre soit tel qu'en le multipliant par 1000 on reproduise 880000. Ce dernier nombre est donc le produit du facteur 1000 par un facteur inconnu. On trouvera ce dernier facteur en divisant 880000 par 1000. L'opération donne $\frac{880000}{1000}$ = $\frac{880}{1}$ = Rép. 880 kilog.

256. Ainsi qu'on l'a vu dans le problème précédent, 44 kilog. transportés à 20 kilom. équivalent à 1 kilog. transportés à 880000 mètres. De même, 900 kil. transportés à 38 kilomètres ou 38000 mètres équivalent à $900 \times 38000 = 34200000$ kilog. transportés à 1 mètre, ou bien 1 kilog. transporté à 34200000 mètres. Donc, autant de fois ce dernier nombre contiendra 880000, autant d'hommes il faudrait. L'opération donne $\frac{34200000}{880000}$ = $\frac{340}{88}$ = Rép. 38 hommes $\frac{76}{88}$ et mieux 38 à 39 hommes.

257. Puisque les dunes mettent 1 an pour parcourir 25 mètres, autant de fois ce nombre sera contenu dans 6000, autant d'années elles ont dû mettre pour parcourir cette dernière distance. La division donne $\frac{6000}{25}$ = Rép. 240 ans.

258. Le temps demandé = $\frac{40000}{25}$ = Rép. 1600 ans.

259. 1er CAS. Il faut 19953 coups de la pièce de 24, mais elle n'en donne que 2217. Donc, il faudra autant de ces pièces, ou les renouveler autant de fois que 2217 est contenu de fois dans 19953. La division donne $\frac{19953}{2217}$ = Rép. 9 fois.

2ᵉ cas. Il faut 32472 coups de la pièce de 16, mais elle ne peut en donner que 2706 ; il faudra donc renouveler la pièce autant de fois que 2706 est contenu de fois dans 32472. L'opération donne $\frac{32472}{2706} =$ Rép. 12 fois.

3ᵉ cas. Il faut 44091 coups de la pièce de 12, mais elle ne peut en donner que 1917 ; il faudra donc la renouveler autant de fois que 1917 est contenu de fois dans 44091. L'opération donne $\frac{44091}{1917} =$ Rép. 23 fois.

Nota. Il ne faudrait pas conclure de cet exemple qu'on n'emploie qu'une seule pièce quand il s'agit de pratiquer une brèche dans un rempart. Pour obtenir ce résultat plus promptement, autant que pour éviter le renouvellement trop fréquent des pièces usées par le tir, on emploie un nombre plus ou moins considérable de pièces du même calibre ou de calibres différents, suivant le besoin.

260. Si une chandelle dont la mèche vient d'être bien mouchée, donne une lumière représentée par 100, 2 chandelles semblables donnent évidemment une lumière représentée par 200. Mais, d'un autre côté, les chandelles qui brûlent depuis 11 minutes et celles qui brûlent depuis demi-heure ne donnent les premières qu'une lumière représentée par 39, les secondes qu'une lumière représentée par 16 ; de sorte que, pour que les unes ou les autres produisent une lumière 200, il en faut autant que 39 et 16 sont contenus de fois dans 200. L'opération donne : 1° $\frac{200}{39} =$ Rép. 5 $\frac{5}{39}$ chandelles brûlant depuis 11 minutes ; 2° $\frac{200}{16} =$ Rép 12 $\frac{8}{16}$ chandelles brûlant depuis demi-heure.

261. Puisque 308 mètres d'élévation produisent 1 degré (1°) d'abaissement dans la température de l'eau bouillante, autant de fois 308 sera contenu dans 1151 mètres, autant de degrés d'abaissement cette tempéture éprouvera à Barcelonnette. La division donne $\frac{1151}{308} = 3° \frac{227}{308}$ ou plus simplement 3 à 4°. Or, 100° étant la température de l'eau bouillante au bord de la mer, elle devient 100° — 3° ou 100° — 4°, c'est-à-dire 97 à 96° à Barcelonnette.

PROBLÈMES

RELATIFS AUX QUATRE PREMIÈRES OPÉRATIONS DE L'ARITHMÉTIQUE.

262. La longueur du Rhône $= 1040 - 180 =$ Rép. 860 kilomètres. La longueur du Rhin $= 1040 + 510 =$ Rép. 1550 kilomètres.

263. S'il faut 1 pièce pour 500 hommes, autant de fois 500 sera contenu dans 65 mille ou 65000, autant de pièces il faudra. La division donne $\frac{65000}{500} = \frac{650}{5} =$ Rép. 130 pièces.

264. Si en 18 ans la Lune produit 29 éclipses, dans 1 an ou dans un temps 18 fois plus court, elle produit 18 fois moins d'éclipses, c'est-à-dire $\frac{29}{18} = 1\frac{11}{18}$ ou 1 à 2 éclipses. On trouve, par un raisonnement semblable, $\frac{41}{18} = 2\frac{5}{18}$, c'est-à-dire 2 à 3 éclipses pour le Soleil.

265. $14 \times 3 + 10 = 42 + 10 =$ Rép. 52 kilog.

266. Si en 7 heures la machine bat 490 gerbes, dans 1 heure elle battra 7 fois moins de gerbes ou la 7e partie de $490 = \frac{490}{7} =$ Rép. 70.

267. Entre les deux époques la différence de temps est de $1801 - 1784 = 17$ ans ; la différence de population, de $27349003 - 24800000 = 2549003$ habitants. Or, si en 17 ans l'accroissement est de 2549003 habitants, dans 1 an il est 17 fois plus petit ou la 17e partie de $2549003 = \frac{2549003}{17} =$ Rép. $149941\frac{6}{17}$ h.

268. 1° De ce que 1 soldat occupe 9 fois moins d'espace que 1 cheval, il suit évidemment que 1 cheval occupe 9 fois plus d'espace que 1 soldat ; par conséquent, autant de fois 9 sera contenu dans 108, autant de chevaux on pourra placer. La division donne $\frac{108}{9} =$ 1re Rép. 12 chevaux.

2° Puisque l'espace occupé par 1 cheval contient 9 soldats, l'espace occupé par 189 chevaux contiendra 9 fois plus de soldats ou $189 \times 9 =$ 2e Rép. 1701 sol.

269 La différence de 754 à 1200 $= 1200 - 754 = 446$ francs. La somme cherchée égale donc $446 \times 37000 =$ Rép. 16502000 francs.

270. En suivant le raisonnement du problème 183, la distance cherchée sera $337 \times 7 =$ Rép. 2359 mèt.

271. Entre les deux époques la différence de temps est de $1856 - 1806 = 50$ ans; la différence de population $36039364 - 29107425 = 6931939$ habitants. Or, si en 50 ans l'accroissement est de 6931939 habitants, en 1 an l'accroissement est 50 fois plus petit ou la 50ᵉ partie de $6931939 = \frac{6931939}{50} =$ Rép. 138638 $\frac{39}{50}$ habitants.

272. L'opér. donne $38 \times 6 + 22 =$ Rép. 250 lit.

273. Pour que la température de l'eau bouillante baisse de 1°, il faut s'élever de 308 mètres; par conséquent, $100^{\circ} - 96^{\circ} = 4^{\circ}$ d'abaissement dans la température correspondent à $4 \times 308 =$ Rép. 1232 mètres. Telle est donc la hauteur de la ville de Briançon.

274. En raisonnant comme au problème 253, on a pour le nombre cherché $\frac{36000}{7200} = \frac{360}{72} =$ Rép. 5 voy.

275. L'hectolitre de riz pèse $67 + 8 =$ Rép. 75 kil. — de millet, $67 - 3 =$ Rép. 64 kil.

276. $5000 + 5000 + 9300 + 4700 + 4500 = 28500$ est le nombre total des cinq lettres spécifiées qui entrent dans l'écrit; or, si l'on retranche ce nombre de 70500, il reste $70500 - 28500 = 42000$ lettres à partager entre les 19 autres lettres; ce qui donne $\frac{42000}{19} =$ Rép. 2210 à 2211 pour chaque sorte.

277. 1° La division de 131 par 2 donne 65 pour la partie entière du quotient et pour reste 1, ce qui fait $65 + 1 =$ Rép. 66 kilog. pour le poids d'un hectol. de sésame.

2° 65 kilog. ou la partie entière du quotient exprimée en kilog. égale le poids d'un hectolit. de navette.

278. $35 \times 42 =$ Rép. 1470 choux.

279. Puisque, sous le rapport de la force, un cheval remplace 6 à 7 hommes, 12 chevaux remplaceront 12 fois plus d'hommes, c'est-à-dire $12 \times 6 =$ Rép. 72 hommes au moins, $12 \times 7 =$ Rép. 84 hom. au plus.

280. Le poids correspondant au

1er mode $= 120 \times \quad 8 =$ Rép. $\quad$ 960 kilog.

$2^e \quad$ mode $= 120 \times \quad 150 =$ Rép. 18000

$3^e \quad$ mode $= 120 \times 1500 =$ Rép. 180000

281. De ce principe généralement admis que la température croît de 1 degré centigrade pour 30 mètres de profondeur, il faut conclure que l'eau, venant d'une profondeur de 300 mètres, doit être plus chaude de 10 degrés comparativement à l'eau des puits ordinaires qui a, dans nos contrées, une température moyenne et presque invariable de 12 degrés. Conséquemment, la température d'une eau venant de cette profondeur sera égale à $12 + 10° = 22$ degrés centigrades. Il suit de là que, pour une profondeur donnée, la température de l'eau ou de la couche terrestre sera exprimée par 12 augmenté du quotient que l'on obtient en divisant par 30 la profondeur donnée exprimée en mètres. Réciproquement, la température étant donnée, on trouvera la profondeur en retranchant 12 de la température donnée et en multipliant le reste par 30. Cela posé, la profondeur demandée $= (48 - 12) \times 30 = 36 \times 30 =$ Rép. 1080 mètres.

282. — La profondeur cherchée $= (37 - 12) \times 30 = 25 \times 30 =$ Rép. 750 mètres.

283. — La profondeur cherchée $= (100 - 12) \times 30 =$ Rép. 2640 mètres.

284. — 1° Pour la température des bains froids, la profondeur cherchée $= (25 - 12) \times 30 =$ Rép. 390 mètres;

2° Pour la température des bains tièdes, la profondeur cherchée $= (30 - 12) \times 30 =$ Rép. 540 mét.;

3° Pour la température des bains chauds, la profondeur cherchée $= (35 - 12) \times 30 =$ Rép. 690 mètr.

285. — 1° Pour la fusion du cuivre, la prof. cherc. $= (1050 - 12) \times 30 =$ Rép. 31140 mèt.

2° Pour la fusion de l'étain, la profond. ch. $x = (235 - 12) \times 30 =$ Rép. 6690 mètres.

286. — La température cherc. $= 12 + \frac{450}{30}$
$+ 15 =$ Rép. 27 degrés.

287. — La température cherchée $= 42 + \frac{6000}{30}$
$= 12 + 200000 =$ Rép. 200012 degrés.

288. Le plus grand nombre $= \frac{74}{2} + \frac{14}{2} = 37 + 7$
$=$ Rép. 44.

Le plus petit nombre $= \frac{74}{2} - \frac{14}{2} = 37 - 7 =$ R. 30.

En effet la somme de ces deux nombres $44 + 30$
$= 74$; la différence $44 - 30 =$ Rép. 14.

EXERCICES SUR LA LECTURE DES NOMBRES DÉCIMAUX.

289. 5,3 $=$ Cinq *unités* trois *dixièmes*;

7,34 $=$ Sept *unités* trente-quatre *centièmes*;

0,16 $=$ Seize *centièmes*;

9,08 $=$ Neuf *unités* huit *centièmes*;

3,005 $=$ Trois *unités* cinq *millièmes*;

0,63 $=$ Soixante-trois *centièmes*;

2,9 $=$ Deux *unités* neuf *centièmes*;

0,101 $=$ Cent un *millièmes*;

24,015 $=$ Vingt-quatre *unités* quinze *millièmes*;

0,042 $=$ Quarante-deux *millièmes*;

4,103 $=$ Quatre *unités* cent trois *millièmes*;

0,506 $=$ Cinq cent six *millièmes*;

18,04 $=$ Dix-huit *unités* quatre *centièmes*;

0,38 $=$ Trente-huit *centièmes*;

5,209 $=$ Cinq *unités* deux cent neuf *centièmes*;

0,02 $=$ Deux *centièmes*.

290. 8,053 = Huit *unités* cinquante-trois *millièmes*;

0,0201 = Deux cent un *dix-millièmes*;

9,0013 = Neuf *unités* treize *dix-millièmes*;

0,041 = Quarante-un *millièmes*;

6,108 = Six *unités* cent huit *millièmes*;

0,7325 = Sept mille trois cent vingt-cinq *dix-millièmes*;

8,0366 = Huit *unités* trois cent soixante six *dix-millièmes*;

0,0029 = Vingt-neuf *dix-millièmes*;

1,0148 = Une *unité* cent quarante-huit *dix-millièmes*;

0,0004 = Quatre *dix-millièmes*;

25,003 = Vingt-cinq *unités* trois *millièmes*;

0,9052 = Neuf mille cinquante-deux *dix-millièmes*;

4,0706 = Quatre *unités* sept cent six *dix-millièmes*.

291. 11,0205 = Onze *unités* deux cent cinq *dix-millièmes*;

0,0068 = Soixante-huit *dix-millièmes*;

0,0003 = Trois *dix-millièmes*;

2,4040 = Deux *unités* quatre mille quarante *dix-millièmes*;

0,3061 = Trois mille soixante-un *dix-millièmes*;

6,0048 = Six *unités* quarante-huit *dix-millièmes*;

0,2602 = Deux mille six cent deux *dix-millièmes*;

0,0007 = Sept *dix-millièmes*;

12,0345 = Douze *unités* trois cent quarante-cinq *dix-millièmes*;

0,6003 = Six mille trois *dix-millièmes*;

9,8055 = Neuf *unités* huit mille cinquante-cinq *dix-millièmes*;

0,1008 = Mille huit *dix-millièmes*;

7,3021 = Sept *unités* trois mille vingt-un *dix-millièmes*;

0,0449   = Quatre cent quarante-neuf *dix-mil-lièmes.*

292. 2,0304   = Deux *unités* trois cent quatre *dix-millièmes;*

0,05061 = Cinq mille soixante-un *cent-millièmes;*

5,49003 = Cinq *unités* quarante-neuf mille trois *cent-millièmes;*

0,10207 = Dix mille deux cent sept *cent-millièmes;*

18,35006 = Dix-huit *unités* trente-cinq mille six *cent-millièmes;*

0,24038 = Vingt-quatre mille trente-huit *cent-millièmes;*

4,53126 = Quatre *unités* cinquante-trois mille cent vingt-six *cent-millièmes;*

0,10053 = Dix mille cinquante-trois *cent-mil-lièmes;*

6,40709 = Six *unités* quarante mille sept cent neuf *cent-millièmes;*

0,003001 = Trois mille un *millionièmes;*

8,000015 = Huit *unités* quinze *millionièmes.*

293. Le professeur doit considérer les exercices des quatre numéros précédents au double point de vue de la lecture et de l'orthographe des nombres décimaux.

EXERCICES SUR L'ÉCRITURE DES NOMBRES DÉCIMAUX.

294. Trois unités cinq dixièmes = 3,5.
Dix-huit centièmes = 0,18.
Cinq unités sept dixièmes = 5,7.
Sept unités treize centièmes = 7,13.
Quatre centièmes = 0,04.
Neuf unités vingt-six centièmes = 9,26.

295. Dix-huit unités quarante-deux centièmes = 18,42.
Six cent trois millièmes = 0,603.

Trois unités cinq cent vingt-un millièmes = 3,521
Sept millièmes = 0,007.
Neuf unités quinze millièmes = 9,015.
Cent vingt-quatre millièmes = 0,124.

296. Trois unités un millième = 3,001.
Quarante-six millièmes = 0,046.
Onze unités cent huit millièmes = 11,108.
Quatre mille sept dix-millièmes = 0,4007.
Cinq unités soixante-neuf dix-millmes = 5,0069.
Huit cent deux dix-millièmes = 0,0802.

297. Dix unités vingt-deux millièmes = 10,022.
Cent quatre dix-millièmes = 0,0104.
Quatorze unités trois mille cinq cent douze dix-
  millièmes = 14,3512.
Quatre mille un dix-millièmes = 0,4001.
Huit unités dix-neuf dix-millièmes = 8,0019.
Mille cinquante-sept dix-millièmes = 0,1057.

298. Neuf unités dix mille cinq cent deux cent-millièmes = 9,10502.
Quatre mille huit cent trente-six cent-millièmes
  = 0,04836.
Cinquante-neuf cent-millièmes = 0,00059.
Trois unités vingt-deux mille quarante-huit cent-
  millièmes = 3,22048.
Cent trente mille cinq cent trois millionièmes
  = 0,130503.
Onze unités six mille neuf millionièmes =
  11,006009.

299.

Pour 10	pour 100	pour 1000
543,2	5432	54320
2781,91	27819,1	278191
4120	41200	412000
3565,3	35653	356530
1,74	017,4	0174
180,027	1800,27	18002,7

300.

Pour 10	pour 100	pour 1000
56,1	561	5610
280	2800	28000
159,4	1594	15940
5,2	52	520
1030	10300	103000
648,8	6488	64880

301.

Pour 10	pour 100	pour 1000
0,7	7	70
90,08	900,8	9008
1267	12670	126700
0,51	5,1	51
143,7	1437	14370
2,9	29	290

302.

Pour 10	pour 100	pour 1000	pour 10000
50,815	5,0815	0,50815	0,050815
190,3462	19,03462	1,903462	0,1903462
30,753	3,0753	0,30753	0,030753
4	0,4	0,04	0,004
11,26014	1,126014	0,1126014	0,01126014
2,713	0,2713	0,02713	0,002713

303.

Pour 10	pour 100	pour 1000	pour 10000
0,715	0,0715	0,00715	0,000715
1,8321	0,18321	0,018321	0,0018321
0,0203	0,00203	0,000203	0,0000203
0,465	0,0465	0,00465	0,000465
0,5	0,05	0,005	0,0005

EXERCICES SUR L'ADDITION DES NOMBRES DÉCIMAUX.

304.	305.	306.
6,4	0,75	8,054
0,4	3,02	0,3
0,8	0,9	5,79
0,25	0,408	0,36
9,07	2,4	0,042
0,346	0,83	23,
4,005	12,5	106,7
0,051	0,067	0,905
Total Rép. 21,322	Total Rép. 20,875	Total Rép. 145,151

307.   Même procédé   Rép.   240,41
308.   —   Rép.   121,2199
309.   —   Rép.   184,2866
310.   —   Rép.   437,3158
311.   —   Rép.   136,79532
312.   —   Rép.   534,28882
313.   —   Rép.   875
314.   —   Rép.   99,249158
315.   —   Rép.   620,879994
316.   —   Rép.   899,01
317.   —   Rép.   626,139482
318.   —   Rép.   228,354081

EXERCICES SUR LA SOUSTRACTION DES NOMBRES DÉCIMAUX.

319.   De   54,38   De   19,67
        ôtez 26,23   ôtez 14,44

        Reste. Rép. 28,15   Reste. Rép. 5,23

De même,   12,71 — 5,86 = Rép. 6,85
            8,05 — 6,79 = Rép. 1,26
            7,03 — 4,18 = Rép. 2,85

320,   16,543 — 9,432 = Rép. 7,111
        0,307 — 0,281 = Rép. 0,026
        0,168 — 0,034 = Rép. 0,134
        9,401 — 0,708 = Rép. 8,693
        2,005 — 0,917 = Rép. 1,088

321,   10,5   — 8,73   = Rép. 1,77
        0,64 — 0,4   = Rép. 0,24
        7,09 — 0,3   = Rép. 6,79
        0,98 — 0,5   = Rép. 0,48
        1,25 — 0,28   = Rép. 0,97

522.	0,469	—	0,35	=	Rép.	0,119
	5,27	—	2,531	=	Rép.	2,739
	0,74	—	0,407	=	Rép.	0,333
	12	—	7,25	=	Rép.	4,75
	0,51	—	0,006	=	Rép.	0,504
323.	0,36	—	0,073	=	Rép.	0,287
	1	—	0,954	=	Rép.	0,046
	0,708	—	0,6	=	Rép.	0,108
	8	—	0,91	=	Rép.	7,909
	0,04	—	0,018	=	Rép.	0,022
324.	0,8	—	0,2139	=	Rép.	0,5861
	6,4	—	0,7023	=	Rép.	5,6977
	0,3001	—	0,25	=	Rép.	0,0501
	0,83	—	0,1202	=	Rép.	0,7098
	10	—	9,0045	=	Rép.	0,9955
325.	63,0015	—	18,09	=	Rép.	44,9115
	0,746	—	0,0512	=	Rép.	0,6948
	2,5	—	0,0066	=	Rép.	2,4934
	0,1401	—	0,052	=	Rép.	0,0881
	4	—	0,0019	=	Rép.	3,9981
326.	0,0175	—	0,01	=	Rép.	0,0075
	11,86	—	9,00018	=	Rép.	2,85982
	0,104	—	0,0075	=	Rép.	0,0965
	0,7	—	0,0003	=	Rép.	0,6997
	3	—	0,000142	=	Rép.	2,999858
327.	54,102	—	0,00007	=	Rép.	54,10193
	13,001	—	6,00049	=	Rép.	7,00051
	0,35008	—	0,006	=	Rép.	0,34408
	0,004	—	0,00055	=	Rép.	0,00345
	5,01006	—	0,02	=	Rép.	4,99006
328.	0,01205	—	0,000192	=	Rép.	0,011858
	0,0547	—	0,00281	=	Rép.	0,05189
	2,35	—	1,01443	=	Rép.	1,33557
	0,79	—	0,00051	=	Rép.	0,78949
	6	—	0,000007	=	Rép.	5,999993

EXERCICES SUR LA MULTIPLICATION DES NOMBRES DÉCIMAUX.

329.	94,2	×	8	=	Rép. 753,6
	65,18	×	7	=	Rép. 456,26
	9,234	×	5	=	Rép. 46,17
	113,07	×	9	=	Rép. 1017,63
	28,516	×	6	=	Rép. 171,096
330.	14,27	×	3,4	=	Rép. 48,518
	56,8	×	4,39	=	Rép. 249,352
	9,54	×	18,6	=	Rép. 177,444
	11,9	×	17,05	=	Rép. 202,895
	207,5	×	6,28	=	Rép. 1303,1
331.	0,48	×	0,6	=	Rép. 0,288
	74,3	×	0,45	=	Rép. 33,435
	0,7	×	0,51	=	Rép. 0,357
	0,56	×	12,9	=	Rép. 7,224
	100	×	0,254	=	Rép. 25,4
332.	1,05	×	0,8	=	Rép. 0,84
	108,6	×	0,72	=	Rép. 78,192
	0,03	×	4,9	=	Rép. 0,147
	5,04	×	0,7	=	Rép. 3,528
	29	×	0,351	=	Rép. 10,179
333.	47	×	0,204	=	Rép. 9,588
	0,16	×	0,5	=	Rép. 0,08
	9,7	×	0,36	=	Rép. 3,492
	0,09	×	0,7	=	Rép. 0,063
	82	×	0,001	=	Rép. 0,082
334.	0,4	×	0,07	=	Rép. 0,028
	0,05	×	0,2	=	Rép. 0,01
	6	×	0,009	=	Rép. 0,054
	0,03	×	0,3	=	Rép. 0,009
	0,6	×	0,05	=	Rép. 0,03
335.	21,5	×	7,302	=	Rép. 156,993
	0,5003	×	12	=	Rép. 6,0036
	0,4	×	10,685	=	Rép. 4,274
	0,37	×	0,09	=	Rép. 0,0333
	0,25	×	0,77	=	Rép. 0,1925

336. 6,01 × 0,04 = Rép. 0,2404
0,324 × 0,5 = Rép. 0,162
0,07 × 0,15 = Rép. 0,0105
4,18 × 6,37 = Rép. 26,6266
0,45 × 0,06 = Rép. 0,027

337. 1,065 × 0,8 = Rép. 0,852
0,2 × 0,351 = Rép. 0,07
17,24 × 9,03 = Rép. 155,6772
0,03 × 0,04 = Rép. 0,0012
5,4 × 8,003 = Rép. 43,20162

338. 0,08 × 0,05 = Rép. 0,004
9 × 0,6001 = Rép. 5,4009
10 × 0,01 = Rép. 0,1
132 × 2,45043 = Rép. 323,45676
0,01 × 0,001 = Rép. 0,00001

339. 145 × 0,1702 = Rép. 24,679
0,1043 × 0,9 = Rép. 0,9387
10,005 × 0,02 = Rép. 0,2001
6,4 × 0,9273 = Rép. 5,93472
0,56 × 7,231 = Rép. 4,04936

340. 4,72031 × 6,74 = Rép. 31,8148894
0,005 × 0,48 = Rép. 0,0024
0,0025 × 0,006 = Rép. 0,000015
0,00006 × 0,005 = Rép. 0,0000003
0,000002 × 0,0004 = Rép. 0,0000000008

EXERCICES SUR LA DIVISION DES NOMBRES DÉCIMAUX.

341. 18,8 divisé par 4,7 = Rép. 4
83,3 — 11,9 = Rép. 7
184 — 7,36 = Rép. 25
45,27 — 5,03 = Rép. 9
375,36 — 3,68 = Rép. 102

342. 61,365 — 4,091 = Rép. 15
530,64 — 8,04 = Rép. 66
12,816 — 0,534 = Rép. 24
77,4 — 19,35 = Rép. 4
278 — 55,6 = Rép. 5

343.	26,145	—	6,3	=	Rép.	4,15
	1,26	—	0,025	=	Rép.	50,4
	73,6	—	29,44	=	Rép.	2,5
	0,558	—	0,09	=	Rép.	6,2
	257,002	—	8,51	=	Rép.	30,2
344.	0,1	—	0,04	=	Rép.	2,5
	17,94	—	5,2	=	Rép.	3,45
	0,342	—	0,06	=	Rép.	5,7
	901,8	—	45	=	Rép.	20,04
	93,0186	—	5,001	=	Rép.	18,6
345.	42,834	—	7,08	=	Rép.	6,05
	17,12	—	0,4	=	Rép.	42,8
	0,044	—	0,016	=	Rép.	2,75
	6,636	—	0,21	=	Rép.	31,6
	0,4644	—	0,3	=	Rép.	1,548
346.	0,81	—	0,2	=	Rép.	4,05
	816,51	—	34	=	Rép.	24,015
	0,4495	—	0,062	=	Rép.	7,25
	309,412	—	10,3	=	Rép.	30,04
	110,22088	—	4,06	=	Rép.	27,148
347.	29,76	—	74,4	=	Rép.	0,4
	0,651	—	3,255	=	Rép.	0,2
	14	—	50	=	Rép.	0,28
	0,504	—	4,8	=	Rép.	0,105
	0,42	—	70	=	Rép.	0,006
348.	0,1008	—	12,6	=	Rép.	0,008
	10	—	16	=	Rép.	0,625
	0,851	—	23	=	Rép.	0,037
	0,803	—	50	=	Rép.	0,01606
	11,1	—	32	=	Rép.	0,346875

349. Le quotient de

3,8	par	5,34	à 0,1	près	= Rép.	0,7
0,248		0,01307	à 0,01		= Rép.	18,97
9,063		47	à 0,001		= Rép.	0,192
0,5402		6,13	à 0,01		= Rép.	0,08
4		128	à 0,0001		= Rép.	0,0312

350.	19	par 86	à 0,01	près	= Rép.	0,22
	5	31	à 0,001		= Rép.	0,161
	43	105	à 0,0001		= Rép.	0,4095
	31	7	à 0,01		= Rép.	4,4
	10	64	à 0,001		= Rép.	0,156

351.   près

5,122	par	1,14	à 0,01	=	4,49	ou	4,50
0,09		0,7	à 0,0001	=	0,1285	ou	0,1286
10,632		11,7	à 0,001	=	0,908	ou	0,909
0,8		39	à 0,001	=	0,020	ou	0,021
76		0,054	à 0,01	=	1407,40	ou	1407,41

352.   près

6,81134	par	0,078	à 0,001	=	87,324	ou	87,325
0,92		1,708	à 0,01	=	0,53	ou	0,54
7		0,089	à 0,001	=	78,650	ou	78,651
0,3018		11	à 0,0001	=	0,0274	ou	0,0275
42,005		5,18059	à 0,001	=	8,108	ou	8,109

EXERCICES SUR LA LECTURE DES NOUVELLES MESURES.

353. $113^m,25 = 113$ mètres 25 centimètres.

$20^a,09 = 20$ ares 9 centiares.

$7^s,3 = 7$ stères 3 décistères.

$38^l,14 = 38$ litres 14 centilitres.

$109^f,03 = 109$ francs 3 centimes.

$6^k,305 = 6$ kilogrammes 305 grammes.

$6^s,04 = 6$ stères 4 *centièmes* de stère.

$5^l,375 = 5$ litres 375 millilitres.

354. $28^a,05 = 28$ ares 5 centiares.

$116^k,9 = 116$ kilogrammes 9 hectogrammes.

$0^m,15 = 15$ centimètres.

$40^{hectol.},271 = 40$ hectolitres 27 litres 1 décilitre ou 4027 litres 1 décilitre.

$3^{hectar.},04 = 3$ hectares 4 ares.

$21^{kilom.},268 = 21$ kilomètres 268 mètres ou 21268 mètres.

$13^l,106 = 13$ litres 106 millilitres.

355. $0^{gr},751 = 751$ milligrammes.

$36^m,07 = 36$ mètres 7 centimètres.

$4^s,5 = 4$ stères 5 décistères.

$0^m,041 = 41$ millimètres.

5^{hectar.},3128 = 5 hectares 31 ares 28 centiares.
2^{hectol.},0073 = 2 hectolitres 73 centilitres.
0^f,036 = 3 centimes 6 millimes.

356. 79 gr.,09 = 79 grammes 9 centigrammes.
0^l,004 = 4 millilitres.
9^{kilom.},08 = 9 kilomèt. 8 décam. ou 9080 mèt.
0^m,042 = 42 millimètres.
219^a,5 = 2 hectares 19 ares 50 centiares.
3406^m,8 = 3406 mètres 8 décimètres.
1275^f,07 = 1275 francs 7 centimes.
0^k,13 = 1 hectogram. 3 décagram. ou 130 gr.

357. 31^k,102 = 31 kilom. 102 mèt. ou 31102 mèt.
29^k,406 = 29 kilogram. 4 hectogram. 6 gram.
    ou 29 kilogram. 406 gram.
0^{gr},018 = 18 milligrammes.
4^k,057 = 4 kilomèt. 57 mèt. ou 4057 mèt.
0^l,105 = 1 décilitre 5 millilitres ou 105 millilit.
55^h,0101 = 55 hectares 1 are 1 centiare.
8^h,3 = 8 hectolitres 3 décalitres ou 830 litres.

358. 0^f,007 = 7 millimes.
1^k,005 = 1 kilomètre 5 mètres ou 1005 mètres.
3^h,2 = 3 hectogr. 2 décagr. ou 320 gram.
8^{gr},091 = 8 gram. 9 centigram. 1 milligram.
    ou 8 gram. 91 milligram.
16^s,03 = 16 stères 3 *centièmes* de stère.
6^h,028 = 6 hectolitres 2 litres 8 décilitres ou
    602 litres 8 décilitres.
0^l,0006 = 6 *dixièmes* de millilitre.
1529 gr. = 1529 grammes ou 1 kilog. 529 gr.

359. 421^a,7 = 421 ares 70 centiares ou 4 hectares
    21 ares 70 centiares.
0^h,06 = 6 litres.
2^k,18 = 2 kilogram. 1 hectogram. 8 décagram.
    ou 2 kilogram. 180 gram.
0^a,4 = 40 centiares.
1^m,061 = 1 mètre 61 millimètres.

$43^h,05 = 43$ hectolitres 5 litres ou 4305 litres.
$158^{gr},042 = 158$ grammes 42 milligrammes.
$100^k,5 = 100$ kilomètres 5 hectomètres ou 100 kilomètres 500 mètres.

360. $2^h,004 = 2$ hectares 40 centiares.
$0^m,0051 = 51$ dix-millimètres.
$1^s,07 = 1$ stère 7 *centièmes* de stère.
$6^h,05 = 6$ hectolitres 5 litres ou 605 litres.
$0^{gr},2006 = 2$ décigram. 6 *dixièmes* de milligr.
$150^k,07 = 150$ kilom. 7 décam. ou 150070 mèt.
$0^k,001 = 1$ gramme.
$0^h,0315 = 3$ ares 15 centiares.

361. $10^h,09 = 10$ hectares 9 ares.
$21408^{gr},32 = 21408$ grammes 32 centigrammes ou 21 kilog. 408 gram. 32 centigr.
$105^s,5 = 105$ stères 5 décistères.
$62^h,4 = 62$ hectolitr. 4 décalitr. ou 6240 litr.
$10^a,1 = 10$ ares 10 centiares.
$0^m,0505 = 5$ centimètres 5 dix-millimètres.
$174^k,8 = 174$ kilom. 8 hectom. ou 174800 mèt.
$0^{gr},009 = 9$ milligrammes.

362. $5^{gr},106 = 5$ grammes 106 milligrammes.
$400^a,07 = 400$ ar. 7 cent. ou 4 hectar. 7 cent.
$0^l,02 = 2$ centilitres.
$20^k,6 = 20$ kilom. 6 hectom. ou 20600 mètres.
$15^h,03 = 15$ hectol. 3 litres ou 1503 litres.
$0^s,004 = 4$ *millièmes* de stère.
$7^h,018 = 7$ hectares 1 are 80 centiares.
$0^{gr},015 = 1$ centigr. 5 milligr. ou 15 milligr.
$8^k,026 = 8$ kilogrammes 26 grammes.

EXERCICES SUR L'ÉCRITURE DES NOUVELLES MESURES.

363. Neuf mètres dix-sept centimètres $= 9^m,17$.
Onze ares soixante-huit centiares $= 11^a,68$.

Huit décistères $= 0^s,8$.
Vingt-cinq litres douze centilitres $= 25^l,12$.
Deux cent trois gram. sept décigr. $= 203^{gr},7$.
Mille vingt-cinq francs dix cent. $= 1025^f,10$.

364. Trois mètres quatre centimètres $= 3^m,04$.
Six ares trente-deux centiares $= 6^a,32$.
Neuf stères six décistères $= 9^s,6$.
Huit litres trois centilitres $= 8^l,03$.
Cent trente-cinq grammes quinze milligrammes
    $= 135^{gr},015$.
Onze francs sept centimes $= 11^f,07$.

365. Cinq cent deux millimètres $= 0^m,502$.
Quinze ares trois centiares $= 15^a,03$.
Un décistère $= 0^s,1$.
Cinquante-huit centilitres $= 0^l,58$.
Quatre-vingt-cinq milligrammes $= 0^{gr},085$.
Trois décimètres sept dix millimèt. $= 0^m,3007$.

366. Cent cinq francs deux centimes $= 105^f,02$.
Sept kilogrammes quatre hectogram. cinq gram.
    $= 7^k,405$.
Deux décast. huit stères neuf décist. $= 28^s,9$.
Treize kilom. cent six mèt. $= 13^k,106$ ou 13106^m.
Neuf hectares trois ares vingt-cinq centiares
    $= 9^h,0325$ ou $903^a,25$.
Quatre hectolitres trente litres huit centilitres
    $= 4^h,3008$ ou $430^l,08$.

367. Cent deux kilogr. trois décagr. $= 102^k,03$.
Seize hectol. sept litres $= 16^h,07$ ou 1607^l.
Vingt-trois kilom. trente-neuf mètres $= 23^k,039$
    ou 23039^m.
Quatorze décalitres sept litres $= 14^d,7$ ou 147^l.
Trois hectares un are deux centiares $= 3^h,0102$
    ou $301^a,02$.
Cinquante-huit kilom. dix-sept mètres $= 58^k,017$
    ou 58017^m.

368. Vingt-deux hectolitres trente-six litres $= 22^h,36$
    ou 2236^l.

Sept kilogrammes trois décagrammes = 7ᵏ,03
   ou 7030ᵍʳ.
Vingt-un milligrammes = 0ᵍʳ,021.
Cinquante hectares vingt centiares = 50ʰ,002.
Six kilomèt. trois mètres huit cent. = 6ᵏ,00308
   ou 6003ᵐ,08.
Trois kilogrammes trente-un gram. = 3ᵏ,031.

369. Quatre kilomèt. cinq cent neuf mètres = 4ᵏ,509
   ou 4509ᵐ.
Six cent dix-huit centilitres = 6ˡ,18.
Vingt-trois millimètres sept dix-millimètres =
   0ᵐ,0237 ou 23ᵐᵐ,7. (1)
Quinze kilom. vingt mèt. = 15ᵏ,02 ou 15020ᵐ.
Un décigramme cinq *centièmes* de milligramme
   = 0ᵍʳ,10005 ou 1ᵈᵉᶜⁱᵍʳ.,0005.
Dix-neuf décastères = 190ᵈ ou 190ˢ.

370. Deux hectares cinq ares = 2ʰ,05 ou 205ᵃ.
Treize grammes deux milligram. = 13ᵍʳ,002.
Neuf décalit. seize centil. = 9ᵈ,016 ou 90ˡ,16.
Vingt-cinq décistères = 2ˢ,5.
Quatre-vingt-trois mètres six décimètres neuf
   centimètres = 83ᵐ,69.
Trente-sept millilitres = 0ˡ,037.

371. Trente décast. six décist. = 30ᵈ,06 ou 300ˢ,6.
Douze litres neuf centilitres = 12ˡ,09.
Un hectare un centiare = 1ʰ,0001 ou 100ᵃ,01.
Six kilogr. vingt-huit milligram. = 6ᵏ,000028.
Dix-neuf millilitres = 0ˡ,019.
Cent deux centiares = 1ᵃ,02.

372. Quatre centièmes de millimètre = 0ᵐᵐ,04.
Deux litres sept millilitres = 2ˡ,007.
Cent dix ares cinq centia. = 1ʰ,1005 ou 110ᵃ,05.
Quarante-cinq décastèr. deux décistèr. = 45ᵈ,02
   ou 450ˢ,2.
Sept décagrammes vingt-six grammes = 96ᵍʳ.
Quinze décimètres six centimètres = 1ᵐ,56.

---

(1) Le millimètre s'écrit d'une manière abrégée : ᵐᵐ.

PROBLÈMES

SUR L'ADDITION DES NOUVELLES MESURES.

373. Le canon de 16 pèse $1120^k + 880^k =$ Rép. 2000 kilogr.

374. Le poids total demandé $= 305^k + 73^k,7 + 0^k,6 =$ Rép. $379^k,3$.

375. Si le cheval a 10 centimètres de moins que l'homme, celui-ci a évidemment 10 centimètres de plus que le cheval ou $1^m,5 + 0^m,1 =$ Rép. $1^m,60$.

376. La superficie demandée $= 37^a,20 + 46^a + 1^h,0017 + 67^a,09 =$ Rép. $2^h,5046$ ou 2 hectares 50 ares 46 centiares.

377. La quantité cherchée $= 127^l,4 + 230^l,86 + 315 =$ Rép. $673^l,26$.

378. La quantité demandée $= 33^m,264 + 29^m,07 + 41^m + 50^m,99 =$ Rép. $154^m,324$.

379. Cette longueur $= 1306^m + 4000^m + 817^m,75 + 560^m,8 + 1137^m,19 =$ Rép. $7821^m,74$.

380. Le nombre de mètres demandé $= 189^m,34 + 66^m + 19^m,08 + 107^m,5 =$ Rép. $381^m,92$.

381. Je bois $0^l,3$ à mon déjeûner, $0^l,3 + 0^l,09$ à mon dîner; je bois donc journellement $0^l,3 + 0^l,3 + 0^l,09 =$ Rép. $0^l,69$.

382.

$15^m,16$	$9^f,45$
$20^m,\ $	$18^f,05$
$31^m,02$	$24^f,60$
1re Rép. $66^m,18$	2e Rép. $52^f,10$

383. Ration de la femme $= 400^g$ pain $0^l,36$ vin.

En sus pour l'homme $\quad 100^g \quad — \quad 0^l,12$

Ration de l'homme $=$ Rép. 500^g pain $0^l,48$ vin.

384. La distance parcourue 6709^m plus la distance à parcourir 3041^m forment la longueur de la route. Cette longueur est donc égale à 6709^m + 3041 = Rép. 9750^m.

385. Cette longueur = 28^m,73 + 34^m,09 + 40^m + 39^m,08 = Rép. 141^m,9.

386. Il est évident qu'Émile avait dans sa bourse tout l'argent qu'il a dépensé plus celui qui lui reste, c'est-à-dire 2^f,35 + 0^f,63 + 1^f,20 + 0^f,45 + 1^f,09 = Rép. 5^f,72.

387. Au moment de la dilatation, la barre a eu pour longueur sa longueur première de 3^m,005 plus l'allongement de 0^m,0014 produit par le soleil, c'est-à-dire, en tout, 3^m,005 + 0^m,0014 = Rép. 3^m,0064.

388. Il est évident que la hauteur à laquelle on s'est élevé plus celle à laquelle on doit s'élever encore pour atteindre le sommet, forment la hauteur totale de la montagne. Par conséquent, cette hauteur = 2500^m + 2315^m = Rép. 4815^m.

389. Au poids de la pièce de 20 fr. ajoutez ce qui lui manque pour égaler celle de 50 fr., vous aurez évidemment le poids de cette dernière. L'opération donne 6^g,4516 + 9^g,6774 = Rép. 16^g,129.

390. La capacité demandée = 7^l,6 + 0^l,24 = Rép. 7^l,84.

391. La distance de Paris à Marseille est évidemment égale à la somme des distances qui existent entre les villes intermédiaires désignées. Cette distance est donc égale à 315 + 126 + 71 + 230 + 121 kilom. = Rép. 863 kilom.

392. De la surface de l'eau au point où la sonde est descendue il y a 3500^m ; de ce point au fond de la mer il y a 10594. Il y a donc 3500^m + 10594 = Rép. 14094^m du fond de la mer à sa surface.

393. A Rép. 634^f,68.

394. Les quantités demandées s'élèvent à 287^l,9 + 108^l + 99^l = Rép. 494^l,9.

395. Le mélange contient 4^k,05 ou 4^l,05 + 15^l,007 + 1^l,28 = Rép. 20^l,337.

396. Additionnez comme ci-dessous les différentes superficies partielles ,

$$\text{vous aurez} \begin{cases} 3^{\text{hectar.}},26 \\ 0 \qquad 85 \\ 1 \qquad 0030 \\ 0 \qquad 47 \\ 8 \qquad 0058 \\ 0 \qquad 964 \end{cases}$$

Rép. 13$^{\text{hectar.}}$,6852 ou 13 hect. 68 ar. 52 cent.

397. Le poids du père est évidemment égal aux poids réunis de ses deux enfants, c'est-à-dire égal à 24^k,67 + 45^k,333 = Rép. 70^k,003.

398.

$$\text{1re Rép.} \begin{cases} 1 \text{ litre d'huile} \qquad\qquad \text{pèse } 0^{\text{kilog}},915 \\ 1 \;-\; \text{d'eau distillée } 0,915 \\ \qquad\qquad +\,0,085 \qquad\qquad = 1 \\ 1 \;-\; \text{d'eau de mer} \qquad = 1 \quad,026 \\ 1 \;-\; \text{de lait} \qquad\qquad = 1 \quad,030 \end{cases}$$

2e Rép.   Le mélange pèse   3^{kilog},971

399.   Force de la main droite   36^{kg},2
      Force de la main gauche 31 ,9

Les deux mains agissant séparément   68^{kg},1
        Ajoutez   2 ,9

Force des deux mains réunies = Rép. 71^{kg}.

400.   19^l —   15^{kg},01
      41^l,2   —   31 ,878

Vol. total = Rép. 60^l,2 Poids tot. = 2^e R. 46^{kg},888

401. Café $\begin{cases} 56^{kg},19 \\ 37\ \ ,06 \end{cases}$ — $\begin{cases} 109^f,25 \\ 65 \end{cases}$

Poids total, 93 ,25   Prix total, 174f,25

Beurre $\begin{cases} 34^{kg},80 \\ 49\ \ ,07 \end{cases}$ — $\begin{cases} 51^f,05 \\ 83^c \end{cases}$

Poids total, 83^{kg},87   Prix total, 134f,05

Savon $\begin{cases} 50^{kg},08 \\ 25\ \ \ 90 \end{cases}$ — $\begin{cases} 31^f,20 \\ 18\ ,30 \end{cases}$

Poids total, 75^{kg},98   Prix total, 49f,50

Poids total de l'ensemble, 253^{kg},10   Prix total de l'ensemble, 357f,80

402. $\begin{cases} 1\ ^{décim.\ cub.}\ \text{de saule}\ \ \text{pèse}\ 0^{kg},487 \\ 1\ \ —\ \ \ \text{d'érable}\ \ —\ 0\ ,645 \\ 1\ \ —\ \ \ \text{d'olivier}\ \ —\ 0\ ,676 \\ 1\ \ —\ \ \ \text{de poirier}\ \ —\ 0\ ,732 \\ 1\ \ —\ \ \ \text{de chêne}\ \ —\ 1\ ,170 \end{cases}$

1re Rép.

2me Rép., les 5 ^{décim. cub.}   pèsent 3^{kg},71

403. $\begin{cases} 1\ ^{décim.\ cub.}\ \text{de zinc}\ \ \text{pèse}\ 7^{kilog.},190 \\ 1\ \ —\ \ \ \text{de fer}\ \ —\ 7\ ,200 \\ 1\ \ —\ \ \ \text{d'étain}\ \ —\ 7\ ,291 \\ 1\ \ —\ \ \ \text{de cuivre}\ \ —\ 8\ ,850 \\ 1\ \ —\ \ \ \text{de plomb}\ \ —\ 11\ ,350 \end{cases}$

1re Rép.

2me Rép.   Le mélange pèse 41^{kilog.},881

PROBLÈMES

SUR LA SOUSTRACTION DES NOUVELLES MESURES.

404. 3 hectares 28 centiares = 3^{hectar.},0028 ou 30028^{m. car.}; or, 30028^{m. car.} — 560^{m. car.} = 29468^{m. car.} = 2^{hect.},9468 = Rép. 2^h 94^a 68^c.

405. Le poids demandé = 2740^{kilog.} — 1190^{kilog.} = Rép. 1550 kilog.

406. Il en reste 41^{hectol.} ou 4100^l — 2743^l = Rép. 1357 lit.

407. Le poids demandé = 1$^{kilog.}$,050 — 0$^{kil.}$,7048 = Rép. 0 kil., 3452.

408. Le poids cherché = 0$^{kilog.}$,82 — 0$^{kilog.}$,470 = Rép. 0 k., 35, ou 350 grammes.

409. Il me reste à payer 117^f,50 — 83^f,85 = Rép. 33 fr. 65 c.

410. Il reste 724^s,4 — 209^s,81 = Rép. 514^s,59.

411. Ce reste s'élève à 650^g — 240^g. = Rép. 410^g.

412. Il reste à faire 106^m — 45^m,83 = Rép. 60^m,17.

413. La longueur demandée = 26^m,67 — 19^m,08 = Rép. 7^m,69.

414. Il lui en reste 13$^{kilog.}$,047 — 5$^{kilog.}$,6 = Rép. 7 kil., 447.

415. Il reste pour le poids demandé 1$^{kilog.}$,375 — 0$^{kilog.}$,314 = Rép. 1 kil., 061.

416. La hauteur de tête est évidemment égale à la différence des deux tailles, c'est-à-dire à 1^m,689 — 1^m,468 = Rép. 0^m,221.

417. Le poids de la pièce d'or est égal au poids de la pièce d'argent diminué du premier poids; le poids cherché est donc égal à 25^{gr} — 23^{gr},3871 = Rép. 1^g,6129.

418. Cette différence est de 224$^{hab.}$,34 — 21$^{hab.}$,52 = Rép. 202 hab.,82.

419. L'augmentation demandée égale la différence des rendements qui est 1700^l — 1200^l = Rép. 500 lit.

420. 1er CAS. Lorsque l'étable est à simple rang ou à 4^m,50 de largeur, les bêtes occupent 3 mèt. de cette largeur, et il reste 4^m,50 — 3^m = 1^m,50 pour le passage.

2me CAS. Lorsque, au contraire, l'étable est à double rang ou à 7^m,50 de largeur, les bêtes en occupent 6^m et il reste 7^m,50 — 6^m = 1^m,50 pour le passage, c'est-à-dire que la largeur du passage est la même dans les deux cas.

421. L'espace demandé = $4^m,90 — 3^m$ = Rép. 1 mèt., 9.

422. La distance demandée = $1^m,60 — 0^m,20$ = Rép. $1^m,4$.

423. La hauteur cherchée = $2^m — 1^m,6$ = Rép. 0 mèt., 4.

424. Puisque le titre 835 millièmes diffère en moins de 65 millièmes du titre cherché, ce dernier est nécessairement plus grand ; par conséquent, on le trouvera en ajoutant la différence au plus petit nombre, c'est-à-dire 65 + 835 = Rép. 900 millièmes.

425. Le mètre cube de fumée pèse $1^{kg},350$
— d'air 1 ,298
Différence $0^{kg},052$

c'est-à-dire que l'air est plus léger que la fumée de 52 grammes par mètre cube.

426. La différence cherchée = $6377398^m,1 — 6356079^m,2$ = Rép. $21318^m,2$.

427. Si de 100 parties d'air on retranche $20^{parties},81$ de gaz-oxygène, le reste formé de gaz azote sera égal à 100 — 20,81 = Rép. 79,19.

428. Puisque 1 kilog. de viande donne 500 grammes de bouilli ou 670 grammes de rôti, la différence de ces deux poids exprime la quantité de viande que l'on gagne à faire usage du rôti. Cette quantité = 670 — 500 = Rép. 170 grammes.

429. L'épaisseur cherchée = $1^m,07 — 0^m,95$ = Rép. $0^m,12$.

430. Si 240 grammes de viande cuite représentent 12 décag. ou 120 grammes à l'état de rôti et le reste à l'état de viande cuite, on obtiendra ce reste en retranchant 120 de 240. L'opération donne 240 — 120 = Rép. 120 grammes.

431. Tout le monde sait que le pain est composé de farine et d'une certaine quantité d'eau mêlées ensemble, puis soumis dans un four à un degré de cuisson convenable. Or, si 100 kilog. de pain contiennent 76 kilog. de farine seulement, le reste représente évidemment le poids de l'eau qui ne s'est pas évaporée pendant la cuisson, et que le pain retient encore à la sortie du four. On obtiendra ce poids en retranchant 76 kilog. de 100. L'opération donne 100 — 76 = Rép. 24 kil. Il suit de là, qu'un pain du poids de 1 kilog. lorsqu'il est cuit, au degré convenable, contient un quart de son poids d'eau à très-peu de chose près.

432. La différence cherchée = $88^{kilog.},7$ — $50^{kilog.}$ = Rép. $38^{kilog.},7$.

433. Puisque il manque à la Loire 510000^m pour être aussi longue que le Rhin, il est clair que la longueur du Rhin, dépasse de 510000^m celle de la Loire. On aura donc cette dernière longueur en ôtant 510000^m de 1550000^m. L'opération donne 1550000 — 510000^m = Rép. 1040000^m. ou 1040 kilom.

434.

Ages	10 ans.	20 ans.	30 ans.
Force de la main droite	$9^{kil.},8$	$39^{kil.},5$	$44^{kil.},7$
Force de la main gauche	8 ,4	37 ,2	41 ,3
Différences cherchées =	$1^{kil.},4$	$2^{kil.},3$	$3^{kil.},4$

435. Puisque les deux diamètres réunis forment une longueur de 5 centimètres, on aura le diamètre inconnu en retranchant de 5 centimètres le diamètre connu : 27 millimètres. L'opération donne $0^m,05$ — $0^m,027$ = Rép. $0^m,023$.

436. La perte éprouvée dans l'eau ou le poids de l'eau déplacée = 38 kilog. — 2 k.,4 = Rép. 35 k.,6.

PROBLÈMES

SUR LA MULTIPLICATION DES NOUVELLES MESURES.

457. Si un fer pèse 0^k,6, 4 fers pèsent 4 fois plus ou 4 $\times$ 0,6 = Rép. 2 kil.,4.

438. Puisqu'il faut 36 décal. ou 0,$^{hectol.}$36 d'avoine pour un hectare, pour 21$^{hectar.}$,005 il en faudra 21,005 fois plus ou 21,005 $\times$ 0^h,36 = Rép. 75 hectol.,618.

439. La hauteur demandée = 3 fois 0^m,6 = Rép. 1^m,8.

440. Puisque 1 hectolitre pèse 81 kilog., 14^h,35 pèseront 14,35 fois plus ou 14,35 $\times$ 81 = R. 1162^k,35.

441. La hauteur demandée = 1^m,624 $\times$ 68 = Rép. 110 mètres en nombre rond.

442. Si 1 hectare de terrain exige 100 kilog. de blé, 9^h,45 exigeront 9,45 fois plus ou 9,45 $\times$ 100 = Rép. 945 kilogrammes.

443. Le poids demandé n'est autre chose que le poids des 900 rations que le bœuf fournit. Or, comme chaque ration pèse 250 gr., les 900 rations pèsent 900 fois plus ou 900 $\times$ 0^k,25 = Rép. 225 kilog.

444. Il est évident que si le boulet de 16 a un diamètre de 130^{mm},3 ou, ce qui revient au même, occupe sur une ligne droite une longueur de 130^{mm},3, 156 boulets semblables occuperont une longueur 156 fois plus grande ou 156 $\times$ 130,3 millimèt. = 20326^{mm},8 ou 20^m,33.

445. Puisque 1 kilogr. de bronze coûte 2 fr. 50, 2740 kilog. coûteront 2740 fois plus ou 2740 $\times$ 2^f,5 = Rép. 6850 fr.

446. Puisque 1 pied vaut 0^m,30479449, 5 pieds valent 5 fois plus ou 0^m,30479449 $\times$ 5 = Rép. 1^m,52.

447. La profondeur demandée = 2 fois 86^{mm} = Rép. 172 ^{mm}.

448. Puisque 1 kilom. exige 13 minutes de temps, 40 kilom. exigent 40 fois plus de temps ou $13 \times 40 = 520$ minutes ou $\frac{520}{60} = $ Rép. $8^h 4^m$.

449. Si l'hectol. d'orge pèse 64 kilog. $17^h,57$ pèseront 17,57 fois plus ou $17,57 \times 64 = $ Rép. $1124^k,48$.

450. $75 \times 4 = $ Rép. 300 kilom.

451. Si le mètre courant de fil pèse $0^k,154$, 1 kilom. ou 1000 mèt. de ce fil pèse 1000 fois plus ou $= $ Rép. 154 kilog. (par le simple déplacement de la virgule).

452. La taille demandée est égale à 75 fois 23 millim. $= 1725^{mm}. = $ Rép. $1^m,725$.

453. Puisque 1 pied vaut $0^m,2896$, 30 pieds valent 30 fois plus ou $0,2896 \times 30 = $ Rép. $8^m,69$ et 60 pieds valent 60 fois $0^m,2896 = $ Rép. $17^m,38$. Ces éléphants avaient donc $8^m,69$ de haut sur $17^m,38$ de longueur.

454. $19 \times 40 = 760^k$; $8 \times 100 = 800^k$. Or, $760 + 800 = $ Rép. 1560 kil.

455. La dépense demandée $= 0^f,225 \times 950 = $ Rép. $213^f,75$.

456. Le poids cherché $= \overline{41}^2 \times 4 = 1681 \times 4 = $ Rép. 6724 kilog.

457. Si une sangsue absorbe 4 gram. de sang, 25 sangsues en absorberont 25 fois plus ou $25 \times 4 = $ Rép. 100 grammes.

458. Puisque le mille géographique vaut 1852^m, 379 milles, qui est l'espace cherché ; valent 379 fois $1852 = $ Rép. $701^{kilom.},9$.

459. La longueur cherchée $= 6 \times 1^m,6 = $ Rép. $9^m,6$.

460. Puisque 1 hectol. de graines rend 15 litres d'huile, 12 hectol. de graines rendront 12 fois plus ou 12×15 lit. $= 180^l$. Mais l'hectare produit $12^{hectol.}$ de graines, donc il produit $= $ Rép. 180^l d'huile.

461. Le poids de la coquille $= 5^{gr},5$
Le poids du jaune $= 5,5 \times 3 = 16,5$
Le poids du blanc $= 5,5 \times 5 = 27,5$

Le poids total de l'œuf $=$ Rép. $49^{gr},5$
(soit 50 grammes en nombre rond.)

462. Multipliez le nombre de marches par leur hauteur, vous aurez :
hauteur absolue du $1^{er} = 20 \times 0^m,18 = 3^m,60$
$ \text{du } 2e = 19 \times 0^m,18 = 3^m,42$
$ \text{du } 3e = 18 \times 0^m,18 = 3^m,24$
$ \text{du } 4e = 17 \times 0^m,18 = 3^m,06$
hauteur au-dessus du pavé :
$ \text{du } 1er = 3^m,60 = $ Rép. $3^m,60$
$ \text{du } 2e = 3^m,60 + 3^m,42 = $ Rép. $7^m,02$
$ \text{du } 3e = 7^m,02 + 3^m,24 = $ Rép. $10,26$
$ \text{du } 4e = 10^m,26 + 3^m,06 = $ Rép. $13,32$

463. Si 1 kilog. d'eau de mer contient 25 grammes de sel, 1000 kilog. d'eau en contiendront 1000 fois plus ou $1000 \times 25 = $ Rép. $25^{kilog.}$

464. Le shilling valant $1^f,16$, 4 shillings valent $4 \times 1^f,16 = 4^f,64$, et 5 shillings valent $5 \times 1^f,16 = 5^f,80$;
Par conséquent,
12 journées de maçons $= 12 \times 4,64 = $ Rép. $55^f,68$.
15 journ. de charpentiers $= 15 \times 5,8 = $ Rép. 87^f.

465. 100 kilog de guano coûtant $28^f,50$, 200 kilog. coûteront 2 fois $28^f,50 = 57^f$. D'un autre côté, 200 kilog. de plâtre coûtent $2^f,50 \times 2 = 5^f$; on a donc :
 prix du guano $ 57^f$.
 prix du plâtre $ 5^f$.

 Prix de la fumure $= $ Rép. 62^f.

466. Chaque personne consommant 6,5 kilog. de sel, à 15 centimes le kilog., dépense $6,5 \times 0^f,15 = 0^f,975$; par conséquent, la dépense de la famille est de $0^f,975 \times 5 = $ Rép. $4^f,875$.

467. Après 3 heures de marche, le 1er piéton a fait $3 \times 5 = 15$ kilom. de chemin. Au bout du même temps, le 2e piéton a fait aussi $3 \times 5 = 15$ kilomèt. Or, comme ces deux distances sont parcourues en sens contraire, il est évident qu'au moment de leur arrivée, les deux piétons étaient éloignés, l'un de l'autre, d'une distance double de celle qu'ils ont franchie respectivement, c'est-à-dire de $15 \times 2 =$ Rép. 30 kilom.

468. Puisque 100 kilog. de guano coûtent 28f,50, les 400 kil. de cet engrais nécessaires à la fumure de 1 hectare, coûteront 4 fois plus ou $4 \times 28f,50 =$ Rép. 114 fr.

469. Si 1 soldat occupe dans le rang 0m,5, 200 soldats occuperont 200 fois plus d'espace ou $200 \times 0m,5 =$ 1re Rép. 100m.

De même, puisque 1 soldat occupe dans la file 0m,32, 200 soldats occuperont 200 fois 0m,32 = 2e Rép. 64m.

470. 15 double-décalitres $= 15$ fois 20 litres ou 300 litres ; par conséquent, 15 double-décalitres 48 litres $= 348$ litres ou 3 hectol.,48. Or, si 1 hectol. pèse 64 kilog., 3 hectol.,48 pèseront 3,48 fois plus ou $3,48 \times 64 =$ Rép. 222 kilog.,72.

471. Si 1 hectare de terrain rend 20 hectol. de vin, 2500000 hectares rendent 2500000 fois 20 hectol. ou $2500000 \times 20 =$ Rép. 50000000 hectol.

472. Puisque dans 1 seconde la marée fait 14 mèt. de chemin, dans 1 minute qui vaut 60 secondes, elle fera 60 fois 14 mèt. ou 840 mèt., et dans 1 heure qui vaut 60 minutes, elle fera 60 fois 840 mèt. = Rép. 50400 mètres ou 50 kilom.,4.

473. Si 1 litre de graines de panais pèse 200 gram., l'hectol. ou 100 lit. pèseront 100 fois plus ou $100 \times 200 = 20000$ gr $= 20$ kilog., mais l'hectol. de féveroles pèse 4 fois plus, donc il pèse 4 fois 20 ou = Rép. 80 kilogr.

474. Si 1 are rend 12 litres de blé, 1 hectare qui vaut 100 ar. rendra 100 fois 12 lit. = 1200 lit. = 12 hect. Mais puisque 1 hectol. de blé pèse 75 kilog., 12 hectol. pèseront 12 fois 75 kilog. = 900 kilog. Or, la paille ayant 2 à 3 fois ce poids pèsera 2 à 3 fois 900 kil., c'est-à-dire = Rép. 1800 à 2700 kilogr. Telle est, en poids, la quantité de paille demandée.

475. 1° Puisque 1 hectare de bon terrain exige 75 kilog. de semence, 5$^{hectar.}$,0015 de même qualité exigeront 5,0015 fois plus de semence ou 5,0015 × 75 = Rép. 375$^{kilog.}$,1 ;

2° Puisque 1 hectare de terrain de faible qualité exige 130 kilog. de semence, 1$^{hectar.}$,57 de même qualité exigeront 1,57 fois plus de semence ou 130 × 1,57 = Rép. 204$^{kilog.}$,1.

476. Puisque le gaz de l'huile éclaire 3,5 fois autant que le gaz de houille, 1 litre du 1er vaut autant que 3^l,5 du second, et par suite 100 litres du 1er gaz valent 100 fois plus ou 100 × 3^l,5 = 350 litres. Donc, il faut Rép. 350^l de gaz de houille pour 100^l de gaz d'huile.

477. Si 1 hectare de terrain exige 3 hectol. de maïs, 3$^{hectar.}$,0107 exigeront 3,0107 fois plus ou 3,0107 × 3 = 1re Rép. 9$^{hectol.}$,0321, et 4$^{hectar.}$,25 exigeront 4,25 fois 1 hectol. = 2^e Rép. 4$^{hectol.}$,25.

478. Puisque 1 kilog. de houille représente, comme éclairage, 1$^{kilog.}$,07 de charbon de bois, 100 kilog. de houille représenteront 100 fois 1^k,07 = Rép. 107 kil. de charbon de bois; ce qui veut dire qu'il faut 107 kil. de charbon de bois pour 100 kilog. de houille.

479. Puisque 1 kilog. de houille vaut autant, comme chauffage, que 1^k,25 de coke, 46^k,9 de houille valent 46,9 fois 1^k,25 ou Rép. 58^k,62 de coke. En d'autres termes, il faudrait 58^k,62 de coke pour remplacer 46^k,9 de houille.

480. Puisque 1 kilog. de coke remplace 2^k,14 de bois, 15^k,4 de coke remplaceront 15,4 fois 2^k,14 = Rép. 32 kilog. de bois.

481. Puisque 1 kilog. de charbon de bois remplace $1^k,17$ de coke, $83^k,04$ de charbon de bois remplaceront 83,04 fois $1^k,17 =$ Rép. $97^k,16$ de coke. En d'autres termes, il faudrait 97 kil., 16 de coke pour remplacer $83^k,04$ de charbon de bois.

482. Puisque 1 kilog. de houille remplace $2^k,68$ de bois, 154 kilog. de houille remplaceront 154 fois cette quantité de bois ou $154 \times 2,68 =$ Rép. $412^k,72$. En d'autres termes, il faut $412^k,72$ de bois pour remplacer 154 kilog. de houille.

483. Puisque 1 kilog. de charbon remplace, pour la chaleur, $2^k,5$ de bois 30 kil. de charbon remplaceront 30 fois $2^k,5$ ou Rép. 75 kilog. de bois. En d'autres termes, il faut 75 kilog. de bois pour remplacer 30 kil. de charbon.

484. 1° Si 1 kilog. de substance sèche exige 4 kil. d'eau en hiver, $6^{kilog.},7$ de substance exigeront 6,7 fois plus d'eau ou $6,7 \times 4 =$ Rép. $26^{kilog.},8$.

2° De même, si 1 kilog. de substance sèche exige 5 kilog. d'eau en été, $6^{kilog.},7$ de substance exigeront 6,7 fois plus d'eau ou $6,7 \times 5 =$ Rép. 31 kil., 5.

485. 1° Si 1 kilog. de fourrage sec exige, en hiver, $1^k,38$ d'eau, 2 kil. de fourrage exigeront 2 fois plus d'eau ou $2 \times 1,38 = 2^{kilog.},76$. Telle est la ration d'un mouton ; pour 50 moutons il faudra $2,76 \times 50 =$ Rép. 138 kilog.

2° De même si un kilog de fourrage sec exige, en été, 2 kilog. d'eau, 2 kilog., de fourrage exigeront 2 fois plus d'eau ou $2 \times 2 = 4$ kilog., et pour 50 moutons, $4 \times 50 =$ Rép. 200 kilog.

486. Si 1 kilog. de substance exige $2^{kilog.},24$ d'eau, 20 kilog. de substance exigeront 20 fois plus d'eau ou $20 \times 2,24 =$ Rép. 44 kil., 8;

2° Si 1 kilog. de substance exige 2 kil., 31 d'eau, 20 kilog. de substance exigeront 20 fois plus d'eau ou $20 \times 2,31 =$ Rép. 46 kil., 2.

487. Si 1 kilog. de foin sec exige $2^k,52$ ou $2^l,52$ d'eau, 10 kilog. de foin exigeront 10 fois plus d'eau ou $10 \times 2,52 = 25^k,2$ ou $25^l,2$ d'eau. Telle est la quantité d'eau absorbée par chaque vache ; or, comme il y en a 3, multipliez $25^l,2$ par 3 vous aurez $25,2 \times 3 =$ Rép. $75^l,6$ pour la quantité d'eau demandée.

488. 1° Si pour un semis en ligne 1 are de terrain exige 2 litres de maïs, $45^a,18$ exigeront 45,18 fois plus de maïs ou $45,18 \times 2 = 1^{re}$ Rép. $90^l,36$;

2° De même, si pour un semis à la volée 1 are exige $7^l,5$ de maïs, $45^a,18$ exigeront 45,18 fois $7^l,5 = 2^e$ Rép. $338^l,85$;

3° Enfin, puisqu'il faut 10 litres de graines par are, quand on sème pour fourrage, pour $45^a,18$ il faudra 45,18 fois 10 litres ou $= 3^e$ Rép. $451^l,8$.

489. 1° Puisque dans 1 seconde de temps la marée parcourt $6^m,52$ entre St-Nazaire et Nantes, dans 1 heure ou 3600 secondes elle parcourt 3600 fois $6^m,52$ ou 1re Rép. $23^k,472$ (en nombres ronds 23 à 24^k) ;

2° On trouvera de la même manière que la vitesse de la marée est 2e Rép. de $25^k,992$ (en nombre rond 26 kilom.) du Havre à Rouen, et de 3e Rép. $26^k,64$ (en nombres ronds 26 à 27 kilomètres) de Blaye à Bordeaux.

490. Puisque un fil de plomb laminé supporte $1^{kilog},35$, un fil d'étain fondu qui, à diamètre égal, supporte 2,47 fois autant que le premier supportera 2,47 fois $1^{kilog},35 =$ Rép. $3^{kilog},33$.

491. S'il faut 2 kilogram. de houille pour chauffer l'école pendant 1 heure, pour chauffer la même école pendant 10 heures, il faudra 10 fois plus de houille ou 20 kilog., et pour 3 mois ou 90 jours il faudra 90 fois 20 kilog. $=$ 1800 kilogr. Or, la houille coûtant $0^f,056$ le kilog., les 1800 kilog. coûteront 1800 fois $0,056 =$ Rép. $100^f,80$.

492. 1° Si pour un pain de 1 kilog. il faut $1^k,125$ de pâte, pour 60 pains semblables il faudra 60 fois plus de pâte ou $60 \times 1,125 =$ Rép. $67^k,5$.

2º Si pour un pain de 5 kilog. il faut 5ᵏ,2 de pâte, pour 14 pains semblables, il faudra 14 fois plus de pâte on $44 \times 5,2 =$ Rép. 72ᵏ,8.

3º Si pour un pain de 10 kilogr. il faut 10ᵏ,7 de pâte, pour 3 pains semblables, il faudra 3 fois plus de pâte ou $3 \times 107 =$ Rép. 32ᵏ,1.

Par conséquent, il faudra enfourner 67ᵏ,5 + 72ᵏ,8 + 32ᵏ,1 = Rép. 172ᵏ,4 de pâte.

493. Classe de :

	kilog.		kilog.	kilog.		Rép.
100 élèves	3	× 10 × 90 = 2700	2700	× 0ᶠ,056 = 151ᶠ,20
150 —	4	× 10 × 90 = 3600	3600	× 0ᶠ,056 = 201ᶠ,60
200 —	5	× 10 × 90 = 4500	4500	× 0ᶠ,056 = 252ᶠ "
250 —	6	× 10 × 90 = 5400	5400	× 0ᶠ,056 = 302ᶠ,40
300 —	7	× 10 × 90 = 6300	6300	× 0ᶠ,056 = 352ᶠ,80

494. Chaque hectare de terrain produisant 12 hect. de grains, les 8600000 hectar. produiront 8600000 fois plus ou $12 \times 8600000 = 103200000$ hectolitres.

D'un autre côté, puisque chaque habitant consomme 2ʰ,5, les 36039364 hab. qui forment la population, consommeront $36039364 \times 2^h,5 = 90098410$ hectol. Ajoutons à ce résultat les 15000000 hectolitr. de semence, nous aurons $90098410 + 15000000 = 105098410$ pour le nombre d'hectolitres nécessaires à la consommation des habitants et aux semences. Cela posé, comparons le dernier nombre au produit de la récolte, nous aurons pour différence $105098410 - 103200000 = 1298410$ hectolitres. C'est-à-dire que loin de présenter un excédant la récolte, en France, présente au contraire, un déficit annuel de 1298410ʰ de grains.

495. La dilatation étant ici de 23 fois $0,000435 = 0,010005$, le volume primitif 1ᵐ·ᶜᵘᵇ· devient 1ᵐ·ᶜᵘᵇ· + $0,010005 = 1$ᵐ·ᶜᵘᵇ·,010005 = Rép. 1010ˡ,005.

Ce résultat signifie que pour une augmentation de 23 degrés de chaleur, 1000 lit. d'eau augmentent en volume de 10ˡ,005.

496. De 18º à 64º il y a $64 - 18 = 46$º d'augmentation de chaleur; par conséquent, la dilatation pour

1 litre sera $46 \times 0^l,000435 = 0^l,02$ et pour 12 litres, 12 fois $0^l,02 = 0^l,24$. Il suit de là, que le volume primitif qui était de 12^l sera $12^l + 0^l,24 = 12^l,24$.

C'est-à-dire, qu'il augmentera de 24 centil. Mais puisque le vase entièrement plein ne contient que 12 litres, il ne pourra contenir l'excédant $0^l,24$ lequel deversera par-dessus les bords. Donc, Rép. $0^l,24$ est la quantité d'eau qui sortira du vase par l'effet de la dilatation.

497. De 14 à 25 il y a $25 - 14 = 11°$ de chaleur; par conséquent, la dilatation, pour 1 litre, sera de $11 \times 0^l,00366 = 0^l,004$ et pour $2^l,5$ 2,5 fois $0^l,004 = 0^l,01$.

498. De 0° à 33° il y a 33° d'augmentation de chaleur; par conséquent, la dilatation linéaire ou l'allongement, pour 1 mètre, sera $33 \times 0^m,000011821 = 0^m,0004$, et pour 10 mètres, 10 fois $0,0004 = $ Rép. $0^m,004$ ou 4 millimètres.

499. De 25° à 56° il y a $56 - 25 = 31°$ d'augmentation de chaleur; par conséquent, d'après le problème 498, la dilatation linéaire ou l'allongement serait, pour 1 mètre, de $31 \times 0^m,000011821 = 0^m,00037$, et pour 1000 mètres, de 1000 fois $0^m,00037 = $ Rép. $0^m,37$.

500. De 0° à 60° il y a 60° d'augmentation de chaleur; par conséquent, d'après le prob. 498, la dilatation linéaire ou l'allongement du fer sera, pour 1 mètre, de $60 \times 0^m,000011821 = 0^m,00071$, et pour 5 mètres (longueur d'un rail) de 5 fois $0^m,00071 = $ Rép. $0^m,0035$.

501. De 0° à 54° il y a 54° d'augmentation de chaleur; par conséquent, d'après le problème 498, la dilatation linéaire ou l'allongement pour 1 mètre, sera $54 \times 0,000011821 = 0^m,0006$, et pour 5 mètr. (longueur du rail), de 5 fois $0^m,0006 = 0^m,003$. Telle est la quantité dont chaque rail tendrait à s'allonger, sous l'action de la chaleur, si ses deux extrémités étaient libres; mais si elles étaient en contact immédiat, et la dilatation intervenant, les rails poussés les uns contre

les autres par cette force irrésistible se déplaceraient de proche en proche, de manière à produire aux deux extrémités de la ligne un allongement égal à la somme de toutes les dilatations, ce qui occasionnerait le dérangement de la voie. Il faudrait donc, pour éviter cet inconvénient, laisser à chaque joint d'assemblage un intervalle égal à l'allongement qui doit s'y produire, c'est-à-dire Rép. un intervalle de 3 millim. au moins.

502. De 0° à 60° il y a 60° d'augmentation de chaleur; par conséquent, d'après le probl. 498, la dilatation linéaire ou l'allongement serait, pour 1 mètre, de $60 \times$ 0^m,000011821 $= 0^m$,00071, et pour 50 kilomètres ou 50000^m, de 50000 fois 0^m,00071 $=$ Rép. 35^m,5.

PROBLÈMES

SUR LA DIVISION DES NOUVELLES MESURES.

503. Si dans 1 heure la fontaine donne 320 litres, dans 1 minute qui est la 60e partie d'une heure, elle donnera 60 fois moins ou $\frac{320}{60} =$ Rép. 5^l,3.

504. S'il faut 180 kilog. de seigle pour 1 hectare de terrain, autant de fois 180 sera contenu dans 37^{kilog},9 autant d'hectares ou fraction d'hectare on pourra ensemencer. La division donne $\frac{37,9}{180} =$ Rép. 0^{hectar},21 ou 21 ares.

505. Le mille marin équivaut à 1852^m. Donc, autant de fois ce nombre sera contenu dans 3796000 mètres, autant de milles marins on aura. La division donne $\frac{3796000}{1852} =$ Rép. 2049^{milles},7.

506. Si pour 100 litres de cidre il faut 240 kilog. de pommes, pour 1 litre de cidre il faudra la 100e partie de 240 ou $\frac{240}{100} =$ Rép. 2^k,4.

507. Puisque 1 hectol. d'avoine pèse 47 kilogram. autant de fois ce nombre sera contenu dans 940 kilogr. autant d'hectol. on aura. L'opération donne $\frac{940}{47} =$ Rép. 20 hectolitres.

508. Si pour 100 toisons le tondeur reçoit 30 francs pour 1 toison il reçoit 100 fois moins ou la 100ᵉ partie de 30 fr., c'est-à-dire $\frac{30}{100}$ = Rép. 0ᶠ,3.

509. S'il faut 100 kilog. de blé pour ensemencer 1 hectare, autant de fois 100 sera contenu dans 375 kil. autant d'hect. on pourra ensemencer. La division donne $\frac{375}{100}$ = Rép. 3ʰᵉᶜᵗᵃʳ.,75.

510. Puisque 500 cocons pèsent 1 kilogr. 1 cocon pèse 500 fois moins ou la 500ᵉ partie de 1 kilogr. La division donne $\frac{1}{500}$ = Rép. 0ᵏ,002 ou 2 gr.

511. Puisque 1 cheval occupe une largeur de 1ᵐ,45 autant de fois ce nombre sera contenu dans 24ᵐ, autant de chevaux on pourra placer. La division donne $\frac{24}{1,45}$ = Rép. 16 à 17 chevaux.

512. Puisque l'hectolitre de blé pèse 81 kilog., autant de fois ce nombre est contenu dans 5000 kilog., autant d'hectolitres de blé le plancher pourra supporter. La division donne $\frac{5000}{81}$ = Rép. 61ʰᵉᶜᵗᵒˡ.,7.

513. 460 millions de myriamètres = 460000000 × 10000ᵐ = 4600000000000 mètres. Cela posé, autant de fois ce dernier nombre contiendra 4000ᵐ, autant de lieues il y aura entre le Soleil et Saturne. La division donne $\frac{4600000000000}{4000}$ = Rép. 1150000000 lieues.

514. Le $\frac{1}{4}$ de 37ᵏⁱˡᵒᵍ.,43 = $\frac{37,43}{4}$ = Rép. 9ᵏ,36.

515. Puisque à l'âge de 20 ans les mûriers rendent 40 kilog. de feuilles, autant de fois 40 sera contenu dans 1320, autant de mûriers on devra planter. La division donne $\frac{1320}{40}$ = Rép. 33.

516. La quantité cherchée = $\frac{6,5}{2}$ = Rép. 3ᵏ,25.

517. Si dans 1 minute le ruisseau débite 12 litres d'eau, dans 1 seconde qui est la 60ᵉ partie de la minute, il débitera la 60ᵉ partie de 12ˡ ou $\frac{12}{60}$ = Rép. 0ˡ,2

518. Si 1 hectol. de graines de luzerne pèse 77 kil., l'hectolitre de graines du vulpin des prés, qui pèse 7 fois moins, pèsera $\frac{77}{7}$ = Rép. 11 kilog.

519. Si 6 encablures valent 1169m,424 1 encablure vaut 6 fois moins ou $\frac{1169,424}{6}$ = Rép. 194m,904 (en nombre rond 195 mètres.)

520. Si 50 kilog. de pain contiennent 1 kilog. de sel, 1 kilog. de pain contient 50 fois moins de sel ou la 50e partie de 1 kilog., c'est-à-dire $\frac{1}{50}$ = Rép. 0k,02 ou 20 grammes.

521. Le jour se divise en 24 heures. On aura donc, pour les vitesses cherchées :

1er CAS. $\frac{200}{24}$ = Rép. 8kilom.,333 à l'heure ;

2e CAS. $\frac{1200}{8 \times 24}$ = $\frac{1200}{192}$ = Rép. 6kilom.,25 à l'heure.

522. Il faut autant de gallons que 1 hectolitr. contient de fois 4l,543. L'opération donne $\frac{100}{4,543}$ = Rép. 22 gallons.

523. Autant de fois 4m,58 est contenu dans 4000 mètres, autant de secondes le coureur a dû mettre. La division donne $\frac{4000}{4,58}$ = Rép. 873second.,4 ou $\frac{873,4}{60}$ = 14minutes 33s,4.

524. Puisque 3 hectolitres de maïs représentent la semence de 1 hectare, autant de fois 3 hectol. sera contenu dans 7hectol.,1 autant d'hectares on pourra ensemencer. La division donne $\frac{7,1}{3}$ = Rép. 2hectar.,37.

525. Si 27 œufs de poule pèsent autant qu'un œuf d'autruche qui pèse 1kilog.,375, 1 œuf de poule pèsera 27 fois moins ou $\frac{1,375}{27}$ = Rép. 0k,051 ou 51 gram.

526. Si 100 kilog. d'eau minérale contiennent 20 kilog. de sel, 1 kilog. d'eau contient ou peut produire 100 fois moins de sel ou la 100e partie de 20 kilogr. L'opération donne $\frac{20}{100}$ = Rép. 0kilog.,2.

527. Puisque une vache produit 18 litres de lait, autant de fois ce nombre sera contenu dans 300000, autant de vaches il faudra. La division donne $\frac{300000}{18}$ = Rép. 16666 à 16667 vaches.

528. Autant de fois 16 centimètres sera contenu dans 17m,6, autant de marches l'escalier devra contenir. La division donne $\frac{17,6}{0,16}$ = Rép. 110 marches.

529. La lieue commune valant 4445 mètr., 3 lieues valent 13335 mètres; or, puisque l'accroissement du delta a été de 13335 mèt. dans 1800 ans, dans 1 an il a été 1800 fois plus petit ou $\frac{13335}{1800}$ = Rép. 7m,4.

530. Puisque la fumée fait 4m,5 de chemin en 1 seconde de temps, autant de fois 4,5 sera contenu dans 17m,2 autant de secondes il faudra à la fumée pour parcourir le tuyau. L'opération donne $\frac{17,2}{4,5}$ = Rép. 3s,8.

531. Autant de fois 5,5 est contenu dans 100, autant de bêtes il faut. La division donne $\frac{100}{5,5}$ = Rép. 18 à 19 bêtes.

532. En effectuant l'opération, on trouve pour le quotient 230, et pour reste 5; donc, le poids cherché = 230 + 5 = Rép. 235 kilog.

533. 17 minutes = 17 fois 60 secondes = 1020 secondes. Divisez 1020 par 356 vous aurez $\frac{1020}{356}$ = Rép. 2 second., 9 pour la durée d'une oscillation.

534. 1er cas. Puisque 85m,8 de chemin fait au pas exigent 1 minute de temps, autant de fois 85,8 sera contenu dans 1000^m, autant de minutes il faudra pour faire 1 kilom. La division donne $\frac{1000}{85,8}$ = Rép. 11^m,6.

Par un raisonnement analogue on trouvera le temps nécessaire pour faire 1 kilom., savoir :

2e CAS. Au trot = Rép. 5^m,26.

3e CAS. Au galop = Rép. 2^m,65.

535. Puisque le karat vaut 205^{millig.},5 ou 0^{gr.}2055, autant de fois ce nombre sera contenu dans 133 gr., autant de karats on aura pour le poids du diamant. La division donne $\frac{133}{0,2055}$ = Rép. 647^{kar.},2.

536. Puisque 1 litre contient 13480 grains de blé, autant de fois ce nombre sera contenu dans 4000000, autant de litres de blé il faudra pour le semis de 1 hectare. La divison donne $\frac{4000000}{13480}$ = Rép. 296 litres ou 29^{décal.},6.

537. Le liquide occupe $\frac{1}{4}$ du litre ou $\frac{1}{4}$ = 0^l,25. Donc, la portion du litre occupée par les graines = 1 lit. — 0^l,25 = Rép. 0^l,75.

538. Puisque 10 litres font perdre 0^l,5 1 litre fait perdre la 10e partie de 0^l,5 = Rép. 0^l,05 ; ce qui revient à 1 litre sur 20.

539. Si 3000 mèt. de longueur donnent 1 mèt. de pente, 1 mèt. de longueur donne 3000 fois moins de pente ou $\frac{1}{3000}$ = Rép. 0^m,0003 ou $\frac{3}{10}$ de millimètres.

540. La vitesse de 500 mèt. par seconde correspond à 500 × 60 = 30 kilom. par minute; à 30 × 60 = Rép. 1800 kilom. par heure ; à 1800 × 24 = 43200 kilom. par jour de 24 heures. Cela posé, autant de fois ce nombre sera contenu dans la distance de la Terre au Soleil ou 152 millions de kilom. autant de jours il faudrait au boulet pour franchir cette distance. La division donne $\frac{152000000}{43200}$ = Rép. 3518^{jours},52. (Voir au problème 896 le moyen d'évaluer ce résultat en années, mois et jours.)

541. 45 sacs à 100 kilog. = 4500 kilog. Or, autant de fois ce nombre contient 440 autant d'hommes il faut pour remplacer le moulin. L'opération donne $\frac{4500}{440}$ Rép. 10 à 11 hommes.

542. La hauteur des marches doit être telle qu'en la multipliant par 15 on ait un produit égal à 3^m,45 ; ce dernier nombre est donc le produit du facteur 15 et d'un facteur inconnu. Pour trouver ce dernier facteur, il suffira de diviser 3^m,45 par 15 ; l'opération donne $\frac{3,45}{15}$ = Rép. 0^m,23.

543. La ration en avoine étant de 3^k,6 pour les chevaux, 3 kilog. pour les mulets, autant de fois ces nombres sont contenus dans 567, autant de rations de chaque espèce on aura. De même, la ration en foin étant de 5 et 4 kilog., autant de fois ces nombres seront contenus dans 634, autant de rations de chaque espèce on aura. La division donne :

1o $\frac{567}{3,6}$ = Rép. 157,5 rations d'avoine pour chevaux;

2o $\frac{567}{3}$ = Rép. 189 — mulets ;

3o $\frac{634}{5}$ = Rép. 126,8 rations de foin pour chevaux;

4o $\frac{634}{4}$ = Rép. 158,5 — mulets.

544. Si 12 hectol., mesurés comble, valent 15 hectol. mesurés ras, 1 hectol., mesuré comble, vaut 12 fois moins ou $\frac{15}{12}$ = 1^h,25 mesuré ras. Il y a donc Rép. 25 litres sur 100 ou $\frac{1}{4}$ de différence entre ces deux modes.

545. Puisque le fil de fer supporte 41^k,84, autant de fois ce poids sera contenu dans 3000 kilog., autant de fils semblables il faudra pour soutenir la meule. La division donne $\frac{3000}{41,84}$ = Rép. 71 à 72 fils.

546. Puisque une barre de cuivre fondu supporte 21 kil., tandis qu'une barre en cuivre laminé de même section ne supporte que $13^k,39$, autant de fois ce dernier nombre sera contenu dans 21, autant de barres de cuivre laminé il faudra pour remplacer la première. La division donne $\frac{21}{13,39} = 1,6$.

Ce résultat signifie que, pour supporter le même poids qu'une barre de cuivre fondu, il faut une barre en cuivre laminé ayant la même section que la précédente, plus une seconde barre ayant pour section les 0,6 de la première, ou bien une barre unique d'une section égale à 1,6 fois celle de la barre en cuivre fondu.

547. Autant de fois $12^k,61$ est contenu dans $41^k,84$, autant de fils de laiton il faudra. L'opération donne
$$\frac{41,84}{12,61} = \text{Rép. } 3^{\text{fils}},3 \text{ ou 3 fils et } \tfrac{1}{3} \text{ environ.}$$

548. Puisque 80 degrés Réaumur ou 80° R. valent 100 degrés centigrades, 1° Réaumur vaut 80 fois moins ou la 80ᵉ partie de $100 = \frac{100}{80} = 1^{\text{re}}$ Rép. $\tfrac{5}{4}$ de degré centigrade.

Réciproquement, si 100° centigr. valent 80° R., 1° centig. vaut la 100ᵉ partie de $80° = \frac{80}{100} = 2^{\text{e}}$ Rép. $\tfrac{4}{5}$ de degré Réaumur.

549. 1 volume de vin plus 3 volumes d'eau = 4 volumes de mélange. Or, 4 contient 4 fois 1 : donc le volume de vin est 4 fois plus petit que le volume du mélange ou le $\tfrac{1}{4}$ de ce mélange ; il suit de là que 1 litre de ce liquide contient $\tfrac{1}{4} =$ Rép. $0^l,25$ ou $2\tfrac{1}{2}$ décilitres de vin pur.

550. 1° Si pour $\tfrac{1}{2}$ kilog. de beurre il faut 15 litres de lait, pour 1 kilog. de beurre il faudra 2 fois plus de lait ou $2 \times 15 = 1^{\text{re}}$ Rép. 30 litres.

2° Si pour 11 kilog. de fromage il faut 100^l de lait, pour 1 kilog. de fromage il faudra 11 fois moins de lait ou $\frac{100}{11} = 2^{\text{e}}$ Rép. $9^l,09$.

551. La distance entre Lyon et Avignon, par le Rhône, ou la longueur de ce fleuve entre ces deux villes est de 235500 mètres. Cela posé, autant de fois ce nombre contiendra $2^m,6$ autant de secondes il faudra à la barque pour franchir la distance en question. La division donne $\frac{235500}{2,6}$ = Rép. 90577 secondes ou $\frac{90577}{60}$ = 1509 minutes ou $\frac{1509}{60}$ = 25 heures 9 minutes.

552. Puisque 1 mètre-cube d'eau pèse 1000 kilog., tandis que le même volume d'air pèse seulement $1^k,293$ autant de fois ce dernier nombre sera contenu dans le premier, autant de fois l'eau sera plus pesante que l'air, ou l'air plus léger que l'eau. La division donne $\frac{1000}{1,293}$ = Rép. $773^{fois},28$.

553. De 1249 à 1867 il s'est écoulé 1867 — 1249 = 618 ans. Par conséquent, si dans 618 ans les dépôts du Nil se sont étendus sur une longueur de 8000 mèt., dans un an ce développement a été 618 fois plus petit ou $\frac{8000}{618}$ = Rép. 13 mètres, en nombre rond.

554. Puisque dans 1 seconde la lumière franchit $30831^k,643$, autant de fois ce nombre sera contenu dans 152 millions de kilom., autant de secondes la lumière emploie pour se montrer à nos yeux. La division donne $\frac{152000000}{30831,643}$ = 493 secondes ou $\frac{493}{60}$ = $8^{min}.13^s$.

Si donc, par hypothèse, le Soleil venait à s'éteindre subitement, le dernier rayon de lumière mettrait $8^m 13$ secondes de temps pour venir jusqu'à nous, bien que l'extinction du Soleil se fût produite $8^m 13^s$ auparavant. Donc, il faudrait $8^m 13^s$ pour s'apercevoir de l'extinction.

555. 1° En divisant la hauteur du premier végétal ou $4^m,7$ par $1^m,60$, taille moyenne de l'homme, je trouve que celle-ci y est contenue 2 fois $\frac{9}{10}$, c'est-à-dire moins de 3 fois ; par conséquent, je place ce végétal parmi les arbustes ou arbrisseaux.

2° De même, en divisant 6^m,4 ou la hauteur du deuxième végétal par la taille de l'homme, je trouve que celle-ci y est contenue exactement 4 fois, c'est-à-dire que ce végétal dépasse la taille des arbustes sans atteindre la taille des arbres ; d'où je conclus qu'il ne peut-être classé que comme *arbuscula*.

3° Enfin, en divisant 9 mètres ou la hauteur de croissance du troisième végétal, je trouve qu'elle contient 5,6 fois, c'est-à-dire plus de 5 fois la taille de l'homme. Donc ce végétal doit être classé parmi les arbres.

556. Autant de fois 250 litres ou 380 litres seront contenus dans 30 hectol. ou 3000 litres, autant de fois la semence sera rendue. La division donne $\frac{3000}{250} =$ 1re Rép. 12 fois et $\frac{3000}{380} =$ 2e Rép. 7,8 fois.

557. Si 100 ares exigent 225 lit. de semence, un are en exigera 100 fois moins ou $\frac{225}{100} = 2^l,25$. Mais puisque le rendement est de 10 fois la semence, le rendement de 1 are sera exprimé par $10 \times 2,25 =$ Rép. 22^l,5.

558. Autant de fois 96000 contient 10015, autant de $\frac{1}{10}$ de secondes il faudrait. La division donne $\frac{96000}{10015}$ $= 9,5$ fois $\frac{1}{10}$ ou $9,5 \times 0,1 =$ Rép. 0^s,95.

559. Puisque dans 4 heures le flot parcourt 86 kil., dans 1 heure il parcourt une distance 4 fois plus petite ou $\frac{86}{4} =$ Rép. 21^k,5.

560. Autant de fois 4^m,44 est contenu dans 1 kilom. ou 1000 mètres, autant de secondes il faudra au cheval pour parcourir cette dernière distance. La division donne $\frac{1000}{4,44} = 225^s,2$; mais 60 secondes font 1 minute : donc, autant de fois 60 sera contenu dans 225,2 autant de minutes il faudra compter. La division donne $\frac{225,2}{60} =$ Rép. 3 minutes 45 secondes.

561. Autant de fois 15^m,6 sera contenu dans 1 kilom. ou 1000 mèt., autant de secondes il faudra au cheval pour parcourir cette distance. La division donne $\frac{1000}{15,6}$ = 64^{secondes},1 ; mais 60 secondes font 1 minute ; donc, il faudra Rép. 1 minute 4 secondes $\frac{1}{10}$.

562. 1° Si 100 pas, au galop, représentent une longueur de 378^m, la longueur du pas représente la 100e partie de 378 mètres = 1re Rép. 3^m,78 ;

2° Si le cheval fait 378^m dans 1 minute ou 60 secondes, dans une seconde il fera la 60e partie de 378 ou $\frac{378}{60}$ = 2^e Rép. 6^m,3. Donc, la vitesse du cheval est de 6^m,3 par seconde.

563. 1° Si 158 pas équivalent à 190^m,2 1 pas équivant à la 158e partie de 190^m,2 ou $\frac{190,2}{158}$ = 1re Rép. 1^m,20 ;

2° Si le cheval parcourt 190^m,2 dans 1 minute ou 60 secondes, dans 1 seconde il parcourra la 60e partie de 190^m,2 ou $\frac{190,2}{60}$ = 2^e Rép. 3^m,17. Telle est donc la vitesse par seconde.

564. 1° Si 107 pas représentent une longueur de 85^m,8 1 pas représente la 107e partie de 85,8 ou $\frac{85,8}{107}$ = 1re Rép. 0^m,8 ;

2° Si le cheval parcourt 85,8 dans 1 minute ou 60 secondes, dans une seconde il parcourra la 60e partie de 85,8 ou $\frac{85,8}{60}$ = 2^e Rép. 1^m,43. Telle est donc la vitesse de l'animal par seconde.

565. Divisez 478397 par 5520$^{kilom.\ car.}$,72, le quotient exprimera le résultat demandé. L'opération donne $\frac{478397}{5520,72}$ = Rép. 86 hab.,6.

566. Divisez 373841 par 5170,63, le quotient exprimera le résultat demandé. L'opération donne $\dfrac{373841}{5170,63}$ = Rép. 72 hab.,3.

567. Si $1^k,026$ d'eau de mer représente, en volume, 1 litre, 1 kilog. représentera 1,026 fois moins ou $\dfrac{1^k}{1,026}$ = Rép. $0^l,97$.

568. 25 lieues de poste = $25 \times 3898^m = 97450^m$, et 925 kilom. $= 925000^m$. Cela posé, autant de fois ce dernier nombre contiendra le premier, autant d'heures les pigeons devront employer pour le trajet proposé. L'opération donne $\dfrac{925000}{97450}$ = Rép. $9^h,5$ ou 9 heures 30 minutes.

569. Si 100 pas accélérés équivalent à 66^m de longueur, 1 pas équivaut à la 100e partie de 66 ou $0^m,66$. De même, si 120 pas de charge représentent 81^m de longueur, 1 pas représente la 120e partie de 81 ou $\dfrac{81}{120}$ $= 0^m,675$. Donc, le pas de charge est plus long de $0^m,675 - 0^m,66$ = Rép. $0^m,015$.

570. Autant de fois $0^m,65$ est contenu dans 247123 mètres, autant de secondes la Seine met pour faire le trajet proposé. La division donne $\dfrac{247123}{0,65} = 380189$ secondes ; mais la minute contient 60 secondes, et l'heure 60 minutes, c'est-à-dire $60 \times 60 = 3600$ secondes ; par conséquent, autant de fois ce dernier nombre sera contenu dans 380189, autant d'heures on aura. La division donne $\dfrac{380189}{3600}$ = Rép. 106 heures.

571. Puisque 1 cheval occupe $1^m,45$, autant de fois ce nombre sera contenu dans $33^m,35$ longueur de l'écurie, autant de chevaux on pourra placer. La division donne $\dfrac{33^m,35}{1,45}$ = Rép. 23 chevaux.

572. Puisque 1 kilog. de bronze coûte $2^f,50$, autant de fois ce nombre sera contenu dans 1550 fr., autant de

kilog. le quotient exprimera. La division donne $\dfrac{1550}{2,5}$ = Rép. 620 kilog.

573. Si 440000 mètres de fil contiennent 32 gr. d'or, 1^m de ce fil contient la 440000ᵉ partie de 32 gr. ou $\frac{32}{440000}$ = Rép. 0ᵍʳ,00007 ou 0ᵐⁱˡˡⁱᵍ,07 c'est-à-dire les $\frac{7}{100}$ de 1 milligramme.

574. Puisque 200 kilog. de feuilles nourrissent 1ᵈᵉᶜᵃᵍʳ d'œufs, autant de fois 200 sera contenu dans 5000ᵏⁱˡᵒᵍ·, autant de décagr. d'œufs on pourra nourrir. La division donne $\frac{5000}{200}$ = Rép. 25 décag. ou 250 grammes.

575. Puisque 1 litre de lait donne 33ᵍʳ,3 de beurre, autant de fois 64 kilog. contiendra 33ᵍʳ,3, autant de litres de lait on aura. La division donne $\dfrac{64}{33,3}$ = $\dfrac{64}{0,0333}$ = Rép. 1922 litres.

576. 25 kilog. de moût contiennent $\frac{25}{4}$ = 6ᵏ,25 de sucre. Or, comme l'évaporation n'entraîne pas cette substance, elle se trouve dans les 18 kilog. de moût qui restent après l'évaporation. Donc ces 18 kilog. contiennent Rép. 6ᵏ,25 de sucre.

577. Autant de fois 16488 mètres sera contenu dans 40000000ᵐ, autant d'heures il faudrait au coureur pour faire le tour de la Terre; la division donne $\frac{40000000}{16488}$ = 2426 heures. Pour avoir le nombre de jours correspondant, divisez 2426 heures par 24, vous trouverez $\frac{2426}{24}$ = Rép. 101 jours.

578. Puisque la dilatation ou l'allongement 0ᵐ,00002173 exige 1° de chaleur, l'allongement 0ᵐ,001 exigera autant de degrés que ce dernier nombre contiendra le premier. L'opération donne $\dfrac{0^m,001}{0^m,00002173}$ = $\dfrac{0^m,1}{0^m,002173}$ = 46°. Ce résultat signifie que pour

produire l'allongement donné, il faut 46° de chaleur en sus des 20° que la tige possède déjà, c'est-à-dire que la température de l'eau soit de 20 + 46 = Rép. 66°.

579. 1° Autant de fois 4 kilog. sera contenu dans 35 kilog., autant de chevaux-vapeur la machine représentera. La division donne $\frac{35}{4}$ = 1re Rép. 8chev.-vap.,7 ou plus simplement 8 à 9 chevaux-vapeur.

2° Autant de fois 3 kilog. sera contenu dans 70 kil., autant de chevaux-vapeur la machine représentera. La division donne $\frac{70}{3}$ = 2e Rép. 23chev.-vap.,3.

580. Puisque 150 mètres d'élévation donnent 1° d'abaissement de température, autant de fois la hauteur de la montagne ou 3500 mèt. contiendra 150 mèt., autant de degrés on doit trouver. La division donne $\frac{3500}{150}$ = 23°,33. Tel est le nombre de degrés dont la température devra s'abaisser au sommet de la montagne ; or, comme la température du pied est de 10°, celle du sommet devient + 10° — 23°,33 = Rép. — 13°,33 ou, ce qui est la même chose, 13°,33 au-dessous de 0° (1).

581. 1° Si 3 kilog. de pain 1re qualité se vendent 1f,05 1 kilog. doit se vendre 3 fois moins ou $\frac{1,05}{3}$ = 1re Rép. 0f,35.

2° De même, si 4 kilog. de pain 2e qualité coûtent 1f,05 + 0f,07 = 1f,12, 1 kilog. de cette qualité doit se vendre 4 fois moins ou $\frac{1,12}{4}$ = 2e Rép. 0f,28.

582. Divisez 21m,90 par 38, le quotient exprimera la distance qui doit séparer les aubes les unes des autres à partir de leur centre. L'opération donne $\frac{21,90}{38}$ = Rép. 0m,576.

____

(1) Voyez, pour l'interprétation de ce résultat, la note du problème 1646.

583. Puisque, à l'échelle de 1 pour 10, 10 mètres sur le terrain représentent 1 mèt. sur le papier, 1 mèt. sur le terrain représentera sur le papier 10 fois moins de longueur ou $\frac{1}{10} =$ Rép. 0^m,1.

584. Puisque, à l'échelle de 1 pour 100, 100 mètres mesurés sur le terrain représentent 1 mèt. de longueur sur le plan, 1 mèt. sur le terrain représentera sur le plan une longueur 100 fois plus petite ou $\frac{1}{100} =$ Rép. 0^m,01.

585. Puisque, à l'échelle de 1 pour 1000, 1000 mèt. sur le terrain représentent 1 mèt. de longueur sur le plan, 1 mèt. pris sur le terrain représentera sur le plan une longueur 1000 fois plus petite ou $\frac{1}{1000} =$ Rép. 0^m,001.

586. Puisque, à l'échelle de 2500, 2500 mètres sur le terrain représentent 1 mètre sur les plans, 1^m, 10^m, 100^m, 1000^m, 500^m mesurés sur le terrain représenteront des longueurs 2500 fois plus petites ou 1° $\frac{1}{2500} =$ 0^m,0004 ; 2° $\frac{10}{2500} =$ 0^m,004 ; 3° $\frac{100}{2500} =$ 0^m,04 ; 4° $\frac{1000}{2500} =$ 0^m,4 ; 5° $\frac{500}{2500} =$ 0^m,2.

587. 1° Puisque sur le dessin la hauteur de la statue représente le 20e de la hauteur réelle, on obtiendra cette dernière hauteur en multipliant la première par 20 ; ce qui donne 20 $\times$ 0^m,14 = 1re Rép. 2^m,8 ;

2° Puisque 14 centim. sur le dessin représentent 2^m,8 de grandeur réelle, 1 centim. représente 14 fois moins ou $\frac{2,8}{14} =$ Rép. 0^m,2 ; ce qui veut dire que le dessin a été fait à l'échelle de 1 cent. pour 20 ou au 20e, ainsi que cela résulte d'ailleurs des données.

588. 1° Si 100 kil. d'eau saturée renferment 27 kil. de sel, 1 kilog. d'eau, pour être saturée, exigera la 100e partie de 27 kilog. ou $\frac{27}{100} =$ 1re Rép. 0^k,27 de sel.

2° Réciproquement, puisque 37 kilog. de sel exigent, pour être dissous, 100 kilog. d'eau, 1 kilog. de sel exigera 37 fois moins d'eau ou $\frac{100}{37} =$ 2e Rép. 2^k,7 d'eau.

EXERCICES SUR LA LECTURE ET L'ÉCRITURE DES NOMBRES QUI EXPRIMENT DES SURFACES.

589. $2^{m. car.},15 = 2$ mètres carrés 15 décimètres carrés.

$5^{ar.},02 = 5$ ares 2 centiares.

$7^{kilom. car.},8 = 7$ kilomètres carrés 800000 mètres carrés.

$9^{m. car.},48 = 9$ mètres carrés 48 décimètres carrés.

$8^{ar.},05 = 8$ ares 5 centiares.

590. $6^{kilom. car.},208 = 6$ kilomètres carrés 208000 mètres carrés.

$5^{m. car.},04 = 5$ mètres carrés 4 décimètres carrés.

$3^{hectar.},06 = 3$ hectares 6 ares.

$2^{kilom. car.},07 = 2$ kilomètres carrés 70000 mètres carrés.

$0^{m. car.},38 = 38$ décimètres carrés.

591. $5^{hectar.},3127 = 5$ hectares 31 ares 27 centiares.

$0^{kilom. car.},041 = 41000$ mètres carrés.

$19^{a},3 = 19$ ares 30 centiares.

$4^{m. car.},6 = 4$ mètres carrés 60 décim. car.

$3^{kilom. car.},261 = 3$ kilom. car. 261000 mèt. car.

592. $0^{m. car.},05 = 5$ décimètres carrés.

$6^{hectar.},0101 = 6$ hectares 1 are 1 centiare.

$8^{kilom. car.},05 = 8$ kilom. carrés 50000 mèt. car.

$4^{m. car.},736 = 4$ mètres carrés 73 décimèt. carrés 60 centimètres carrés.

$9^{hectar.},7 = 9$ hectares 70 ares.

593. $0^{kilom. car.},053 = 53000$ mètres carrés.

$7^{m. car.},061 = 7$ mètres carrés 6 décimèt. carrés 10 centimètres carrés.

$0^{a},8 = 80$ centiares.

$5^{m. car.},002 = 5$ mèt. carrés 20 centimèt. carrés.

$10^{kilom. car.},5 = 10$ kilom. car. 500000 mèt. car.

594. $0^{m.\ car.},306 = 30$ décim. carrés 60 centim. car.
$2^{hectar.},009 = 2$ hectares 90 centiares.
$8^{m.\ car.},043 = 8$ mètres carrés 4 décimèt. carrés 30 centimètres carrés.
$0^{kilom.\ car.},13 = 130000$ mètres carrés.
$0^{m.\ car.},001 = 10$ centimètres carrés.

595. $1^{hectar.},0316 = 1$ hectare 3 ares 16 centiares.
$9^{kilom.\ car.},102 = 9$ kilom. car. 102000 mèt. car.
$0^{m.\ car.},004 = 40$ centimètres carrés.
$0^{hectar.},08 = 8$ ares.
$5^{m.\ car.},2426 = 5$ mètres carrés 24 décimèt. carrés 26 centimètres carrés.

596. $4^{kilom.\ car.},007 = 4$ kilom. carrés 7000 mèt. car.
$9^{a},1 = 9$ ares 10 centiares.
$0^{m.\ car.},8007 = 80$ décim. car. 7 centimèt. car.
$1^{kilom.\ car.},002 = 1$ kilom. carré 2000 mèt. car.
$0^{hectar.},1005 = 10$ ares 5 centiares.

597. $1^{m.\ car.},4003 = 1$ mètre carré 40 décimèt. carrés 3 centimèt. carrés.
$7^{kilom.\ car.},036 = 7$ kilom. car. 36000 mèt. car.
$8^{hectar.},015 = 8$ hectares 1 are 50 centiares.
$0^{m.\ car.},205 = 20$ décimèt. car. 5 centimèt. car.
$0^{kilom.\ car.},0028 = 2800$ mètres carrés.

598. $0^{ar.},07 = 7$ centiares.
$3^{m.\ car.},0019 = 3$ mèt. carrés 19 centim. carrés.
$29^{kilom.\ car.},01 = 29$ kilomèt. car. 10000 mèt. car.
$5^{hectar.},002 = 5$ hectares 20 centiares.
$0^{m.\ car.},0037 = 37$ centimètres carrés.

599. $4^{kilom.\ car.},95 = 4$ kilomèt. 950000 mèt. carrés.
$2^{m.\ car.},5006 = 2$ mètres carrés 50 décimètres carrés 6 centimètres carrés.
$0^{hectar.},0205 = 2$ ares 5 centiares.
$0^{m.\ car.},46203 = 46$ décimètres carrés 20 centimètres carrés 30 millimètres carrés.
$1^{m.\ car.},000207 = 1$ mètre carré 2 centimètres carrés 7 millimètres carrés.

600. Trois ares six centiares = 3^{ar},06

Quatre mètres carrés douze décimètres carrés = 4$^{m. car.}$,12

Huit kilomèt. carrés sept cent mille mèt. carrés = 8$^{kilom. car.}$,7

Cinq mètres carrés dix-neuf décimètres carrés = 5$^{m. car.}$,19

Six ares trois centiares = 6^{a},03.

601. Sept mètres carrés un décimèt. car. = 7$^{m. car.}$,01

Trois kilomètres carrés cent six mille mètres carrés = 3$^{kilom. car.}$,106

Six hectares deux ares = 6$^{hectar.}$,02

Cinq kilomètres carrés trente mille mètres carrés = 5$^{kilom. car.}$,03

Dix-huit décimètres carrés = 0$^{m. car.}$,18.

602. Deux hectares quarante-un ares douze centiares = 2$^{hectar.}$,4112

Un kilomètre carré trente-quatre mille mèt. car. = 1$^{kilom. car.}$,034

Onze ares soixante centiares = 11^{a},6

Neuf mèt. car. vingt décimèt. car. = 9$^{m. car.}$,2

Sept kilom. carrés cent neuf mille mètres carrés = 7$^{kilom. car.}$,109.

603. Trois décimètres carrés = 0$^{m. car.}$,03

Quatre hectares quatre ares un centiare = 4$^{hectar.}$,0401

Huit kilom. carrés cinquante mille mètres carrés = 8$^{kilom. car.}$,05

Deux mètres carrés seize décimètres carrés trente centimètres carrés = 2$^{m. car.}$,163

Six hectares quatre-vingts ares = 6$^{hectar.}$,8.

604. Deux kilomètres carrés trente-cinq mille mètres carrés = 2$^{kilom. car.}$,035

Neuf mètres carrés huit décimètres carrés dix centimètres carrés = 9$^{m. car.}$,081

Quarante centiares = 0^{a},4 ou 0$^{hectar.}$,004

Cinq mètres carrés soixante centimètres carrés = 5$^{m. car.}$,006

Quatre kilom. carrés deux cent mille mèt. carrés
= 4$^{\text{kilom. car.}}$,2.

605. Cinquante décimèt. carrés dix centimèt. carrés
= 0$^{\text{m. car.}}$,501

Trois hectares vingt ares quarante centiares =
3$^{\text{hectar.}}$,204

Cinquante centimètres carrés = 0$^{\text{m. car.}}$,005

Six ares = 6 ares ou 0$^{\text{hectar.}}$,06

Sept mètres carrés quarante-trois décimèt. carrés
deux centimètres carrés = 7$^{\text{m. car.}}$,4302.

606. Deux hectares trois ares vingt-cinq centiares =
2$^{\text{hectar.}}$,0325

Cinq kilomètres carrés deux cent sept mille mèt.
carrés = 5$^{\text{kilom. car.}}$,207

Quarante centimètres carrés = 0$^{\text{m. car.}}$,004

Sept ares = 7 ares ou 0$^{\text{hectar.}}$,07

Quatre mètres carrés douze décimètres carrés
seize centimètres carrés = 4$^{\text{m. car.}}$,1216.

607. Six kilomètres carrés cinq mille mètres carrés
= 6$^{\text{kilom. car.}}$,005

Huit ares vingt centiares = 8^{a},2 ou 0$^{\text{hectar.}}$,082

Quarante décimètres carrés trois centimèt. carrés
= 0$^{\text{m. car.}}$,4003

Un kilomèt. car. mille mèt. car. = 1$^{\text{kilom. car.}}$,001

Dix ares deux centiar. = 10^{a},02 ou 0$^{\text{hectar.}}$,1002.

608. Un mètre carré trente décimètres carrés quatorze
centimètres carrés = 1$^{\text{m. car.}}$,3014

Trois kilomètres carrés vingt-huit mille mètres
carrés = 3$^{\text{kilom. car.}}$,028

Deux hectares un are cinquante centiares =
2$^{\text{hectar.}}$,015

Cinquante décimètres carrés un centimètre carré
= 0$^{\text{m. car.}}$,5001

Sept kilomètres carrés seize cents mètres carrés
= 7$^{\text{kilom. car.}}$,0016.

609. Quatre mètres carrés vingt-cinq centimèt. carrés
= 4$^{\text{m. car.}}$,0025

Trois centiares = 0 ^{ar},03 ou 0 $^{hectar.}$,0003

Quinze kilomètres carrés quarante mille mètres carrés = 15 $^{kilom. car.}$,04

Six hectares neuf centiares = 6 $^{hectar.}$,0009

Quatre-vingt-un centimèt. carrés = 0 $^{m. car.}$,0081.

610. Un are deux centiares = 1 ^{are},02 ou 0 $^{hectar.}$,0102

Neuf kilomètres carrés quatre cent trente mille mètres carrés = 9 $^{kilom. car.}$,43

Un mètre carré soixante décimètres carrés quatre centimètres carrés = 1 $^{m. car.}$,6004

Un décimètre carré vingt millimètres carrés = 0 $^{m. car.}$,01002

Trois mètres carrés quarante centimètres carrés cinq millimètres carrés = 3 $^{m. car.}$,004005.

PROBLÈMES SUR LES SURFACES.

611. Puisque il entre 80 carreaux dans 1 mètre carré, autant de fois 80 sera contenu dans 16000, autant de mètres carrés le carrelage comprendra. La division donne $\frac{16000}{80}$ = 200 mèt. carrés ; or, comme le mètre carré revient à 3 ^{f},4 les 200 mèt. reviendront à 200 × 3,4 = Rép. 680 fr.

612. Autant de fois la surface du carreau sera contenue dans la surface du vestibule, autant de carreaux il faudra. On aura $\frac{27^m,5}{0^m,0025}$ = Rép. 11000 carreaux.

613. S'il faut 4 grains pour 1 décimètre carré, pour 1 mètre carré il faut 100 fois plus de grains ou 100 × 4 = 400 grains, et pour 1 hectare qui vaut 10000 mètres carrés il faudra 10000 × 400 = R. 4000000 grains.

614. 1° Le dixième du mètre carré

$$= \frac{1 \text{ mèt. car.}}{10} = \frac{100 \text{ décim. car.}}{10} = 10 \text{ déc. car.}$$

Le décimètre carré

$$= \frac{1 \text{ mèt. car.}}{100} = \frac{100 \text{ décim. car.}}{100} = 1 \text{ déc. car.};$$

2° $\frac{1}{100}$ de mètre carré $= \dfrac{1 \text{ mèt. car.}}{100} = 0^{\text{m. car.}},01$

ou 100 centimètres carrés ;

1 centimètre carré $= \dfrac{1 \text{ mèt. car.}}{10000} = 0^{\text{m. car.}},0001$

ou 1 centimètre carré.

3° $\frac{1}{1000}$ de mètre carré $= \dfrac{1 \text{ mèt. car.}}{1000} = 0^{\text{m. car.}},001$

ou 1000 millimètres carrés ;

1 millimèt. carré $= \dfrac{1 \text{ mèt. car.}}{1000000} = 0^{\text{m. car.}},000001$

ou 1 millimètre carré.

615. La surface des essuie-mains est rectangulaire ; or, la surface de tout rectangle est égale au produit de sa longueur multipliée par sa largeur. Donc la surface rectangulaire cherchée $= 0^{\text{m}},9 \times 0^{\text{m}},8 =$ Rép. $0^{\text{m. car.}},72$ ou 72 décimèt. carrés.

616. La surface cherchée $= 0^{\text{m}},49 \times 0^{\text{m}},375 =$ Rép. $0^{\text{m. car.}},18375$ ou 18 décimèt. carrés 37 centimèt. carrés 50 millimèt. carrés.

617. La contenance demandée $= 89^{\text{m}},3 \times 134^{\text{m}} = 11966^{\text{m. car.}},2 =$ Rép. 1 hectare 19 ares 66 centiares $\frac{2}{10}$.

618. La surface cherchée $= 2^{\text{m}},35 \times 1^{\text{m}},28 =$ Rép. $3^{\text{m. car.}},008$ ou 3 mètres carrés 80 cent. carrés.

619. La surface de l'ardoise $= 0^{\text{m}},27 \times 0^{\text{m}},16 =$ Rép. $0^{\text{m. car.}},0432$ ou 4 décim. carrés 32 cent. carrés.

620. Cette surface $= 0^{\text{m}},3 \times 0^{\text{m}},22 =$ R. $0^{\text{m. c.}},066$ ou 660 centimètres carrés.

621. Cette surface correspond à $1^{\text{m}},35 \times 2^{\text{m}},6 =$ Rép. $3^{\text{m. car.}},51$ ou 3 mètres carrés 51 décim. carrés.

622. La surface cherchée $= 8$ mètres $\times$ 0m,5 $=$ Rép. 4 mètres carrés.

623. La surface cherchée $= $ 0m,48 $\times$ 0m,37 $=$ Rép. 0m. car.,1776 ou 17 décim. carrés 76 cent. carrés.

624. Cette surface $= \overline{3^m,82}^2 = $ 3m,82 $\times$ 3m,82 $=$ Rép. 14m. car.,59 ou 14 mètres carrés 59 décim. carrés.

625. La superficie demandée $= 25$ mèt. $\times$ 15 mèt. $=$ Rép. 375 mètres carrés.

626. 1er cas. La surface cherchée $= $ 0m,84 $\times$ 0m,6 $=$ Rép. 0m. car.,504 ou 50 décim. carrés 40 cent. car.;

2e cas. La surface demandée $= $ 0m,9 $\times$ 0m,75 $=$ Rép. 0m. car.,675 ou 67 décim. carrés 50 cent. carrés.

627. La surface de la 1re prairie :
$$= 48^m \times 27^m = 1296^{m.\ car.} = 12^{ares},96;$$
La surface de la 2e prairie :
$$= 36^m \times 36^m = 1296^{m.\ car.} = 12^{ares},96.$$
Par conséquent, il n'y a aucune différence de grandeur entre les deux prairies.

628. Une dalle de 65 centimètres de côté présente une surface de 0m,65 $\times$ 0m,65 $= $ 0m. car.,4225. Donc autant de fois cette surface est contenue dans 28 mètres carrés, autant de dalles il est entré dans le travail. La division donne $\dfrac{28}{0,4225} = $ Rép. 66 à 67 dalles.

629. La surface d'une ardoise $= $ 0m,27 $\times$ 0m,19 $= $ 0m. car.,0513. Donc autant de fois cette surface sera contenue dans 1 mèt. carré, autant d'ardoises il faudra.

La division donne $\dfrac{1}{0,0513} = $ Rép. 19,5 c'est-à-dire 19 à 20 ardoises.

630. La surface d'une planche
$$= 4^m \times 0^m,28 = 1^{m.\ car.},12;$$
la surface de la salle $= $ 12m,65 $\times$ 7m,2 $= $ 91m. car.,08.

Donc autant de fois cette dernière surface contiendra la première, autant de planches il faudra. L'opération donne $\frac{94,08}{1,12}$ = Rép. 81,3 c'est-à-dire 81 à 82 dalles.

631. La surface d'un carreau
$$= 0^m,25 \times 0^m,25 = 0^{m.car.},0625 ;$$
la surface de l'école
$$= 6^m,82 \times 5^m,03 = 34^{m.car.},3046.$$
Donc autant de fois la dernière surface contiendra la première, autant de carreaux il faudra. L'opération donne $\frac{34,304}{0,0625}$ = Rép. 548,8 c'est-à-dire 549 carreaux.

632. La surface d'un carreau $= 0^m,2 \times 0^m,2 = 0^{m.car.},04.$

La surface du grenier $= 9^m,6 \times 6,48 = 62^{m.c.},208.$ Donc, autant de fois cette dernière surface contiendra la première, autant de carreaux il faudra. La division donne $\frac{62,208}{0,04}$ = Rép. 1555,2 c'est-à-dire 1556 car.

633. La surface d'une ardoise $= 0^m,24 \times 0^m,11 = 0^{m.car.},0264.$ Donc 1000 ardoises représenteront 1000 fois cette surface ou $1000 \times 0^{m.car.},0264 = 26^{m.car.},4.$ Tel est le nombre de mètres carrés que l'on peut couvrir avec 1000 ardoises.

634. Tout rectangle a pour surface le produit de ses deux côtés ; par conséquent, la surface et l'un des côtés d'un rectangle étant connus, on obtiendra l'autre côté en divisant la surface par le côté connu. Dans notre exemple, la base cherchée étant le côté inconnu, il suffira, pour obtenir ce côté, de diviser la surface 136 par 8,8. L'opération donne $\frac{136}{8,8}$ = Rép. 15^m,45.

635. Le plancher ayant la forme d'un rectangle, sa surface, 56$^{m.car.}$, est égale au produit de la longueur 8^m,13 par la longueur inconnue de l'autre côté. On connaîtra cette longueur en divisant 56 par 8,13. L'opération donne $\frac{56}{8,13}$ = Rép. 6^m,89.

636. Tout rectangle a pour surface le produit de ses deux côtés ou, ce qui est la même chose, le produit de sa longueur par sa largeur ; par conséquent, la surface rectangulaire de l'étoffe est aussi le produit de la largeur 1^m,2 par sa longueur inconnue. On trouvera cette longueur en divisant 20$^{m. car.}$ par 1^m,2. L'opération donne $\frac{20}{1,2}$ = Rép. 16^m,67.

637. La salle ayant la forme d'un rectangle, sa surface, 43 mèt. carrés, est égale au produit du côté 7^m,82 par l'autre côté qui est inconnu ; pour trouver ce dernier côté, il suffit de diviser 43 par 7,82. L'opération donne $\frac{43}{7,82}$ = 5^m,49.

638. Le jardin devant avoir la forme d'un rectangle, sa surface, 2000 mèt. carrés, sera égale au produit de la longueur 68^m par la largeur cherchée. On trouvera cette largeur en divisant 2000 par 68. L'opération donne $\frac{2000}{68}$ = Rép. 29^m,41.

639. Puisque la cour doit représenter 2$^{m. car.}$,5 pour chaque élève, la surface totale sera de 100 × 2,5 = 625$^{m. car.}$. Mais cette surface, à cause de la forme rectangulaire qu'elle doit avoir, sera égale au produit de sa largeur 20^m,75 par la longueur cherchée. Donc on obtiendra cette longueur en divisant 625 par 20,75. L'opération donne $\frac{625}{20,75}$ = Rép. 30^m,12.

640. Il faut :

Pour 150 brebis 150 fois 1 mètre carré = 150$^{m. car.}$,
Pour 50 agneaux 50 fois 0$^{mètre carré}$,75 = 37 ,5
____
Pour 200 bêtes   187$^{m. car.}$,5

Telle étant la surface de la bergerie, et 8^m la longueur d'un des côtés, on obtiendra l'autre côté en divisant 187,5 par 8. L'opération donne $\frac{187,5}{8}$ = Rép. 23$^{m. car.}$,44.

641. L'épaisseur de la cloison est supposée formée par l'épaisseur de la brique ; par conséquent, il n'y a lieu de s'occuper que de la surface. Or, celle de la cloison est égale à $4^m \times 5,5 = 22$ mèt. carrés, et celle d'une brique égale à $0^m,24 \times 0^m,12 = 0^{mét.\ car.},0288$. Cela posé, autant de fois la première surface contiendra la seconde, autant de briques ont été employées. L'opération donne $\frac{22}{0,0288} =$ Rép. 763 à 764 briques.

642. La surface d'un rouleau $= 8^m \quad \times 0^m,05 = 4^{m.\ car.}$
Celle d'un mur pris en longueur $= 7^m,45 \times 3^m,65 = 27^{m.\ car.},192$
Celle d'un mur pris en largeur $= 4^m,98 \times 3^m,65 = 18^{m.\ car.},177$

La surface totale des deux murs $= 45^{m.\ car.},369$

Doublez cette surface pour avoir celle des 4 murs, vous aurez $2 \times 45,369 = 90^{m.\ car.},738$. Cela posé, autant de fois cette dernière surface contiendra celle d'un rouleau, autant de rouleaux il faudra. L'opération donne $\frac{90,738}{4} =$ Rép. 22,7 c'est-à-dire 22 à 23 rouleaux.

643. L'hectare vaut 10000 mètres carrés et le kilom. carré $= 1000 \times 1000 = 1,000,000$ mètres carrés; par conséquent, autant de fois ce dernier nombre contiendra le premier, autant le kilom. carré contiendra d'hectares. La division donne $\frac{1,000,000}{10000} = 1^{re}$ Rép. 100 hectares. Mais puisque le kilomètre carré vaut 100 hectares, les $530278^{kilom.\ car.},91$ qui forment la superficie du territoire, vaudront 100 fois plus d'hectares ou 53027891 hectares.

644. La salle ayant la forme d'un rectangle, les 4 murs sont égaux en surface deux à deux, par conséquent, il suffira de calculer la surface de deux murs inégaux et de la doubler pour avoir la surface totale des 4 murs. Mais si à cette surface on ajoute celle du plafond, il est clair qu'on aura toute la surface qu'il s'agit de peindre à raison de $0^f,75$ le mètre carré. Calculons donc séparément ces surfaces partielles, nous aurons :

1° Surface du 1er mur $= 8^m,64 \times 3^m,35 = 28^{m.\ car.},94$
2° — du 2e mur $= 5^m,2 \times 3^m,35 = 17^{m.\ car.},42$

Total : $46^{m.\ car.},36$

3° Pour deux murs égaux aux précédents
    chacun à chacun, $46,36 \times 2 = 92^m,72$
4° Surface du plafond $= 8,64 \times 5,2 = \overline{44^m,63}$
5° Surface totale des 4 murs et du plafond $= \overline{137^m,65}$
    lesquels, à raison de $0^f,75$ font $137,65 \times 0,75 =$
    Rép. $103^f,24$.

645. La surface d'une baraque :

Dans le 1er système $= 4,6 \times 6,6 = 30^{m.\ car.},36$
Dans le 2e système $= 4,6 \times 5,3 = 24^{m.\ car.},38$
Dans le 3e système $= 2,6 \times 5,3 = 13^{m.\ car.},78$

Donc autant de fois 20 sera contenu dans 30,36, 16 dans 24,38, 8 dans 13,78, autant de mètres carrés chaque homme occupera. L'opération donne

$$1^{re}\ \text{Rép.} \begin{cases} 1° & \frac{30,36}{20} = 1^{m.\ car.},52 \\ 2° & \frac{24,38}{16} = 1^{m.\ car.},52 \\ 3° & \frac{13,78}{8} = 1^{m.\ car.},72 \end{cases}$$

De même, autant de fois 20, 16, 8 seront contenus dans 3000, autant de baraques il faudra dans chacun des 3 cas. L'opération donne :

$$2^e\ \text{Rép.} \begin{cases} 1° & \frac{3000}{20} = 150 \\ 2° & \frac{3000}{16} = 187,5 \\ 3° & \frac{3000}{8} = 375 \end{cases}$$

646. 1er cas. La surface de la salle $= 4 \times 10 = 40$ mèt. carrés ; par conséquent, chaque enfant occupera la 50e partie de 40 ou $\frac{40}{50} =$ Rép. $0^m,8$ ou 80 décimètres carrés.

2e cas. La surface de la salle $= 6 \times 12 = 72$ mèt. carrés ; par conséquent, chaque enfant occupera la 100e partie de 72 ou $\frac{72}{100} = 0^{m.\ car.},72$ ou 72 décimètres carrés.

3e cas. La surface de la salle $= 8 \times 18 = 144$ mèt. carrés ; par conséquent, chaque enfant occupera la 225e partie de 144 ou $\frac{144}{225} = 0^{m.\ car.},64$ ou 64 décimètres carrés.

EXERCICES SUR LA LECTURE ET L'ÉCRITURE DES NOMBRES QUI EXPRIMENT DES VOLUMES.

647. $2^{m.\,cub.},327 = 2$ mèt. cubes 327 décimèt. cubes

$5^{m.\,cub.},048 = 5$ mèt. cubes 48 décimèt. cubes

$0^{m.\,cub.},413 = 413$ décimètres cubes

$6^{m.\,cub.},005 = 6$ mètres cubes 5 décimèt. cubes.

648. $0^{m.\,cub.},006 = 6$ décimètres cubes

$3^{m.\,cub.},81 = 3$ mèt. cubes 810 décimèt. cubes

$0^{m.\,cub.},05 = 50$ décimètres cubes

$0^{m.\,cub.},1 = 100$ décimètres cubes ou $\frac{1}{10}$ de mètres cubes.

649. $4^{m.\,cub.},156273 = 4$ mètres cubes 156 décimèt. cubes 273 centimètres cubes

$0^{m.\,cub.},300714 = 300$ décimètres cubes 714 centimètres cubes.

$2^{m.\,cub.},086003 = 2$ mètres cubes 86 décimèt. cubes 3 centimètres cubes

$0^{m.\,cub.},200047 = 200$ décimètres cubes 47 centimètres cubes.

650. $0^{m.\,cub.},0904 = 90$ décim. cubes 400 centim. cub.

$9^{m.\,cub.},00536 = 9$ mètres cubes 5 décimètres cubes 360 centimètres cubes.

$0^{m.\,cub.},20008 = 200$ décim. cub. 80 centim. cub.

651. $1^{m.\,cub.},633450217 = 1$ mètre cube 633 décimèt. cubes 450 centimèt. cubes 217 millimèt. cubes.

$0^{m.\,cub.},050032681 = 50$ décim. cub. 32 centim. cub. 681 millim. cubes

$0^{m.\,cub.},000009036 = 9$ centim. cubes 36 millim. cubes.

652. $0^{m.\,cub.},0030009 = 3$ décim. cubes 900 millim. cubes

$3^{m.\,cub.},0000524 = 3$ mètres cubes 52 centimèt. cubes 400 millimètres cubes

$0^{m.\,cub.},0080007 = 8$ décimètres cubes 700 millimètres cubes

$0^{m.\,cub.},0000065 = 6$ centimètres cubes 500 millimètres cubes.

653. $14^{\text{décim. cub.}},561 = 14$ décim. cubes 561 centim. cubes

$7^{\text{décim. cub.}},013 = 7$ décim. cubes 13 centim. cub.

$0^{\text{décim. cub.}},819 = 819$ centimètres cubes

$5^{\text{décim. cub.}},006 = 5$ décim. cubes 6 centim. cub.

654. $0^{\text{décim. cub.}},012 = 12$ centimètres cubes

$1^{\text{décim. cub.}},18 = 1$ décim. cube 180 centim. cub.

$0^{\text{décim. cub.}},04 = 40$ centimètres cubes

$10^{\text{décim. cub.}},5 = 10$ décim. cub. 500 centim. cub.

655. $8^{\text{décim. cub.}},615352 = 8$ décim. cubes 615 centim. cubes 352 millim. cubes

$0^{\text{décim. cub.}},700015 = 700$ centim. cub 15 millim. cubes

$4^{\text{décim. cub.}},068001 = 4$ décim. cubes 68 centim. cubes 1 millim. cubes.

656. $0^{\text{décim. cub.}},400087 = 400$ centim. cub. 87 millim. cubes

$0^{\text{décim. cub.}},0509 = 50$ centim. cubes 900 millim. cubes

$8^{\text{décim. cub.}},00366 = 8$ décimèt. cubes 3 centimèt. cubes 660 millim. cubes.

$0^{\text{décim. cub.}},70002 = 700$ centim. cub. 20 millim. cubes.

657. Trois mètres cubes quatre cent six décimètres cubes $= 3^{\text{m. cub.}},406.$

658. Huit mètres cubes cinq cent vingt-un décimètres cubes $= 8^{\text{m. cub.}},521.$

659. Sept cent dix-neuf décimèt. cubes $= 0^{\text{m. cub.}},719.$

660. Un mètre cube trente-trois décimètres cubes $= 1^{\text{m. cub.}},033.$

661. Quatre mèt. cub. cinq décim. cub. $= 4^{\text{m. cub.}},005.$

662. Cinq mètres cubes soixante décimètres cubes $= 5^{\text{m. cub.}},06.$

663. Huit cent trente décimètres cubes $= 0^{\text{m. cub.}},83.$

664. Deux mètres cubes cent vingt décimètres cubes = $2^{m.\ cub.},12$.

665. Neuf mètres cubes six cent quatorze décim. cubes soixante-trois centim. cubes = $9^{m.\ cub.},614063$.

666. Huit cent trois décimètres cubes deux cent cinq centim. cubes = $0^{m.\ cub.},803205$.

667. Cinq mètres cubes soixante-un décimètres cubes sept centim. cubes = $5^{m.\ cub.},061007$.

668. Neuf cent décim. cubes trente-six centim. cubes = $0^{m.\ cub.},900036$.

669. Sept mètres cubes trente trois décimètres cubes deux centimètres cubes quatre millimètres cubes = $7^{m.\ cub.},033002004$.

670 Un décimètre cube huit cent trois centim. cubes = $1^{décim.\ cub.},803$.

671. Vingt-quatre centimètres cubes = $0^{décim.\ cub.},024$.

672. Trois décimètres cubes six centimètres cubes = $3^{décim.\ cub.},006$.

673. Quatre cent vingt centim. cubes = $0^{décim.\ cub.},42$.

674. Huit décim. cub. cent treize centim. cub. cinq cent quarante-sept millim. cub. = $8^{décim.\ cub.},113547$.

675. Deux cent centim. cubes neuf cent un millim. cub. $0^{décim.\ cub.},200901$.

676. Quatre décim. cubes cinq centim. cubes six millimètres cubes = $4^{décim.\ cub.},005006$.

677. Quarante-deux centim. cubes quarante-deux millimètres cubes = $0^{décim.\ cub.},042042$.

PROBLÈMES SUR LES VOLUMES.

678.

1° $\begin{cases} \text{Un décimètre cube} = \dfrac{1^{\text{m. cub.}}}{1000} = 0 \text{ mèt. cub.,001} \\ \quad = 1 \text{ décim. cube (1).} \\ \dfrac{1}{10} \text{ de mètre cube} = \dfrac{1^{\text{m. cub.}}}{10} = 0 \text{ mètre cub.,1} \\ \quad = 100 \text{ décim. cubes.} \end{cases}$

Par conséquent : 1 décimètre cube vaut 100 fois moins que $\frac{1}{10}$ de mèt. cube.

1 centimètre cube vaut 10000 fois moins que $\frac{1}{100}$ de mèt. cube.

1 millim. cube vaut 1000000 fois moins que $\frac{1}{1000}$ de mèt. cub.

2° $\begin{cases} \text{Un centim. cube} = \dfrac{1^{\text{mèt. cub.}}}{1000000} = 0^{\text{mèt. cub.}},000001 \\ \text{ou 1 centimètre cube,} \\ 1 \text{ centièm. de mètre cube} = \dfrac{1^{\text{mèt. cub.}}}{100} = 0^{\text{m. cub.}},01 \\ \text{ou 10000 centimètres cubes.} \end{cases}$

3° $\begin{cases} \text{Un millim. cub.} = \dfrac{1^{\text{mèt. cub.}}}{1000000000} = 0,000000001^{\text{m. cub.}} \\ \text{ou 1 millimètre cube.} \\ \dfrac{1}{1000} \text{ de mètre cube} = \dfrac{1^{\text{m. cub.}}}{1000} = 0^{\text{mèt. cub.}},001 \text{ ou} \\ 1000000 \text{ millimètres cube.} \end{cases}$

679. Le volume demandé sera exprimé par le cube ou la 3e puissance de l'arête, c'est-à-dire par le produit $1{,}67 \times 1{,}67 \times 1{,}67 =$ Rép. $4^{\text{mèt cub.}},657463$ ou

---

(1) Le professeur doit insister et revenir souvent sur ces distinctions que les élèves ne comprennent pas toujours bien. Mais c'est surtout par la décomposition du mètre cube que la démonstration sera facilement saisissable par les élèves.

4 mètres cubes 657 décimètres cubes 463 centimètres cubes.

680. On a vu que pour obtenir le volume d'un corps de forme rectangulaire, il faut multiplier entre elles les trois dimensions de ce corps qui sont la longueur, la largeur et l'épaisseur ou la hauteur ; faites donc le produit $7 \times 0,28 \times 0,36$ vous aurez Rép. $0^{m.\ cub.},7056$ ou 705 décimètres cubes 600 centimètres cubes.

681. La capacité demandée $= 0,65 \times 0,65 \times 0,65$ $=$ Rép. $0^{m.\ cub.},274625$ c'est-à-dire 274 décimètres cubes 625 centimètres cubes.

682. Le volume demandé $= 0,85 \times 0,51 \times 0,34$ $=$ Rép. $0^{m.\ cub.},143922$ ou 143 décimètres cubes 922 centimètres cubes.

683. La capacité demandée $= 5 \times 5 \times 3,5 =$ Rép. $87^{m.\ cub.},5$ ou $87^{m.\ cub.}$ 500 décimètres cubes.

684. On obtiendra le volume demandé en faisant le produit des 3 dimensions de la salle $9 \times 5,4 \times 4,15$ $=$ Rép. $201^{mèt.\ cub.},69$ ou 201 mètres cubes 690 décimètres cubes.

685. 1 mèt. carré $\times 4 = 4$ mèt. cubes. Tel est le volume ou le nombre de mètres cubes d'air qu'il faut pour chaque élève. Or, comme la classe doit contenir 35 élèves, c'est 35 fois 4 mètres cubes ou 140 mètres d'air que la classe peut et doit contenir.

686. Déterminez d'abord le volume ou la solidité du mur, en multipliant entre elles ses trois dimensions, vous aurez $15 \times 3,75 \times 0,5 = 28^{m.\ cub.},125$. Ce nombre multiplié par $4^f,5$ vous donnera Rép. $126^f,56$ pour le montant de la dépense.

687. Le nombre cherché est :

Par minute, $0^{m.\ cub.},000655 \times 20 = 0^{m.\ cub.},0131$ $= 1^{re}$ Rép. $13^l,1$.

Par heure, $13^l,1 \times 60 = 2^e$ Rép. 786^l.

Par jour, $786^l \times 24 = 3^e$ Rép. 18864^l.

688. La capacité de la fosse $= 3 \times 2,5 \times 2 =$ 15 mètres cubes. Or, $\dfrac{11^f,75}{15} =$ Rép. $0^f,78$.

689. Commencez par réduire en mesures métriques les trois dimensions de l'arche, vous aurez $309 \times 0^m,525 = 162^m,22$ de longueur; $50 \times 0,525 = 26^m,25$ de largeur; $30 \times 0^m,525 = 15,75$. Faites le produit de ces nombres, lequel exprimera le volume ou la capacité demandée. L'opération donne $162,22 \times 26,25 \times 15,75 =$ Rép. $67067^{m.\ cub.},83$.

690. Puisque 40 heures d'éclairage d'un quinquet exigent 18 litres de charbon et $3^{m.\ cub.},5$ de gaz, 1 heure du même éclairage exigera 40 fois moins ou $\frac{18^l}{40} = 1^{re}$ Rép. $0^l,45$ de charbon et $\frac{3,5}{40} = 0^{m.\ cub.},0875 = 2^e$ Rép. $87^l,5$ de gaz.

691. Cherchons d'abord le volume d'une planche, nous le trouvons égal à $4 \times 0,28 \times 0,04 = 0^{m.\ cub.},0448$. Donc, autant de fois cette quantité sera contenue dans 1 mètre cube, autant de planches il faudra. L'opération donne $\frac{1}{0,0448} =$ Rép. 22 planches et $\frac{44}{448}$ ou $\frac{1}{10}$ à très-peu près.

692. L'air contenu dans un lieu quelconque a, pour volume, le volume intérieur ou la capacité de ce lieu. Dans notre exemple, le volume d'air renfermé dans la salle qui est de forme rectangulaire est exprimé par le produit de $5 \times 4 \times 3,5 = 70$ mèt. cubes. Cela posé, autant de fois 10 mèt. ou 20 mèt. cubes seront contenus dans 70, autant de kilog. de bois ou de houille on pourra brûler. L'opération donne, pour le 1er cas, $\frac{70}{10} =$ Rép. 7 kilog. de bois; pour le 2e cas, $\frac{70}{20} =$ Rép. $3^k,5$ de houille. (1)

---

(1) Ces résultats montrent qu'une cheminée, un poêle, une grille, constamment entretenus, outre l'avantage qu'ils ont de chauffer les appartements, sont encore de commodes et puissants moyens d'aérage.

9

693. Une couche uniforme de gravier étendue sur le sol d'une allée, représente un corps de forme rectangulaire. Or, on obtient le volume ou la solidité d'un corps semblable en multipliant entre elles les trois dimensions. Faites donc le produit $0^m,1 \times 16$ mètres $\times 356$ mètres, vous aurez Rép. $569^{m. cub.},1$.

694. Le volume d'un parallélipipède est égal au produit de ses trois côtés; par conséquent, en appelant x le côté cherché, on aura $x \times 4,58 \times 6 = 65^{m. cub.}$; d'où $x = \dfrac{65}{4,58 \times 6} = \dfrac{65}{27,48^{m. car.}} = $ R. $2^m,365$.

695. La capacité de la fosse est égale au produit de ses trois dimensions. Donc, si l'on nomme x la dimension inconnue ou la longueur, on aura $x \times 8,4 \times 1,55 = 20$ mètres cubes; d'où $x = \dfrac{20}{8,4 \times 1,55} = \dfrac{20^{m. cub.}}{13^{m. car.},02} = $ Rép. $1^m,54$.

696. La capacité du tombereau est égale au produit de ses trois dimensions; par conséquent, pour trouver la dimension ou la hauteur inconnue, il suffira de diviser 1 mètre cube par le produit des deux dimensions connues, $2 \times 0,89 = 1^{m. car.},78$. L'opération donne $\dfrac{1^{m. cub.}}{1^{m. car.},78} = $ Rép. $0^m,56$.

697. 6500 litres $= 6500$ décim. cubes $= 6^{m. cub.},5$. Tel est donc le volume ou la capacité du bassin. Mais cette capacité est égale au produit de la base $1,83 \times 1,83$ par la profondeur inconnue; par conséquent, on trouvera cette profondeur en divisant $6^{m. cub.},5$ par la base $1,83 \times 1,83 = 3^{m. car.},3489$. L'opération donne $\dfrac{6^{m. cub.}}{3^{m. car.},3489} = $ Rép. $1^m,79$.

698. Comme corps de forme rectangulaire, une poutre équarrie a pour volume le produit de ses trois dimensions : largeur, épaisseur et longueur. Par conséquent, dans notre cas, ce volume égal à $1^{\text{m. cub.}},4$ est le produit de $0,21 \times 0,21$ par la longueur inconnue. On trouvera cette longueur en divisant 1,4 par le produit $0,21 \times 0,21 = 0,0441$. L'opération donne

$$\frac{1^{\text{m. cub.}},4}{0^{\text{m. car.}},0441} = \text{Rép. } 3^{\text{m}},17.$$

699. Lorsque la profondeur est la même dans toute la largeur d'un cours d'eau, il faut considérer la tranche d'eau qui s'écoule dans l'unité de temps, comme un parallélipipède ayant pour dimensions la profondeur et la largeur du cours qui forment la section transversale de l'eau, et pour 3° côté l'espace parcouru par l'eau dans l'unité de temps ou, ce qui est la même chose, la vitesse de l'eau par seconde. Mais le volume de tout parallélipipède est égal au produit de ses trois côtés ; donc, dans notre exemple le volume de la tranche d'eau égal à 1100 mètres cubes est aussi égal au produit de $350^{\text{m}} \times 1^{\text{m}},9 \times x^{\text{m}}$, x^{m} désignant la profondeur cherchée. On connaîtra cette profondeur en posant l'égalité $x \times 350 \times 1,9 = 1100$ mètres cubes, d'où

$$x = \frac{1100^{\text{m. cub.}}}{350 \times 1,9} = \frac{1100^{\text{m. cub.}}}{665^{\text{m. car.}}} = \text{Rép. } 1^{\text{m}},65. \ (1)$$

700. La hauteur cherchée doit être telle qu'en la multipliant par la surface du sol de l'écurie, on ait 28 mèt. cubes ; donc 28 est le produit du nombre 7 par le nombre inconnu. On connaîtra ce dernier nombre en divisant 28 par 7. L'opération donne $\dfrac{28^{\text{m. cub.}}}{7^{\text{m. car.}}} = \text{Rép.}$ 4 mètres.

701. Considérée comme un corps de forme rectangulaire, la tranche donnée a pour volume $0^{\text{m}},001 \times 1^{\text{m}} \times 1^{\text{m}} = 0^{\text{m. cub.}},001$, c'est-à-dire 1 décimètre cube

---

(1) Voyez, pour la mesure de la vitesse de l'eau et le jaugeage des cours d'eau, tous les traités de Physique et de Mécanique.

ou 1 litre. Cela posé, puisque 1 mètre carré perd, en vapeur, 1 décimètre cube, 1 kilomètre carré qui contient $1000^m \times 1000 = 1000000$ mètres carrés, perdra 1000000 fois 1 décimètre $=$ Rép. 1000 mètres cubes ou 1000000 litres.

702. Une couche de blé répandue uniformément sur un plancher représente un corps de forme rectangulaire. Or, on obtient le volume d'un corps semblable en multipliant entre elles ses trois dimensions. Faites donc le produit $6 \times 4 \times 0,4$ vous aurez $9^{m.\ cub.}6$ ou 9600 décimètres cubes. Mais puisque 1 hectolitre ou 100 décimètres cubes pèsent 75 kilog., 1 décimètre cubé pèse 100 fois moins ou $0^k,75$, et 9600 décimètres pèsent 9600 fois $0^k,75 = 7200$ kilog. Tel est le poids que supporte la surface du plancher; or, cette surface est égale à $6^m \times 4^m = 24$ mètres carrés. Donc, en divisant 7200 par 24, on aura le poids supporté par chaque mètre carré du plancher. La division donne $\frac{7200}{24} =$ 300 kilog.

703. Il faut considérer comme un corps de forme rectangulaire toute couche d'eau répandue sur ou dans le sol, quelles que soient d'ailleurs les dimensions de cette couche; mais, dans notre cas, la couche d'eau étant supposée de $0^m,1$ d'épaisseur sur une longueur et une largeur égales de 100 mètres (puisque $100 \times 100 = 10,000$ mètres carrés ou 1 hectare), son volume sera exprimé par le produit de $0^m,1 \times 100 \times 100 =$ Rép. 1000 mètres cubes ou 1000000 litres.

704. Il importe de remarquer que, quelles que soient sa forme et son inclinaison, une toiture reçoit la même quantité de pluie que si elle était tout-à-fait horizontale; il suit de là que, si chaque point et par suite chaque mètre carré du sol, supposé horizontal, reçoit une tranche d'eau de $0^m,55$ de hauteur, chaque mètre carré de la toiture, où les choses se passent de la même manière, recevra la même quantité, c'est-à-dire un volume d'eau égal à $1^m \times 1^m \times 0,55 = 0^{m.\ cub.}55$ ou 550 lit., et comme la surface de la toiture est de 120 mètres carrés, elle recevra $120 \times 550 = 66000$ litres.

705. Sur 1 mètre carré la tranche d'eau évaporée $=$ $1 \times 1 \times 0{,}865 = 865$ décimètres cubes ou 865 litres, et sur 40 hectares ou 400000 mètres carrés la tranche $= 865 \times 400000 = 346000000$ litres. Telle est donc la quantité d'eau que la source doit débiter pendant 1 an ou 365 jours ; pour un jour prenez la 365e partie de 346000000 vous aurez Rép. 947945 litres.

706. Si l'élève exhale 18 décim. cubes ou 0$^{\text{m. cub.}}$,018 d'acide carbonique pendant 1 heure, pendant 3 heures, durée de la classe, il exhalera 3 fois 0,018 $=$ 0$^{\text{m. cub.}}$,054 et 50 élèves exhaleront $0{,}054 \times 50 =$ 2$^{\text{m. cub.}}$,7. Tel est donc le volume d'acide que l'école contiendra après 3 heures de classe ; or, pour que ce volume vicie l'école, il faut et il suffit qu'il égale les $\frac{4}{100}$ ou le $\frac{1}{25}$ de la capacité de l'école ou, ce qui revient au même, que celle-ci soit au moins 25 fois plus grande que 2,7. $=$ Rép. 67$^{\text{m. cub.}}$,5. (1)

707. Puisque la brouette contient $\frac{3}{100}$ ou 0,03 de mètre cube, le rouleur transportera par jour $\dfrac{15^{\text{m. cub.}}}{0{,}03}$ $= 500$ brouettes ; ce qui, à la distance de 30 mètres, donne $500 \times 30 = 15000$ mètres pour l'aller et 15000 $\times 2 = 30000$ mètres pour l'aller et le retour. Or, 30000 mètres parcourus en 10 heures ou 600 minutes $= \frac{30000}{600}$ $=$ Rép. 50 mètres par minute.

Tel est le chemin que le rouleur doit faire par minute, pour qu'il n'y ait pas perte de temps. Ce par-

---

(1) Ce résultat indique la plus petite capacité qu'on puisse donner à une école composée de 50 élèves pour une classe de 3 heures. Mais très souvent ces nombres sont dépassés, de sorte qu'il y aurait danger à retenir des élèves dans un local qui fournit à peine 1$^{\text{m. cub.}}$,3 d'air à chacun d'eux. C'est pour éviter cet inconvénient que les règlements veulent que tout élève ait au moins 4 mètres cubes d'air renouvelé à chaque classe. Quoi qu'il en soit, les données et la solution du problème peuvent servir à calculer les dimensions d'une école capable de satisfaire aux conditions voulues de salubrité, dans tous les cas donnés.

cours correspond, en effet, au temps qu'il faut au piocheur pour charger une brouette, puisque $\dfrac{15^{\text{m. cub.}}}{600} =$ $0^{\text{m. cub.}},025$, ou un peu moins qu'une brouette par minute ; c'est-à-dire que le rouleur revenant à vide chercher une nouvelle charge, est de retour auprès du piocheur au moment où celui-ci achève de jeter sur la brouette la dernière ou les deux dernières pelletées de terre.

PROBLÈMES

SUR LES RAPPORTS DU MÈTRE AVEC LE DIAMÈTRE DES MONNAIES.

708. 22 pièces de 5^{f} $= 22 \times 0^{\text{m}},037 = 0^{\text{m}},814$
1 pièce de 50 cent. $=$ $0^{\text{m}},018 = 0^{\text{m}},018$

Longueur cherchée $= 0^{\text{m}},832$

709. 19 pièces de 5^{f} $= 19 \times 0^{\text{m}},037 = 0^{\text{m}},703$. Ce nombre retranché de 1 mèt., donne $1^{\text{m}} - 0^{\text{m}},703 = 0^{\text{m}},297$ pour la longueur complémentaire du mètre. Or, autant de fois cette longueur contiendra $0^{\text{m}},027$ ou le diamètre de la pièce de 2 fr., autant de ces pièces il faudra. L'opération donne $\dfrac{0,297}{0,027} =$ Rép. 11.

Vérification ! $19 \times 0,037 = 0^{\text{m}},703$
$11 \times 0,027 = 0^{\text{m}},297$

Total. 1^{m}

710. 32 pièces de 10 cent. $= 32 \times 0^{\text{m}},03 = 0^{\text{m}},96$
2 — 2 cent. $= 2 \times 0^{\text{m}},02 = 0^{\text{m}},04$

Longueur demandée $=$ Rép. 1^{m}

711. 20 pièces de 1 fr. $= 20 \times 0^{\text{m}},023 = 0^{\text{m}},46$. Ce nombre retranché de 1^{m} donne $1^{\text{m}} - 0^{\text{m}},46 = 0^{\text{m}},54$ pour la longueur complémentaire du mètre. Donc autant de fois cette longueur contiendra $0^{\text{m}},027$ ou le diamètre de la pièce de 2 fr., autant de ces pièces il faudra.

L'opération donne $\dfrac{0^m,54}{0^m,027}$ = Rép. 20.

Vérification : $20 \times 0,023 = 0^m,46$
$20 \times 0,027 = 0^m,54$
Total $= 1^m$

712. 10 pièces de 2 cent. $= 10 \times 0^m,020 = 0^m,2$
4 — 5 cent. $= 4 \times 0^m,025 = 0^m,1$

Différence cherchée $= 0^m,1$
ou 1 décimètre.

713. 1 pièce de 10 cent. $= 0^m,03$
1 — 2 cent. $= 0^m,02$

Différence cherchée $= 0^m,01$ ou 1 centimèt.

714. 1 pièce de 50 cent $= 0^m,018$
1 — 5 fr. $= 0^m,017$

Différence cherchée $= 0^m,001$ ou 1 mill. (1)

715.
	m.		m.			m.
1°	0,037	—	0,035	=	Rép.	0,002
2°	0,030	—	0,028	=	Rép.	0,002
3°	0,021	—	0,019	=	Rép.	0,002
4°	0,023	—	0,021	=	Rép.	0,002
5°	0,019	—	0,017	=	Rép.	0,002
6°	0,017	—	0,015	=	Rép.	0,002
7°	0,027	—	0,025	=	Rép.	0,002
8°	0,025	—	0,023	=	Rép.	0,002
9°	0,020	—	0,018	=	Rép.	0,002

(1) On voit, par les résultats des n°s 708 à 714, qu'avec un certain nombre de pièces de même nom ou de pièces différentes diversement combinées on peut former toutes les longueurs comprises entre 1 millimètre et 1 mètre. Les résultats des n°s suivants, 715 à 722, montrent en outre différentes combinaisons à l'aide desquelles on obtient les longueurs de 1 à 9 millimètres.

		m.		m.			m.
716.	1º	0,028	—	0,025	=	Rép.	0,003
	2º	0,021	—	0,018	=	Rép.	0,003
	3º	0,023	—	0,020	=	Rép.	0,003
	4º	0,020	—	0,017	=	Rép.	0,003
	5º	0,030	—	0,027	=	Rép.	0,003
	6º	0,018	—	0,015	=	Rép.	0,003
717.	1º	0,021	—	0,017	=	Rép.	0,004
	2º	0,025	—	0,021	=	Rép.	0,004
	3º	0,023	—	0,019	=	Rép.	0,004
	4º	0,019	—	0,015	=	Rép.	0,004
	5º	0,027	—	0,023	=	Rép.	0,004
718.	1º	0,035	—	0,030	=	Rép.	0,005
	2º	0,028	—	0,023	=	Rép.	0,005
	3º	0,023	—	0,018	=	Rép.	0,005
	4º	0,020	—	0,015	=	Rép.	0,005
	5º	0,030	—	0,025	=	Rép.	0,005
	6º	0,025	—	0,020	=	Rép.	0,005
719.	1º	0,027	—	0,021	=	Rép.	0,006
	2º	0,021	—	0,015	=	Rép.	0,006
	3º	0,025	—	0,019	=	Rép.	0,006
	4º	0,023	—	0,017	=	Rép.	0,006
720.	1º	0,035	—	0,028	=	Rép.	0,007
	2º	0,028	—	0,021	=	Rép.	0,007
	3º	0,037	—	0,030	=	Rép.	0,007
	4º	0,030	—	0,023	=	Rép.	0,007
	5º	0,025	—	0,018	=	Rép.	0,007
	6º	0,027	—	0,020	=	Rép.	0,007
721.	1º	0,035	—	0,027	=	Rép.	0,008
	2º	0,028	—	0,020	=	Rép.	0,008
	3º	0,027	—	0,019	=	Rép.	0,008
	4º	0,023	—	0,015	=	Rép.	0,008
722.	1º	0,023	—	0,019	=	Rép.	0,009
	2º	0,037	—	0,028	=	Rép.	0,009
	3º	0,030	—	0,021	=	Rép.	0,009
	4º	0,027	—	0,018	=	Rép.	0,009

$$
\textbf{723. } 1^o \left\{
\begin{array}{lll}
\text{La pièce de } 100 \text{ fr.} & = & 0,035 \\
\text{—} \qquad\quad 50 & = & 0,028 \\
\text{—} \qquad\quad 20 & = & 0,021 \\
\text{—} \qquad\quad 10 & = & 0,019 \\
\text{—} \qquad\quad\ 5 & = & 0,017 \\
\end{array}
\right. \text{m.}
$$

Longueur cherchée = 1re Rép. 0,12

$$
2^o \left\{
\begin{array}{lll}
\text{La pièce de } 5^f & = & 0,037 \\
\text{—} \qquad\quad 2^f & = & 0,027 \\
\text{—} \qquad\quad 1^f & = & 0,023 \\
\text{—} \qquad 0^f,50^c & = & 0,018 \\
\text{—} \qquad 0^f,20^c & = & 0,016 \\
\end{array}
\right. \text{m.}
$$

Longueur cherchée = 2e Rép. 0,121

$$
3^o \left\{
\begin{array}{lll}
\text{La pièce de } 10 \text{ cent.} & = & 0,030 \\
\text{—} \qquad\qquad\ 5 & = & 0,025 \\
\text{—} \qquad\qquad\ 2 & = & 0,020 \\
\text{—} \qquad\qquad\ 1 & = & 0,015 \\
\end{array}
\right. \text{m.}
$$

Longueur cherchée = 3e Rép. 0,09

PROBLÈMES

SUR LES RAPPORTS DU POIDS DES MONNAIES AVEC LEUR VALEUR.

724. 1° 1 centime pèse   Rép. 1 gramme.

2° 20 centimes pèsent Rép. 1 gramme.

$$
\textbf{725. }
\begin{array}{llllllll}
1^o & 5 & \times & 2^{gr} & = & 10^{gr} & \\
2^o & 1 & \times & 10 & = & 10 & \\
3^o & 10 & \times & 1 & = & 10 & \\
4^o & 4 & \times & 2^g,5 & = & 10 & \\
5^o & 2 & \times & 5 & = & 10 & \\
6^o & 1 & \times & 10 & = & 10 & \\
\end{array}
\right\} \text{ou 1 décagramme.}
$$

726.

$1^o \ 10 \times 10\text{gr.} = 100 \text{ gr.}$
$2^o \ 4 \times 25 = 100 \text{ gr.}$
$3^o \ 1 \times 10 + 18 \times 5\text{gr.} = 100\text{gr.}$
$4^o \ 2 \times 10 + 16 \times 5 = 100$
$5^o \ 3 \times 10 + 14 \times 5 = 100$
$6^o \ 4 \times 10 + 12 \times 5 = 100$
$7^o \ 5 \times 10 + 10 \times 5 = 100$
$8^o \ 6 \times 10 + 8 \times 5 = 100$
$9^o \ 7 \times 10 + 6 \times 5 = 100$
$10^o \ 8 \times 10 + 4 \times 5 = 100$
$11^o \ 9 \times 10 + 2 \times 5 = 100$
$12^o \ 5 \times 10 + 2 \times 25 = 100$
$13^o \ 5 \times 5 + 3 \times 25 = 100$
$14^o \ 10 \times 2\text{g},5 + 3 \times 25 = 100$

} ou 1 hectogramme

727.

$1^o \ 100 \times 10\text{gr.} = 1000 \text{ grammes.}$
$2^o \ 100 \times 10 = 1000 \ —$
$3^o \ 40 \times 25 = 1000 \ —$
$4^o \ 100 \times 5 + 20 \times 25\text{gr.} = 1000\text{gr.}$
$5^o \ 50 \times 5 + 30 \times 25 = 1000$
$6^o \ 130 \times 5 + 10 \times 10 = 1000$
$7^o \ 160 \times 5 + 20 \times 10 = 1000$
$8^o \ 140 \times 5 + 30 \times 10 = 1000$
$9^o \ 120 \times 5 + 40 \times 10 = 1000$
$10^o \ 100 \times 5 + 50 \times 10 = 1000$
$11^o \ 80 \times 5 + 60 \times 10 = 1000$
$12^o \ 60 \times 5 + 70 \times 10 = 1000$
$13^o \ 40 \times 5 + 80 \times 10 = 1000$
$14^o \ 20 \times 5 + 90 \times 10 = 1000$

} ou 1 kilogr. (1)

728. La pièce de 5 centimes pesant 5 grammes, autant de fois ce poids sera contenu dans 1 hectog. ou

---

(1) On voit, par les solutions des problèmes 724 à 727, qu'il y a plusieurs manières de combiner les pièces d'argent et de bronze, de façon que leur poids représente exactement le *gramme*, le *décagramme*, l'*hectogramme*, le *kilogramme*; de sorte qu'à défaut des poids usuels les monnaies peuvent servir à déterminer le poids d'un objet quelconque, depuis 1 gramme jusqu'à 1 kilogramme. Mais, puisque on peut ainsi obtenir le kilogramme, rien n'est plus facile que de faire des poids de 1, 2, 4, 8, 16, 32 kilog., au moyen de pesées successives de grenaille de plomb ou de sable, de sorte qu'on aura ainsi le moyen de mesurer tous les poids depuis 1 jusqu'à 63 kilog., et ainsi de suite, pour tout poids supérieur.

100 grammes, autant de ces pièces il faudra. La division donne $\frac{100}{5}$ = Rép. 20 pièces.

729. 1 pièce de 5 francs pèse. . . . . . 25 gr.
    3   —   1 cent. pès. 3 × 1 gr. = 3
            Poids demandé = Rép. 28 gr.

730. 11 pièces de 5 fr.   pèsent 11 × 25^{gr} = 275^{gr}.
    17   2 fr.   17 × 10 = 170
    14   10 cent.   14 × 10 = 140
    9   50 cent.   9 × 2,5 = 22 ,5
            Total. = Rép. 607^{gr},5

731. La pièce de 1 franc pesant 5 grammes, autant de fois ce poids sera contenu dans 345 grammes, autant de pièces il faudra. La division donne $\frac{345}{5}$ = Rép. 69 pièces.

732. La pièce de 50 centimes pesant 2^{g},5, autant de fois ce poids sera contenu dans 85 grammes, autant de pièces il faudra. On aura $\dfrac{85}{2,5}$ = Rép. 34 pièces.

733. La pièce de 10 centimes pesant 10 grammes, autant de fois ce poids sera contenu dans 1 kilog. ou 1000 grammes, autant de pièces il faudra. La division donne $\frac{1000}{10}$ = Rép. 100 pièces.

734. 1 franc d'argent monnayé pesant 5 grammes, autant de fois ce poids sera contenu dans 14 kilogr., autant de francs la somme contiendra. La division donne $\dfrac{14}{0,005}$ = Rép. 2800 francs.

735. 5 fr. d'or monnayé pesant 1^{g},6129 1 fr, d'or pèse 5 fois moins ou $\dfrac{1^{gr},6129}{5}$ = 0^{g},32258. Cela posé, autant de fois ce dernier poids sera contenu dans 483^{g},84 autant de francs on aura dans la somme cherchée. La division donne $\dfrac{483,84}{0,32258}$ = Rép. 1499^{f},91.

736. Le poids des pièces est égal à 203^g,1932 — 29 gr. = 174^g,1932. Or, comme la pièce de 10 francs pèse 3^g,2258, autant de fois ce poids sera contenu dans 174^g,1932, autant de pièces le porte-monnaie contiendra. La division donne $\dfrac{174,1932}{3,2258}$ = Rép. 54 pièces.

737. Autant de fois 5 fr. est contenu dans 1000000 francs, autant de pièces de 5 fr. le million contient. La division donne $\dfrac{1000000}{5}$ = 1re Rép. 200000 pièces.

Mais 1 fr. pèse 5 grammes ; donc 1 million de francs pèsera 1 million de fois 5 gram. ou 5 gr. $\times$ 1000000 = 2^e Rép. 5000 kilogrammes.

738. Autant de fois 10 fr. est contenu dans 1000000 autant de pièces de 10 fr. le million contient. La division donne $\dfrac{1000000}{10}$ = 1re Rép. 100000 pièces.

Mais la pièce de 10 fr. pèse 3^g,2258 ; par conséquent, 100000 pièces semblables pèseront 100000 fois plus ou = 2^e Rép. 322^{kilog},58.

739. 1 fr. d'argent pesant 5 gram., 1200 fr. pèsent 5 $\times$ 1200 = 6000 gr. = 1re Rép. 6 kilogr.

1 fr. d'or pèse $\dfrac{1,6129}{5}$ = 0^g,32258. Donc, 1200 fr. en or pèsent 0^g,32258 $\times$ 1200 = 387^g,09.

740. Le sac seul pesant 265 grammes, la somme qu'il contient pèse 7^{kilog},85 — 0^{kilog},265 = 7^{kilog},585. Mais 1 centime pèse 1 gramme ; donc, autant de grammes il y a dans 7^{kilog},585, autant de centimes le sac contient. Le calcul donne 7^{kilog},585 = 7585 grammes valant 7585 centimes = Rép. 75^f,85.

741. 1°
La pièce de 100 francs pèse		32^{gr},2580
— 50	—	16 ,1290
— 20	—	6 ,4516
— 10	—	3 ,2258
— 5	—	1 ,6129

Les cinq pièces pèsent 1re Rép. 59^{gr},6773.

$2°$ $\begin{cases} \text{La pièce de 5 francs pèse } 25^{gr}. \\ \underline{\quad} \quad 2 \quad \underline{\quad} \quad 10 \\ \underline{\quad} \quad 1 \quad \underline{\quad} \quad 5 \\ \underline{\quad} \quad 50 \text{ cent. pèse } \quad 2 \;,5 \\ \underline{\quad} \quad 20 \quad \underline{\quad} \quad 1 \end{cases}$

Les cinq pièces pèsent 2° Rép. $43^{gr}.,5$

$3°$ $\begin{cases} \text{La pièce de 10 centimes pèse 10 grammes.} \\ \underline{\quad} \quad 5 \quad \underline{\quad} \quad 5 \\ \underline{\quad} \quad 2 \quad \underline{\quad} \quad 2 \\ \underline{\quad} \quad 1 \quad \underline{\quad} \quad 1 \end{cases}$

Les quatre pièces pèsent 3° Rép. 18 grammes.

742. Le franc contient les 0,9 de son poids d'argent fin. Or le poids du franc $=$ 5 grammes ; donc les 0,9 de 5 grammes $= 0,9 \times 5 =$ Rép, $4^g,5$.

743. La pièce de 2 francs pesant 10 grammes, les 9 pièces pèsent $10 \times 9 = 90$ grammes ; mais ces 90 grammes renferment 0,1 de cuivre ou $0,1 \times 90 =$ Rép. 9 grammes de cuivre.

744. $6^f,5$ en monnaie de bronze représentent 650 centimes qui pèsent 650 gramm. (1^{gr} pour 1 centime). Mais 1 gramme de bronze contient $\frac{4}{100}$ ou $0^{gr},04$ de son poids d'étain ; par conséquent, 650 grammes contiennent $0^g,04 \times 650 =$ Rép. 26 grammes d'étain.

745. 1 fr. pesant 5 gram., 27 fr. pèsent $5 \times 27 = 135$ gram. qui renferment $\frac{9}{10}$ ou 0,9 de 135 gr. $=$ 1re Rép. $121^{gr},5$ d'argent fin, et par suite $\frac{1}{10}$ ou $\frac{135}{10} =$ 2e Rép. $13^{gr},5$ de cuivre.

746. 1 fr. pesant 5 grammes, 1 gramme vaut 5 fois moins ou $\frac{1^f}{5} =$ Rép. $0^f,20$.

747. 1 franc contient les 0,9 de son poids d'argent fin ou les 0,9 de 5 grammes $= 4^g,5$. Or, si $4^g,5$ d'argent fin valent 1 franc, 1 gramme vaut 4,5 fois moins ou $\frac{1^f}{4,5} =$ Rép. $0^f,222$.

748. 1 franc pesant 5 grammes, autant de fois ce poids sera contenu dans 1 kilog., autant de francs le kilogr. vaudra. La division donne $\dfrac{1^k}{0^k,005}$ = Rép. 200 francs.

749. 1 franc contient les 0,9 de son poids d'argent fin ou les 0,9 de 5 grammes = $4^{gr},5$. Or, si $4^{gr},5$ d'argent fin valent 1 franc d'argent monnayé, 1 gramme vaut 4,5 fois moins ou $\dfrac{1^f}{4,5}$, et 1 kilog. ou 1000 gram. valent 1000 fois 4,5 = $\dfrac{1000^f}{4,5}$ = Rép. $222^f,22$.

750. 5 francs d'or monnayé pesant $1^g,6129$ 1 gram. d'or monnayé vaut 1,6129 fois moins ou $\dfrac{5^f}{1,6129}$ = Rép. $3^f,10$.

751. 5 francs d'or monnayé contient les 0,9 de son poids d'or fin ou les 0,9 de $1^{gr},6129$ = $1^{gr},45161$. Or, si $1^{gr},45161$ d'or fin valent 5 francs, 1 gramme vaut 1,45161 fois moins ou $\dfrac{5^f}{1,45161}$ = Rép. $3^f,44$.

752. 5 francs d'or monnayé pesant $1^g,6129$ 1 franc d'or monnayé pèse 5 fois moins ou $\dfrac{1^{gr},6129}{5}$ = $0^{gr},32258$. Cela posé, autant de fois ce dernier poids sera contenu dans 1 kilog., autant de francs ce kilog. d'or vaudra. La division donne $\dfrac{1^{kilog.}}{0^g,32258}$ = Rép. 3100 francs.

753. 5 fr. d'or monnayé contient les 0,9 de son poids d'or fin ou les 0,9 de $1^{gr},6129$ = $1^{gr},45161$. Or, si $1^{gr},45161$ d'or fin valent 5 fr., 1 gramme vaut 1,45161 fois moins ou $\dfrac{5}{1,45161}$ et 1 kilog. (ou 1000 grammes) vaut 1000 $\times \dfrac{5}{1,45161}$ = Rép. $3444^f,44$.

754. Le franc pesant 5 grammes, 1 gramme vaut $\frac{1^f}{5} = 0^f,20$. De même, 20 fr. d'or pesant $6^{gr},4516$,

1 gramme vaut $\frac{20^f}{6,4516} = 3^f,10$. Maintenant si l'on cherche combien de fois $3^f,10$ valeur de 1 gramme d'or monnayé, contient $0^f,20$ valeur de 1 gr. d'argent monnayé, on trouvera $\frac{3^f,1}{0,2} =$ Rép. 15,5 pour quotient ou rapport de la valeur de l'or à l'argent monnayé. Cela veut dire qu'à poids égal, l'or a une valeur 15 fois et $\frac{1}{2}$ plus grande, ou qu'il faut Rép. $15^{kilog},5$ d'argent pour 1 kilog. d'or.

755. Le franc contenant $4^{gr},5$ d'argent fin, 1 gramme vaut $\frac{1}{4,5}$ de franc $= 0^f,22222$. De même, la pièce de 5 fr. d'or contenant les 0,9 de $1^{gr},6129$ ou $1^{gr},45161$ d'or fin, 1 gram. d'or vaut $\frac{5}{1,45161} = 3^f,44444$. Cela posé, si nous cherchons combien de fois 3,44444 valeur de 1 gramme d'or fin, contient 0,22222 valeur de 1 gramme d'argent fin, nous trouverons $\frac{3,44444}{0,22222}$ $=$ Rép. 15,5 pour quotient ou rapport de la valeur de l'or à l'argent monnayés.

756. 100 fr. en argent pesant 100×5 grammes $= 500$ grammes, 100 francs en or pèseront 15,5 fois moins ou $\frac{500}{15,5} =$ Rép. $32^{gr},2580$.

Par un raisonnement analogue, on trouvera :

Le poids de la pièce de 50 fr. $=$ Rép. 16,1290

— — 20 fr. $=$ Rép. 6,45161

— — 10 fr. $=$ Rép. 3,2258

— — 5 fr. $=$ Rép. 1,6129

757. 1° 1345^f en argent pèsent 1345 fois 5 grammes $= 6^{kilog},725$. Mais la même somme en or pèse 15,5 fois moins. On aura donc $\frac{6^{kil},725}{15,5} = 1^{re}$ Rép. $0^k,4339$ ou $433^{gr},9$ pour le poids de 1345 fr. en or.

2° 1 fr. d'argent pesant 5 grammes, 1 gramme vaut

5 fois moins ou $\dfrac{1^f}{5} = 0^f,2$ et 521 grammes d'argent

valent 521 fois $0^f,2 = 104^f,2$. Mais à poids égal l'or vaut 15,5 plus que l'argent, donc 521 grammes d'or valent $104^f,2 \times 15,5 =$ 2e Rép. $1615^f,1$.

758. Puisque l'argent fin forme les $\frac{835}{1000}$ ou 0,835 du poids de la pièce de 2 francs, $4^{kil},725$ d'argent fin aussi formeront les 0,835 de la somme cherchée que nous appellerons x. On a donc $0,835\,x = 4^k,725$, d'où $x = \frac{4,725}{0,835} = 5^k,65$. Tel est le poids de la somme cherchée ; pour avoir sa valeur, on dira : 5 grammes d'argent monnayé valent 1 fr., donc autant de fois 5 gram. sera contenu dans $5^k,65$, autant de francs il y aura. La division donne $\frac{5,65}{0,005} =$ Rép. 1130.

759. Dans la pièce de 5 francs, le cuivre formant le $\frac{1}{10}$ du poids de la pièce, représente aussi le $\frac{1}{10}$ de la valeur. Dans les 4 autres pièces, le cuivre formant les $\frac{165}{1000} =$ les 0,165 du poids, représente aussi les 0,165 de la valeur. Par conséquent, dans les pièces de :

5 fr. le cuivre vaut $\dfrac{5^f}{10} = 0^f,50$

2 fr.	—	les 0,165 de 2 fr.	$= 0^f,30$
1 fr.	—	les 0,165 de 1 fr.	$= 0^f,16$
50 cent.	—	les 0,165 de 50 cent.	$= 0^f,08$
20 cent.	—	les 0,165 de 20 cent.	$= 0^f,03$

760. Dans les pièces d'or, le cuivre formant le $\frac{1}{10}$ du poids de la pièce, représente aussi le $\frac{1}{10}$ de la valeur, bien qu'étant considéré comme n'ayant aucune valeur par lui-même. Par conséquent, dans les pièces de :

100 fr. le cuivre vaut $\dfrac{100^f}{10} = 10$ fr.

50 fr. — $\dfrac{50^f}{10} = 5$ fr.

Dans les pièces de :

$$20 \text{ fr. le cuivre vaut} \quad \frac{20^f}{10} = 2 \text{ fr.}$$

$$10 \text{ fr.} \quad — \quad \frac{10^f}{10} = 1 \text{ fr.}$$

$$5 \text{ fr.} \quad — \quad \frac{5^f}{10} = 0^f,50$$

761. La pièce de 100 francs pesant 32^{grammes},258 :

Poids fort $= 32,258 + 0,03226 =$ Rép. 32,29026
Poids faible $= 32,258 - 0,03226 =$ Rép. 32,22574

La pièce de 50 francs pesant 16^{grammes},129 :

Poids fort $= 16,129 + 0,01613 =$ Rép. 16,14513
Poids faible $= 16,129 - 0,01613 =$ Rép. 16,11287

La pièce de 20 francs pesant 6^g,45161 :

Poids fort $= 6,45161 + 0,0129 =$ Rép. 6,46451
Poids faible $= 6,45161 - 0,0129 =$ Rép. 6,43871

La pièce de 10 francs pesant 3 gr.,2258 :

Poids fort $= 3,2258 + 0,00645 =$ Rép. 3,23226
Poids faible $= 3,2258 - 0,00645 =$ Rép. 3,21935

La pièce de 5 francs pesant 1 gr.,6129 :

Poids fort $= 1,6129 + 0,00484 =$ Rép. 1,61774
Poids faible $= 1,6129 - 0,00484 =$ Rép. 1,60806

762. La pièce de 5 francs pesant 25 grammes :

Poids fort $= 25 + 0,075 =$ Rép. 25,075
Poids faible $= 25 - 0,075 =$ Rép. 24,925

La pièce de 2 francs pesant 10 grammes :

Poids fort $= 10 + 0,05 =$ Rép. 10,05
Poids faible $= 10 - 0,05 =$ Rép. 9,95

10.

La pièce de 1 franc pesant 5 grammes :

$$\text{Poids fort} \quad = \quad \overset{gr.}{5} \quad + \quad \overset{gr.}{0,025} \quad = \quad \text{Rép.} \quad \overset{gr.}{5,025}$$
$$\text{Poids faible} \quad = \quad 5 \quad - \quad 0,025 \quad = \quad \text{Rép.} \quad 4,975$$

La pièce de 50 centimes pesant 2 gr.,5 :

$$\text{Poids fort} \quad = \quad \overset{gr.}{2,5} \quad + \quad \overset{gr.}{0,0175} \quad = \quad \text{Rép.} \quad \overset{gr.}{2,5175}$$
$$\text{Poids faible} \quad = \quad 2,5 \quad - \quad 0,0175 \quad = \quad \text{Rép.} \quad 2,4825$$

La pièce de 20 centimes pesant 1 gramme :

$$\text{Poids fort} \quad = \quad \overset{gr.}{1} \quad + \quad \overset{gr.}{0,01} \quad = \quad \text{Rép.} \quad \overset{gr.}{1,01}$$
$$\text{Poids faible} \quad = \quad 1 \quad - \quad 0,01 \quad = \quad \text{Rép.} \quad 0,99$$

763. La pièce de 10 centimes pesant 10 grammes :

$$\text{Poids fort} \quad = \quad \overset{gr.}{10} \quad + \quad \overset{gr.}{0,1} \quad = \quad \text{Rép.} \quad \overset{gr.}{10,1}$$
$$\text{Poids faible} \quad = \quad 10 \quad - \quad 0,1 \quad = \quad \text{Rép.} \quad 9,9$$

La pièce de 5 centimes pesant 5 grammes :

$$\text{Poids fort} \quad = \quad \overset{gr.}{5} \quad + \quad \overset{gr.}{0,05} \quad = \quad \text{Rép.} \quad \overset{gr.}{5,05}$$
$$\text{Poids faible} \quad = \quad 5 \quad - \quad 0,05 \quad = \quad \text{Rép.} \quad 4,95$$

La pièce de 2 centimes pesant 2 grammes :

$$\text{Poids fort} \quad = \quad \overset{gr.}{2} \quad + \quad \overset{gr.}{0,03} \quad = \quad \text{Rép.} \quad \overset{gr.}{2,03}$$
$$\text{Poids faible} \quad = \quad 2 \quad - \quad 0,03 \quad = \quad \text{Rép.} \quad 1,97$$

La pièce de 1 centime pesant 1 gramme :

$$\text{Poids fort} \quad = \quad \overset{gr.}{1} \quad + \quad \overset{gr.}{0,115} \quad = \quad \text{Rép.} \quad \overset{gr.}{1,015}$$
$$\text{Poids faible} \quad = \quad 1 \quad - \quad 0,115 \quad = \quad \text{Rép.} \quad 0,985$$

764. La différence de poids est :

de   64 millig.,52   pour les pièces de 100 francs.
de   32   ,26   —   50
de   12   ,90   —   20
de   06   ,45   —   10
de   3   ,225   —   5

Or, d'après le problème 750, le gramme d'or monnayé valant 3f,1, le milligramme vaut 1000 fois moins

ou 0f,0031 ; par conséquent, la différence de valeur
est de :

$$64,52 \times 0^f,0031 = 0^f,20 \quad \text{pour } 100 \text{ fr.}$$
$$32,26 \times 0^f,0031 = 0^f,10 \quad — \quad 50$$
$$12,90 \times 0^f,0031 = 0^f,04 \quad — \quad 20$$
$$6,45 \times 0^f,0031 = 0^f,02 \quad — \quad 10$$
$$3,225 \times 0^f,0031 = 0^f,01 \quad — \quad 5$$

PROBLÈMES

SUR LES RAPPORTS DU POIDS DE L'EAU AVEC LES MESURES DE CAPACITÉ OU DE VOLUME.

765. 1 litre ou 1 décim. cube d'eau pesant 1 kilog.,
25 litres pèsent 25 fois plus ou Rép. 25 kilog.

766. 1 centim. cube d'eau pesant 1 gram., 1 cent.
cube de pierre pèse 3 fois plus ou Rép. 3 gram.

767. 1 kilog. d'eau représente en volume 1 décim.
cube ou 1 litre, donc $2^k,05$ d'eau ou le poids de l'eau
contenue dans la carafe représente 2,05 fois 1 litre
= Rép. $2^l,05$.

768. 1 litre d'eau pèse 1 kilog. ou 1000 gram. La
pièce de 10 centimes pèse 10 gram. Donc autant de fois
10 sera contenu dans 1000, autant de pièces il faudra.
La division donne $\frac{1000}{10}$ = Rép. 100 pièces.

769. 1 kilog. d'eau représente en volume 1 décim.
cube ; par conséquent, $486^k,3$ d'eau représentent un
volume 486,3 fois plus grand ou $486^{\text{décim. c.}},3$ = Rép.
$0^{\text{m. cub.}},4863$.

770. 1 litre d'eau pesant 1 kilog., $3^l,4$ pèsent $3^k,4$;
par conséquent, en ajoutant ce poids à celui de la bouteille vide, on aura le poids de la bouteille pleine
d'eau. L'opération donne $0^k,533 + 3^k,4 = \text{R. } 3^k,933$.

771. Le poids de l'eau $= 950 — 183 = 1^{re}$ Rép.
767 grammes. Or, le gramme représentant en volume
1 centimètre cube, 767 gram. représentent par conséquent 2e Rép. 767 centimètres cubes.

772. 1 litre d'eau pesant 1 kilogram., $2^l,5$ d'acide pèsent $2,5$ fois plus ou $2^k,5$. Mais l'acide sulfurique pesant $1,841$ fois plus que l'eau, $2^l,5$ de cet acide pèseront $1,841$ fois $2^k,5 =$ Rép. $4^k,602$.

773. La différence entre les deux poids donnés exprime le poids de l'eau. Ce poids est donc égal à $9^k,8 - 1^k,257 = 8^k,543$. Mais 1 kilog. d'eau représente en volume 1 décim. cube ou 1 litre; par conséquent, $8^k,543$ représentent $8^{déc.\ cub.},543 =$ R. $8^l,543$.

774. 1 fr. pesant 5 grammes, 519 fr. pèsent 519 fois plus ou $2^k,595$. Cela posé, la question revient à celle-ci : quelle est la quantité d'eau qui pèse $2^k,595$? Pour cela, nous dirons : 1 kilogram. d'eau représente en volume 1 litre. Donc, $2^k,595$ représentent un volume $2,595$ fois plus grand ou Rép. $2^l,595$.

775. 1 litre d'eau pesant 1 kilog., $4^l,64$ pèse $1,64$ fois plus ou $1^k,64$. Cela posé, la question revient à celle-ci : quelle est la somme d'argent qui pèse $1^k,64$? Pour le savoir, on dira : 1 fr. pèse 5 gram. Donc, autant de fois ce poids sera contenu dans $1^k,64$ autant de francs il y aura dans la somme cherchée. La division donne

$$\frac{1,64}{0,005} = \text{Rép. 328 francs.}$$

776. 1 kilog. d'eau représente en volume 1 décim. cube; par conséquent, 25 kilog. représenteront 25 fois plus ou 25 déc. cubes. Tel est le volume d'eau contenu dans le bassin; mais ce volume est égal au produit des deux dimensions du fond par l'épaisseur inconnue de la tranche d'eau. Donc, on obtiendra cette épaisseur en divisant 25 par le produit des deux dimensions connues. L'opération donne $\dfrac{25^{décim.\ cub.}}{1 \times 1} = \dfrac{0^{m.\ cub.},025}{1} =$ Rép. $0^m,025$ ou 2 centimètres $\frac{1}{2}$ pour l'épaisseur demandée.

777. 23 centimèt. cubes d'eau pesant 23 gram., 23 cent. cubes d'or pèseront $19,2581$ fois plus ou 23 gr. $\times 19,2581 =$ Rép. $442^g,9363$.

778. 2 litres d'eau pesant 2 kilog., 2 litres de mercure pèseront 13,598 fois plus ou 2 $\times$ 13,598 = Rép. 27$^{kilog.}$,196.

779. 1 décim. cube d'eau pesant 1 kilog., 3 décim. cubes pèsent 3 kilog.; mais le platine pesant 19,5 fois autant que l'eau, 3 décim. cubes de ce métal pèseront 3 $\times$ 19,5 = Rép. 58$^{kilog.}$,5.

780. 1$^{m.\,cub.}$,125 d'eau pesant 1125 kil., 1$^{m.\,cub.}$,125 de marbre pèseront 2,8376 fois plus ou 1125 kilogr. $\times$ 2,8376 = Rép. 3192$^{kilog.}$,3.

781. 120 litres d'eau pesant 120 kilog., 120 litres de vin de Bourgogne pèseront 120 $\times$ 0,991 = 1re Rép. 118$^{kilog.}$,92 et 120 litres d'alcool pèseront 120 $\times$ 0,792 = 2^e Rép. 95$^{kilog.}$,04.

782. Le volume de l'obélisque étant de 84 mètres cubes, le poids de ce volume d'eau est de 84000 kilog. Mais comme la substance du monolithe pèse 2,75 fois plus que l'eau, son poids sera de 84000 $\times$ 2,75 = Rép. 231000 kilog.

783. 1° 6 litres d'eau pesant 6 kilog., 6 litres de lait pèsent 6 kilog. $\times$ 1,03 = 1re Rép. 6$^{kilog.}$,18 charge en allant.

2° 1 décalitre d'eau pesant 10 kilog., 1 décalitre d'huile pèse 10 $\times$ 0,915 = 2^e Rép. 9$^{kilog.}$,15 charge en retournant.

784. Le volume de la meule étant 0$^{m.\,cub.}$,784 le poids de pareil volume d'eau est de 784 kilog. Mais comme la pierre meulière pèse 2,484 fois plus que l'eau, le poids de la meule sera de 784 $\times$ 2,484 = 1947$^{kilog.}$,456. Cela posé, si 100 kilogram. coûtent 3 francs de transport, 1 kilogr. coûte $\frac{3}{100}$ = 0^f,03 et 1947$^{kilog.}$,456 coûteront 1947,456 $\times$ 0,03 = Rép. 58^f,42.

785. Le volume de la poutre est égal à 4^m,35 $\times$ 0^m,27 $\times$ 0^m,18 = 0$^{m.\,cub.}$,21141 ou 211$^{décim.\,cub.}$,41. Le poids d'un pareil volume d'eau est de 211$^{kilog.}$,41;

mais le sapin ayant les 0,54 du poids de l'eau, 211$^{\text{décimètres cubes}}$,41 de ce bois pèseront les 0,54 de 211$^{\text{kilog.}}$,41 ou 0,54 $\times$ 211$^{\text{kilog.}}$,41 = Rép. 114$^{\text{kilog.}}$,16.

786. Le volume de la planche est égal à 3 mètr. $\times$ 0^{m},42 $\times$ 0^{m},06 = 0$^{\text{m. cub.}}$,0756 ou 75$^{\text{décim. cub.}}$,6. Le poids d'un pareil volume d'eau est de 75$^{\text{kilog.}}$,6 ; mais le noyer ayant les 0,92 du poids de l'eau, 75$^{\text{décim. cub.}}$,6 de ce bois pèsent les 0,92 de 75$^{\text{kilog.}}$,6 ou 0,92 $\times$ 75$^{\text{kilog.}}$,6 = Rép. 69$^{\text{kilog.}}$,552.

787. 1 décim. cube ou 1 litre d'air pesant 1^{g},293 34^{l},2 pèsent 34,2 fois plus ou 1,293 $\times$ 34,2 = 44^{g},22. Mais l'oxygène pèse 1,106 fois plus que l'air, donc 34^{l},2 du premier gaz pèseront 44,22 $\times$ 1,106 = Rép. 48^{g},907.

788. 1 décim. cube d'air pesant 1^{g},293 1 mèt. cube d'air pèse 1$^{\text{kilog.}}$,293 et 1 mètre cube d'hydrogène qui pèse 0,0691 fois un pareil volume d'air, pèsera 1$^{\text{kil.}}$,293 $\times$ 0,0691 = Rép. 0$^{\text{kilog.}}$,089346 ou 89^{g},346.

789. Le volume de 1$^{\text{kilog.}}$,8 d'huile = $\dfrac{1^{\text{kilog.}},8}{0,915}$. Mais 1$^{\text{kilog.}}$,8 = 1$^{\text{décim. cub.}}$,8 $\times$ 1 kilog.; donc, $\dfrac{1^{\text{kilog.}},8}{0,915}$ = $\dfrac{1^{\text{décim. cub.}},8 \times 1}{0,915}$ = 1$^{\text{décim. cub.}}$,967 ou 1^{l},967; attendu que le résultat doit exprimer un volume et non un poids. Or, si 1^{l},967 revient à 1^{f},80 1 litre revient à $\dfrac{1,8}{1,967}$ = Rép. 1^{f},65.

790. Le volume du bloc = $\dfrac{783 \text{ kilog.}}{2,8376}$. Mais 783 kilog. = 783 décim. cub. $\times$ 1 kilog. Donc, $\dfrac{783 \text{ kilog.}}{2,8376}$ = $\dfrac{783 \text{ décim. cub.} \times 1}{2,8376}$ = 0$^{\text{m. cub.}}$,276; attendu que le résultat doit exprimer un volume et non un poids.

Multipliez ce volume par 4 francs, vous aurez 0,276 $\times$ 4 = Rép. 1^f,104 pour le droit d'entrée.

791. La capacité demandée ou le volume intérieur du tonneau = $\dfrac{115 \text{ kilog.}}{1,026}$. Mais 115 kilogram. = 115 décimètres cubes $\times$ 1 kilogramme. Donc, $\dfrac{115 \text{ kilog.}}{1,026}$ = $\dfrac{115 \text{ décim. cub.} \times 1}{1,026}$ = 112$^{\text{décim. cub.}}$,08 = Rép. 112^l,08; attendu que le résultat doit exprimer un volume et non un poids.

792. Le volume cherché = $\dfrac{15^k,8}{7,291}$. Mais 15^k,8 = 15$^{\text{décim. cub.}}$,8 $\times$ 1 kil. Donc, $\dfrac{15^k,8}{7,291}$ = $\dfrac{15^{d.\ c.},8 \times 1}{7,291}$ = Rép. 2$^{\text{décim. cub.}}$,167; attendu que le résultat doit exprimer un volume et non un poids.

793. Le volume demandé = $\dfrac{186 \text{ gr.}}{3,33}$. Mais 186 gr. = 186 centimèt. cubes $\times$ 1 gram. Donc $\dfrac{186 \text{ gr.}}{3,33}$ = $\dfrac{186 \text{ cent. cub.} \times 1}{3,33}$ = Rép. 55$^{\text{cent. cub.}}$,8; attendu que le résultat doit exprimer un volume et non un poids.

794. Le volume demandé = $\dfrac{100 \text{ gr.}}{6,861}$. Mais 100 gr. = 100 centimèt. cub. $\times$ 1 gramme. Donc $\dfrac{100 \text{ gr.}}{6,861}$ = $\dfrac{100 \text{ cent. cub.} \times 1}{6,861}$ = Rép. 14$^{\text{cent. cub.}}$,6; attendu que le résultat doit exprimer un volume et non un poids.

795. Si l'on connaissait le volume de la statuette, il n'y aurait qu'à le multiplier par 10,4743 pour obtenir le poids demandé. Mais d'après le problème 777, ce volume $= \dfrac{623 \text{ gr.}}{7,207} = 86^{\text{cent. cub.}},4$. Donc $86,4 \times 10,4743 =$ Rép. $904^{\text{gr.}},98$ ou le poids cherché.

796. Puisque à poids égal, le volume de l'or est 19,26 fois plus petit que celui de l'eau, il s'ensuit que 30 grammes d'or représentent un volume 19,26 fois plus petit que 30 grammes d'eau. Or, le volume de 30 grammes d'eau étant égal à 30 centim. cubes, le volume de 30 grammes d'or sera égal à $\dfrac{30}{19,26} = 1^{\text{centim. cub.}},55$. Tel est donc le volume de la feuille d'or, mais ce volume est égal au produit de la surface 40 mètres par l'épaisseur inconnue x; on aura donc $x \times 40 = 1^{\text{centim. cub.}},55$; d'ou $x = \dfrac{0^{\text{m. cub.}},00000155}{40} =$ Rép. $0^{\text{m}},00000004 = 0^{\text{mm}},00004$, ou bien encore $\dfrac{1}{25000}$ de millimètre.

797. D'après le probl. 777, on obtient la densité d'un corps en divisant son poids par son volume. Or, le volume de la brique $= 25 \times 12 \times 3 = 900$ centimètres cubes $= 0^{\text{décim. cub.}},9$. Donc la densité $= \dfrac{1^{\text{k}},404}{0^{\text{décim. cube}},9} =$ Rép. $1,56$; attendu que le résultat doit exprimer un nombre abstrait.

798. La densité demandée $= \dfrac{528^{\text{gr.}},5}{25 \times 20 \times 05} =$ Rép. $2,114$.

799. La densité cherchée $= \dfrac{1^{\text{kilogramme}},8}{1^{\text{décimètre cube}}} = \dfrac{1^{\text{décim. cub.}},8 \times 1^{\text{kilog.}}}{1^{\text{décimètre cube}}} =$ Rép. $1,8$; attendu que le résultat doit exprimer un nombre abstrait.

800. La pression exercée par l'eau sur 1 décimètre carré $= 1$ kilog. pour 1 décimètre d'enfoncement $= 10$ kilog. pour 1 mètre d'enfoncement $= 10$ kilog. $\times 83 =$ Rép. 830 kilog. pour 83 mètres d'enfoncement.

801. La pression demandée est égale au poids d'une colonne d'eau dont le volume serait $3 \times 2 \times 1,5 = 9$ mètres cubes ; or, le mètre cube pesant 1000 kilog. 9 mètres pèsent $1000 \times 9 =$ Rép. 9000 kilog.

802. La pression exercée par l'eau sur 1 décimètre carré est de 1 kilog. pour 1 décimètre d'enfoncement, de 10 kilog. pour 1^m d'enfoncement ; par conséquent, de $10 \times 1,8 = 18$ kilog. pour $1^m,80$ d'enfoncement. Telle est la pression exercée sur la soupape, tel aussi l'effort nécessaire pour faire équilibre à cette pression ; mais comme, d'après l'énoncé, l'effort doit soulever la soupape, il faut nécessairement qu'il soit supérieur à la pression d'une quantité quelconque, quelque minime qu'elle soit. On peut donc répondre que l'effort cherché est d'un peu plus 18 kilog.

803. La pression sur 1 décimètre carré est de 1 kilog. pour 1 décimètre de profondeur, de 10 kilog pour 1 mètre de profondeur ; par conséquent, à 10000 mètres d'enfoncement la pression de l'eau ordinaire serait $10 \times 10000 = 100000$ kilog. Mais, comme l'eau de mer pèse 26 grammes de plus par décimètre cube que l'eau ordinaire, la pression de l'eau de mer sur chaque décimètre carré sera $1^{kilog.},026$ pour 1 décimètre de profondeur, $10^{kilog.},26$ pour 1 mètre, enfin de $10,26 \times 10000 =$ Rép. 102600 kilog. là où la mer a 10000 mètres de profondeur.

804. Pour soutenir la vanne ou, ce qui revient au même, pour faire équilibre à la pression de l'eau, il faut un effort égal à cette pression. Mais cette pression est égale au poids d'une colonne d'eau ayant pour base la surface mouillée de la vanne ou $0^m,75 \times 286 = 2^{m. car.},145$ et pour hauteur $1^m,43$. Donc le poids ou l'effort cherché égale $2,145 \times 1,43 \times 1000$ kilog. $=$ Rép. $3067^k,35$.

805. La pression demandée est égale au poids d'une colonne d'eau ayant pour base la surface mouillée des murs ou $15^m \times 4 \times 2^m,3 = 138$ mètres carrés, et pour hauteur 1^m,15 ou la hauteur de l'eau au-dessus du centre de gravité. Donc la pression cherchée = 138 × 1,15 × 1000 kilog, = Rép. 158700 kilog.

806. La hauteur du tube étant de 12 mètres et sa section de 1 centim. carré, l'eau introduite dans ce tube pressera chaque centimètre carré de la surface intérieure du tonneau avec une force de 1^{kilog}.,2 (probl. 800 note 1) et chaque décimètre carré avec une force de 1^{kilog}.,2 × 100 = 102 kilog. Par conséquent, la surface totale du tonneau qui est de 2 mètres carrés ou 200 décimètres carrés, sera pressée avec une force de 102 kilog. × 200 = 20400 kilog. Telle serait déjà l'énorme pression que le tonneau aurait à supporter si la hauteur de l'eau était réellement de 12 mètres ; mais cette hauteur, d'après l'énoncé est de 12^m + 0^m,5 = 12^m,5. Par conséquent, la pression cherchée est de 1^k,25 pour chaque centimètre carré, de 125 kilog. pour chaque décimètre carré, et enfin de 125 kilog. × 200 = Rép. 25000 kilog. pour la surface totale des douves.

807. La pression demandée est égale au poids d'une colonne d'eau ayant pour base la surface du corps humain ou 1^{m. car.},75, et pour hauteur celle de l'eau, au-dessus du centre de gravité du corps, hauteur qui, d'après l'énoncé, est de 7 mètres. Donc, enfin, la compression cherchée est égale à 1,75 × 7 × 1000 kilog. = Rép. 12250 kilog. (1)

---

(1) Indépendamment du calcul, l'expérience démontre que l'homme qui plonge à une certaine profondeur, a beaucoup à souffrir de la compression qu'éprouve sa poitrine. Il est donc une limite que le plongeur ne peut dépasser sans s'exposer à des accidents funestes.

Les plongeurs employés à la pêche des perles éprouvent des saignements de nez et d'oreilles. Ils plongent jusqu'à 20 mètres et restent à peine 1 minute 1[2 sous l'eau.

La pression de l'eau à une certaine profondeur est telle que de fortes bouteilles de verre hermétiquement fermées et descendues vides à 400 mètres environ dans la mer, ont été retirées entièrement pleines d'eau, ce qui démontre, en outre, que le verre est perméable à l'eau, ce que l'on ne croyait pas avant cette expérience.

808. La surface de chaque paroi est de $1^{\text{décim.}},5 \times 0^{\text{décim.}},8 = 1^{\text{décim. car.}},2$. Donc, la surface totale des 4 parois est de $1,2 \times 4 = 4^{\text{décim. car.}},8$; or, la pression que l'eau exerce sur cette surface est égale au poids d'une colonne d'eau ayant pour base la surface $4^{\text{décim. car.}},8$ et pour hauteur celle de l'eau au-dessus du centre de gravité de la paroi, hauteur égale à $20^{\text{m}} + \dfrac{0^{\text{m}},15}{2} = 20^{\text{m}},075$. Donc, enfin, la pression cherchée

$$= 20,075 \times 4,8 \times 1 \text{ kilog.} = \text{Rép. } 96^{\text{kilog.}},4.$$

809. La pression exercée par l'eau sur chaque décim. carré est de 10 kilog. pour 1 mètre d'enfoncement ou de $\dfrac{10^{\text{kilog.}}}{100} = 0^{\text{kilog.}},1$ sur chaque centimètre carré, à 1 mètre de profondeur. Cela étant, la pression exercée sur le bouchon pour 1 mètre de profondeur serait de $0^{\text{kilog.}},1 \times 4 = 0^{\text{kilog.}},4$ et pour la profondeur cherchée x^{m}, de $x^{\text{m}} \times 0^{\text{kilog.}},4$. Mais, pour qu'elle produise l'enfoncement du bouchon, la pression doit être égale à 25 kilog. On a donc $x^{\text{m}} \times 0^{\text{kilog.}},4 = 25$ kilog., d'où $x = \frac{25}{0,4} = \text{Rép. } 62^{\text{m}},5.$

810.

Poids de l'étain	$= 7^{\text{kg.}},291$
Poids de l'eau déplacée	$= 1^{\text{kg.}}$

Différence ou poids de l'étain dans l'eau $= \text{Rép. } 6^{\text{kg.}},291$

811. 1 déc. cub. de cuivre pesant dans l'air $8^{\text{kilog.}},85$, 5 décimètres cubes pèsent $8,85 \times 5 = 1^{\text{re}}$ Rép. $44^{\text{kilog.}},25$. Mais ce bloc plongé dans l'eau perd de son poids une partie égale au poids de l'eau qu'il déplace, c'est-à-dire 5 kilog. ; par conséquent, le poids du bloc, pesé dans l'eau est $44,25 - 5 = 2^{\text{e}}$ Rép. $39^{\text{kilog.}},25$.

812. Le bloc pesant dans l'air 560 kilog. pèse dans l'eau $560 - 210 = 350$ kilog. Or, autant de fois ce nombre contient 70, autant d'hommes il faudra pour manœuvrer le bloc dans l'eau. De même, autant de fois 70 sera contenu dans 560, autant d'hommes il faudra pour la manœuvre du bloc, hors de l'eau. La division donne $\frac{350}{70} = 1^{re}$ Rép. 5 hommes, et $\frac{560}{70} = 2^e$ Rép. 8 hommes.

813. L'ambre pesant dans l'air 1 gramme, son poids, dans l'eau, sera 1 gramme diminué du poids du centimètre d'eau que cette substance déplace une fois plongée dans l'eau. Or, le poids du centimètre cube d'eau étant de 1 gramme, le poids cherché sera $1^{gr} - 1^{gr} = $ Rép. 0. Ce résultat signifie qu'une fois dans l'eau l'ambre n'a plus de poids, c'est-à-dire qu'elle reste suspendue au milieu du liquide.

814. La statuette pesant $5^{kilog.}$,4 dans l'air, et $3^{kilog.}$,7 dans l'eau, la différence $5,4 - 3,7 = 1^{kilog.}$,7 exprime le poids du volume d'eau déplacé par le volume égal de la statuette. Or, 1 kilog. d'eau représentant en volume 1 décimètre cube, $1^{kilog.}$,7 représente $1^{décim. cub.}$,7. Donc ce dernier volume est le volume demandé. (1)

815. L'homme pesant 56 kilog. dans l'air et $3^{kilog.}$,47 seulement dans l'eau, la différence entre ces deux nombres ou $56 - 3,47 = 52^{kilog.}$,5 exprime le poids du volume d'eau déplacé par le volume égal du corps de l'homme. Or, 1 kilog. d'eau représentant en volume 1 décimètre cube $52^{kilog.}$,5, représentent $52^{décim. cub.}$,5. Donc ce dernier volume est le volume demandé.

816. D'après le principe du probl. 810 (3e cas), la condition d'équilibre d'un corps qui flotte à la surface de l'eau, est que son poids soit égal à celui du liquide qu'il déplace. Or, puisque le liége déplace 1 décimètre cube ou 1 litre d'eau, son poids égale le poids d'un décimètre cube d'eau $=$ Rép. 1 kilog.

817. D'après le principe du probl. 810 (3e cas), la condition d'équilibre d'un corps qui flotte à la surface

---

(1) On voit que le Principe d'Archimède donne le moyen d'obtenir avec précision le volume d'un corps de la forme la plus irrégulière, lorsque ce corps n'est pas soluble dans l'eau.

de l'eau, est que son poids soit égal à celui du liquide qu'il déplace. Or, puisque le plateau pèse 134 kilog., le volume d'eau déplacé doit aussi peser 134 kilog., et, par conséquent, représente Rép. 134 décimètres cubes ou 134 litres.

818. Le poids du nageur étant, dans l'air, de $60 \times 1^{kilog.},066 = 63^{kilog.},96$ sera dans l'eau de $63^{kilog.},96 - 60$ kilog. $= 3^{kilog.},96$. Par conséquent, le nageur tendrait à tomber au fond de l'eau avec une force égale à $3^{kilog.},96$; mais, d'un autre côté, le liége pèse $0^{kilog.},24$ par décimètre cube ; par conséquent, chaque décimètre cube de liége entièrement plongé dans l'eau tend à remonter à la surface avec une force égale à 1 kilog. — $0^{kilog.},24 = 0^{kilog.},76$. Cela posé, comme le nageur pèse $3^{kilog.},96$, il faudra, pour le soutenir, autant de décim. cubes de liége que $3^{kilog.},96$ contient de fois $0^{kilog.},76$. La division donne $\frac{3,96}{0,76} =$ Rép. $5^{décim. cub.},2$ ou $5,2 \times 0^k,24 = 1^{kilog.},25$ de liége.

819. D'après le principe du probl. 810 (3e cas), la condition d'équilibre d'un corps qui flotte à la surface de l'eau, est que son poids soit égal à celui du liquide qu'il déplace; or, puisque le navire déplace 537 mètres cubes d'eau, son poids $= 537 \times 1000$ kilog. $=$ Rép. 537000 kilog. ou 537 tonneaux.

820. D'après le principe du probl. 810 (3e cas), le poids de l'eau déplacée par un corps qui flotte à sa surface est toujours égal au poids de ce corps, quelle que soit la légèreté ou la pesanteur de la matière dont ce corps se trouve composé. Or, puisque les deux navires, quoique formés de matières différentes, ont un poids égal, le poids, et par suite le volume de l'eau qu'ils déplacent, est aussi égal pour les deux navires. Donc Rép. il n'y a aucune différence entre les volumes d'eau déplacée pour les deux cas donnés.

821. Le corps humain pesant $1^{kilog.},066$ par décim. cube; autant de fois ce poids sera contenu dans 50 kil., autant de décimètres cub. le volume de la partie plon-

gée représentera. La division donne $\frac{50}{1,066} = 46,9$ décim. cub. Tel est le volume du corps, tel aussi le volume de l'eau déplacée, lequel pèse 46^{kil},9. Cela posé, puisque le poids de la personne est, dans l'air, de 50 kilog., il sera, dans l'eau, de $50 - 46,9 = 3^{kilog}$,1, c'est-à dire que la personne tendrait à tomber au fond de l'eau avec une force égale à 3^{kilog},1 abstraction faite du poids de la tête, et de 3^{kilog},1 $+$ 4 kil. $= 7^{kilog}$,1, la tête comprise. Il s'agit donc de trouver la quantité d'air nécessaire pour faire équilibre à cette force. Or, l'air pesant 0^{kilog},0013 (probl. 425) par décimèt. cube, chaque décimètre cube d'air entièrement plongé dans l'eau, tend à remonter à la surface avec une force égale à 1 kilog. $-$ 0^{kilog},0013 $=$ 0^{kilog},9987. Donc autant de fois 7^{k},1 contient 0^{kilog},9987, autant de décimètres cubes d'air il faut pour faire flotter la personne, dans les conditions énoncées. L'opération donne $\frac{7,1}{0,9987} =$ Rép. 7$^{décim.\ cub.}$,1 ou 7^{l},1.

822. L'air pesant 1^{gr},3 par litre ou 1^{gr},3 $\times$ 1000 $=$ 1^{kilog},3 par mètre cube, le poids de l'air déplacé par le ballon est, d'après l'énoncé, 1^{kilog},3 $\times \frac{600}{2} =$ 390 kilog. Quant au poids de l'hydrogène contenu dans le ballon, il est 300 mètres cub. $\times$ 0,069 $=$ 20^{kilog},7. Le poids total du ballon, hydrogène et accessoires compris, est donc 20^{kilog},7 $+$ 150 kilog. $=$ 170^{kilog},7 ; par conséquent, le poids que le ballon peut enlever, y compris son propre poids, est $390 - 170,7 =$ Rép. 219^{kilog},3. A 65 kilog. par individu, un tel ballon pourrait enlever 3 à 4 personnes.

823. L'air pesant 1^{kilog},3 par mètre cube, le poids de l'air déplacé par le ballon est 1,3 $\times \frac{600}{2} =$ 390 k. Quant au poids du gaz d'éclairage contenu dans le ballon, il serait égal à 300 $\times$ 0^{k},715 $=$ 214^{kilog},5 et celui de l'air échauffé à 300 $\times$ 0^{k},8 $=$ 240 kilog. Le poids du ballon serait donc, au premier cas, 214,5 $+$ 150 $=$ 364^{kilog},5 ; au deuxième cas, 240 $+$ 150 $=$ 390 kilog. Par conséquent, le poids que le ballon pourrait enlever, étant rempli de gaz d'éclairage,

serait 390 — 364,5 = 25$^{kilog.}$,5 ; rempli d'air échauffé, le ballon enlèverait 390 — 390 = 0. Ce dernier résultat signifie que le poids du ballon, y compris le poids de l'air échauffé, ferait juste équilibre à la poussée de bas en haut de l'air ordinaire. Pour que le ballon pût s'enlever, il faudrait diminuer de quelques kilogrammes le poids de ses agrès.

824. Quel que soit le volume de l'œuf, son poids est toujours, à celui d'un égal volume d'eau, dans le rapport de 1,076 à 1. Or, d'après le 1er principe du probl. 810, l'œuf plongé dans l'eau perd une partie de son poids égale à celui de l'eau qu'il déplace ; son poids dans ce liquide est donc 1,076 — 1 = 0,076, c'est-à-dire que l'œuf tend à tomber, au fond du liquide avec une force égale à la différence des poids. Pour qu'il y ait équilibre ou pour que l'œuf puisse être tenu en suspension au milieu de l'eau, il faut (3e principe) élever la densité de celle ci de 0,076, ce qui se fait en ajoutant au liquide les 0,076 de son poids de sel , soit 76 grammes pour 1 kilog. ou 1 litre d'eau. Pour que l'œuf flotte à la surface moitié dedans moitié dehors, il faut doubler le poids trouvé 76 gram., ce qui donne enfin 152 gram. de sel pour 1 kilog. ou 1 litre d'eau. (1)

____

(1) On trouve par expérience que, pour que l'œuf se maintienne à la surface d'une eau salée, il suffit d'environ 10 parties de sel pour 100 parties d'eau, c'est-à-dire de 1 hectogr. de sel pour 1 kilogr. ou 1 litre d'eau.

On se sert d'une dissolution dans laquelle il n'entre que 10 gr. de sel pour 1 kilog. ou 1 litre d'eau, pour vérifier si les œufs sont frais. S'ils vont doucement au fond du liquide, c'est un signe qu'ils sont très-frais. Plus ils surnageront, plus on est certain qu'ils sont vieux pondus.

PROBLÈMES

SUR L'ADDITION DES MESURES DE TEMPS.

825.

	ans	mois	jours
	2 ans	8 mois	21 jours
		9	17
		11	13
Total :	4 ans	5 mois	21 jours

826.

	heures	minutes	
	7 heures	32 minutes	25^s,9
	6	59	58^s,8
	3	34	39^s,7
Total :	18 heures	7 minutes	4^s,4

827.

3^h	35^m	8^s
5	42	54
2	58	47
7	53	57
Total : 20^h	10^m	46^s

Je fais l'addition des secondes. Je trouve 166 secondes qui valent 2 minutes et 46 secondes que j'écris à la colonne des secondes. Quant aux minutes, je les ajoute aux minutes. Je trouve pour somme 190 minutes qui valent 3 heures plus 10 minut. ; j'écris ces 10 minutes au-dessous de la colonne des minutes et j'ajoute 3 heures à la colonne des heures. Je trouve ainsi : 20^h 10^m 46^s.

828.

		ans	mois	jours
1er voyage		2 ans	8 mois	16 jours
2e	—	4	6	27
3e	—	»	9	»
Total :		8 ans	»	13 jours.

829.

	jours	heures	minutes
Printemps	92 jours	20 heur.	59 min.
Été	93	14	13
Automne	89	18	35
Hiver	89	0	2
Total :	365 jours	5 heur.	49 min.

830. J'examine d'abord si les années sont complètes ; ici elles ne le sont pas, puisque nous partons du mois d'août pour arriver au mois d'avril qui est plus

rapproché. J'ai donc un an . . . . . $=$ 360 jours. (1)
Plus les jours du 3 août au 19 avril,
  en voici le compte ;
Pour finir le mois d'août 30 — 3 $=$ 27
Nous sommes au 1er septembre. Donc
  septembre, octobre, novembre, décembre, janvier, février, mars,
  7 mois. . . . . $=$ 210
Nous sommes au 1er avril. Donc du
  1er au 19 . . . . $=$ 19

Total : 616 jours.

831. 1o De dimanche 11h soir à lundi 11h soir 24h
     de lundi   —   à mardi minuit   1
     Nous sommes à mercredi : de minuit à 7h   7

Total : Rép. 62h

  2o de lundi   5h à mardi   5h   24h
     de mardi   5 à mercredi 5   24
     de mercredi   5 à jeudi   5   24
     de jeudi 5h à midi (12 — 5 = 7)   7
     de midi à 8 heures   8

Total : Rép. 87h

832. Heure du départ   11h 20m
     1er parcours   »   38   40s
     2e parcours   »   24   17
     3e parcours   1   10   »

Total : Rép. 13h 32m 57s
ou 1 heure 32 minutes 57 secondes après midi.

833. Commencement de l'éclipse   2h 34m 25s
     Durée de l'éclipse   1 47 32

     Fin de l'éclipse $=$ Rép. 4h 21m 57s

---

(1) Dans cet exemple, nous prenons l'année commerciale de
360 jours et les mois de 30 jours.

834. Il est évident que la première montre retarde de $13 + 9 = 23$ minutes. Par conséquent, pour qu'elle marque l'heure vraie, il faut avancer de 23 minutes sa longue aiguille, ou l'aiguille des minutes.

835. Puisque l'année des Russes retarde sur la nôtre de 12 jours, il suffit d'avancer de 12 jours les jours de notre calendrier, ou, ce qui est la même chose, d'ajouter 12 à ces jours, pour avoir les dates correspondantes du calendrier russe. Par conséquent, on aura :

1° $15 + 12 =$ Rép. 27 (juillet)
2° $4 + 12 =$ Rép. 16 (octobre)
3° $26 + 12 = 38$ ou $30 + 8$, ce qui veut dire que la date cherchée dépasse de 8 jours les 30 jours du mois de novembre, et, par conséquent, correspond Rép. au 8 décembre.

836. Le mois commençant par un mardi, le 8 sera aussi un mardi ; mais le 13 se trouvant 5 jours au delà de 8, si l'on compte 5 jours au-delà de mardi, on trouve : 1re Rép. dimanche, pour le jour correspondant au 13.

Le 15 est aussi un mardi ; or, le 19 se trouvant 4 jours au delà de 15, si l'on compte 4 jours au delà de mardi, on trouvera 2e Rép. samedi, pour le jour correspondant au 19.

Enfin, le 22 étant aussi un mardi, le 23 sera évidemment Rép. un mercredi.

837. De la création à la naissance du Christ 4004 ans.
De la naissance du Christ à 1884 1884

Total Rép. 5888 ans.

838. L'année demandée $= 1879 + 753 =$ Rép. 2632

839. L'année cherchée $= 1881 + 776 =$ Rép. 2657

840. L'année demandée $= 1838 + 747 =$ Rép. 2585

841. Il s'est écoulé : avant Jésus-Christ   1570 ans.
Depuis Jésus-Christ jusqu'en 1860   1860 ans.

Total Rép. 3430 ans.

842. L'année cherchée $= 1859 + 36 =$ Rép. 1895

843. L'époque cherchée $= 1840 + 65 =$ Rép. 1905

844. L'année cherchée $= 1808 + 56 =$ Rép. 1864

845. Du déluge à Jésus-Christ il s'est écoulé   2356 ans.
De Jésus-Christ à 1987 il se sera écoulé   1987 ans.

Total. 4343 ans.

846. L'année cherchée $= 742 + 72 =$ Rép. 814.

PROBLÈMES

SUR LA SOUSTRACTION DES MESURES DE TEMPS.

847.   De   7 ans   5 mois   18 jours
       ôtez   2   »   29

Reste Rép.   5 ans   4 mois   19 jours.

848.   De   53 jours
       ôtez   45   7 heures

Reste Rép.   7 jours   17 heures.

849.   De   5 ans   8 mois   13 jours
       ôtez   4   11   17

Reste Rép.   »   8 mois   26 jours.

850.   De   8 heures   45 minutes   36 secondes
       ôtez   5   32   27

Reste Rép.   3 heures   13 minutes   9 secondes

851. Il faut ajouter la différence des deux nombres donnés ; par conséquent, de $7^h \ 25^m \ 39^s$
ôtez $3^h \ 52^m \ 48^s$

vous aurez Rép. $3^h \ 32^m \ 51^s$ dif. cherch.

852. Fin de l'éclipse 6^h 46^m $15^s,6$
Commencement   4   54   8

Différence ou la durée cherchée $=$ 1^h 52^m $7^s,6$

853. Cette durée $=$ 24 heures — 18 heures 30 minutes $=$ Rép. 5 heures 30 minutes.

854. Du 8 juillet 1804 au 8 juillet 1839, il y a 1839 — 1804 $=$ 35 ans.

Reste l'intervalle du 8 juillet au 13 septembre, décomposé ainsi qu'il suit :

1° du 8 au 31 juillet : 31 — 8 $=$ 23 jours
2° le mois d'août   31
3° du 1er au 13 septembre   13

Total : Rép.   35 ans 67 jours.

855.   De 365 jours
Ôtez 147 jours de pluie

il reste Rép. 218 jours où il ne pleut pas.

856. L'année étant formée de 365 jours, pendant que le Soleil reste 186 jours sans se coucher au pôle nord, il reste absolument tout ce temps sans se lever au pôle sud ; mais s'il reste 186 jours sans se lever à ce dernier pôle, il reste donc sans se coucher à ce même pôle tous les autres jours de l'année ou 365 — 186 $=$ Rép. 179 jours.

D'un autre côté, puisque le Soleil reste 179 jours sans se coucher au pôle sud, il reste nécessairement ainsi 179 jours sans se lever au pôle nord.

857.   De   12 mois
Ôtez   5

Reste Rép.   7 mois de 31 jours.

858. Il reste 365 — 176 $=$ Rép. 189 jours.

859. Puisque notre année avance de 12 jours sur celle des Russes, il suffit de reculer de 12 j. les jours de notre calendrier, ou, ce qui est la même chose, de retrancher 12 à ces mêmes jours, pour avoir les dates correspondantes de l'année russe ; par conséquent, ôtez 12 jours du 17 mars, du 3 août, du 9 octobre, vous aurez Rép. 5 mars, 22 juillet, 27 septembre.

860. L'âge cherché = 15 — 9 = Rép. 6 ans.

861.   De 39 ans 8 mois
          ôtez 28   9

il restera Rép. 10 ans 11 mois pour l'accroissement demandé.

862. Du 10 mai à la fin de l'année il y a 137 + 98 = 235 jours. Or, l'année étant de 365 jours, la différence 365 — 235 = 130 exprimera le nombre de jours compris entre le 1er de l'an et le 10 mai.

863. Le problème suppose que la sonnerie est en retard sur l'heure vraie ; or, ce retard est de 9 — 2 = 7. Donc, pour avoir l'heure vraie, il suffit d'ajouter 7 à l'heure marquée par la sonnerie. On a ainsi 4 + 7 = Rép. 11 heures.

864. L'âge demandé = 1270 — 1215 = R. 55 ans.

865. L'année cherchée = 1564 — 90 = Rép. 1474.

866. L'âge demandé = 1635 — 1483 = R. 152 ans.

867. L'âge demandé = 1879 — 1862 = R. 17 ans.

868. L'âge demandé = 76 — 43 = Rép. 33 ans.

869. Du 21 octobre 1859 au 21 octobre 1863 il y a 1863 — 1859 = 4 ans. Reste l'intervalle du 21 octobre 1863 au 20 août 1864, décomposé de la manière suivante :

1o Du 21 au 31 octobre 31 — 21 =	10 jours
2o Les 9 mois complets de novembre, décembre, janvier, février, mars, avril, mai, juin, juillet	275
3o Du 1er au 20 août	20
4o 1 jour de plus pour l'année bissextile 1864	1
Total : = Rép.	4 ans 306 jours,

ou 4 ans 10 mois 6 jours.

870. Comme, d'après les données de la question, l'invention des échecs n'est rattachée à aucune date précise du ve siècle, supposons-la remonter au commencement de ce siècle, c'est-à-dire au 1er janvier 401. Nous aurons 1392 — 401 = Rép. 991 ans.

871. Le millésime indique toujours 1 année de plus que le nombre d'années réellement écoulées depuis la naissance de Jésus-Christ ; par conséquent, il suffit de retrancher 1 du millésime donné, pour obtenir le temps cherché. On aura 1900 — 1 = Rép. 1899 ans.

PROBLÈMES

SUR LA MULTIPLICATION DES MESURES DE TEMPS.

872. Réduisez les 5 heures en minutes en les multipliant par 60, vous aurez 300 minutes ; à ce produit ajoutez les 35 minutes du problème, vous aurez 335 minutes. Réduisez ces 335 minutes en secondes en les multipliant par 60, vous aurez Rép. 20100 secondes.

Opération :

$$5 \text{ heures}$$
$$60$$
$$\overline{300 \text{ minutes}}$$
$$+ \ 35$$
$$\overline{335 \text{ minutes}}$$
$$60 \text{ secondes}$$

Résultat : $\overline{20100 \text{ secondes.}}$

873. Je commence par réduire en heures 9^j,53 en multipliant ce nombre par 24, ce qui donne 228^h,72. Par conséquent, 9^j,53 = 228^h,72. Cela fait, je réduis en minutes la fraction décimale de l'heure en la multipliant par 60, et j'obtiens 43^m,2 ; enfin je réduis en secondes la fraction décimale de la minute en la multipliant par 60, ce qui donne 12 secondes. Le résultat demandé est donc : 228^h 43^m 12^s.

Opération :

$$9^j,53$$
$$24$$
$$\overline{228^h,72}$$
$$60 \text{ minutes}$$
$$\overline{43^m,20}$$
$$60 \text{ secondes}$$
$$\overline{12^s,00}$$

874. Réduisez les 5 années en jours en les multipliant par 365 jours, vous aurez 1825 jours. Réduisez les 1825 jours en heures en les multipliant par 24 ; vous aurez 43800 heures. Réduisez les 43800 heures en minutes en les multipliant par 60, vous aurez 2628000 minutes. Enfin, réduisez les minutes en secondes en les multipliant par 60, vous aurez Rép. 157680000 secondes.

Opération :

```
    365 jours
      5
   ────────
   1825
     24 heures
   ────────
   7300
   3650
   ────────
   43800 heures
      60 minutes
   ────────
   2628000 minutes
        60
   ────────
   157680000 secondes
```

875. Réduisez les 11 ans en jours en les multipliant par 365 jours, vous aurez 4015 jours. A ce produit ajoutez les 20 jours du problème, vous aurez 4035 jours. Réduisez ces 4035 jours en heures en les multipliant par 24, vous aurez Rép. 96840 heures.

Opération :

```
      11 ans
     365 jours
   ────────
      55
      66
      33
   ────────
    4015
  +   20
   ────────
    4035 jours
      24 heures
   ────────
   16140
   8070
   ────────
   96840 heures
```

876. Réduisez les 3 années en jours en les multipliant par 365 jours, vous aurez 9195 jours. Ajoutez à ce produit les 19 jours du problème, vous aurez 9214 jours. Réduisez ce nombre de jours en heures en le multipliant par 24, vous aurez 221136 heures; à ce produit ajoutez les 21 heures du problème, vous aurez 221157 heures. Enfin réduisez ces heures en minutes en les multipliant par 60, vous aurez 13269420 minutes. A quoi il faut ajouter les 16 minutes du problème. Vous aurez Rép. 13269436 minutes.

Opération :

```
        3
      365
      ————
       15
       18
        9
      ————
     9195  jours
   +   19
      ————
     9214
       24  heures
      ————
    36856
    18428
      ————
   221136  heures
   +    21
      ————
   221157
        60  min.
      ————
 13269420
  +    16
      ————
 13269436  min.
```

877. 1° Réduisez les 24 heures du jour sidéral en minutes en les multipliant par 60, vous aurez $24 \times 60 = $ 1re Rép. 1440 minutes ;

2° Réduisez les 1440 minutes en secondes en les multipliant par 60, vous aurez $1440 \times 60 = $ 2e Rép. 86400 secondes sidérales.

878. 1° L'heure valant 60 min., 23 heures valent 23 fois $60 = 1380$ minutes ; j'ajoute à ce produit 56 minutes et j'ai ainsi $1380 + 56 = 1436$ minutes 4s,091 pour la valeur du jour sidéral exprimé en temps moyen ;

2° Je réduis ce temps en secondes, en multipliant le nombre de minutes par 60 et ajoutant 4s,091. Je trouve ainsi $1436 \times 60 + 4s,091 = $ 2e Rép. 86164s,091.

879. Je cherche d'abord combien l'année contient d'heures ; 1 jour valant 24 heures, 365 jours valent 365 fois 24 = 8760 heures ; j'ajoute à ce produit 5 heures, et j'ai ainsi la valeur de l'année exprimée en heures 8765^h 48^m 51^s,6. J'exprime cette même durée en minutes en multipliant le nombre d'heures par 60, et ajoutant 48^m, je trouve ainsi que l'année équivaut à 525948^m 51^s,6. Enfin, je trouverai ce temps exprimé en secondes en multipliant le nombre des minutes par 60, et ajoutant 51^s,6. L'année vaut, par conséquent, 31556931^s,6

Opération :

```
365 j
 24
────────
8760 h
  5.
────────
8765 h
  60
────────
525900 m
  48
────────
525948 m
  60
────────
31556880 s
   51 ,6
────────
31556931 s,6
```

880. Je convertis en heures la fraction décimale du jour en la multipliant par 24, ce qui donne 5^h,814336. Je convertis de même en minutes la fraction décimale de l'heure en la multipliant par 60, et j'obtiens 48^m,860160. Enfin, je convertis la fraction décimale de la minute en secondes en la multipliant par 60, ce qui donne 51^s,609 ; je trouve ainsi :
Rép. 365^j 5^h 48^m 51^s,6096.

Opération :

```
0j,242264
   24 heures
─────────
 969056
4,84528
─────────
5,814336
   60 minutes
─────────
48m,860160
   60 secondes
─────────
51s, 60.960
```

881. Je convertis le jour en secondes, ce qui donne $24 \times 60 \times 60 = 86400$ secondes. Je convertis de même en secondes 5^h 48^m 51^s,6 et j'obtiens 20931^s,6. Par conséquent, 5^h 48^m 51^s,6 = $\frac{20931,6}{86400}$ de jour ou 0^j,242264. Donc, enfin, l'année vaut 365^j,242264.

Opération :

```
    5
   60 m
─────────
  300
   48
─────────
  348 m
   60 s
─────────
20880
   51,6
─────────
20931,6
```

12*

882. Du commencement de 1853 à celui de 1865, la différence 12 est le nombre d'années intermédiaires ; mais parmi ces 12 années on en compte 4 bissextiles (1852-56-60-64). Donc ces 12 années forment $12 \times 365 \times 4 = 4384$ jours. Réduisez ces jours en heures en les multipliant par 24, vous aurez 105216 heures. Réduisez de même 105216 heures en minutes, en les multipliant par 60, vous aurez enfin Rép. 6312960 minutes.

883. 1 heure $= 60^m$; $2^h 41^m = 2 \times 60 + 41 = 161^m$; or, puisque le train fait 750 mètres en 1 minute, en 161 minutes il fera 161 fois 750 mèt. $= R. 120^k,75$.

884. 1 jour $= 86400$ secondes ; 1 année $= 365 \times 86400 = 31536000^s$, et 2000 ans $= 2000 \times 31536000 = 63072000000$ secondes ; mais puisque 1 seconde de temps représente 315000 mètres de distance, la quantité ci-dessus représente $63072000000 \times 315000$ kilomètres ou Rép. 19867680000000000 kilomètres.

885.

1re MÉTHODE.	2e MÉTHODE.	
$267^{km},78$ $2^m 45^s$	$45^{sec.} = \frac{45}{60}$ de minute $= 0^m,75$; par conséquent, $2^m 45^s = 2^m,75$. Cela posé, le calcul s'effectue de la manière ci-contre :	$267^{km.},78$ $2^m,75$
$\;\; 535,\;\; 56$ $45.\{30\;\; 133,\;\; 89$ $\text{sec.}\{15\;\;\;\; 66,\;\; 945$		133890 187446 53556
$736^{km},395$		$736^{km.},395$

886. Il est évident qu'une seule charrue aurait mis 4 fois plus de temps ; ainsi l'opération revient à multiplier 1 jour 8 heures 55 minutes par 4.

Je commence par les dernières unités en disant : 4 fois $55^m = 220$ minutes ou 3 heures 40 minutes ; je pose 40 minutes et je retiens 3 heures. Puis, 4 fois $8 = 32 + 3 = 35$ heures ou 1 jour 11 heures ; je pose 11 heures et je retiens 1

$$\begin{array}{ccc} 1^j & 8^h & 55^m \\ 4 & & \\ \hline 5^j & 11^h & 40^m \end{array}$$

jour. Enfin, 4 fois $1 + 4 = 5$ jours que j'écris. Le résultat demandé est donc Rép. 5 jours 11 heures 40 minutes.

887.

$$5\text{ heures } 18\text{ minutes } 45\text{ secondes}$$
$$7$$

Produit de 5 par 7	35	
Pour 1ʰ ou 60ᵐ ⅕ de 35	7	produit auxiliaire
Pour 15ᵐ ou ¼ de 60ᵐ	1 45ᵐ	
Pour 3ᵐ ou ⅕ de 15ᵐ	» 21	
Pour 1ᵐ ou ⅓ de 3ᵐ	» 7	produit auxiliaire
Pour 30ˢ ou ½ de 1ᵐ	» 3 30ˢ	
Pour 15ˢ ou ½ de 30ˢ	» 1 45ˢ	

Total Rép. $= 37^h\ 11^m\ 15^s$

Après avoir multiplié 5 h. par 7, je décompose 18^m 45^s en parties aliquotes de l'heure, et je prends :

Pour 1 heure le ⅕ du produit 35
Pour 15 minutes le ¼ de l'heure
Pour 3 minutes le ⅕ de 15 minutes
Pour 1 minute le ⅓ de 3 minutes.

Passant aux 45 secondes, je les décompose en 30 et 15 secondes, parties aliquotes de la minute et je prends :

Pour 30 secondes le ½ de la minute
Pour 15 secondes le ½ de 30 secondes.

J'additionne les diverses unités en laissant de côté les produits auxiliaires, et je trouve $37^h\ 11^m\ 15^s$.

888.

$$9^h\ 24^m\ 8^s$$
$$12$$

Produit de 9 par 12	108	
Pour 1ʰ ou 60ᵐ ⅑ de 108	12ʰ	produit auxiliaire
Pour 20ᵐ ou ⅓ de 60ᵐ	4	
Pour 4ᵐ ou ⅕ de 20ᵐ	» 48	
Pour 60ˢ ou ¼ de 4ᵐ	» 12	
Pour 6ˢ ou ¹⁄₁₀ de 60ˢ	» 1 12	
Pour 2ˢ ou ⅓ de 6ˢ	» » 24	

Rép. $= 113^h\ 1^m\ 36^s$

889. 25 jours 11 heures 46 minutes
4

101 jours 23 heures 4 minutes

Multipliant d'abord 46^m par 4, j'ai 184^m ou 3^h. 4^m; je pose 4^m au-dessous des minutes et je retiens 3; Multipliant ensuite 11 heures par 4, j'ai 44^h. qui, augmentées des 3^h retenues, font 47 heures, ou 1 jour 23^h. J'écris 23 au rang des heures et je retiens 1 jour; enfin, multipliant 25 jours par 4, et ajoutant au produit le jour retenu, j'ai 101 jours, et pour produit cherché Rép. 101^j. 23^h. 4^m.

890. 1re *Solution* : 872^f,5

3^{ans} 7^{mois} 19^j.

2617^f,5

Pour 1 an	ou $\frac{1}{3}$	de	3^a	872^f,5	produit auxil.
Pour 6 mois	ou $\frac{1}{2}$	de	1^a	436^f,25	
Pour 1 mois	ou $\frac{1}{6}$	de	6^m	72^f,708	
Pour 15 jours	ou $\frac{1}{2}$	de	1^m	36^f,354	
Pour 3 jours	ou $\frac{1}{5}$	de	15^j	7^f,2708	
Pour 1 jour	ou $\frac{1}{3}$	de	3^j	2^f,4236	

Rép. = 3172^f,5

2e *Solution* : 7 mois 19 jours = 7 $\times$ 30 + 19 = 229 jours = $\frac{229}{360}$ d'an = 0^{an},63611. Donc 3 ans 7 mois 19 jours = 3^a,63611. Cela posé, l'opération se réduit à une simple multiplication décimale, ainsi que le montre l'opération ci-contre :

$$3,63611$$
$$872,5$$

1818055
727222
2545277
2908888

Rép. = 3172^f,505975 (1)

---

(1) Cet exemple montre qu'on peut, dans tous les cas, ramener le calcul des nombres complexes à celui des nombres décimaux, en

891.
$$1200$$
$$5^h\ 21^m\ 49^s$$

Produit de 1200 par 5	6000
Pour 1^h ou 60^m $\frac{1}{5}$ de 5^h	1200
Pour 20^m ou $\frac{1}{3}$ d'heure	400
Pour 5^m ou $\frac{1}{4}$ de 20^m	100 produit auxil.
Pour 1^m ou 60^s $\frac{1}{5}$ de 5^m	20
Pour 30^s ou $\frac{1}{2}$ de 60^s	10
Pour 15^s ou $\frac{1}{2}$ de 30^s	5
Pour 3^s ou $\frac{1}{5}$ de 15^s	1
Pour 1^s ou $\frac{1}{3}$ de 3^s	0, ⅓

Rép. 7636 fois ⅓

PROBLÈMES

SUR LA DIVISION DES MESURES DE TEMPS.

892. Je cherche combien ce temps contient d'heures.
Chaque heure valant 60 minutes, il suffira de diviser le nombre de minutes donné par 60 ; je trouve
pour quotient 1047 heures et il reste 55 minutes ; le
nombre donné équivaut donc à 1047 heures 55 minutes. Je cherche de même combien il y a de jours
dans 1047 heures, en divisant ce nombre par 24 ; le
quotient est 43 et il reste 15 heures. Donc 62875 minutes équivalent à 43 jours 15 heures 55 minutes.

$$
\begin{array}{ll|l}
62875^m & 60 & \\
287 & & \\
475 & 1047^h & 24 \\
55^m & 87 & 43^j \\
& 15^h &
\end{array}
$$

Résultat : 43 jours 15 heures 55 minutes.

---

réduisant en décimales les subdivisions de l'unité principale. Il montre de plus, que si les mesures de temps ne dérivent pas, comme toutes les autres mesures, de l'unité fondamentale de notre système métrique, elles s'y rattachent néanmoins par l'uniformité de la division
décimale, ce qui est encore d'un grand avantage pour la simpli-
cité des calculs.

893. Je cherche combien ce temps contient de minutes. Chaque minute valant 60 secondes, je divise le nombre de secondes donné par 60. Je trouve pour quotient 315 minutes et pour reste 4 secondes. Le nombre donné équivaut donc à 315 minutes 4 secondes. Je cherche de même combien il y a d'heures dans 315 minutes en divisant ce nombre par 60. Le quotient est 5 et il reste 15 minutes. Donc, enfin, 18904 secondes équivalent Rép. à 5 heures 15 minutes 4 secondes.

$$
\begin{array}{c|c}
18904^s & 60 \\
90 & \cline{2-2} \\
304 & 315^m \;|\; 60 \\
4^s & 15^m \quad 5^h
\end{array}
$$

Résultat : 5 heures 15 minutes 4 secondes.

894. Je cherche d'abord combien 3586159 secondes contiennent de minutes. Chaque minute valant 60 secondes, je divise par 60 le nombre de secondes donné ; je trouve pour quotient 59769 minutes et pour reste 19 secondes. Le nombre donné équivaut donc à 59769 minutes 19 secondes ; je cherche de même combien il y a d'heures dans ce dernier nombre en le divisant par 60 ; le quotient est 996 et il reste 9 ; donc 59769 minutes équivalent à 996 heures 9 minutes ; enfin, je cherche combien il y a de jours dans 996 heures en divisant ce nombre par 24, je trouve ainsi que 996 heures valent 41 jours 12 heures. Donc enfin 3586159 secondes valent 41 jours 12 heures 9 minutes 19 secondes. L'opération peut se disposer ainsi :

$$
\begin{array}{c|c}
Op\acute{e}ration :\; 3586159^s & 60 \\
586 & \cline{2-2} \\
461 & 59769^m \;|\; 60 \\
415 & 576 \quad 996^h \;|\; 24 \\
559 & 369 \quad 36 \\
19^s & 9^m \quad 12^h \quad 41^j
\end{array}
$$

Résultat : 41 jours 12 heures 9 minutes 19 secondes.

895. *Opération :*

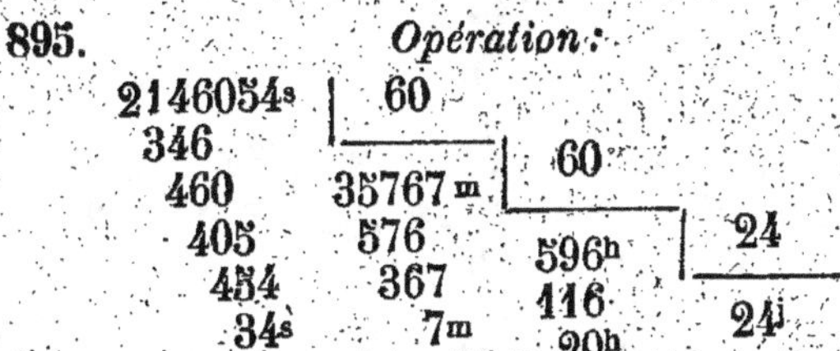

Résultat : 24 jours 20 heures 7 minutes 34 secondes.

896. Puisque 1 année vaut 365 jours, autant de fois ce nombre sera contenu dans 1355 jours, autant d'années on aura. La division donne pour quotient 3 ans et pour reste 260^j. Donc 1355 jours valent 3 ans 260 jours. Mais 1 mois valant 30 jours, autant de fois 30 sera contenu dans 260, autant de mois on aura. En divisant 260 par 30, on trouve pour quotient 8 et pour reste 20. Donc 260 jours valent 8 mois et 20 jours ; et par conséquent, 1355 jours valent Rép. 3 ans 8 mois 20 jours.

L'opération se dispose de la manière suivante :

$$
\begin{array}{c|c} 1355^j & 365 \\ 260^j & \hline \\ & 3 \text{ ans} \end{array}
\qquad
\begin{array}{c|c} 260^j & 30 \\ 20^j & \hline \\ & 8 \text{ mois} \end{array}
$$

897. *Opération :*

$$
\begin{array}{c|c} 1136^h & 24 \\ 176 & \hline \\ 8^h & 47^j \end{array}
\qquad
\begin{array}{c|c} 47^j & 30 \\ \hline 17^j & 1 \text{ mois} \end{array}
$$

Le résultat demandé = Rép. 1 mois 17 jours 8 heures.

898. Réduisez les heures en jours en les divisant par 24, vous aurez :

1° $\frac{504}{24}$ = 1re Rép. 21 jours

2° $\frac{696}{24}$ = 2^e Rép. 29 jours

3° $\frac{672}{24}$ = 3^e Rép. 28 jours

4° $\frac{648}{24}$ = 4^e Rép. 27 jours

899. Je divise 87 par 9. J'obtiens 9 au quotient et pour reste 6^h. Je réduis ces heures en minutes en les multipliant par 60, ce qui donne 360^m auxquelles j'ajoute les 51^m du problème ; j'ai ainsi 411 minutes. Je divise de même ces minutes par 9 et j'obtiens 45 au quotient et pour reste 6 minutes. Je réduis ces minutes en secondes en les multipliant par 60, ce qui donne 360 secondes auxquelles j'ajoute les 3^s,2 du problème ; j'ai ainsi 363^s,2. Je divise ce dernier nombre par 9 et j'obtiens au quotient 40 secondes ; il reste 3^s,2 que je réduis en fraction décimale, suivant la règle connue. Donc le résultat demandé = Rép. 9^h 45^m 40^s,35.

Opération :

$$\begin{array}{r|l} 87 & 9 \\ 6 & \\ \hline 60^m & 9^h\ 45^m\ 40^s,35 \\ \hline 360 & \\ 51 & \\ \hline 411^m & \\ 51 & \\ 6 & \\ \hline 60^s & \\ \hline 360 & \\ 3,2 & \\ \hline 363^s,2 & \\ 3^s,2 & \\ \hline 9 & \end{array}$$

$$\frac{3^s,2}{9} = \frac{32}{90} = 0^s,35$$

900. Je divise 62 par 25. J'obtiens 2 au quotient et pour reste 12 jours. Je réduis ces jours en heures en les multipliant par 24, ce qui donne 288 heures. Je divise de même ces heures par 25 ; j'obtiens 11 au quotient et pour reste 13 heures. Je réduis ces 13 heures en minutes en les multipliant par 60, ce qui donne 780 minutes. Je divise ces 780 minutes par 25 ; j'obtiens 31 au quotient et pour reste 5 minutes ; je réduis ces 5 minutes en secondes en les multipliant par 60, ce qui donne 300 se-

Opération :

$$\begin{array}{r|l} 62 & 25 \\ 12 & \\ 24^h & 2^j\ 11^h\ 31^m\ 12^s \\ \hline 48 & \\ 24 & \\ \hline 288^h & \\ 38 & \\ 13 & \\ 60^m & \\ \hline 780 & \\ 30 & \\ 5 & \\ 60^s & \\ \hline 300 & \\ 50 & \\ 0 & \end{array}$$

condes. Ce nombre, divisé à son tour par 25, donne
pour quotient exact 12. Donc le résultat cherché =
Rép. 2j 11h 31m 12s.

901. Puisque il faut 9 neuvièmes pour faire une unité, autant
de fois 9 sera contenu dans 65, autant de jours vous aurez. La division donne $\frac{65}{9}$ = 7 jours et pour
reste 2 jours. Multipliez ces 2 jours
par 24, vous aurez 48 heures, lesquelles divisées par 9 donnent 5
heures et pour reste 3 heures. Réduisez ces 3 heures en minutes en
les multipliant par 60, vous aurez
180 minutes, lesquelles divisées
par 9 donnent 20 minutes. Le résultat total sera donc Rép. 7 jours
5 heures 20 minutes.

Opération :

```
65   | 9
 2   |‾‾‾‾‾‾‾‾‾‾
24   | 7j 5h 20m
‾‾
48
 3
‾‾
60
‾‾‾
180
 0
```

902. Si 52 mètres exigent
170 heures 44 minutes, 1 mètre
exige 52 fois moins de temps
ou la 52e partie de 170 heures
44 minutes. La division donne
Rép. 3 heures 17 minutes.

Opération :

```
170h 44m  | 52
 14       |‾‾‾‾‾‾‾‾
 60       | 3h 17m
‾‾‾
840
 44
‾‾‾
884
364
```

13

903. Il faudrait 6 fois moins de temps ou la 6ᵉ partie de 21 jours 9 heures 27 minutes. La division donne Rép. 3ʲ 13ʰ 34ᵐ ½.

Opération :

$$21^{j}\ 9^{h}\ 27^{m}$$

```
21j 9h 27m    | 6
   3          |——————————
  24          | 3j 13h 34m ½
 ————
  72
   9
 ————
 81h
  21
   3
 ————
  60
 180
  27
 ————
 207m
  27
   3
```

904. Autant de fois 45 kilom. sera contenu dans 532, autant d'heures il faudra. La division donne Rép. 11ʰ 49ᵐ 20ˢ.

Opération :

```
532           | 45
 82           |———————————
 37           | 11h 49m 20s
 60
 ————
 2220m
  420
   15
  60s
 ————
  900
    0
```

905. *1re solution :* je réduis le diviseur tout en jours, suivant la règle connue, ce qui me donne 1251. Cela fait, je multiplie le dividende par 360, nombre de jours contenus dans l'année commerciale. Par cette réduction et cette multiplication, le diviseur et le dividende sont devenus chacun 360 fois plus grand, ce qui n'altère pas la valeur du quotient. Faisant ensuite la division comme à l'ordinaire, je trouve pour le revenu de l'année Rép. 730f,93.

Opération :

```
        2540          3 ans 5 mois 21 jours
         360         12
      ______         __
      152400         36
        7620          5
      ______         __
      914400         41
                     30
                   ____
                   1230
                     21

      914400 | 1251
        3870 |
       11700 | 730f,93
        4410
         657
```

2me *solution :* On peut, pour la division, comme nous l'avons fait pour la multiplication (1), ramener le calcul des nombres complexes à celui des nombres décimaux, en réduisant en décimales les subdivisions de l'unité principale. Ainsi, dans notre cas, 5 mois 21 jours = $5 \times 30 + 21 = 171$ jours $= \frac{171}{360}$ d'an $= 0^{an},475$. Donc 3 ans 5 mois 21 jours $= 3^{ans},475$. Cela posé, l'opération se réduit à une simple division décimale, laquelle donne Rép. 730f,93.

Opération :

```
      2540000 | 3,475
        10750 | ______
        32500 | 730f,93
        12250
         1825
```

(1) Voyez probl. 890 de la multiplication des mesures de temps.

906. Si 1 heure de marche donne 4 kilom. de chemin parcouru, 24 heures donneront $4 \times 24 = 96$ kilom. Or, puisque l'Equateur a 40000 kilom. de tour, autant de fois cette distance contiendra 96 kilom., autant de jours de marche il faudra. La division donne Rép. 416 jours 16 heures.

Opération :

```
40000  |  96
  160  | ————————
  640  |  416j. 16h
   64
   24h
 ————
  256
  128
 ————
 1536
  576
    0
```

907. Cherchez combien il y a de jours en 400 ans, vous aurez la durée moyenne de l'année civile. Or, dans 400 ans il y a 97 années bissextiles, et $400 - 97 = 303$ années communes ; le nombre total de jours est donc 365 jours $\times 303 + 97 \times 366 = 146097$ jours. Divisez ce nombre par 400, le quotient est 365 et il reste 97. L'année civile a donc une valeur moyenne de 365 jours $\frac{97}{400}$ de jour. Changez cette fraction de jour en heures, en la multipliant par 24, vous trouverez ainsi $\frac{97}{400} \times 24 = \frac{2328}{400}$ d'heure $= 5^h \frac{328}{400}$. Changez de même cette fraction d'heure en minutes en la multipliant par 60, et ainsi de suite ; on trouve ainsi que la durée moyenne de l'année du calendrier est, Rép. $365^j 5^h 49^m 12^s$.

Opération :

```
146097  |  400
  2609  | ————————————
  2097  |  365j 5h 49m 12s
    97
    24h
 ——————
   388
  1940
 ——————
  2328h
   328
    60m
 ——————
 19680m
  3680
    80
    60s
 ——————
  4800s
   800
     0
```

Cette année est donc supérieure de $20^s,4$ à l'année véritable qui est de $365^j 5^h 48^m 54^s6$, différence tout à fait négligeable dans les usages ordinaires de la vie.

908. En divisant par 4 les nombres 16, 80, 52, 49, qui sont respectivement les deux chiffres à droite des millésimes proposés, on a pour quotients 4, 20, 13, 12 + 1 de reste. Les trois premiers étant exacts, correspondent à des années bissextiles qui sont 1616, 1780, 1852 ; 1849 seule est une année commune de 365 jours.

909. Les années comptées de 1880 à 1885 sont 1880-81-82-83-84-85, dont les deux chiffres à droite sont 80, 81, 82, 83, 84, 85 ; cela posé, si l'on divise par 4 ces six derniers nombres, on trouve pour quotients 20, 20 + 1 de reste, 20 + 2 de reste, 20 + 3 de reste, 21, 21 + 1 de reste. Or, les quotients 20 et 21 qui correspondent aux années 1880, 1884 sont seuls exacts ; donc ces deux années seules seront bissextiles.

910. De 1867 à 1879 il y a 1879 — 1867 = 12 années ; or, si ces années étaient toutes de 365 jours, il suffirait de les multiplier par 365 pour avoir le nombre de jours cherché, lequel serait égal à $365 \times 12 =$ 4380 jours. Mais comme, parmi ces 12 années, il y en a de bissextiles ou de 366 jours, il convient de rechercher combien il s'en trouve, afin d'ajouter au produit 4380 autant de jours qu'il y a d'années bissextiles intermédiaires. Pour cela, il suffit de chercher, d'après le procédé du probl. 908, celles dont les deux derniers chiffres à droite sont exactement divisibles par 4. On trouvera, en faisant les calculs, 3 pour le nombre des années bissextiles. Par conséquent, on aura 4380 + 3 = Rép. 4383 jours.

911. En divisant par 4 les nombres 16, 17, 18, 19, 20, 21, qui sont respectivement les deux chiffres à gauche des années proposées, on trouve pour quotients 4, 4 + 1 de reste, 4 + 2 de reste, 4 + 3 de reste, 4, 4 + 1 de reste. Par conséquent, les années 1600, 2000 correspondent à des années séculaires bissextiles, 1700, 1800, 1900, 2100 à des années séculaires communes.

912. Divisez 1835 par 76, vous aurez pour quotient 24 et pour reste 11, ce qui veut dire que de 1835 à la naissance du Christ il s'est écoulé 24 périodes de 76 ans plus 11 ans ; d'où il suit que, de ces vingt-quatre périodes, la première a commencé il y a $24 \times 76 = 1824$ ans, c'est-à-dire $1835 - 1824 = 11$ après la naissance du Christ. Par conséquent, l'apparition de la comète, qui forme le point de départ de notre première période, a pu être observée du vivant de Jésus-Christ, puisque le Fils de Dieu avait alors 11 ans d'âge.

913. Un siècle se compose de 100 ans. Par conséquent, le 20ᵉ siècle, suivant notre manière de compter, comprendra les 100 ans qui doivent s'ajouter au dix-neuvième siècle et qui formeront la période de 1900 à 2000. Cela posé, si de 2000 nous retranchons 1835, nous aurons $2000 - 1835 = 165$ ans pour l'intervalle compris de 1835 à l'an 2000. Or, autant de fois 76 est contenu dans cet intervalle de 165 ans, autant de fois la comète se montrera. La division donne $\frac{165}{76} =$ 1ʳᵉ Rép. 2 fois.

Deux retours auront lieu aux années $1835 + 76 =$ 2ᵉ Rép. 1911, et $1835 \times (2 \times 76) =$ 3ᵉ Rép. 1987.

PROBLÈMES

SUR L'ADDITION DES MESURES DU CERCLE.

Les calculs relatifs aux mesures du cercle ont la plus grande analogie avec ceux relatifs aux mesures du temps. En effet, les subdivisions du degré en minutes et secondes de degré sont de soixante en soixante fois plus petites, absolument comme les subdivisions de l'heure en minutes et secondes de temps ; par conséquent, dans la série des problèmes suivants, nous nous contenterons, le plus souvent, d'indiquer les opérations ainsi que le résultat final, en réservant les développements pour les cas où ils sont indispensables.

914. 34° 18′ 25″ **915.** 106° 5′ 41″
17° 41′ 6″ 9° 0′ 18″
72° 7′ 14″ 24° 15′ 0″
Somme cherchée = 124° 6′ 45″ 0° 8′ 15″
Somme = 139° 29′ 14″

916. L'angle cherché = 0′ 17″,2 + 31′ 46″,1 =
Rép. 32′ 3″,3.

917. 23° 15′ 37″ **918.** 2′ 15″
8° 0′ 23″ 3′ 29″
13° 44′ Angle cherché = 5′ 44″
Angle cherché = 45°

919. 11° 27′ 30″
5° 0′ 48″
28° 31′ 42″

L'angle cherché = 45°

920.

Du méridien de Paris au lieu de départ 12° 30′ 12″
Du lieu de départ au lieu d'arrivée 26° 41′ 25″
Total ou distance cherchée = 39° 11′ 37″

921. La distance cherchée est évidemment égale à
la somme des trois distances données ; on a donc 36°
47′ 20″ + 12° 2′ 53″ + 41° 9′ 47″ = Rép. 90°.

922. La longitude de Nantes = la longitude d'Or-
léans + 3° 27′ 43″ = 0° 25′ 35″ + 3° 27′ 43″ =
Rép. 3° 53′ 18″.

923. Les longitudes sont des longueurs exprimées
en degrés, comptées sur l'Equateur terrestre, à l'ouest
et à l'est du méridien de Paris. Or, la longitude de
Limoges comptée à l'ouest, plus celle de Metz comptée
à l'est, forment une longueur totale de longitude dont
Limoges et Metz, ou plutôt leurs méridiens, sont les
deux extrémités. Ces méridiens diffèrent donc entre eux
de 1° 4′ 48″ + 3° 50′ 23″ = Rép. 4° 55′ 11″.

924. Les degrés de latitude se comptent de l'Equateur au Pôle nord, quand la latitude est boréale ou septentrionale ; de l'Equateur au Pôle sud, quand elle est méridionale ou australe. Partant de là, nous dirons : de l'Equateur à Perpignan il y a 42° 41' 55" de latitude, de Perpignan à la latitude de Paris, 6° 8' 18". Donc la latitude de Paris = 42° 41' 55" + 6° 8' 18" = Rép. 48° 50' 13".

PROBLÈMES

SUR LA SOUSTRACTION DES MESURES DU CERCLE.

925. De 14° 18' 20"   **926.** De 85° 0' 25"
Ôtez 3° 17' 49"   Ôtez 64° 48' »
Reste Rép. 11° 0' 31"   Reste Rép. 20° 12' 25"

927. L'angle cherché = 32' 3",3 — 31' 46",1 = Rép. 17",2.

928. Le complément cherché = 90° — 37° 25' 48" = Rép. 52° 34' 12".

929. Le supplément cherché = 180° — 56° 30' 15" = Rép. 123° 29' 45".

930. Le 3ᵉ angle vaut 180° — 67° 38' 13" = Rép. 112° 21' 47".

931. Des 90° qui forment la distance des Pôles à l'Equateur ôtez, d'une part, la distance 23° 27' 57" qui sépare l'Equateur des Tropiques ; d'autre part, la distance 23° 27' 57" qui sépare les cercles polaires des Pôles, vous aurez pour reste ou pour la distance demandée 90° — (23° 27' 57" + 23° 27' 57") = 90° — 46° 55' 44" = Rép. 43° 4' 16".

932. L'angle cherché = 83° — 38° = Rép. 45°.

933. Latitude cherchée = 113° — 83° = Rép. 30°.

934. Latitude cherchée = 49° 26' 29" — 2° 51' 34" = Rép. 46° 34' 55".

935. Latitude cherchée = 50° 22' 15" — 7° 11' 7"
= Rép. 43° 11' 8".

936. Latitude cherchée = 48° 23' 32" — 40° 24'
57" = Rép. 7° 58' 35".

937. Différence cherchée = 3° 41' 56" — 0° 53'
29" = Rép. 2° 48' 27".

938. Longitude cherchée = 6° 50' 56" — 1° 29'
44" = Rép. 5° 21' 12".

PROBLÈMES

SUR LA MULTIPLICATION DES MESURES DU CERCLE.

939. Réduisez les 11 degrés en minutes en les multipliant par 60, vous aurez 660'; à ce produit ajoutez les 10' du problème, vous aurez 670'; réduisez
ces 670' en secondes en les multipliant par 60, vous
aurez Rép. 40200 secondes.

940. Je commence par réduire en minutes 7°,21 en
multipliant ce nombre par 60, ce qui donne 432',6.
Cela fait, je réduis en secondes la fraction décimale de
la minute, en la multipliant par 60 et j'obtiens 36"; le
résultat demandé est donc Rép. 432' 36".

941. La circonférence contient 360°, mais 1° = 60';
donc 360° × 60 = Rép. 21600'.

942. Réduisez les 125° en minutes de degré en les
multipliant par 60, vous aurez 125 × 60 = 7500'; à
ce produit ajoutez les 37' du problème, vous aurez
7537'. Réduisez ces 7537' en secondes de degré en les
multipliant par 60, vous aurez 7537 × 60 = Rép.
442220".

943. La circonférence contient 360° = 360 × 60'
= 21600' = 21600 × 60" = Rép. 1296000".

944. 1° = 60', mais 1' = 60"; donc 1° = 60 ×
60 = Rép. 3600".

945. Un quart de cercle contient le quart de 360°
ou $\frac{360}{4}$ = 1re Rép. 90° ; mais 1° = 60 × 60″ = 2e
Rép. 3600″; donc 90° valent 90 × 3600 = 3e Rép.
324000″.

946. 1° = 60′, donc 57° = 57 × 60 = 3420′.
J'ajoute à ce produit 15′ et j'ai 3435′ pour la valeur
de 57° 15′ exprimée en minutes de degré. J'exprime
de même cette quantité en secondes de degré en la
multipliant par 60 et ajoutant 45″, je trouve ainsi
Rép. 206145″.

947. Puisqu'il y a 20 lieues dans 1°, il en faut 20
fois 360 = Rép. 7200.

948. Puisqu'il y a 25 lieues dans 1°, il en faut 360
fois 25 = Rép. 9000.

949. Puisqu'il y a 60 milles marins dans 1°, il en
faut 360 fois 60 = Rép. 21600.

950. *Opération :* 41° 18′ 39″
8
———
328°

Pour	1°	ou 60′		8	produit auxiliaire.
Pour	15′	ou $\frac{1}{4}$	de 60′	2	
Pour	3′	ou $\frac{1}{5}$	de 15′	» 24′	
Pour	30″	ou $\frac{1}{6}$	de 3′	» 4	
Pour	6″	ou $\frac{1}{5}$	de 30″	» » 48″	
Pour	3″	ou $\frac{1}{2}$	de 6″	» » 24	

Total = 330° 29′ 12″

951. *Opération :* 9° 10′ 36″
23
———
207°

Pour	1°	ou 60′		23	produit auxiliaire.
Pour	10′	ou $\frac{1}{6}$	de 1°	3 50′	
Pour	1′	ou $\frac{1}{10}$	de 10′	» 23	produit auxiliaire.
Pour	30″	ou $\frac{1}{2}$	de 1′	» 11 30″	
Pour	6″	ou $\frac{1}{5}$	de 30″	» 2 18	

Total = 211° 3′ 48″

952. *Opération :* 22ᵐ,47
              6° 14′ 55″
              134ᵐ,82

Pour 1° ou 60′   22 47 produit auxiliaire.
Pour 10′ ou $\frac{1}{6}$ de 60′   3 745
Pour 2′ ou $\frac{1}{5}$ de 10′   » 749
Pour 2′ ou $\frac{1}{5}$ de 10′   » 749
Pour 30″ ou $\frac{1}{4}$ de 2′   » 187
Pour 20″ ou $\frac{1}{6}$ de 2′   » 124
Pour 5″ ou $\frac{1}{4}$ de 20″   »   31

          Total = Rép. 140ᵐ,405

953. *1ʳᵉ Opération :* 15°
              5ʰ 14ᵐ 20ˢ
              75°

Pour 1ʰ ou 60ᵐ   15 produit auxiliaire
Pour 12ᵐ ou $\frac{1}{5}$ de 60ᵐ   3
Pour 2ᵐ ou $\frac{1}{6}$ de 12ᵐ » 30′
Pour 20ˢ ou $\frac{1}{6}$ de 2ᵐ »   5

          Total = Rép. 78° 35′

2ᵐᵉ Opération : 15ᵐ
              5° 14′ 20″
              75ᵐ

Pour 1° ou 60′   15 produit auxiliaire.
Pour 12′ ou $\frac{1}{5}$ de 60′   3
Pour 2′ ou $\frac{1}{6}$ de 12′ » 30ˢ
Pour 20″ ou $\frac{1}{6}$ de 2′ »   5

          Total = Rép. 78ᵐ 35ˢ ou 1ʰ 18ᵐ 35ˢ

954. Latitude de Paris   = 48° 50′ 13″
       Latitude de Carcassonne = 43° 12′ 55″

              Différence = 5° 37′ 18″

Mais puisque 90° évalués en mètres sur la circonférence du Globe valent 10000000ᵐ, 1° vaut 90 fois moins ou $\frac{10000000}{90}$ = 111111ᵐ,11, et par suite 5° 47′ 18″ = 111111ᵐ,11 × (5° 47′ 18″) = Rép. 643148ᵐ ou environ 160 lieues de 4 kilomètres.

955.   *Opération :* 6° $13'$ $24''$
$$9^j \quad 14^h \quad 20^m$$

$$54^o$$

Pour	$12'$	ou	$\frac{1}{5}$	de	1°	1	$48'$
Pour	$1'$	ou	$\frac{1}{12}$	de	$12'$	»	9
Pour	$20''$	ou	$\frac{1}{3}$	de	$1'$	»	3
Pour	$4''$	ou	$\frac{1}{5}$	de	$20''$	»	» $36''$
Pour	12^h	ou	$\frac{1}{2}$	de	1^j	3	
Pour	2^h	ou	$\frac{1}{6}$	de	12^h	»	31
Pour	20^m	ou	$\frac{1}{6}$	de	2^h	»	5

Total $=$ Rép. 59° $0'$ $36''$

Je multiplie d'abord le multiplicande entier par 9 qui est le nombre de jours, et j'écris en dessous les différents produits partiels résultant de cette première opération. Passant ensuite aux unités de la deuxième espèce du multiplicateur, je décompose 14 heures en $12 + 2$, c'est-à-dire en deux parties dont la première est partie aliquote de l'unité principale qui est le jour, et la 2me partie aliquote de la première ; puis je dis : si pour 1 jour j'ai 6° $13'$ $24''$, pour 12^h ou $\frac{1}{2}$ de 1 jour j'aurai la moitié de ce nombre ou 3° $6'$ $42''$ et pour 2 heures ou $\frac{1}{6}$ de 12^h, j'aurai le $\frac{1}{6}$ de 3° $6'$ $42''$ ou 0° $31'$ $7''$. Enfin, les 20^m qui composent le nombre d'unités de la dernière espèce du multiplicateur étant le $\frac{1}{6}$ de 2 heures, je prends le $\frac{1}{6}$ de 0° $31'$ $7''$ et j'obtiens 0° $5'$ $11''$ $\frac{1}{6}$. Additionnant ces différents produits partiels, je trouve pour produit total Rép. 59° $43'$ $36''$ $\frac{1}{6}$.

956. 1er cas : Le diamètre donné étant $2^m,46$ ou le double du rayon, la circonférence sera 3,1416 fois ce diamètre ou $2^m,46 \times 3,1416 =$ Rép. $7^m,73$;

2e cas : La circonférence donnée étant $13^m,74$, le diamètre sera 3,1416 fois plus petit ou $\frac{13,74}{3,1416} =$ Rép. $4^m,37$.

957. Le rayon étant de 900 mètres, le diamètre $= 900^m \times 2 = 1800^m$, et la circonférence $= 1800 \times 3,1416 = 5654^m,88$. Mais cette circonférence divisée en 360° donne $\frac{5654,88}{360} = 15^m,708$ pour la valeur de

1°; par conséquent, pour avoir la valeur de 3° 21′ 47″, il suffira de multiplier cette quantité par 15^m,708. L'opération donne Rép. 52^m,82.

958. 1er cas : Le rayon étant 1^m, le diamètre $= 2^m$, et la circonférence $= 2 \times 3,1416 = 6^m,2832$; mais puisque toute circonférence se divise en 360°, on aura $\frac{6,2832}{360} = $ Rép. 0^m,017 pour la valeur de 1° ;

2e cas : Le rayon étant 100^m, le diamètre $= 200^m$, et la circonférence $= 200^m \times 3,1416 = 628^m,32$. Cette circonférence divisée à son tour par 360° donne $\frac{628,32}{360} = $ Rép. 1^m,7 pour la longueur du degré.

3e cas : Le rayon étant 1000^m, le diamètre $= 2000^m$, et la circonférence $= 2000 \times 3,1416 = 6283,2^m$. Cette circonférence divisée à son tour par 360° donne $\frac{6283,2}{360}$ $=$ Rép. 17^m pour la longueur de l'arc de 1°. (1)

959. Le diamètre étant de 420^m, la circonférence $=$ $420 \times 3,1416 = $ Rép. 1319^m,47.

960. 1re *solution* : Le tour ou la circonférence du Globe $= 40000000^m = 40000$ kilom. Or, si l'on divise cette longueur par 360°, on aura $\frac{40000}{360} = 111^{kilom},11$ pour la longueur de 1 dégré terrestre, et $111,11 \times$ $(23° 27′ 57″) = 2607^{kilom},2$ pour la distance des tropiques à l'Équateur.

---

(1) Ces résultats sont la confirmation d'un principe important qu'on démontre en Géométrie et qui peut s'énoncer ainsi : *Les circonférences de cercles sont proportionnelles à leurs rayons.* Il faut entendre par là, que si, après avoir enroulé un fil autour d'une circonférence de cercle d'un rayon égal à 1, on l'enroulait sur une circonférence de rayon double, le fil aurait le double de longueur ; que la longueur du fil développée serait triple si le rayon était triple, et ainsi de suite.

Opération :

$$111^{kilom.},11$$
$$23° \ 27' \ 57''$$

$$2555^{kilom.},53$$

Pour	20'	ou	$\frac{1}{3}$	de	1°	37	0366
	4'	ou	$\frac{1}{5}$	de	20'	7	4073
	2'	ou	$\frac{1}{2}$	de	4'	3	7036
	1'	ou	$\frac{1}{2}$	dé	2'	1	8518
	30''	ou	$\frac{1}{2}$	de	60''	»	9259
	10''	ou	$\frac{1}{3}$	de	30''	»	3086
	10''	ou	—	—	—	»	3086
	5''	ou	$\frac{1}{2}$	de	10''	»	1543
	1''	ou	$\frac{1}{5}$	de	5''	»	308
	1''	ou	—	—	—	»	308

$$\text{Total} = \text{Rép.} \quad 2607^{kilom.},2$$

2me *solution :* On peut, pour la multiplication des
mesures du cercle, comme on l'a fait pour la multiplication des mesures du temps, ramener le calcul des nombres complexes à celui des nombres décimaux. Ainsi,
$27' \ 57'' = 27 \times 60'' + 57'' = 1677'' = \frac{1677}{3600}$ de degré
$= 0°,4655$. Cela posé, l'opération se réduit à une
simple multiplication décimale comme le montre
l'opération ci-dessous :

$$23,4655$$
$$1\ 1111$$
$$\overline{234655}$$
$$234655$$
$$234655$$
$$234655$$
$$234655$$

$$\text{Total} = 2607^{kilom.},2541705$$

961. Le diamètre de la table étant de $1^m,35$, la circonférence $= 1,35 \times 3,1416 = 4^m,24$. Or, puisque
chaque personne doit occuper $0^m,7$ sur cette circonférence, autant de fois elle contiendra $0,7$, autant de personnes on pourra placer ; la division donne $\frac{4,24}{0,7} =$ Rép.
6 personnes.

962. Pour comprendre comment le nombre des tours de la roue entre, comme données, dans la question, il suffit d'observer que dans le mouvement d'une voiture, la circonférence de la roue se déroule sur le sol, et que celle-ci a fait un tour entier quand la voiture s'est avancée de toute la longueur de ce développement, qui est 3,1416 fois le diamètre de la roue. Pour que dans notre cas la voiture ait fait 14 kilom. de chemin, ou se soit avancée de 14 kilom., il faut que la circonférence des roues se soit développée sur le sol autant de fois qu'elle est contenue dans 14 kilom. Or, cette circonférence $= 0,8 \times 3,1416 = 2^m,51$ pour les petites roues $= 1,2 \times 3,1416 = 3^m,77$ pour les grandes. Par conséquent, autant de fois ces longueurs seront contenues dans la longueur du chemin parcouru, autant de tours chacune des roues aura fait. L'opération donne $\frac{14000^m}{2^m,51} = 1^{re}$ Rép. 5577 tours; $\frac{14000}{3,77} = 2^e$ Rép. 3713 tours.

963. Le diamètre étant 21, le tour ou la circonférence du manége sera $21 \times 3,1416 = 65^m,973$. Par conséquent, il suffit de multiplier cette longueur par 35 pour avoir la distance cherchée. L'opération donne $65,973 \times 35 =$ Rép. $2309^m,06$.

PROBLÈMES

SUR LA DIVISION DES MESURES DU CERCLE.

964. Chaque degré valant 60', il suffit de diviser le nombre donné par 60 ; je trouve 27° et il reste 19'. Donc 1639' = 27° 19'.

Opération :

1639'	60
19'	27°

965. Je cherche d'abord combien 61824" contiennent de minutes. 1' valant 60", je divise par 60 le nombre de secondes donné, je trouve pour quotient 1030' et pour reste 24" ; je cherche de

Opération :

61824	60		
182	1030'	60	
24"	430	17°	
	10'		

même combien il y a de degrés dans 1030′ en divisant ce nombre par 60 ; le quotient est 17° et il reste 10′. Donc 61824″ valent Rép. 17° 10′ 24″.

966. Même raisonnement que pour le problème précédent.

Opération :

$$\begin{array}{r|l} 53487'' & 60 \\ 548 & \\ 87 & 891' \,|\, 60 \\ 27'' & 291 \,|\, 14° \\ & 51' \end{array}$$

Le résultat demandé = Rép. 14° 51′ 27″.

967. Je divise 31 par 17, j'obtiens 1° au quotient et pour reste 14°; je réduis ces degrés en minutes en les multipliant par 60, ce qui donne 840′ auxquelles j'ajoute les 4′ du problème. J'ai ainsi 844′. Je divise de même ces minutes par 17 et j'obtiens 49′ au quotient et pour reste 11′. Je réduis ces minutes en secondes en les multipliant par 60 ; ce qui donne 660″ auxquelles j'ajoute les 36″ du problème ; j'ai ainsi 696″. Je divise ce dernier nombre par 17 et j'obtiens au quotient 40″. Il reste $\frac{16}{17}$ de seconde. Donc le résultat cherché = Rép. 1° 49′ 40″ $\frac{16}{17}$.

Opération :

$$\begin{array}{r|l} 31°\ 4'\ 36'' & 17 \\ 14 & \\ \overline{60'} & \overline{1°\ 49'\ 40''\ \frac{16}{17}} \\ 840 & \\ 4 & \\ \overline{844'} & \\ 164 & \\ 11 & \\ 60'' & \\ \overline{660} & \\ 36 & \\ \overline{696} & \\ 16 & \end{array}$$

968. Je prends d'abord le 6ᵉ de 15°; en divisant ce nombre par 6, j'ai 2° pour quotient, il reste 3° que je réduis en minutes en les multipliant par 60, ce qui donne 180′ auxquelles j'ajoute les 32′ du problème; j'ai ainsi 212′. Je divise ce nombre par 6, ce qui donne 35′ pour quotient, et pour reste 2′; je réduis ce reste en secondes en le multipliant par 60, ce qui donne 120″ auxquelles j'ajoute les 18″ du problème; j'ai ainsi 138″. Je divise ce nombre par 6 et je trouve 23″ pour quotient exact. Le résultat cherché = Rép. 2° 35′ 23″.

Opération :

```
15° 32′ 18″  | 6
 3           |————
60′          | 2° 35′ 23″
————
180
 32
————
212′
 32
  2
 60″
————
120
 18
————
138″
 18
  0
```

969. Je divise 58° par 15, j'obtiens 3° au quotient et pour reste 3°; je réduis ces degrés en minutes en les multipliant par 60, ce qui donne 780′ auxquelles j'ajoute les 20′ du problème. J'ai ainsi 800′; je divise ce nombre par 15, j'obtiens 53′ au quotient, et pour reste 5′. Je réduis ces minutes en secondes en les multipliant par 60, ce qui donne 300″ auxquelles j'ajoute les 19″ du problème. J'ai ainsi 319″; je les divise de même par 15 et j'obtiens 21″ au quotient et pour reste 4″.

Le résultat cherché = Rép. 3° 53′ 21″ $\frac{4}{15}$.

Opération :

```
58° 20′ 19″  | 15
 13          |————
 60′         | 3° 53′ 21″
————
780
 20
————
800′
 50
  5
 60″
————
300
 19
————
319″
 19
  4
```

14.

970. Puisqu'il faut 7 septièmes pour faire une unité, autant de fois 7 sera contenu dans 24, autant de degrés vous aurez ; la division donne $\frac{24}{7} = 3^o$, et pour reste 3°. Multipliez ces 3° par 60, vous aurez 180', lesquelles divisées par 7 donnent 25' et pour reste 5'. Réduisez ces 5' en secondes en les multipliant par 60 , vous aurez 300", lesquelles divisées par 7 donnent 42", et pour reste 6". Le résultat total sera donc Rép. 3° 25' 42" $\frac{6}{7}$.

971. Cette valeur est évidemment 12 fois moindre que la somme de tous les angles. Je divise d'abord 268° par 12 , j'obtiens 22 au quotient avec un reste 4° ; je réduis ces 4° en minutes en les multipliant par 60, ce qui donne 240' ; j'ajoute au produit 45' du dividende et j'ai ainsi 285' que je divise par 12 ; j'obtiens au quotient 23' et 9' pour reste. Je réduis ces 9' en secondes en les multipliant par 60, ce qui donne 540" auxquelles j'ajoute les 30" du dividende, ce qui donne 570". Divisant ce reste par 12, j'obtiens 47" $\frac{1}{2}$. Le résultat total $= 22^o$ 23' 47" $\frac{1}{2}$.

Opération :

$$
\begin{array}{r|l}
268^o\ 45'\ 30'' & 12 \\
28 & \overline{22^o\ 23'\ 47''\ \tfrac{1}{2}} \\
4 & \\
60' & \\
\hline
240 & \\
45 & \\
\hline
285' & \\
45 & \\
9 & \\
60'' & \\
\hline
540 & \\
30 & \\
\hline
570'' & \\
90 & \\
6 & \\
\end{array}
$$

972. Le dividende et le diviseur étant tous les deux de même nature, je les réduis en unités de même grandeur et de la plus petite espèce, c'est-à-dire en secondes de degré. Je trouve ainsi pour le premier nombre $7 \times 60 + 21' = 441' = 441 \times 60 + 39 = 26499''$, et pour le second nombre $48 \times 60 + 12' = 2892' = 2892 \times 60 + 54'' = 173574''$. Cela posé, autant de fois le premier sera contenu dans le deuxième, autant de jours et fraction de jour on trou-

Opération :

```
173574   | 26499
 14580   |
    24h  | 6j  13h  12m  18s,09
 ───────
  58320
  29160
 ───────
 349920
  84930
   5433
     60
 ───────
 325980
  60990
   7992
     60
 ───────
 479520
 214530
   2538
 ─────── = 0s,09
  26499
```

vera pour quotient. Je commence donc par diviser 173574 par 26499, ce qui donne 6 jours au quotient, et pour reste $\frac{14580}{26499}$ de jour ou de 24 heures. Je convertis le reste 14580 en heures en le multipliant par 24, ce qui donne 349920 heures. Je divise de même ces heures par 26499, j'obtiens 13 au quotient et pour reste 5433 heures. Je réduis ce reste en minutes de de temps en le multipliant par 60, ce qui donne 325980 minutes ; je divise ces minutes par 26499, j'obtiens 12 au quotient et pour reste 7992 minutes. Je réduis ces minutes en secondes de temps en les multipliant par 60, ce qui donne 479520 secondes. Ce reste divisé à son tour par 26499, donne pour quotient 18 secondes et pour reste $\frac{2538}{26499} = 0^s,09$. Donc le résultat cherché = Rép. $6^j\ 13^h\ 12^m\ 18^s,09$.

973. Comme toutes les circonférences, celle du bassin se divise en 360° ; or, puisque $2°\ 24' = 0^m,12$, autant de fois ce nombre sera contenu dans 360°, autant de fois $0^m,12$ on aura pour la circonférence du bassin. Opérant donc comme dans les cas analogues, on trouvera $\dfrac{360^o}{2^o\ 24'} = \dfrac{1296000''}{8640''} = 150$, et $150 \times 0^m,12 =$

Rép. 18 mètres pour la circonférence demandée. Pour avoir le nombre de barreaux, il suffirait de diviser 18 mètres par $0^m,12$, auquel cas on retomberait sur le nombre 150. Donc 150 est le nombre des barreaux cherché.

974. $4 \times 24 + 19 = 115^h = 115 \times 60 + 10 = 6910$ minutes $= \dfrac{6910}{60 \times 24} = \dfrac{6910}{1440}$ de jour, $\dfrac{6910}{1440} \times 1440 = 6910$, diviseur.

$29^o\ 51'\ 48''\ \frac{1}{2} \times 1440 = 43003^o\ 14'$, dividende.

Je commence par réduire $4^j\ 19^h\ 10^m$ en une expression fractionnaire de jour et j'ai $\frac{6910}{1440}$; multipliant ensuite par son dénominateur cette expression elle-même ainsi que le nombre $29^o\ 51'\ 48''\ \frac{1}{2}$, j'ai pour diviseur 6910 et pour dividende $43003^o\ 14'$; puis, divisant comme à l'ordinaire, je trouve pour quotient Rép. $6^o\ 13'\ 24''$.

Opération :

$$
\begin{array}{r|l}
43003^o\ 14' & 6910 \\
1543 & \\
60' & \overline{\quad 6^o\ 13'\ 24''} \\
\hline
92580 & \\
14 & \\
\hline
92594 & \\
23494 & \\
2764 & \\
60 & \\
\hline
165840 & \\
127640 & \\
000 & \\
\end{array}
$$

975. 1er CAS : Le diviseur se trouvant un nombre décimal, supprimez la virgule dans ce diviseur qui sera ainsi multiplié par 100, puis multipliez le dividende aussi par 100 ; l'opération sera ainsi ramenée aux cas précédents, comme l'indique l'opération ci-contre :

Opération :

$$
\begin{array}{r}
1400^{\circ}\ 600'\ 4500'' \\
325 \\
60' \\
\hline
19500 \\
600' \\
\hline
20100 \\
9350 \\
750 \\
60'' \\
\hline
45000 \\
4500 \\
\hline
49500'' \\
6500 \\
50 \\
\hline
1075
\end{array}
\quad
\begin{array}{|l}
1075 \\
\hline
1^{\circ}\ 18'\ 46'',05
\end{array}
$$

$\dfrac{50}{1075} = 0'',05$

2me CAS : Convertissez en fraction décimale 23′ 45″ vous aurez $23 \times 60 + 45'' = 1425'' = \frac{1425}{3600}$ de degré $= 0^{\circ},39$. Par conséquent, $14^{\circ}\ 23'\ 45'' = 14^{\circ},39$ et l'opération se trouve réduite à la division décimale suivante : $\frac{3005}{1430} =$ Rép. $2^{\text{mèt.}},09$.

976. Puisque 1° degré $= 111111^{\text{m}},11$, autant de fois cette quantité sera contenue dans 245000, autant de degrés on aura pour la différence de latitude cherchée. La division donne $\frac{245000}{111111,11} =$ Rép. $2^{\circ}\ 12'\ 18''$.

Opération :

$$
\begin{array}{r}
24500000 \\
2277778 \\
60 \\
\hline
136666680 \\
25555570 \\
3333348 \\
60 \\
\hline
200000880 \\
88889770 \\
882
\end{array}
\quad
\begin{array}{|l}
11111111 \\
\hline
2^{\circ}\ 12'\ 18''
\end{array}
$$

977. Si 90° valent 10000000^{m}, 1° vaut 90 fois moins ou $\frac{10000000}{90} =$ Rép. $111111^{\text{m}},11$.

978. Dans la supposition que le Globe est tout à fait rond , sa circonférence comptée sur l'Equateur ou sur un méridien quelconque vaut 40000000 mètres. Mais, d'un autre côté, toute circonférence divisée en minutes de dégré contient $360 \times 60' = 21600'$, d'où il suit que 21600' sur la circonférence du Globe valent 40000000^m. Or, si 21600' valent 40000000^m, 1' ou la valeur du mille marin vaut 21600 fois moins ou $\frac{40000000}{21600}$ = Rép. 1851^m,85.

979. 1° est la 360e partie de toute circonférence ; or, la circonférence de la Terre étant de 40000000 mètres 1° $= \frac{40000000}{360} =$ Rép. 111111^m,11.

980. D'après le numéro précédent 1° $= \frac{40000000}{360} =$ 111111^m,11. Par conséquent, 30° $=$ 111111^m,11 $\times$ 30 = Rép. 3333333^m,33.

981. D'après le n° 979 tout méridien terrestre vaut 40000000 mètres. Donc, autant de fois cette quantité contiendra 4 kilom. ou 4000^m, autant de lieues on aura. La division donne $\frac{40000000}{4000} =$ Rép. 10000.

982. D'après le n° 979 1° $=$ 111111^m,11. Donc la lieue commune qui vaut 25 fois moins $= \frac{111111^m,11}{25} =$ Rép. 4444^m,44.

983. D'après le n° 979 1° $=$ 111111^m,11. Donc la lieue marine qui vaut 20 fois moins $= \frac{111111^m,11}{20} =$ Rép. 5555^m,55.

984. D'après le n° 979 1° $=$ 111111^m,11. Donc le mille marin qui vaut 60 fois moins $= \frac{111111^m,11}{60} =$ Rép. 1851^m,85.

985. D'après le n° 979 1° $=$ 111111^m,11. Donc la lieue contenue 25 fois dans 1° vaut 25 fois moins ou 4444^m,44, et deux lieues valent 4444^m,44 $\times$ 2 = Rép. 8888^m,88.

986. 1er cas. Puisque les 360 parties ou degrés de longitude qui forment le contour de la Terre valent ou

représentent 24 heures de temps ; 1° vaut 360 fois moins ou le $\frac{1}{360}$ de $24^h = \dfrac{24^h}{360} = 1^{re}$ Rép. 4 minutes de temps ;

2° CAS : Si 24^h représentent 360°, 1 heure vaut 24 fois moins ou $\dfrac{360°}{24} =$ Rép. 15°.

987. —— La différence de longitude $= 55° - 25° = 30°$; or, 1° évalué en temps $= \dfrac{24^h}{360} = \dfrac{1440^m}{360} = 4$ minutes ; donc $30° = 4^m \times 30 = 120^m =$ Rép. 2 heures.

988. —— D'après les données du problème 987, la différence de longitude entre Vienne et Paris est de 14° 2′ 36″ ; or, puisque $1° = \dfrac{24^h}{360} = 4^m$, $14° 2′ 36″ = 4^m \times (14° 2′ 36″) = 56^m 10^s,4$. Donc il y a $56^m 10^s,4$ entre l'heure de Paris et celle de Vienne. Mais celle-ci se trouvant plus à l'Est, le Soleil y passe plus tôt ; par conséquent, lorsqu'il est midi à Paris, il est midi $56^m 10^s,4$ à Vienne.

989. —— Longitude des Antipodes 180°
—— de Paris   0°
Différence 180°

Or, $1° = \dfrac{24^h}{360} = 4^m$, et $180° = 4^m \times 180 = 720^m = 12$ heures ; donc il y a 12 heures de différence entre l'heure de Paris et celle des Antipodes, c'est-à-dire que quand il est midi Paris il est minuit aux Antipodes.

990. —— Longitude de Strasbourg $= 5° 24′ 54″$
—— de Lyon $= 2° 29′ 10″$
Différence $2° 55′ 44″$

Or, $1° = \dfrac{24^h}{360} = 4^m$; donc $2° 55′ 44″ = 4^m \times (2°$

55' 44") = 11^m 43^s. Telle est la différence d'heure entre Lyon et Strasbourg ; mais cette dernière ville se trouvant plus à l'Est, le Soleil y passe plus tôt qu'à Lyon. Donc, lorsqu'il est 3 heures à Lyon, il est Rép. 3^h 11^m 43^s à Strasbourg.

991. — 1er CAS : Long. de Constantinople = 26° 38' 50"

Longitude de Dijon = 2° 41' 55"

Différence 23° 56' 55"

Or, $1° = \dfrac{24^h}{360} = 4^m$ et 23° 56' 55" = 4^m × (23° 56' 55") = 1^h 35^m 47^s. Telle est la différence d'heure entre Dijon et Constantinople, mais cette dernière se trouvant plus à l'Est que Dijon, le Soleil y passe plus tôt. Donc lorsqu'il est 6 heures à Dijon, il est 6^h + 1^h 35^m 47^s = Rép. 7^h 35^m 47^s à Constantinople.

2me CAS : Longitude de Philadelphie = 77° 29' 54" O

Longitude de Dijon = 2° 41' 55" E

Différence = 80° 11' 59"

Évaluant cette quantité en temps, on a 4^m × (80° 11' 59") = 5^h 20^m 48^s. Telle est la différence entre l'heure de Dijon et celle de Philadelphie. Mais comme le Soleil passe plus tôt au méridien de Dijon, il s'ensuit que cette ville est en avance de 5^h 20^m 48^s sur Philadelphie ; par conséquent, lorsqu'il est 6^h du matin à Dijon, il est 6^h — 5^h 20^m 48^s = 39^m 12^s du matin.

992. La différence de longitude = 4° 21' 47" O ; par conséquent, la différence d'heure entre St-Malo et Paris est égale à 4^m × (4° 21' 47") = 17^m 27^s. Mais comme Paris est plus à l'Est et que le Soleil y passe plus tôt, cette ville est en avance de 17^m 27^s sur l'heure de St-Malo ; donc, lorsqu'une dépêche est expédiée de Paris à midi précis, elle arrive à St-Malo à midi moins 17^m 27^s, c'est-à-dire Rép. à 11^h 42^m 33^s du matin.

993. La différence de longitude = 0° 43' 37" + 73° 23' 54" = 74° 7' 31". Par conséquent, la différence d'heure entre Lille et Boston est égale à $4^m \times (74^o\ 7\ 31'') = 4^h\ 56^m\ 30^s$. Mais comme Lille est plus à l'Est et que le Soleil y passe plus tôt, l'heure de cette ville est en avance de $4^h\ 56^m\ 30^s$ sur celle de Boston ; par conséquent, pour qu'une dépêche arrive dans cette ville à 6 heures du matin, il faut qu'elle soit expédiée de Lille, au plus tard , $4^h\ 56^m\ 30^s$ après 6 heures, c'est-à-dire Rép. à $10^h\ 56^m\ 30^s$.

994. La différence de longitude est ici de $117^o\ 58'\ 37''$; par conséquent, la différence d'heure entre San-Francisco et Brest est égale à $4^m \times (117^o\ 58'\ 37'') = 7^h\ 51^m\ 55^s$. Mais comme cette dernière ville étant plus à l'Est le Soleil y passe plus tôt , il s'ensuit qu'elle est en avance de $7^h\ 51^m\ 55^s$. Donc, lorsqu'on est à Brest à 6 heures du matin du 1er mai, on n'est encore à San-Francisco, qu'à $10^h\ 8^m\ 5^s$ du soir du 30 avril; et, comme la dépêche est venue 15^m après son départ, elle a dû arriver 15^m après $10^h\ 8^m\ 5^s$, c'est-à-dire à $10^h\ 23^m\ 5^s$.

995. La différence d'heure $= 12^h\ 14^m\ 18^s - 12^h = 14^m\ 18^s$; or, 1^h de temps évaluée en degrés de longitude $= 15^o$, et $1^m = \dfrac{1^h}{60} = 15'$; donc $14^m\ 18^s = 15' \times (14^m\ 18^s) = $ Rép. $3^o\ 34'\ 30''$. Mais puisqu'il est plus de midi à Chambéry quand midi sonne à Paris, il s'ensuit que Chambéry est à l'Est de Paris, c'est-à-dire que la longitude est orientale.

996.

L'heure de Grenoble $=$	12^h	13^m	34^s
— de Rouen $=$	11	55	2
Différence $=$	0^h	18^m	32^s

or, d'après le probl. 986, 1^h de temps évaluée en degrés de longitude $= 15^o$, et $1^m = \dfrac{1^h}{60} = 15'$. Donc $18^m\ 32^s = 15' \times (18^m\ 32^s) = $ Rép. $4^o\ 37'\ 58''$. Mais puisqu'il est plus de midi à Grenoble et moins de midi à Rouen, quand il est midi à Paris ; il s'ensuit que la première de ces villes est à l'Est, et la seconde à l'Ouest du méridien fixé comme point de départ.

15

997. On a vu, probl. 986, que la différence d'heure est la même chose que la différence de longitude évaluée ou transformée en temps. Or, puisque 1 heure = 15°, 2ʰ 3ᵐ 33ˢ = 15° × (2ʰ 3ᵐ 33ˢ) = 30° 53′ 15″. Donc la différence de longitude entre St-Pétersbourg et Bordeaux est de 30° 53′ 15″; cela étant, si l'on retranche de cette quantité la longitude occidentale de Bordeaux = 2° 54′ 56″, on aura 30° 53′ 15″ — 2° 54′ 56″ = Rép. 27° 58′ 19″ pour la longitude E de Saint-Pétersbourg.

998. Imaginez une circonférence passant par le pied et le sommet du clocher, et dont votre œil occupe le centre, vous aurez ainsi une circonférence de 9000ᵐ de diamètre égale, par conséquent, à 9000 × 3,1416 = 28274ᵐ,4. Par conséquent, il suffira, pour répondre à la question, d'évaluer en mètres l'arc ou la partie de la circonférence qui correspond à l'angle visuel donné 0° 16′ 2″; or, notre circonférence divisée en 360° donne $\dfrac{28274^m,4}{360}$ = 78ᵐ,54 pour la valeur de 1° ou $\dfrac{78,54}{60'}$ = 1ᵐ,31 pour la valeur de 1′. Donc pour avoir la valeur en mètres de 0° 16′ 2″, il suffira de multiplier cette quantité par 1ᵐ,31. L'opération donne 1ᵐ,31 × (16′ 2″) = Rép. 21 mètres. (1)

999. Imaginez une circonférence passant par deux bords opposés de la fenêtre, et dont le centre soit dans l'œil de l'homme, vous aurez, de la sorte, une circonférence dont la distance de l'homme à l'édifice est le

---

(1) La courbure du cercle ne commence à se manifester, à devenir sensible que sur des arcs d'une certaine étendue. Quand un angle n'a pas plus de 4 ou 5 degrés, l'arc qui le mesure se confond sensiblement avec la corde, c'est-à-dire avec la grandeur de l'objet que cet angle sous-tend, à plus forte raison si cet arc est de quelques minutes ou de quelques secondes seulement. On peut donc ici, sans erreur sensible, prendre pour la hauteur du clocher l'arc compris entre son sommet et le sol.

rayon, et dont la hauteur de la fenêtre forme une partie égale à 1^m ou, ce qui est la même chose, forme l'arc de 1^m correspondant à l'angle visuel 1′ 15″. Mais cet angle évalué en secondes de degré = 60 + 15″ = 75″ et toute circonférence évaluée aussi en secondes vaut 360 $\times$ 60 $\times$ 60″ = 1296000″. On dira donc : puisque sur la circonférence en question 75″ valent 1 mètre, autant de fois 1296000 contiendra 75″, autant de mètres la circonférence contiendra. L'opération donne $\frac{1296000}{75}$ = 17280^m. Ce nombre divisé par 3,1416 donnera le diamètre dont la moitié sera le rayon ou la distance cherchée. On trouve ainsi $\frac{17280}{3,1416}$ = 5500^m, et $\frac{5500^m}{2}$ = Rép. 2750^m pour la distance cherchée.

1000. Supposez une circonférence passant par les pieds et la tête de l'homme placé à 1000^m et dont le centre soit dans l'œil de l'observateur, vous aurez, de la sorte, une circonférence dont le diamètre égale 2000^m, et la circonférence = 2000 $\times$ 3,1416 = 6283^m,2. Il suffira donc, pour répondre à la question, d'évaluer en degrés, minutes et secondes, l'angle qui correspond à l'arc de 1^m,60 formé par la taille de l'homme. Pour cela on dira : si 6283^m,2 représente 360° ou les 360 divisions de la circonférence entière, 1^m représente 6283,2 fois moins ou $\frac{360}{6283,2}$, et 1^m,60 représente 1,6 fois $\frac{360}{6283,2}$ = Rép. 0° 5′ 30″.

1001. Le diamètre de la Lune est les $\frac{3}{11}$ de 12732 kilom. ou 3472 kilom. Cela posé, imaginons une circonférence passant par les deux extrémités de ce diamètre et dont notre œil occupe le centre. Nous aurons une circonférence dont la distance de notre œil à la Lune sera le rayon, et dont le diamètre de cet astre formera une partie ou l'arc correspondant à l'angle visuel de 31′ 32″. Mais cet angle évalué en secondes de degré = 31 $\times$ 60″ + 32″ = 1892″; et toute circonférence évaluée aussi en secondes = 360 $\times$ 60 $\times$ 60 = 1296000″. On dira donc : puisque sur la circonférence en question 1892″ = 3472 kilom, autant de fois cette quantité sera contenue dans 1296000″, autant de fois 3472 sera contenu dans la circonférence entière. L'opération donne $\frac{1296000}{1892} \times 3472 = 2378967$ kilom. Ce nombre divisé par 3,1416 donne le diamètre de la circonférence dont la moitié sera le rayon ou la distance cherchée. On trouve ainsi $\frac{2378967}{3,1416} = 757250$ kilom. et $\frac{757250}{2} =$ Rép. 378625 kilom. ou environ 95000 lieues de 4 kilomètres.

PROBLÈMES DE RÉCAPITULATION

SUR LES MESURES.

1002. Un carré de 16 centimètres ou 0^{m. car.},16 de côté présente une surface de $0,16 \times 0,16 =$ 0^{m. car.},0256 ; or ,,autant de fois cette surface est contenue dans 23 mètres carrés, autant de carreaux il faut. Le calcul donne $\frac{23}{0,0256} =$ Rép. 898 à 899 carreaux.

1003. 8 œufs de poule pèsent $8 \times 50 = 400$ grammes ; donc autant de fois ce nombre contiendra 40 grammes , poids de l'œuf de pintade , autant de ces œufs il faudra. La division donne $\frac{400}{40} =$ Rép. 10.

1004. Il faut supposer ici, comme d'ailleurs les choses se passent dans la pratique, que l'intervalle de 1^m,45 qui existe d'un cheval à l'autre, existe également entre les deux chevaux extrêmes et les limites de l'espace cherché. Par conséquent , cet espace doit être égal à autant de fois 1^m,45 qu'il y a de chevaux plus un, augmenté de $34 \times 0^m,7$. Cela fait, 1° $1,45 \times 35 = 50^m,75$; 2° $34 \times 0,7 = 23^m,8$, soit en tout Rép. 74^m,55.

1005. Aux 4^k,2 d'avoine de la ration ordinaire il faut ajouter : d'une part, $\frac{7}{2} = 3^k,5$; d'autre part, $\frac{4}{4} = 1$ kilog. Donc la ration demandée $= 4^k,2 + 3^k,5 + 1^k =$ Rép. 8 kilog., 7.

1006. 3000 mètres par heure font $3000 \times 10 =$ 1re Rép. 30000 mètres parcourus dans la journée. Mais le relais ou la distance à laquelle la terre est transportée étant ici de 30 mètres, chaque voyage, aller et retour de la brouette, représente $30 + 30 = 60$ mètres de parcours. Par conséquent, autant de fois 60 est contenu dans 30000, autant de voyages la brouette aura fait dans la journée. La division donne $\frac{30000}{60} = 500$ voyages, lesquels, à raison de 80 kilog. donnent $500 \times 80 = $ 2e Rép. 40000 kilog. de terre transportée.

1007. Réduisez en secondes les heures et minutes du problème, vous aurez : $1^h 29^m,7 = 5382$ secondes, et $58^m,33 = 3499^s,8$. Cela fait, si dans 5382 secondes les eaux du Rhône parcourent 14 kilom., dans 1 seconde elles parcourent une distance 5382 fois plus petite ou $\frac{14}{5382} = 0^{kilom.},0026 = $ 1re Rép. $2^m,6$ (1er cas). De même, si dans $3499^s,8$ le Rhône parcourt 14 kilom., dans 1 seconde il parcourt une distance 3499,8 fois plus petite ou $\frac{14}{3499,8} = 0^k,004 = $ Rép. 4^m. (2e cas).

1008. Si, en 1 heure, le marcheur fait 6 kilom. ou 6000 mètres, en 8 heures ½ ou $8^h,5$, il fera 8,5 fois 6000 mètres $= 51000$ mètres; or, le pas est ici de 80 centimètres ou $0^m,8$. Donc, autant de fois 0,8 sera contenu dans 51000, autant de pas le marcheur aura fait au bout de sa course. L'opération donne $\frac{51000}{0,8} = $ Rép. 63750 pas.

1009. 1 heure $= 60 \times 60 = 3600$ secondes ; or, si dans 3600 secondes le Danube parcourt 4680 mètres, dans une seconde, il parcourt 3600 fois moins de mètres ou $\frac{4680}{3600} = $ Rép. $1^m,30$.

1010. 1 jour $= 24$ heures; or, si en 1 heure, la fontaine débite 100 litres, dans 24 heures, elle débitera 24 fois plus de litres ou $100 \times 24 = 2400$ litres. Cela posé, puisque 1 cheval exige 16 litres d'eau, autant de fois 16 sera contenu dans 2400, autant de chevaux on pourra alimenter. L'opération donne $\frac{2400}{16} = $ Rép. 150 chevaux.

15 *

1011. La vitesse de 7^m par seconde $= 7 \times 60 = 420^m$ par minute et $420^m \times 60 = 25200$ mètres par heure. Telle est la vitesse du vent la plus favorable aux moulins. Cela étant, si le vent de tempête fait dans le même temps 97^{kilom},2, autant de fois ce nombre contiendra 25200 mètres, autant de fois ce vent sera plus fort que le premier. L'opération donne $\dfrac{97^{kilom},2}{24^{kilom},2} =$ Rép. 3,9 c'est-à-dire 3 à 4 fois.

1012. Une heure $= 60 \times 60 = 3600$ secondes. Or, puisque le vent en question parcourt 32^{kilom},4 ou 32400 mètres dans 3600 secondes, dans une seconde, il parcourra 3600 fois moins de mètres ou $\dfrac{32400}{3600} =$ Rép. 9 mètres. Telle est la vitesse demandée.

1013. Le cheval fait 400 mètres par minute ou $\dfrac{400}{60} =$ 6^m,66 par seconde ; mais le *vent frais* fait 6 mètres dans le même temps. Donc la différence de vitesse $=$ 6,66 — 6 $=$ Rép. 0^m,66 par seconde.

1014. 1 hectolitre pesant 75 kilog., 2^{hectol},5 pèsent $75 \times 2,5 = 187^{kilog}$,5. Tel est le poids du froment consômmé par chaque habitant par année ou 365 jours. La consommation journalière est 365 fois plus petite ou $\dfrac{187,5}{365} =$ Rép. 0^{kilog},5.

1015. Réduisez 7 jours en secondes, vous aurez $7 \times 24 \times 60 \times 60 = 604800$ secondes. Or, puisque dans 604800 secondes, la Seine parcourt 240 kilom. ou 240000^m, dans une seconde, elle parcourt une distance 604800 fois plus petite ou $\dfrac{240000}{604800} =$ Rép. 0^m,39. Telle est donc la vitesse cherchée.

1016. Réduisez 669045 jours en heures, vous aurez $669045 \times 24 = 16057080$ heures pour le temps que le Juif-Errant a mis à parcourir 180000 kilom. Or, si 16057080 heures de marche représentent 180000 kil. parcourus, une heure de marche représente 16057080 fois moins de kilomèt. L'opération donne $\dfrac{180000}{16057080} =$ Rép. 11^m,2.

1017. Autant de fois 60 est contenu dans 690, autant de voyages il faut faire. L'opération donne $\frac{690}{60} =$ 1re Rép. 11 voyages et $\frac{1}{2}$ ou 11,5; mais chaque voyage exige 2000 mètres de chemin, pour l'aller et le retour; par conséquent, les 11 voyages $\frac{1}{2}$ exigeront 11,5 fois 2000 = 2me Rép. 23000 mètres ou 23 kilomètres.

1018. Réduisez 7 $\frac{1}{2}$ minutes en secondes, vous aurez $7 \times 60^s + 30^s = 450$ secondes. Tel est le temps que la source met pour débiter 85 litres; or, puisque dans 450 secondes elle débite 85 litres, dans 1 seconde elle débite 450 fois moins de litres ou $\frac{85}{450} =$ Rép. 0l,19.

1019. Par le premier procédé, 1000 kilog. de bois donnent $\frac{1000}{4} =$ 1re Rép. 250 kilog. de charbon; or, si de cette quantité on retranche le $\frac{1}{3}$ ou $\frac{250}{3} =$ 83kilog.,3, le reste $250 - 83,3 = 166$kilog.,7 est la quantité de charbon que donne le second procédé.

1020. 1° Réduisez 12 minutes en secondes, vous aurez $12 \times 60 = 720$ secondes; or, si dans 720 secondes la source débite 86l,4, dans 1 seconde elle débite 720 fois moins ou $\frac{86,4}{720} = 0^l,12$. Tel est le résultat obtenu par l'expert A;

2° 6 $\frac{1}{2}$ minutes $= 6 \times 60 + 30 = 390$ secondes. C'est le temps pendant lequel la source a débité 45k,5 ou 45l,5; mais puisque dans 390 secondes elle débite 45l,5, dans 1 seconde elle débite 390 fois moins ou $\frac{45,5}{390} = 0^l,12$. Résultat obtenu par l'expert B;

3° Le volume débité pendant 8 minutes, est égal à $0^m,7 \times 0^m,4 \times 0^m,2 = 0^{m.cub.},056$ ou 56 litres; or, si dans 8 minutes $= 8 \times 60$ minutes $= 480$ secondes, la source débite 56 litres, dans 1 seconde elle débite 480 fois moins de litres ou $\frac{56}{480} = 0^l,12$. Résultat de l'expert C.

L'accord de ces trois résultats prouve que, pour calculer le débit d'une source, on peut indifféremment adopter l'un des trois procédés, en choisissant celui qui se prête le mieux à l'opération, selon les circonstances.

1021. Dans 1 mois l'instituteur gagne $5^f,15 + 5^f,15$ $= 10^f,30$ par élève, et pour 30 élèves : $10^f,3 \times 30$ $= 309^f$; dans un an ou 12 mois il gagne 309×12 $=$ Rép. 3708 francs.

1022. La 2e brique d'en haut est pressée par tout le poids de la première ; la 3e supporte la charge de la seconde, plus le poids de cette dernière ; la 4e supporte la 3e, plus sa double charge, et ainsi de suite ; de sorte, qu'une brique d'un rang quelconque supporte une charge égale à autant de fois $3^k,5$ qu'il y a de briques au-dessus d'elle ce qui permet d'obtenir facilement les résultats ci-dessous :

$$
\begin{array}{llll}
\text{La brique n}^o\ 2 \text{ supporte} & & & 3^k,5 \\
\text{n}^o\ 3 & — & 3^k,5 \times 2 = & 7 \\
\text{n}^o\ 4 & — & 3,5 \times 3 = & 10,5 \\
\text{n}^o\ 5 & — & 3,5 \times 4 = & 14 \\
\text{n}^o\ 6 & — & 3,5 \times 5 = & 17,5 \\
\text{n}^o\ 7 & — & 3,5 \times 6 = & 21 \\
\text{n}^o\ 8 & — & 3,5 \times 7 = & 24,5 \\
\text{n}^o\ 9 & — & 3,5 \times 8 = & 28 \\
\text{n}^o\ 10 & — & 3,5 \times 9 = & 31,5 \\
\end{array}
$$

1023. Si 1 décigramme de fil représente 10 mètres de longueur, 1 milligramme, qui est 100 fois plus petit, représente une longueur 100 fois plus petite ou $\dfrac{10^m}{100}$, et 1 millième de milligramme, qui est 1000 fois plus plus petit que le milligramme, représente une longueur 1000 fois plus petite ou $\dfrac{10^m}{100 \times 1000}$ $= \dfrac{10}{100000} =$ Rép. $0^m,0001$ ou $\dfrac{1}{10}$ de millimètre.

1024. Cela fait $\dfrac{284}{365} = 0^k,78$ par jour, et $\dfrac{0^k,78}{4} =$ Rép. $0^k,195$ par personne.

1025. 1° A $1^f,20$ le kilogramme, le gramme d'huile coûte $\dfrac{1,2}{1000} = 0^f,0012$, et 15 grammes coûtent 0,0012

$\times$ 15 = 0^f,018 à l'heure ; or, comme la lampe brûle 6 heures, cet éclairage coûte 6 fois 0^f,018 = 0^f,11 ;

2° La chandelle brûlant 4 heures, et coûtant 0^f,15, cela fait $\frac{0,15}{4}$ = 0^f,035 pour 1 heure d'éclairage ;

3° Enfin, la bougie brûlant 6 heures, et coûtant 0^f,3, cela fait $\frac{0,3}{6}$ = 0^f,05 pour 1 heure d'éclairage.

En comparant ces trois prix de revient, on voit, tout de suite, que l'éclairage par la chandelle est la plus économique.

1026. Il faudrait autant de tuyaux que 33 centimètres est contenu de fois dans 150 mètres ; la division donne $\frac{150}{0,33}$ = 1re Rép. 455 tuyaux. Mais puisque 1 tuyau coûte 0^f,075, 455 tuyaux coûtent 0,075 $\times$ 455 = 2me Rép. 34^f,12.

1027. Si le terrain drainé produit 5 hectolitres de froment, soit en argent 5 $\times$ 18 = 90 francs, autant de fois cette somme sera contenue dans 200, autant d'années il faudra pour que la dépense du drainage soit totalement couverte. La division donne $\frac{200}{90}$ = Rép. 2 ans 2 mois 20 jours, c'est-à-dire 3 ans au plus.

1028. Si 1^m,5 de parcours exige 1 seconde de temps, 1 mètre exige 1,5 fois moins de temps ou $\frac{1^s}{1,5}$; et 1 kilom. ou 1000 mètres exige 1000 fois $\frac{1^s}{1,5}$ = $\frac{1000^s}{1,5}$ = 666^s,6 ou $\frac{666^s,6^i}{60}$ = Rép. 11 minutes 6 secondes.

1029. Dans 5 minutes la locomotive parcourt 5 $\times$ 60 $\times$ 14 = 4200 mètres. Dans le même temps le cheval parcourt 936 $\times$ 5 = 4680 mètres. C'est donc le cheval qui arriverait le plus tôt, en distançant la locomotive de 4680 — 4200 = 480 mètres.

1030. 8^m 13^s = 8^m $\frac{13}{60}$ = 8^m,216666... ; cela posé, si, pour venir du Soleil à la Terre, la lumière met 8^m,216666..., pour venir d'une étoile, qui est 200000 fois plus éloignée, la lumière mettra 200000 fois plus de temps ou $8{,}216666 \times 200000 = 1643333^{\text{min.}}{,}2$ ou $\frac{1643333,2}{60} = 27388^{\text{heures}}{,}9$ ou $\frac{27388,9}{24} = 1141^{\text{jours}}{,}2$ ou $\frac{1141,2}{365} =$ Rép. 3 ans $46^{\text{jours}}{,}2$.

1031. 100 moutons produisent $60 \times 20 = 1200$ francs ; 1 mouton produit la 100e partie de 1200 ou $\frac{1200}{100} =$ Rép. 12 francs.

1032.

$$14500 \text{ milles marins} = 14500 \times 1852 = 26854^{\text{kilom.}}$$
$$5490 \quad - \quad = 5490 \times 1852 = 10167^{\text{kilom.}}{,}5$$
$$\text{Différence} = 16686^{\text{kilom.}}{,}5$$

Telle est l'abréviation de parcours demandée.

1033. Avec sa vitesse de 16 mètres par seconde, le cheval eut parcouru $16 \times 60 = 960$ mètres par minute ; $960 \times 60 = 57^{\text{kilom.}}{,}6$ par heure ; $57^{\text{kilom.}}{,}6 \times 24 = 1382^{\text{kilom.}}{,}4$ par jour ; $1382^{\text{kilom.}}{,}4 \times 365 = 504576$ kilom. par an ; enfin, $504576 \times 5866 = 2959842816$ kilom. pendant les 5866 ans qui se sont écoulés depuis que le monde est créé ; or, à cette distance, il resterait encore au cheval 48721760 lieues de 4 kilom. ou 194887040 kilom. à faire pour atteindre le Soleil. Donc, il faut ajouter cette distance à parcourir à celle déjà parcourue pour avoir la distance totale d'Uranus au Soleil. On a ainsi $2959842816 + 194887040 =$ Rép. 3154729856 kilomètres, à peu près 800000000 lieues.

1034. 3 heures $12\frac{1}{2}$ minutes $= 3^{\text{h}} \frac{12,5}{60} = 3^{\text{h}}{,}208$; or, $22^{\text{kilom.}}{,}5$ parcourus dans ce temps $= \frac{22,5}{3,208} = 7^{\text{kil.}}{,}014$ par heure. Telle était la vitesse des bœufs. Celle des chevaux est exprimée par $\frac{22,5}{3,1} = 7^{\text{kilom.}}{,}258$. En comparant ces deux vitesses, on trouve que les chevaux l'ont emporté de $7258 - 7014 =$ Rép. 244 mètres par heure.

1035. Evaluée en hectolitres, la semence d'un hectare $= \frac{26}{11} = 2^{\text{hectol.}}{,}37$; or, si 1 hectare exige $2^{\text{hectol.}}{,}37$ de semence, $3^{\text{hectar.}}{,}49$ exigent 3,49 fois plus de semence ou $2{,}37 \times 3{,}49 = 8^{\text{hectol.}}{,}27 =$ Rép. 827 litres.

1036. L'orge donne 25 kilog. par are ou 2500 kilog. par hectare ;

Le riz donne $25 + 3 = 28$ kilog. par are ou 2800 kilog. par hectare ;

L'avoine donne $28 + 2 = 30$ kilog. par are ou 3000 kilog. par hectare.

1037. 24 kilog. de fourrage exigent 24 fois plus d'eau que 1 kilog. de fourrage. Donc il faut $1,34 \times 24 = 32^k,16$ d'eau en hiver, et $1,92 \times 24 = 46^k,08$ en été.

1038. Si 208 hectares nourrissent 1000 individus, 1 hectare nourrit 208 fois moins d'individus ou $\frac{1000}{208}$, et 14 milliards d'hecta. nourrissent ou peuvent nourrir 14 milliards de fois $\frac{1000}{208}$ ou $\dfrac{1000 \times 14000000000}{208}$ $=$ Rép. 67307692307 individus.

1039. Un sétier de blé pesant 100 kilog., 3 sétiers pesaient $120 \times 3 = 360$ kilog., lesquels donnaient $73^k,42 \times 3 = 220^k,26$ de pain. Mais aujourd'hui 100 kilog. de blé produisant 100 kilog. de pain, 360 kilog. de blé produisent 360 kilog. de pain ; par conséquent, la consommation

	en froment,	en pain,
était du temps de Vauban :	360^k	220^k,26
elle est aujourd'hui :	187^k,5	187^k,50
économie réalisée $=$ Rép.	172^k,5	32^k,76

Ce résultat montre, en effet, que tout en ne consommant que $32^k,76$ de pain de plus que ceux d'aujourd'hui, les hommes du temps de Vauban, consommaient néanmoins $472^k,5$ de froment de plus.

1040. Si 100 millons d'œufs coûtent 7724256 francs, 1 œuf coûte 100 millions de fois moins ou $\frac{7724256}{100000000}$ $= 0^f,0772$.

La douz. coûte $0^f,0772 \times 12 = 1^{re}$ Rép. $0^f,93$.

Le cent coûte $0^f,0772 \times 100 = 2^{me}$ Rép. $7^f,72$.

1041. 1° Autant de fois 200 contient 30, autant d'hommes le cheval représente dans le transport des fardeaux. La division donne $\frac{200}{30}$ = 1re Rép. 6h,6;

2° Puisque un cheval remplace 6h,6 5 chevaux remplaceront 6,6 $\times$ 5 = 2me Rép. 33 hommes.

1042. Autant de fois 25 et 45 sont contenus dans 100 kilom., autant d'heures chaque train mettra pour faire le trajet en question. La division donne, pour le 1er train, 4 heures de temps; pour le second, 2 heures 13 minutes, c'est-à-dire 1h 47m de moins que pour le premier. Mais si le second train met moins de temps et par suite marche plus vite que le premier, il atteindrait nécessairement celui-ci, si l'intervalle entre les deux départs n'est pas réglé de manière que le premier train soit rendu avant l'arrivée du second. Pour cela, il faut que l'intervalle de temps entre les deux départs soit au moins égal à la différence des temps employés par les trains, pour faire le trajet. Cette différence = 4h — 2h 13m = Rép. 1h,47. Cela revient à dire, qu'il faut lancer le 2me train, au plus tôt, 1h 47m après le départ du premier.

1043. Trois pouces = 3 $\times$ 0m,02707 = 0m,08121; donc la taille de la femme = 1m,60 — 0m,08121 = Rép. 1m,52.

1044. La taille cherchée = 0m,027 $\times$ 60 = Rép. 1m,62.

1045. Le poids net de l'œuf = 60g — $\frac{60}{9}$ = 60g — 6g,66 = 53g,34. Donc autant de fois ce poids est contenu dans 1 kilog., autant d'œufs il faut pour représenter la nourriture de 1 kilog. de viande. La division donne $\frac{1 \text{ kilog.}}{0^k,05334}$ = Rép. 18 à 19.

1046. La profondeur cherchée = 0m,30479 $\times$ 25000 = Rép. 7619m,75.

1047. La lave parcourant 7000 mètres en 3 heures,

parcourrait $\dfrac{7000^m}{3 \times 3600} = 0^m{,}65$ par seconde. Or, dans notre supposition, l'homme marchant avec une vitesse de $0^m{,}8$ par seconde, supérieure, par conséquent, à celle de la lave, il s'ensuit qu'il ne pourrait pas être atteint.

1048. La distance demandée $= 916$ kilom. $+ \dfrac{916^{kilom.}}{5} = 916^k + 183^k{,}2 = $ Rép. $1099^{kilom.}{,}2$.

1049. $8^h = 8 \times 60 = 480$ minutes $= 480 \times 60 = 28800$ secondes. 40 kilom. $= 40 \times 1000^m = 40000$ mètres. Le cheval parcourt donc 40000 mètres en 28800 secondes; ce qui donne $\frac{40000}{28800} = $ Rép. $1^m{,}39$ de vitesse par seconde.

1050. La différence cherchée $= 0^{kilog.}{,}48951 \times 60 - 15$ kilog. $= 29^{kilog.}{,}37 - 15$ kilog. $= $ Rép. $14^{kilog.}{,}37$.

1051. Si dans 1 minute la scie donne 50 coups, dans une heure ou 60 minutes elle donne $50 \times 60 = 3000$ coups, et dans 10 heures, $3000 \times 10 = 30000$ coups. Mais puisque ces 30000 coups de scie ont produit, sur plusieurs pièces de bois successives, un trait long de $60 \times 0^m{,}32484 = 19^m{,}49$, chaque coup a fait la 30000e partie de cette longueur ou $\frac{19,49}{30000} = 0^m{,}0065 = $ Rép. $6^{millim.}{,}5$.

1052. Divisez la largeur donnée, $1^m{,}20$, par $0^m{,}33$, vous aurez $3{,}63$. Multipliez cette quantité par 3, vous aurez $3{,}63 \times 3 = $ Rép. $10^k{,}89$ pour la quantité de laine cherchée.

1053. L'heure vaut $60 \times 60 = 3600$ secondes ou pour la vitesse de marche :

$\frac{30}{3600} = $ Rép. $8^m{,}3$ pour les trains *mixtes*,

$\frac{40}{3600} = $ Rép. $11^m{,}11$ pour les trains *omnibus*.

$\frac{50}{3600} = $ Rép. $13^m{,}88$ pour les trains *directs*.

$\frac{60}{3600} = $ Rép. $16^m{,}66$ pour les trains *express*.

EXERCICES SUR LA SIMPLIFICATION DES FRACTIONS.

1054. Rép. $\dfrac{1}{3}$ $\dfrac{1}{4}$ $\dfrac{1}{3}$ $\dfrac{1}{3}$ $\dfrac{1}{3}$ $\dfrac{1}{2}$ $\dfrac{1}{7}$ $\dfrac{1}{5}$ $\dfrac{1}{8}$

1055. Rép. $\dfrac{1}{4}$ $\dfrac{1}{5}$ $\dfrac{1}{4}$ $\dfrac{1}{6}$ $\dfrac{1}{7}$ $\dfrac{1}{10}$ $\dfrac{1}{6}$ $\dfrac{1}{7}$ $\dfrac{1}{8}$

1056. Rép. $\dfrac{1}{3}$ $\dfrac{1}{2}$ $\dfrac{1}{3}$ $\dfrac{1}{4}$ $\dfrac{7}{3}$ $\dfrac{1}{2}$ $\dfrac{1}{2}$ $\dfrac{1}{2}$ $\dfrac{3}{4}$

1057. Rép. $\dfrac{1}{6}$ $\dfrac{1}{3}$ $\dfrac{1}{4}$ $\dfrac{1}{2}$ $\dfrac{2}{3}$ $\dfrac{1}{6}$ $\dfrac{1}{5}$ $\dfrac{1}{3}$ $\dfrac{1}{6}$

1058. Rép. $\dfrac{2}{3}$ $\dfrac{3}{5}$ $\dfrac{3}{4}$ $\dfrac{1}{2}$ $\dfrac{7}{11}$ $\dfrac{1}{4}$ $\dfrac{4}{9}$ $\dfrac{1}{2}$ $\dfrac{3}{7}$

1059. Rép. $\dfrac{3}{4}$ $\dfrac{1}{5}$ $\dfrac{7}{8}$ $\dfrac{1}{4}$ $\dfrac{4}{13}$ $\dfrac{7}{15}$ $\dfrac{2}{3}$ $\dfrac{1}{5}$ $\dfrac{1}{4}$

1060. Rép. $\dfrac{3}{11}$ $\dfrac{2}{5}$ $\dfrac{1}{3}$ $\dfrac{1}{3}$ $\dfrac{1}{2}$ $\dfrac{2}{3}$ $\dfrac{2}{3}$ $\dfrac{1}{2}$ $\dfrac{1}{2}$

1061. Rép. $\dfrac{13}{29}$ $\dfrac{12}{27}$ $\dfrac{4}{7}$ $\dfrac{17}{118}$ $\dfrac{11}{39}$ $\dfrac{74}{111}$ $\dfrac{6}{29}$ $\dfrac{1}{3}$

1062. Rép. $\dfrac{5}{6}$ $\dfrac{17}{28}$ $\dfrac{23}{66}$ $\dfrac{103}{801}$ $\dfrac{81}{100}$ $\dfrac{271}{654}$ $\dfrac{596}{967}$.

EXERCICES SUR LA RÉDUCTION DES FRACTIONS À LEUR PLUS SIMPLE EXPRESSION.

1063. Rép. $\dfrac{1}{2}$ $\dfrac{1}{2}$ $\dfrac{1}{3}$ irréductible $\dfrac{1}{2}$ $\dfrac{1}{3}$ irréduct.

$\dfrac{1}{3}$ $\dfrac{1}{5}$ $\dfrac{1}{8}$ $\dfrac{2}{3}$ $\dfrac{1}{3}$ $\dfrac{3}{4}$ $\dfrac{1}{3}$

1064. Rép. $\dfrac{3}{5}$ $\dfrac{6}{7}$ $\dfrac{4}{5}$ $\dfrac{2}{7}$ $\dfrac{3}{5}$ $\dfrac{8}{11}$ $\dfrac{2}{3}$ $\dfrac{4}{7}$ $\dfrac{3}{8}$

$\dfrac{9}{11}$ $\dfrac{4}{9}$

1065. Rép. $\dfrac{3}{7}$ $\dfrac{1}{8}$ $\dfrac{2}{3}$ $\dfrac{3}{17}$ $\dfrac{5}{18}$ $\left(\dfrac{1}{3}\ \text{approché}\right)$ $\dfrac{11}{13}$ $\dfrac{7}{8}$ $\dfrac{1}{2}$ $\dfrac{5}{19}$

1066. Rép. $\dfrac{3}{5}$ $\dfrac{2}{5}$ $\dfrac{3}{4}$ $\dfrac{5}{7}$ $\dfrac{3}{4}$ $\dfrac{2}{7}$ $\dfrac{1}{3}$ $\dfrac{8}{21}$ $\dfrac{1}{5}$ $\dfrac{13}{18}$

1067. Rép. $\dfrac{11}{24}$ $\dfrac{9}{13}$ irréduct. $\dfrac{17}{25}$ $\dfrac{23}{49}$ $\dfrac{55}{64}$ $\dfrac{124}{191}$ $\dfrac{100}{423}$ irréduct. $\dfrac{4}{9}$ approximativement

1068. Rép. $\dfrac{3}{35}$ $\dfrac{1}{7}$ $\dfrac{3}{7}$ $\dfrac{47}{108}$ $\dfrac{15}{77}$ $\dfrac{1}{9}$ $\dfrac{2}{3}$ approx. $\dfrac{7}{9}$ $\dfrac{3}{7}$

1069. Rép. $\dfrac{5}{7}$ $\dfrac{8}{23}$ $\dfrac{5}{12}$ $\dfrac{18}{35}$ $\dfrac{51}{235}$ irréductible $\dfrac{1}{4}$ $\dfrac{2}{9}$ $\dfrac{3}{8}$ $\dfrac{3}{14}$ irréduct. $\dfrac{2}{3}$

EXERCICES SUR LA RÉDUCTION DES ENTIERS EN FRACTIONS.

1070. 3 unités réduites en *quarts* $= \dfrac{12}{4}$
5 — en *septièmes* $= \dfrac{35}{7}$
8 — en *cinquièmes* $= \dfrac{40}{5}$
4 — en *sixièmes* $= \dfrac{24}{6}$
6 — en *huitièmes* $= \dfrac{48}{8}$
9 — en *treizièmes* $= \dfrac{117}{13}$

1071. 7 unités réduites en *douzièmes* $= \dfrac{84}{12}$
14 — en *onzièmes* $= \dfrac{154}{11}$
11 — en *vingtièmes* $= \dfrac{220}{20}$
13 — en *dixièmes* $= \dfrac{130}{10}$
15 — en *dix-huitièmes* $= \dfrac{270}{18}$
17 — en *dix-neuvièmes* $= \dfrac{323}{19}$

1072. 10 unités réduites en *septièmes* $= \dfrac{70}{7}$
16 — en *sixièmes* $= \dfrac{96}{6}$
7 — en *quarts* $= \dfrac{28}{4}$
19 — en *vingt-huitièmes* $= \dfrac{532}{28}$
43 — en *trente-sixièmes* $= \dfrac{1548}{36}$
65 — en *quarante-unièm.* $= \dfrac{2665}{41}$

1073. 34 unités réduites en *dix-septièmes* $= \frac{578}{17}$
26 — en *quinzièmes* $= \frac{390}{15}$
58 — en *quarantièmes* $= \frac{2320}{40}$
145 — en *neuvièmes* $= \frac{1305}{9}$
207 — en *quatorzièmes* $= \frac{2898}{14}$
306 — en cent nonante-cinquièmes $= \frac{59670}{195}$

1074. $5\,\frac{3}{4} = \frac{23}{4}$, $9\,\frac{5}{8} = \frac{77}{8}$, $6\,\frac{2}{3} = \frac{20}{3}$, $8\,\frac{1}{5} = \frac{41}{5}$, $7\,\frac{2}{5} = \frac{37}{5}$, $4\,\frac{7}{9} = \frac{43}{9}$, $6\,\frac{5}{11} = \frac{71}{11}$, $8\,\frac{3}{10} = \frac{83}{10}$.

1075. $4\,\frac{5}{14} = \frac{61}{14}$, $5\,\frac{3}{17} = \frac{88}{17}$, $8\,\frac{7}{25} = \frac{207}{25}$, $6\,\frac{5}{19} = \frac{119}{19}$, $9\,\frac{6}{13} = \frac{123}{13}$, $3\,\frac{4}{15} = \frac{49}{15}$, $7\,\frac{5}{31} = \frac{222}{31}$, $2\,\frac{9}{47} = \frac{103}{47}$.

1076. $10\,\frac{5}{8} = \frac{85}{8}$, $13\,\frac{6}{11} = \frac{149}{11}$, $17\,\frac{8}{29} = \frac{501}{29}$, $22\,\frac{7}{20} = \frac{447}{20}$, $31\,\frac{5}{18} = \frac{563}{18}$, $14\,\frac{7}{12} = \frac{175}{12}$, $25\,\frac{9}{14} = \frac{359}{14}$.

1077. $3\,\frac{19}{21} = \frac{82}{21}$, $7\,\frac{10}{13} = \frac{101}{13}$, $40\,\frac{15}{16} = \frac{655}{16}$, $19\,\frac{11}{35} = \frac{676}{35}$, $8\,\frac{43}{55} = \frac{483}{55}$, $55\,\frac{14}{15} = \frac{839}{15}$, $64\,\frac{13}{20} = \frac{1293}{20}$.

1078. $7\,\frac{55}{78} = \frac{601}{78}$, $100\,\frac{17}{49} = \frac{4917}{49}$, $15\,\frac{31}{55} = \frac{856}{55}$, $87\,\frac{10}{103} = \frac{8971}{103}$, $148\,\frac{81}{85} = \frac{12661}{85}$, $412\,\frac{10}{27} = \frac{11134}{27}$, $52\,\frac{107}{240} = \frac{12587}{240}$.

EXERCICES SUR L'EXTRACTION DES ENTIERS CONTENUS DANS
UNE EXPRESSION FRACTIONNAIRE.

1079. $\frac{7}{3} = 2\,\frac{1}{3}$, $\frac{15}{2} = 7\,\frac{1}{2}$, $\frac{27}{4} = 6\,\frac{3}{4}$, $\frac{21}{5} = 4\,\frac{1}{5}$, $\frac{35}{8} = 4\,\frac{3}{8}$, $\frac{22}{7} = 3\,\frac{1}{7}$, $\frac{50}{6} = 8\,\frac{2}{6}$, $\frac{77}{9} = 8\,\frac{5}{9}$, $\frac{83}{5} = 16\,\frac{3}{5}$.

1080. $\frac{28}{4} = 7$, $\frac{66}{5} = 13\,\frac{1}{5}$, $\frac{29}{7} = 4\,\frac{1}{7}$, $\frac{57}{9} = 6\,\frac{3}{9}$, $\frac{80}{6} = 13\,\frac{2}{6}$, $\frac{49}{3} = 16\,\frac{1}{3}$, $\frac{75}{8} = 9\,\frac{3}{8}$, $\frac{90}{4} = 22\,\frac{2}{4}$, $\frac{31}{2} = 15\,\frac{1}{2}$.

1081. $\frac{47}{11} = 4\,\frac{3}{11}$, $\frac{64}{15} = 4\,\frac{4}{15}$, $\frac{96}{25} = 3\,\frac{21}{25}$, $\frac{89}{13} = 6\,\frac{11}{13}$, $\frac{32}{12} = 2\,\frac{8}{12}$, $\frac{56}{17} = 3\,\frac{5}{17}$, $\frac{68}{39} = 1\,\frac{29}{39}$, $\frac{75}{10} = 7\,\frac{15}{10}$, $\frac{40}{21} = 1\,\frac{19}{21}$.

1082. $\frac{99}{14} = 7\,\frac{1}{14}$, $\frac{85}{23} = 3\,\frac{16}{23}$, $\frac{72}{11} = 6\,\frac{6}{11}$, $\frac{69}{24} = 2\,\frac{21}{24}$, $\frac{91}{18} = 5\,\frac{1}{18}$, $\frac{38}{12} = 3\,\frac{2}{12}$, $\frac{53}{19} = 2\,\frac{15}{19}$, $\frac{44}{13} = 3\,\frac{5}{13}$, $\frac{66}{23} = 2\,\frac{20}{23}$.

1083. $\frac{105}{25} = 4\,\frac{5}{25}$, $\frac{171}{49} = 3\,\frac{24}{49}$, $\frac{812}{17} = 47\,\frac{13}{17}$, $\frac{206}{15} = 13\,\frac{11}{15}$, $\frac{648}{31} = 20\,\frac{28}{31}$, $\frac{540}{24} = 22\,\frac{12}{24}$, $\frac{372}{48} = 7\,\frac{36}{48}$, $\frac{463}{11} = 42\,\frac{1}{11}$.

1084. $\frac{221}{34} = 6\,\frac{17}{34}$, $\frac{510}{27} = 18\,\frac{24}{27}$, $\frac{189}{12} = 15\,\frac{9}{12}$, $\frac{702}{69} = 10\,\frac{12}{69}$, $\frac{900}{63} = 14\,\frac{18}{63}$, $\frac{417}{28} = 14\,\frac{25}{28}$, $\frac{611}{13} = 47$, $\frac{877}{99} = 8\,\frac{85}{99}$.

1085. $\frac{1245}{47} = 26\,\frac{23}{47}$, $\frac{2852}{25} = 114\,\frac{2}{25}$, $\frac{4179}{38} = 109\,\frac{37}{38}$, $\frac{3651}{52} = 70\,\frac{11}{52}$, $\frac{8194}{69} = 118\,\frac{52}{69}$, $\frac{6307}{83} = 75\,\frac{82}{83}$, $\frac{9288}{71} = 130\,\frac{58}{71}$.

1086. $\frac{9030}{419} = 21\,\frac{231}{419}$, $\frac{5005}{308} = 16\,\frac{77}{308}$, $\frac{4437}{740} = 5\,\frac{737}{740}$, $\frac{2860}{201} = 14\,\frac{46}{201}$, $\frac{5704}{145} = 39\,\frac{49}{145}$, $\frac{8099}{807} = 10\,\frac{29}{807}$, $\frac{3371}{555} = 6\,\frac{41}{555}$.

1087. $\frac{2307}{108} = 21\,\frac{39}{108}$, $\frac{6600}{999} = 6\,\frac{606}{999}$, $\frac{5104}{1103} = 4\,\frac{692}{1103}$, $\frac{18503}{777} = 23\,\frac{632}{777}$, $\frac{41938}{7214} = 5\,\frac{5868}{7214}$, $\frac{20777}{1000} = 20\,\frac{777}{1000}$, $\frac{75080}{8011} = 9\,\frac{2981}{8011}$.

EXERCICES SUR LA RÉDUCTION DES FRACTIONS AU MÊME DÉNOMINATEUR.

1088. Multipliez les deux termes $\frac{1}{2}$ de la première fraction par le dénominateur 4 de la seconde, puis les deux termes $\frac{1}{4}$ de la seconde fraction par le dénominateur 2 de la première.

Appliquez le même procédé aux autres fractions, vous obtiendrez pour fractions équivalentes aux fractions données : $\frac{4}{8}\ \frac{2}{8}$, $\frac{4}{6}\ \frac{3}{6}$, $\frac{15}{20}\ \frac{16}{20}$, $\frac{16}{56}\ \frac{21}{56}$, $\frac{45}{54}\ \frac{24}{54}$, $\frac{21}{28}\ \frac{20}{28}$, $\frac{70}{112}\ \frac{24}{112}$, $\frac{44}{77}\ \frac{42}{77}$.

1089. Même procédé que pour le numéro précédent ; vous obtiendrez $\frac{15}{36}\ \frac{24}{36}$, $\frac{96}{136}\ \frac{85}{136}$, $\frac{238}{306}\ \frac{189}{306}$, $\frac{87}{319}\ \frac{165}{349}$, $\frac{112}{352}\ \frac{198}{352}$, $\frac{335}{938}\ \frac{42}{938}$, $\frac{360}{408}\ \frac{323}{408}$.

1090. Même procédé que pour le numéro précédent ; vous obtiendrez $\frac{1542}{2322}\ \frac{1763}{2322}$, $\frac{1246}{4183}\ \frac{3055}{4183}$, $\frac{3991}{6140}\ \frac{4160}{6140}$, $\frac{8162}{8855}\ \frac{7015}{8855}$, $\frac{45428}{472008}\ \frac{31524}{472008}$.

1091. Multipliez les deux termes $\frac{1}{2}$ de la première fraction par le produit des dénominateurs 3, 7 des autres fractions, c'est-à-dire par 21. De même multipliez les deux termes $\frac{2}{3}$ de la seconde fraction par le produit des dénominateurs 2 et 7 des autres, c'est-à-dire par 14. Enfin, multipliez les deux termes $\frac{4}{7}$ de la troisième fraction par le produit des dénominateurs 2 et 3 des deux fractions précédentes. Appliquez le même procédé à chaque groupe de fractions, vous obtiendrez : $\frac{21}{42}\ \frac{28}{42}\ \frac{42}{42}$, $\frac{15}{60}\ \frac{20}{60}\ \frac{36}{60}$, $\frac{48}{120}\ \frac{45}{120}\ \frac{40}{120}$, $\frac{20}{180}\ \frac{135}{180}\ \frac{144}{180}$, $\frac{147}{168}\ \frac{120}{168}\ \frac{112}{168}$, $\frac{288}{360}\ \frac{135}{360}\ \frac{80}{360}$.

1092. Même procédé que pour le numéro 1091 ; vous obtiendrez : $\frac{40}{280}\ \frac{105}{280}\ \frac{112}{280}$, $\frac{30}{165}\ \frac{55}{165}\ \frac{99}{165}$, $\frac{44}{396}\ \frac{297}{396}\ \frac{180}{396}$, $\frac{336}{1092}\ \frac{155}{1092}\ \frac{312}{1092}$, $\frac{323}{969}\ \frac{228}{969}\ \frac{102}{969}$, $\frac{830}{988}\ \frac{312}{988}\ \frac{247}{988}$, $\frac{6426}{7140}\ \frac{1080}{7140}\ \frac{3920}{7140}$.

1093. Multipliez les deux termes $\frac{2}{3}$ de la première fraction par le produit des dénominateurs 2, 5, 7, des autres fractions, c'est-à-dire par 70. De même, multipliez les deux termes $\frac{1}{2}$ de la seconde fraction par le produit des dénominateurs 5, 7, 3 des autres fractions, c'est-à-dire par 105. Multipliez les deux termes $\frac{4}{5}$ de la troisième fraction par 3, 2, 7 des autres fractions, c'est-à-dire par 42. Enfin, multipliez les deux termes $\frac{6}{7}$ de la quatrième par le produit des dénominateurs 3, 2, 5 des trois précédentes. Appliquez le même procédé à chaque groupe de fractions, vous obtiendrez : $\frac{140}{210}\ \frac{105}{210}\ \frac{168}{210}\ \frac{480}{210}$, $\frac{315}{420}\ \frac{280}{420}\ \frac{336}{420}\ \frac{300}{420}$, $\frac{1008}{2520}\ \frac{1440}{2520}\ \frac{1575}{2520}\ \frac{2240}{2520}$, $\frac{770}{1155}\ \frac{1924}{1155}\ \frac{990}{1155}\ \frac{840}{1155}$.

1094. Remarquez que le dénominateur 32 des quatre premières fractions contient exactement tous les autres, c'est-à-dire 16 fois le dénominateur de la première ; 8 fois le dénominateur de la seconde ; 4 fois le dénominateur de la troisième ; d'où il suit qu'en multipliant les deux termes $\frac{1}{2}$ de la première par 16, les deux termes $\frac{3}{4}$ de la seconde par 8, les deux termes $\frac{7}{8}$ de la troisième par 4, vous aurez les fractions équivalentes $\frac{16}{32}\ \frac{24}{32}\ \frac{28}{32}$ ramenées au dénominateur 32 de la quatrième fraction $\frac{5}{32}$ qui reste telle quelle.

Raisonnez de la même manière par rapport aux dénominateurs 60, 96, 52, 24, 120, 48, 36, 84, 400, vous aurez pour fractions équivalentes aux fractions données : $\frac{16}{32}\ \frac{24}{32}\ \frac{28}{32}\ \frac{5}{32}$, $\frac{15}{60}\ \frac{11}{60}\ \frac{14}{60}\ \frac{16}{60}$, $\frac{23}{96}\ \frac{94}{96}\ \frac{20}{96}\ \frac{36}{96}$, $\frac{16}{52}\ \frac{14}{52}$ $\frac{3}{52}\ \frac{26}{52}$, $\frac{22}{24}\ \frac{16}{24}\ \frac{19}{24}\ \frac{20}{24}\ \frac{24}{24}$, $\frac{84}{120}\ \frac{50}{120}\ \frac{32}{120}\ \frac{17}{120}\ \frac{33}{120}$, $\frac{32}{48}\ \frac{28}{48}\ \frac{36}{48}$ $\frac{40}{48}\ \frac{23}{48}$, $\frac{27}{36}\ \frac{26}{36}\ \frac{30}{36}\ \frac{28}{36}\ \frac{33}{36}\ \frac{2}{36}$, $\frac{36}{84}\ \frac{15}{84}\ \frac{56}{84}\ \frac{30}{84}\ \frac{28}{84}$, $\frac{360}{400}\ \frac{248}{400}\ \frac{5}{400}$ $\frac{340}{400}\ \frac{160}{400}\ \frac{48}{400}\ \frac{205}{400}$.

1095. 1° Le plus grand dénominateur 12 contient exactement les dénominateurs 4 et 3 ; mais il ne contient pas 8 et 9. Le double de 12 ou 24 contient exactement 8, mais il ne contient pas 9. Le double de 24 ou 48 ne contient pas 9, mais le triple ou 72 contient exactement tous les dénominateurs. Comme il contient 18 fois le premier, 24 fois le second, 9 fois le troisième, 8 fois le quatrième, 6 fois le cinquième, multipliez respectivement les numérateurs correspondants par les nombres 18, 24, 9, 8, 6, vous aurez Rép. $\frac{54}{72}\ \frac{48}{72}\ \frac{45}{72}\ \frac{32}{72}\ \frac{42}{72}$.

On peut disposer le calcul de la manière suivante :

$$\frac{3}{4} \quad \frac{2}{3} \quad \frac{5}{8} \quad \frac{4}{9} \quad \frac{7}{12}$$
$$18 \quad 24 \quad 9 \quad 8 \quad 6$$
$$\frac{54}{72} \quad \frac{48}{72} \quad \frac{45}{72} \quad \frac{32}{72} \quad \frac{42}{72}$$

2° Quadruplez le plus grand dénominateur 21, vous obtiendrez le nombre 84, qui contient exactement tous les autres dénominateurs, savoir : 12 fois le premier,

7 fois le second, 28 fois le troisième, 14 fois le quatrième, 4 fois le cinquième; multipliez respectivement les numérateurs correspondants par les nombres 12, 7, 28, 14, 4, vous aurez Rép. $\frac{48}{84}$ $\frac{63}{84}$ $\frac{56}{84}$ $\frac{14}{84}$ $\frac{20}{84}$.

3° Quadruplez le dénominateur 45 et procédez comme ci-dessus, vous aurez Rép. $\frac{108}{180}$ $\frac{63}{180}$ $\frac{72}{180}$ $\frac{114}{180}$ $\frac{124}{180}$.

4° Centuplez le dénominateur 24 et procédez comme ci-dessus, vous aurez Rép. $\frac{96}{144}$ $\frac{64}{144}$ $\frac{45}{144}$ $\frac{126}{144}$ $\frac{66}{144}$.

5° Doublez le dénominateur 48 et procédez comme ci-dessus, vous aurez Rép. $\frac{36}{96}$ $\frac{32}{96}$ $\frac{45}{96}$ $\frac{80}{96}$ $\frac{72}{96}$ $\frac{50}{96}$.

1096. 1° Décomposez chaque dénominateur en ses facteurs premiers, vous aurez successivement :

$$\left.\begin{array}{l} 15 = 3 \times 5 \\ 9 = 3^2 \\ 12 = 2^2 \times 3 \\ 4 = 2^2 \\ 10 = 2 \times 5 \end{array}\right\} \begin{array}{l} \text{dont le plus petit multiple (1)} \\ \text{est } 3^2 \times 2^2 \times 5 = 9 \times 4 \\ \times 5 = 180. \end{array}$$

Divisez successivement 180 par chaque dénominateur, vous aurez les quotients 12, 20, 15, 45, 18. Multipliez respectivement les numérateurs par ces quotients, vous auréz Rép. $\frac{48}{180}$ $\frac{100}{180}$ $\frac{105}{180}$ $\frac{135}{180}$ $\frac{162}{180}$, fractions respectivement égales aux fractions données.

2° Même procédé que ci-dessus, vous obtiendrez : Rép. $\frac{620}{1680}$ $\frac{1092}{1680}$ $\frac{630}{1680}$ $\frac{945}{1680}$ $\frac{1600}{1680}$.

3° Même procédé que ci-dessus, vous obtiendrez : Rép. $\frac{130}{210}$ $\frac{45}{210}$ $\frac{150}{210}$ $\frac{84}{210}$ $\frac{175}{210}$.

4° Même procédé que ci-dessus, vous obtiendrez : Rép. $\frac{1980}{4620}$ $\frac{2156}{4620}$ $\frac{3045}{4620}$ $\frac{4200}{4620}$ $\frac{2310}{4620}$ $\frac{1680}{4620}$.

----

(1) Ou, ce qui est la même chose, le plus petit nombre qui soit divisible exactement par chaque dénominateur.

1097. 1° Même procédé que pour le numéro 1096, vous obtiendrez Rép. $\frac{148}{1540}$ $\frac{1463}{1540}$ $\frac{800}{1540}$ $\frac{260}{1540}$;

2° Même procédé que pour le numéro 1096, vous obtiendrez Rép. $\frac{1990}{2520}$ $\frac{1512}{2520}$ $\frac{1080}{2520}$ $\frac{1960}{2520}$ $\frac{525}{2520}$;

3° Même procédé que pour le numéro 1096, vous obtiendrez Rép. $\frac{16}{60}$ $\frac{25}{60}$ $\frac{45}{60}$ $\frac{57}{60}$ $\frac{2}{60}$ $\frac{40}{60}$ $\frac{30}{60}$ $\frac{24}{60}$ $\frac{50}{60}$ $\frac{42}{60}$.

EXERCICES SUR L'ADDITION DES FRACTIONS.

1098. Les fractions des quatre exercices de ce numéro ayant même dénominateur, additionnez les numérateurs et donnez à la somme le dénominateur commun, vous aurez :

1° $\frac{2}{7} + \frac{3}{7} + \frac{1}{7} =$ Rép. $\frac{6}{7}$

2° $\frac{1}{9} + \frac{3}{9} + \frac{4}{9} =$ Rép. $\frac{8}{9}$

3° $\frac{2}{13} + \frac{3}{13} + \frac{5}{13} =$ Rép. $\frac{10}{13}$

4° $\frac{3}{27} + \frac{4}{27} + \frac{8}{27} =$ Rép. $\frac{15}{27}$

1099. Réduisez au même dénominateur les fractions de chaque exercice. Additionnez les numérateurs, donnez à la somme le dénominateur commun, vous aurez :

1° $\frac{3}{8} + \frac{4}{9} = \frac{27}{72} + \frac{32}{72} =$ Rép. $\frac{59}{72}$

2° $\frac{2}{7} + \frac{5}{11} = \frac{22}{77} + \frac{35}{77} =$ Rép. $\frac{57}{77}$

3° $\frac{2}{3} + \frac{3}{4} = \frac{8}{12} + \frac{9}{12} =$ Rép. $\frac{17}{12}$ ou $1 \frac{5}{12}$

4° $\frac{7}{9} + \frac{9}{10} = \frac{70}{90} + \frac{81}{90} =$ Rép. $\frac{154}{90}$ ou $1 \frac{64}{90}$

5° $\frac{7}{8} + \frac{11}{12} = \frac{84}{96} + \frac{88}{96} =$ Rép. $\frac{172}{96}$ ou $1 \frac{76}{96}$

1100. Même procédé que pour le numéro 1099, vous aurez :

1° $\frac{1}{2} + \frac{1}{3} + \frac{1}{4} = \frac{6}{12} + \frac{4}{12} + \frac{3}{12} =$ Rép. $\frac{13}{12}$ ou $1 \frac{1}{12}$;

2° $\frac{2}{5} + \frac{3}{4} + \frac{1}{2} = \frac{8}{20} + \frac{15}{20} + \frac{10}{20} =$ Rép. $\frac{33}{20}$ ou $1 \frac{13}{20}$;

3° $\frac{4}{5} + \frac{5}{6} + \frac{8}{9} = \frac{216}{270} + \frac{225}{270} + \frac{240}{270} =$ Rép. $\frac{681}{270}$ ou $2 \frac{141}{270}$;

4° $\frac{7}{8} + \frac{5}{6} + \frac{5}{9} = \frac{63}{72} + \frac{60}{72} + \frac{40}{72} =$ Rép. $\frac{163}{72}$ ou $2 \frac{19}{72}$.

17

1101. Même procédé que pour le numéro 1099, vous aurez :

1° $\frac{5}{6} + \frac{4}{7} + \frac{2}{3} + \frac{8}{9} = \frac{315}{378} + \frac{216}{378} + \frac{252}{378} + \frac{336}{378}$
$= \frac{1119}{378} =$ Rép. $2\frac{124}{126}$;

2° $\frac{1}{2} + \frac{2}{3} + \frac{4}{5} + \frac{5}{7} = \frac{95}{210} + \frac{140}{210} + \frac{168}{210} + \frac{150}{210}$
$= \frac{553}{210} =$ Rép. $2\frac{143}{210}$;

3° $\frac{4}{7} + \frac{3}{11} + \frac{1}{3} + \frac{2}{5} = \frac{660}{1155} + \frac{315}{1155} + \frac{385}{1155} +$
$\frac{462}{1155} = \frac{1822}{1155} =$ Rép. $1\frac{667}{1155}$;

1102. Même procédé que pour le numéro 1099, vous aurez :

1° $\frac{8}{9} + \frac{7}{10} + \frac{5}{12} + \frac{4}{15} = \frac{160}{180} + \frac{126}{180} + \frac{75}{180} +$
$\frac{48}{180} = \frac{409}{180} =$ Rép. $2\frac{49}{180}$;

2° $\frac{7}{8} + \frac{5}{9} + \frac{9}{10} + \frac{11}{12} = \frac{315}{360} + \frac{200}{360} + \frac{324}{360} + \frac{330}{360} =$
$\frac{1169}{360} =$ Rép. $3\frac{89}{360}$;

3° $\frac{5}{7} + \frac{2}{3} + \frac{4}{5} + \frac{3}{4} = \frac{300}{420} + \frac{280}{420} + \frac{336}{420} + \frac{315}{420}$
$= \frac{1231}{420} =$ Rép. $2\frac{391}{420}$;

1103. Même procédé que pour le numéro 1099, vous aurez :

1° $\frac{3}{5} + \frac{5}{6} + \frac{7}{9} + \frac{5}{12} + \frac{13}{15} = \frac{108}{180} + \frac{150}{180} + \frac{140}{180} +$
$\frac{75}{180} + \frac{156}{180} = \frac{629}{180} =$ Rép. $3\frac{89}{180}$.

2° $\frac{5}{8} + \frac{7}{12} + \frac{13}{16} + \frac{23}{24} + \frac{31}{32} + \frac{11}{48} = \frac{60}{96} + \frac{56}{96} +$
$\frac{78}{96} + \frac{92}{96} + \frac{93}{96} + \frac{22}{96} = \frac{401}{96} =$ Rép. $4\frac{17}{96}$;

3° $\frac{3}{4} + \frac{2}{5} + \frac{4}{7} + \frac{5}{11} + \frac{7}{12} + \frac{4}{18} + \frac{2}{27} = \frac{31185}{41580}$
$+ \frac{16632}{41580} + \frac{23760}{41580} + \frac{18900}{41580} + \frac{24255}{41580} + \frac{9240}{41580} +$
$\frac{3080}{41580} = \frac{127052}{41580} =$ Rép. $3\frac{578}{10395}$.

1104. Commencez par réduire au même dénominateur les fractions. Additionnez les numérateurs en donnant à la somme le dénominateur commun. Cela fait, extrayez les entiers et portez-les à la colonne des unités, vous aurez :

1°
$7\ \dfrac{5}{9}\ \dfrac{35}{63}$
$3\ \dfrac{4}{7}\ \dfrac{36}{63}$
Rép. 11 unités $\dfrac{8}{63}$

2°
$6\ \dfrac{1}{5}\ \dfrac{63}{315}$
$8\ \dfrac{2}{7}\ \dfrac{90}{315}$
$9\ \dfrac{2}{9}\ \dfrac{70}{315}$
Rép. 23 unités $\dfrac{223}{315}$

3°
$2\ \dfrac{3}{4}\ \dfrac{21}{28}$
$4\ \dfrac{1}{7}\ \dfrac{4}{28}$
$6\ \dfrac{1}{2}\ \dfrac{14}{28}$
Rép. 13 unités $\dfrac{11}{28}$

1105. Même procédé que pour le numéro 1104, vous aurez :

1°
$1\ \dfrac{1}{3}\ \dfrac{10}{30}$
$2\ \dfrac{3}{5}\ \dfrac{18}{30}$
$6\ \dfrac{1}{2}\ \dfrac{15}{30}$
Rép. 10 unités $\dfrac{13}{30}$

2°
$5\ \dfrac{2}{3}\ \dfrac{8}{12}$
$7\ \dfrac{3}{4}\ \dfrac{9}{12}$
$18\ \dfrac{5}{6}\ \dfrac{10}{12}$
Rép. 32 unités $\dfrac{1}{4}$

3°
$2\ \dfrac{11}{14}\ \dfrac{66}{84}$
$7\ \dfrac{2}{7}\ \dfrac{24}{84}$
$29\ \dfrac{1}{3}\ \dfrac{28}{84}$
Rép. 39 unités $\dfrac{17}{42}$

1106. Même procédé que pour le numéro 1104, vous aurez :

1°
$3\ \dfrac{1}{2}\ \dfrac{70}{140}$
$4\ \dfrac{7}{10}\ \dfrac{98}{140}$
$3\ \dfrac{1}{7}\ \dfrac{20}{140}$
Rép. 11 unités $\dfrac{12}{35}$

2°
$3\ \dfrac{5}{6}\ \dfrac{60}{72}$
$15\ \dfrac{2}{3}\ \dfrac{48}{72}$
$42\ \dfrac{7}{12}\ \dfrac{42}{72}$
Rép. 62 unités $\dfrac{1}{12}$

1107. Même procédé que pour le numéro 1104, vous aurez :

1°
$6\ \dfrac{7}{8}\ \dfrac{21}{24}$
$5\ \dfrac{1}{2}\ \dfrac{12}{24}$
$\ \dfrac{3}{4}\ \dfrac{18}{24}$
$2\ \dfrac{1}{3}\ \dfrac{8}{24}$
Rép. 15 unités $\dfrac{11}{24}$

2°
$43\ \dfrac{5}{7}\ \dfrac{300}{420}$
$26\ \dfrac{2}{3}\ \dfrac{280}{420}$
$59\ \dfrac{4}{5}\ \dfrac{336}{420}$
$68\ \dfrac{3}{4}\ \dfrac{315}{420}$
Rép. 198 unités $\dfrac{391}{420}$

1108. Même procédé que pour le numéro 1104, vous aurez :

$10\ \dfrac{1}{2}\ \dfrac{312}{624}$
$12\ \dfrac{2}{13}\ \dfrac{96}{624}$
$15\ \dfrac{3}{8}\ \dfrac{234}{624}$
$18\ \dfrac{5}{6}\ \dfrac{520}{624}$
Rép. 56 unités $\dfrac{269}{312}$

1109. Même procédé que pour le numéro 1104,
vous aurez :

14	$\frac{2}{3}$	$\frac{32}{48}$
31	$\frac{3}{4}$	$\frac{36}{48}$
20	$\frac{7}{8}$	$\frac{42}{48}$
52	$\frac{11}{16}$	$\frac{33}{48}$

Rép. **119** unités $\frac{47}{48}$

1110. Même procédé que pour le numéro 1104,
vous aurez :

22	$\frac{3}{4}$	$\frac{90}{120}$
»	$\frac{5}{6}$	$\frac{100}{120}$
»	$\frac{7}{8}$	$\frac{105}{120}$
49	$\frac{9}{10}$	$\frac{108}{120}$

Rép. **74** unités $\frac{43}{120}$

1111. Même procédé que pour le numéro 1104,
vous aurez :

15	$\frac{4}{5}$	$\frac{64}{80}$
27	$\frac{5}{8}$	$\frac{50}{80}$
»	$\frac{7}{10}$	$\frac{56}{80}$
138	$\frac{15}{16}$	$\frac{75}{80}$

Rép. **183** unités $\frac{1}{16}$

1112. Même procédé que pour le numéro 1104,
vous aurez :

»	$\frac{2}{3}$	$\frac{40}{60}$
4	$\frac{1}{2}$	$\frac{30}{60}$
13	$\frac{4}{5}$	$\frac{48}{60}$
»	$\frac{3}{4}$	$\frac{45}{60}$
9	$\frac{1}{6}$	$\frac{10}{60}$

Rép. **28** unités $\frac{53}{60}$

1113. Même procédé que pour le numéro 1104,
vous aurez :

7	$\frac{1}{2}$	$\frac{16}{32}$
»	$\frac{3}{4}$	$\frac{24}{32}$
4	$\frac{7}{8}$	$\frac{28}{32}$
»	$\frac{5}{16}$	$\frac{10}{32}$
18	$\frac{31}{32}$	$\frac{31}{32}$

Rép. **32** unités $\frac{13}{32}$

PROBLÈMES

SUR L'ADDITION DES FRACTIONS.

1114. Réduites au même dénominateur, les fractions données deviennent $\frac{99}{297}$, $\frac{66}{297}$, $\frac{81}{297}$, dont la somme = Rép. $\frac{246}{297}$.

1115. Il a pris $\frac{1}{2} + \frac{3}{4} + \frac{5}{8} = \frac{4}{8} + \frac{6}{8} + \frac{5}{8} = \frac{15}{8} =$ Rép. 1 cornet $\frac{7}{8}$.

1116. Réduites au même dénominateur les deux fractions données deviennent $\frac{7}{35}$, $\frac{15}{35}$; or, $\frac{7}{35} + \frac{15}{35} = \frac{22}{35}$. Donc l'enfant a eu Rép. les $\frac{22}{35}$ du tout; ce qui veut dire aussi que sa part équivalait aux $\frac{22}{35}$ d'une orange.

1117. Réduisez les trois fractions au même dénominateur, suivant la simplification du numéro 238 de de notre Arith. in-12, vous aurez : $\frac{18}{24} + \frac{16}{24} + \frac{9}{24} = \frac{43}{24}$, ou, en extrayant les entiers, $1\frac{19}{24}$; ce qui veut dire que les trois coupons employés équivalent à 1 pièce entière de ruban plus les $\frac{19}{24}$.

1118. Commencez par réduire les quatre fractions au même dénominateur; additionnez ensuite les entiers suivis de leur fraction, vous aurez :

$$
\begin{array}{rl}
9^{\mathrm{m}} & \frac{40}{60} \\
11 & \frac{45}{60} \\
14 & \frac{12}{60} \\
 & \frac{60}{60} \\
\scriptstyle\mathrm{D} & \frac{50}{60} \\
\hline
\text{Total Rép.}\quad 35^{\mathrm{m}} & \frac{57}{60}
\end{array}
$$

1119. Je remplace les fractions $\frac{3}{4}$, $\frac{1}{2}$, $\frac{2}{3}$, par les fractions $\frac{9}{12}$, $\frac{6}{12}$, $\frac{8}{12}$, qui ont même dénominateur. En ajoutant je trouve que l'espace parcouru est Rép. 55 kilom. $\frac{11}{12}$.

1120. La modiste a vendu $\frac{2}{3} + \frac{5}{6} + \frac{7}{12}$ de mètre $= \frac{8}{12} + \frac{10}{12} + \frac{7}{12} = \frac{25}{12}$ de mètre, ou, en extrayant les entiers, Rép. $2^{\mathrm{m}} \frac{4}{12}$.

1121. $\frac{1}{3} + \frac{1}{4} + \frac{3}{4} = \frac{4}{12} + \frac{3}{12} + \frac{9}{12} = \frac{16}{12}$ de mètre , ou, en extrayant les entiers, Rép. $1^{\mathrm{m}} \frac{4}{12}$.

1122. Puisqu'en retranchant $\frac{4}{11}$ de la fraction cherchée on a pour reste $\frac{2}{5}$, il s'ensuit qu'en ajoutant ce reste $\frac{2}{5}$ à $\frac{4}{11}$, on obtiendra la fraction demandée. Réduisant donc au même dénominateur, on aura $\frac{20}{55}$ $+ \frac{22}{55} =$ Rép. $\frac{42}{55}$.

1123. Après avoir réduit les deux fractions au même dénominateur , additionnez les deux entiers suivis de leur fraction réduite, vous aurez : $147^{\mathrm{l}} \frac{8}{12}$
$$85 \ \frac{9}{12}$$
$$\text{Rép.} \quad 233^{\mathrm{l}} \ \frac{5}{12}$$

1124. Réduisez au même dénominateur les fractions $\frac{5}{9}$ $\frac{1}{3}$; elles deviennent $\frac{15}{27}$, $\frac{9}{27}$. Cela posé, si l'on se rappelle que dans toute soustraction le plus petit nombre augmenté de la différence est égal au plus grand nombre, on additionnera les deux fractions $\frac{15}{27}$, $\frac{9}{27}$ et leur somme sera la fraction demandée. On a ainsi $\frac{15}{27} + \frac{9}{27} =$ Rép. $\frac{24}{27}$.

1125. Réduites au même dénominateur les fractions données deviennent $\frac{10}{15}$, $\frac{27}{15}$. Or, comme elles représentent le poids de la bouteille plus celui de l'eau , leur somme donnera le poids de la bouteille pleine. Ce poids égale donc $\frac{10}{15} + \frac{27}{15} =$ Rép. $\frac{37}{15}$ de kilog.

1126. Réduisez au même dénominateur , vous aurez $\frac{30}{60}$, $\frac{20}{60}$, $\frac{12}{60}$, $\frac{15}{60}$, et, par suite, les quantités $3^{\mathrm{l}} \frac{30}{60}$ $0^{\mathrm{l}} \frac{20}{60}$, $2^{\mathrm{l}} \frac{12}{60}$, $1^{\mathrm{l}} \frac{15}{60}$, dont les trois premières représentent les quantités d'eau versées dans le vase , et la dernière , la quantité qui manque pour remplir exactement le vase. Cela posé , puisque les trois premières quantités, moins la quatrième, forment la capacité du vase, il est évident qu'en ajoutant cette dernière quantité aux trois premières, on obtiendra la capacité demandée, laquelle sera égale à Rép. $7^{\mathrm{l}} \frac{17}{60}$.

1127. En réduisant les deux dernières fractions au même dénominateur, on trouve que l'écolier a mis

$\frac{2}{4} + \frac{1}{4} = \frac{3}{4}$ d'heure pour faire un pensum et manger son pain, c'est-à-dire juste le temps qu'il avait pour étudier sa leçon ; par conséquent, il n'a pas étudié sa leçon :

1128.

Le 1ᵉʳ robinet seul soutirerait en 1 minute le $\frac{1}{12}$
Le 2ᵉ   —   —   le $\frac{1}{15}$ } du tonneau.
Le 3ᵉ   —   —   le $\frac{1}{20}$

Donc, les trois robinets réunis soutireraient $\frac{1}{12} + \frac{1}{15} + \frac{1}{20} = \frac{5}{60} + \frac{4}{60} + \frac{3}{60} = \frac{12}{60} = \frac{1}{5}$ en 1 minute, c'est-à-dire le tout Rép. dans 5 minutes.

1129. Le 1ᵉʳ ouvrier pouvant faire l'ouvrage en 8 jours, n'en fera que $\frac{1}{8}$ en un jour, et les $\frac{3}{8}$ en 3 jours. Le 2ᵉ ouvrier qui ferait l'ouvrage en 10 jours, mais qui ne peut être employé que pendant 6 jours, fera les $\frac{6}{10}$; tout se réduit donc à ajouter les fractions $\frac{3}{8}$, $\frac{6}{10}$; or, si l'on réduit au même dénominateur, les nouveaux numérateurs seront 15, 24, et le dénominateur commun 40. Les deux ouvriers feront donc ensemble, Rép. les $\frac{39}{40}$ de l'ouvrage.

EXERCICES SUR LA SOUSTRACTION DES FRACTIONS.

1130. 1° Les fractions ayant même dénominateur, retranchez le plus petit numérateur du plus grand, et donnez au résultat le dénominateur commun, vous aurez : $\frac{5}{7} - \frac{2}{7} = $ Rép. $\frac{3}{7}$;

2° Même procédé que pour le numéro précédent, vous aurez : $\frac{9}{13} - \frac{4}{13} = $ Rép. $\frac{5}{13}$;

3° Même procédé que pour le numéro précédent, vous aurez : $\frac{12}{15} - \frac{8}{15} = $ Rép. $\frac{4}{15}$;

4° De même que pour le numéro précédent, vous aurez : $\frac{20}{37} - \frac{18}{37} = $ Rép. $\frac{11}{37}$.

1131. Réduisez d'abord au même dénominateur, retranchez le plus petit numérateur du plus grand, et donnez au résultat le dénominateur commun ; vous aurez :

1° $\frac{3}{4} - \frac{2}{3} = \frac{9}{12} - \frac{8}{12} =$ Rép. $\frac{1}{12}$

2° $\frac{5}{6} - \frac{4}{5} = \frac{25}{30} - \frac{24}{30} =$ Rép. $\frac{1}{30}$

3° $\frac{2}{3} - \frac{1}{9} = \frac{18}{27} - \frac{3}{27} =$ Rép. $\frac{15}{27}$

4° $\frac{3}{4} - \frac{5}{7} = \frac{21}{28} - \frac{20}{28} =$ Rép. $\frac{1}{28}$

1132. Même procédé que pour le numéro 1131, vous aurez :

1° $\frac{5}{7} - \frac{2}{3} = \frac{15}{21} - \frac{14}{21} =$ Rép. $\frac{1}{21}$

2° $\frac{7}{8} - \frac{3}{5} = \frac{35}{40} - \frac{24}{40} =$ Rép. $\frac{11}{40}$

3° $\frac{9}{10} - \frac{1}{2} = \frac{18}{20} - \frac{10}{20} =$ Rép. $\frac{8}{20}$ ou $\frac{2}{5}$

4° $\frac{7}{9} - \frac{3}{4} = \frac{28}{36} - \frac{27}{36} =$ Rép. $\frac{1}{36}$

1133. Même procédé que pour le numéro 1131, vous aurez :

1° $\frac{6}{11} - \frac{3}{8} = \frac{48}{88} - \frac{33}{88} =$ Rép. $\frac{15}{88}$

2° $\frac{7}{8} - \frac{5}{12} = \frac{21}{24} - \frac{10}{24} =$ Rép. $\frac{11}{24}$

3° $\frac{8}{9} - \frac{4}{15} = \frac{40}{45} - \frac{12}{45} =$ Rép. $\frac{28}{45}$

4° $\frac{4}{5} - \frac{2}{7} = \frac{28}{35} - \frac{10}{35} =$ Rép. $\frac{18}{35}$

1134. Même procédé que pour le numéro 1131, vous aurez :

1° $\frac{11}{12} - \frac{7}{18} = \frac{33}{36} - \frac{14}{36} =$ Rép. $\frac{19}{36}$

2° $\frac{17}{18} - \frac{13}{20} = \frac{170}{180} - \frac{117}{180} =$ Rép. $\frac{53}{180}$

3° $\frac{81}{100} - \frac{3}{7} = \frac{567}{700} - \frac{300}{700} =$ Rép. $\frac{267}{700}$

4° $\frac{93}{150} - \frac{15}{50} = \frac{93}{150} - \frac{45}{150} =$ Rép. $\frac{48}{150}$ ou $\frac{8}{25}$

1135. 1° de $9\frac{5}{8}$
ôtez $2\frac{3}{8}$

Les fractions ayant même dénominateur, retranchez séparément la fraction inférieure de la fraction supérieure, et l'entier inférieur de l'entier supérieur, vous aurez : $9\frac{5}{8} - 2\frac{3}{8} =$ Rép. $7\frac{2}{8}$ ou $7\frac{1}{4}$;

2° de $6\frac{2}{7}$
ôtez $3\frac{4}{7}$

Pour faire cette opération augmentez la fraction supérieure d'une unité, c'est-à-dire de $\frac{7}{7}$, vous aurez $\frac{9}{7}$. Soustrayant alors la fraction inférieure de la fraction supérieure, vous aurez $\frac{9}{7}$ au résultat. Passant ensuite à la colonne des entiers, augmentez aussi d'une unité le nombre entier inférieur 3, ce qui donne 4. Faites la soustraction, vous aurez pour résultat final : $6\frac{9}{7} - 4\frac{4}{7} =$ Rép. $2\frac{5}{7}$;

3° Réduisez d'abord les fractions au même dénominateur, puis retranchez séparément la fraction inférieure de la fraction supérieure, et l'entier inférieur de l'entier supérieur, vous aurez : $5\frac{3}{4} - 4\frac{2}{3} = 5\frac{9}{12} - 4\frac{8}{12} =$ Rép. $1\frac{1}{12}$;

4° Même procédé que pour le numéro précédent, on a : $12\frac{2}{5} - 7\frac{1}{4} = 12\frac{8}{20} - 7\frac{5}{20} =$ Rép. $5\frac{3}{20}$.

1136. Même procédé que pour le numéro précédent, on aura :

1° $15\frac{7}{8} - 8\frac{5}{6} = 15\frac{42}{48} - 8\frac{40}{48} =$ R. $7\frac{2}{48}$ ou $7\frac{1}{24}$;

2° $18\frac{9}{11} - 5\frac{2}{7} = 18\frac{63}{77} - 5\frac{22}{77} =$ R. $13\frac{41}{77}$;

3° $55\frac{18}{31} - 42\frac{3}{29} = 55\frac{522}{899} - 42\frac{93}{899} =$ R. $13\frac{429}{899}$;

4° Par la réduction au même dénominateur, les deux nombres donnés deviennent $13\frac{12}{40}$, $30\frac{4}{40}$. Or, comme on ne peut retrancher $\frac{12}{40}$ de $\frac{4}{40}$, on ajoute à cette dernière fraction une unité que l'on réduit en *quarantièmes*, ce qui donne $\frac{44}{40}$; faisant alors la soustraction, on a pour résultat $\frac{32}{40}$. Passant ensuite à la colonne des entiers, on augmente aussi d'une unité le nombre entier inférieur 13, ce qui donne 14. On fait la soustraction et l'on a pour résultat final $30\frac{4}{40} - 13\frac{3}{10} = 30\frac{44}{40} - 14\frac{12}{40} =$ Rép. $16\frac{32}{40}$ ou $16\frac{4}{5}$.

1137. Même procédé que pour le numéro 1135, on aura :

1° $83\frac{7}{15} - 10\frac{3}{103} = 83\frac{721}{1545} - 10\frac{45}{1545} =$ Rép. $73\frac{676}{1545}$;

2° $62\frac{13}{56} - 7\frac{7}{84} = 62\frac{1092}{4704} - 7\frac{392}{4704} =$ Rép. $55\frac{25}{168}$;

3° $75\,\frac{15}{93} - 28\,\frac{3}{12} = 75\,\frac{70}{434} - 28\,\frac{31}{434} =$ Rép. $47\,\frac{39}{434}$;

4° $40\,\frac{21}{23} - 39\,\frac{2}{109} = 40\,\frac{2289}{2507} - 39\,\frac{46}{2507} =$ Rép. $1\,\frac{2243}{2507}$.

1138. 1° Réduisez les 2 entiers en *septièmes*, vous aurez $\frac{14}{7}$. L'opération revient alors à soustraire $\frac{5}{7}$ de $\frac{14}{7}$, ce qui donne : $\frac{14}{7} - \frac{5}{7} =$ Rép $\frac{9}{7}$ ou $1\,\frac{2}{7}$;

2° $5\,\frac{2}{3} - 4 =$ Rép. $1\,\frac{2}{3}$;

3° Réduisez les 8 entiers en *quarts*, vous aurez $\frac{32}{4}$. L'opération se réduit alors à soustraire $\frac{3}{4}$ de $\frac{32}{4}$, ce qui donne $\frac{32}{4} - \frac{3}{4} =$ Rép. $7\,\frac{1}{4}$;

4° $13\,\frac{3}{5} - 6 =$ Rép. $7\,\frac{3}{5}$.

1139. 1° Réduisez les 9 entiers en *onzièmes*, vous aurez $\frac{99}{11}$. Par conséquent, l'opération revient à soustraire $\frac{5}{11}$ de $\frac{99}{11}$, ce qui donne $\frac{99}{11} - \frac{5}{11} = \frac{94}{11} =$ Rép. $8\,\frac{6}{11}$;

2° $21\,\frac{9}{10} - 7 =$ Rép. $14\,\frac{9}{10}$;

3° Réduisez les 34 entiers en *dix-neuvièmes*, vous aurez $\frac{646}{19}$. L'opération se réduit alors à soustraire $\frac{16}{19}$ de $\frac{646}{19}$, ce qui donne $\frac{646}{19} - \frac{16}{19} =$ Rép. $33\,\frac{3}{19}$;

4° $17\,\frac{26}{29} - 11 =$ Rép. $6\,\frac{26}{29}$.

1140. 1° Réduisez au même dénominateur les deux fractions données, elles deviennent $\frac{8}{16}\,\frac{6}{16}$, et l'opération revient à soustraire $\frac{8}{16}$ de $5\,\frac{6}{16}$; or, comme on ne peut soustraire $\frac{8}{16}$ de $\frac{6}{16}$, augmentez cette dernière d'une unité réduite en *seizièmes*, ce qui donne $\frac{22}{16}$; faisant alors la soustraction on a pour résultat $\frac{14}{16}$. Passant ensuite à la colonne des entiers, augmentez aussi d'une unité le nombre entier inférieur, vous aurez pour résultat final : $5\,\frac{22}{16} - 1\,\frac{8}{16} =$ Rép. $4\,\frac{14}{16}$ ou $4\,\frac{7}{8}$;

2° Réduisez au même dénominateur les deux fractions données ; retranchez la fraction inférieure de la fraction supérieure, et le nombre entier inférieur du nombre entier supérieur, vous aurez : $1\,\frac{7}{9} - \frac{2}{3} = 1\,\frac{21}{27} - \frac{18}{27} =$ Rép. $1\,\frac{3}{27}$ ou $1\,\frac{1}{9}$;

3° Même procédé que ci-dessus, vous aurez : $3\frac{9}{17} - \frac{1}{10} = 3\frac{90}{170} - \frac{17}{170} =$ Rép. $3\frac{73}{170}$;

4° Même procédé que ci-dessus, vous aurez : $4\frac{5}{6} - \frac{8}{13} = 4\frac{65}{78} - \frac{48}{78} =$ Rép. $4\frac{17}{78}$.

1141. Réduisez d'abord au même dénominateur toutes les fractions du même exercice. Cela fait, additionnez ensemble les fractions de chaque groupe, ou, ce qui est la même chose, les fractions enfermées dans la même parenthèse ; puis retranchez séparément la fraction ou l'expression fractionnaire inférieure de la fraction ou de l'expression fractionnaire supérieure, et le nombre entier inférieur du nombre entier supérieur, vous aurez ainsi :

1° $(\frac{2}{3} + \frac{5}{6}) - (\frac{3}{8} + \frac{7}{12}) = (\frac{16}{24} + \frac{20}{24}) - (\frac{9}{24} + \frac{14}{24}) = \frac{36}{24} - \frac{23}{24} =$ Rép. $\frac{13}{24}$;

2° $9\frac{6}{7} - (\frac{2}{15} + \frac{1}{4}) = 9\frac{360}{420} - (\frac{56}{420} + \frac{105}{420}) = 9\frac{360}{420} - \frac{161}{420} =$ Rép. $9\frac{199}{420}$;

3° $(\frac{4}{5} + \frac{7}{10} + \frac{8}{15}) - (\frac{5}{9} + \frac{11}{30}) = (\frac{72}{90} + \frac{63}{90} + \frac{48}{90}) - (\frac{50}{90} + \frac{33}{90}) = \frac{183}{90} - \frac{83}{90} =$ Rép. $1\frac{10}{90}$ ou $1\frac{1}{9}$;

4° $(\frac{3}{4} + 8 + \frac{4}{9}) - (\frac{3}{8} + 5 + \frac{7}{144}) = (\frac{108}{144} + 8 + \frac{64}{144}) - (\frac{54}{144} + 5 + \frac{7}{144}) = 8\frac{172}{144} - 5\frac{61}{144} =$ Rép. $3\frac{111}{144}$ ou $3\frac{37}{48}$.

PROBLÈMES

SUR LA SOUSTRACTION DES FRACTIONS.

1142. La fraction $\frac{13}{27}$ signifie que le $\frac{1}{2}$ kilog. de marrons considéré comme une quantité entière, ayant été divisé en $\frac{27}{27}$, l'un des élèves a eu $\frac{13}{27}$ à sa part ; or, puisque sur $\frac{27}{27}$ l'un des élèves à $\frac{13}{27}$, la part de l'autre élève $= \frac{27}{27} - \frac{13}{27} =$ Rép. $\frac{14}{27}$.

1143. Le pain de sucre étant considéré ici comme un tout composé de 31 parties, il est évident que si l'on enlève 23 de ces parties il en restera $31 - 23 = 8$. Mais ces parties exprimant des 31èmes il reste Rép. $\frac{8}{31}$.

1144. La pièce contenant $\frac{11}{11}$, la seconde personne n'achète que $\frac{2}{11}$; donc la première en a acheté $\frac{9}{11} - \frac{2}{11} =$ Rép. $\frac{7}{11}$ de plus que la seconde.

1145. L'unité contient ici $\frac{17}{17}$; si donc on en retranche $\frac{11}{17}$, il reste $\frac{17}{17} - \frac{11}{17} =$ Rép. $\frac{6}{17}$.

1146. Réduites au même dénominateur, les fractions données deviennent $\frac{15}{45}$ $\frac{3}{45}$; par conséquent, l'ouvrier a fait $\frac{15}{45} + \frac{3}{45} = \frac{18}{45}$ de l'ouvrage. Or, l'ouvrage entier se compose de $\frac{45}{45}$, donc, si de ce nombre on retranche $\frac{18}{45}$ qui exprime l'ouvrage fait, on aura $\frac{45}{45} - \frac{18}{45} = \frac{27}{45}$ pour ce qui reste à faire.

1147. Les fractions proposées ayant des dénominateurs différents, réduisez-les au même dénominateur, ce qui donne $\frac{80}{260}$ $\frac{117}{260}$. Sous cette forme la différence est facile à trouver. En effet, on a $\frac{117}{260} - \frac{80}{260} =$ Rép. $\frac{37}{260}$ pour la différence demandée.

1148.

	De	27^m	$\frac{4}{5}$	$\frac{52}{65}$
	Ôtez	11^m	$\frac{9}{13}$	$\frac{45}{65}$
il reste Rép.		$16^{mètres}$		$\frac{7}{65}$

1149. Ce nombre est la différence de $43 \frac{5}{12}$ à $18 \frac{1}{7}$. On trouvera cette différence, ainsi qu'il suit :

	De	43	$\frac{5}{12}$	$\frac{35}{84}$
	Ôtez	18	$\frac{1}{7}$	$\frac{12}{84}$
nombre cherché $=$ Rép.		25		$\frac{23}{84}$

1150. De $63 \frac{1}{2}$ retranchez $27 \frac{1}{4}$; le reste ou la différence exprimera le nombre de pages qui restent à faire. On aura ainsi :

	De	63	$\frac{1}{2}$	$\frac{4}{8}$
	Ôtez	27	$\frac{1}{4}$	$\frac{2}{8}$
il reste Rép.		36 pages		$\frac{2}{8}$

1151. Évidemment la plus petite ; or, pour savoir laquelle des deux est la plus grande, il faut les réduire au même dénominateur ; on aura ainsi les deux nouvelles fractions $\frac{75}{165}$ $\frac{77}{165}$, dont la première est la plus petite et celle qui peut être soustraite de l'autre.

1152. On connaîtra ce reste en soustrayant $7\frac{2}{3}$ de $15\frac{3}{4}$ ou bien $7\frac{8}{12}$ de $15\frac{9}{12}$, après avoir réduit au même dénominateur. On a ainsi $15\frac{9}{12} - 7\frac{8}{12} =$ Rép. 8 journées $\frac{1}{12}$.

1153. Commencez par réduire au même dénominateur les deux fractions données, vous aurez : $\frac{637}{882}$ $\frac{486}{882}$; or, d'après la définition de la soustraction, l'excédant de la première sur la seconde est égal à $\frac{637}{882} - \frac{486}{882} =$ Rép. $\frac{151}{882}$.

1154. Réduisez au même dénominateur les deux fractions données, vous aurez $\frac{25}{30}$ $\frac{24}{30}$, dont la première est la plus grande, et qui diffère de la seconde de $25 - 24 =$ Rép. $\frac{1}{30}$.

1155. Réduisez toutes les fractions au même dénominateur, puis faites la somme des quantités de vin puisées dans la pièce, vous aurez :

$$
\begin{array}{ccc}
25 & \frac{1}{2} & \frac{126}{504} \\
38 & \frac{5}{14} & \frac{180}{504} \\
64 & \frac{7}{9} & \frac{392}{504}
\end{array}
$$

Somme $= 128$ litres $\frac{194}{504}$

Retranchez cette somme de $150^l\,\frac{336}{504}$, vous aurez :

$$
\begin{array}{lll}
\text{De} & 150 & \frac{336}{504} \\
\text{ôtez} & 128 & \frac{194}{504}
\end{array}
$$

il reste Rép. $22\ \frac{142}{504}$

1156. En réduisant les deux fractions données au même dénominateur, on aura les deux nouvelles fractions $\frac{28}{32}$ $\frac{24}{32}$, dont la première surpasse l'autre de $\frac{28}{32} - \frac{24}{32} = \frac{4}{32}$. Mais la fraction $\frac{28}{32}$ représente la largeur de la première toile ; donc cette toile est plus large que la seconde de Rép. $\frac{4}{32}$ ou $\frac{1}{8}$.

EXERCICES SUR LA MULTIPLICATION DES FRACTIONS.

1157 $\frac{1}{2} \times \frac{3}{4} =$ Rép. $\frac{3}{8}$

$\frac{1}{4} \times \frac{2}{3} =$ Rép. $\frac{2}{12}$ ou $\frac{1}{6}$

$\frac{2}{3} \times \frac{8}{9} =$ Rép. $\frac{16}{27}$

$\frac{4}{7} \times \frac{2}{5} =$ Rép. $\frac{8}{35}$

1158. $\frac{2}{5} \times \frac{6}{7} =$ Rép. $\frac{12}{35}$

$\frac{5}{8} \times \frac{5}{6} =$ Rép. $\frac{25}{48}$

$\frac{2}{9} \times \frac{3}{4} =$ Rép. $\frac{6}{36}$ ou $\frac{1}{6}$

$\frac{3}{4} \times \frac{2}{3} =$ Rép. $\frac{6}{12}$ ou $\frac{1}{2}$

1159. $\frac{7}{8} \times \frac{4}{5} =$ Rép. $\frac{28}{40}$ ou $\frac{7}{10}$

$\frac{3}{7} \times \frac{5}{9} =$ Rép. $\frac{35}{63}$

$\frac{2}{5} \times \frac{3}{8} =$ Rép. $\frac{6}{40}$ ou $\frac{3}{20}$

$\frac{8}{9} \times \frac{7}{8} =$ Rép. $\frac{56}{72}$ ou $\frac{7}{9}$

1160. $\frac{2}{7} \times \frac{3}{11} =$ Rép. $\frac{6}{77}$

$\frac{8}{13} \times \frac{3}{4} =$ Rép. $\frac{24}{52}$ ou $\frac{6}{13}$

$\frac{5}{9} \times \frac{7}{15} =$ Rép. $\frac{35}{135}$ ou $\frac{7}{27}$

$\frac{9}{20} \times \frac{5}{6} =$ Rép. $\frac{45}{120}$ ou $\frac{3}{8}$

1161. $\frac{7}{12} \times \frac{3}{17} =$ Rép. $\frac{21}{204}$ ou $\frac{7}{68}$

$\frac{5}{11} \times \frac{4}{19} =$ Rép. $\frac{20}{209}$

$\frac{6}{22} \times \frac{9}{10} =$ Rép. $\frac{54}{220}$ ou $\frac{27}{110}$

$\frac{4}{15} \times \frac{2}{27} =$ Rép. $\frac{8}{405}$

1162. $\frac{10}{11} \times \frac{11}{12} =$ Rép. $\frac{110}{132}$ ou $\frac{5}{6}$

$\frac{15}{32} \times \frac{25}{69} =$ Rép. $\frac{375}{2208}$ ou $\frac{125}{736}$

$\frac{31}{40} \times \frac{13}{24} =$ Rép. $\frac{403}{960}$

$\frac{971}{143} \times \frac{206}{308} =$ Rép. $\frac{19982}{44044}$

1163. $\frac{2}{5} \times 2 = \frac{2}{5} \times \frac{2}{1} =$ Rép. $\frac{4}{5}$

$3 \times \frac{2}{7} = \frac{3}{1} \times \frac{2}{7} =$ Rép. $\frac{6}{7}$

$\frac{2}{9} \times 4 = \frac{2}{9} \times \frac{4}{1} =$ Rép. $\frac{8}{9}$

$5 \times \frac{3}{9} = \frac{5}{1} \times \frac{3}{9} =$ Rép. $\frac{15}{9}$ ou $1\frac{2}{3}$.

1164. $\frac{4}{5} \times 10 = \frac{4}{5} \times \frac{10}{1} =$ Rép. $\frac{40}{5}$ ou 8

$\quad$ $7 \times \frac{3}{4} = \frac{7}{1} \times \frac{3}{4} =$ Rép. $\frac{21}{4}$ ou $5\frac{1}{4}$

$\quad$ $\frac{5}{6} \times 12 = \frac{5}{6} \times \frac{12}{1} =$ Rép. $\frac{60}{6}$ ou 10

$\quad$ $9 \times \frac{2}{3} = \frac{9}{1} \times \frac{2}{3} =$ Rép. $\frac{18}{3}$ ou 6.

1165. $\frac{5}{7} \times 4 = \frac{5}{7} \times \frac{4}{1} =$ Rép. $\frac{20}{7}$ ou $2\frac{6}{7}$

$\quad$ $6 \times \frac{7}{8} = \frac{6}{1} \times \frac{7}{8} =$ Rép. $\frac{42}{8}$ ou $5\frac{1}{4}$

$\quad$ $\frac{2}{3} \times 5 = \frac{2}{3} \times \frac{5}{1} =$ Rép. $\frac{10}{3}$ ou $3\frac{1}{3}$

$\quad$ $5 \times \frac{4}{9} = \frac{5}{1} \times \frac{4}{9} =$ Rép. $\frac{20}{9}$ ou $2\frac{2}{9}$.

1166. $\frac{5}{12} \times 3 = \frac{5}{12} \times \frac{3}{1} =$ Rép. $\frac{15}{12}$ ou $1\frac{1}{4}$

$\quad$ $6 \times \frac{7}{10} = \frac{6}{1} \times \frac{7}{10} =$ Rép. $\frac{42}{10}$ ou $4\frac{1}{5}$

$\quad$ $\frac{3}{13} \times 5 = \frac{3}{13} \times \frac{5}{1} =$ Rép. $\frac{15}{13}$ ou $1\frac{2}{13}$

$\quad$ $11 \times \frac{9}{25} = \frac{11}{1} \times \frac{9}{25} =$ Rép. $\frac{99}{25}$ ou $3\frac{24}{25}$.

1167. $4 \times \frac{15}{19} = \frac{4}{1} \times \frac{15}{19} =$ Rép. $\frac{60}{19}$ ou $3\frac{3}{19}$

$\quad$ $\frac{10}{11} \times 9 = \frac{10}{11} \times \frac{9}{1} =$ Rép. $\frac{90}{11}$ ou $8\frac{2}{11}$

$\quad$ $8 \times \frac{31}{45} = \frac{8}{1} \times \frac{31}{45} =$ Rép. $\frac{248}{45}$ ou $5\frac{23}{45}$

$\quad$ $\frac{17}{69} \times 7 = \frac{17}{69} \times \frac{7}{1} =$ Rép. $\frac{119}{69}$ ou $1\frac{50}{69}$.

1168. $21 \times \frac{39}{90} = \frac{21}{1} \times \frac{39}{90} =$ Rép. $\frac{819}{90}$ ou $9\frac{1}{10}$

$\quad$ $\frac{103}{110} \times 35 = \frac{103}{110} \times \frac{35}{1} =$ Rép. $\frac{3605}{110}$ ou $30\frac{22}{61}$

$\quad$ $46 \times \frac{159}{208} = \frac{46}{1} \times \frac{159}{208} =$ Rép. $\frac{7314}{208}$ ou $35\frac{47}{104}$

$\quad$ $\frac{352}{907} \times 55 = \frac{352}{907} \times \frac{55}{1} =$ Rép. $\frac{19360}{907}$ ou $21\frac{313}{907}$

1169. $2\frac{3}{4} \times \frac{5}{7} = \frac{11}{4} \times \frac{5}{7} =$ Rép. $\frac{55}{28}$ ou $1\frac{27}{28}$

$\quad$ $6 \times 5\frac{1}{2} = 6 \times \frac{11}{2} =$ Rép. $\frac{66}{2}$ ou 33

$\quad$ $8\frac{2}{3} \times \frac{3}{5} = \frac{26}{3} \times \frac{3}{5} =$ Rép. $\frac{78}{15}$ ou $5\frac{1}{5}$

$\quad$ $\frac{7}{9} \times 10\frac{3}{8} = \frac{7}{9} \times \frac{83}{8} =$ Rép. $\frac{581}{72}$ ou $8\frac{5}{72}$

1170. $9\frac{10}{13} \times 7\frac{5}{24} = \frac{127}{13} \times \frac{473}{24} =$ Rép. $\frac{24971}{312}$ ou $70\frac{131}{312}$

$\quad$ $5\frac{14}{15} \times 3\frac{7}{26} = \frac{89}{15} \times \frac{85}{26} =$ Rép. $\frac{7565}{390}$ ou $19\frac{31}{78}$

$\quad$ $10\frac{30}{31} \times 8\frac{25}{48} = \frac{340}{31} \times \frac{409}{48} =$ Rép. $\frac{139060}{1488}$ ou $93\frac{169}{372}$

$$6\frac{68}{105} \times 4\frac{109}{300} = \frac{698}{105} \times \frac{1309}{300} = \text{Rép. } \frac{913682}{31500}$$

$$\text{ou } 29\frac{91}{15750}.$$

1171. Le carré de $\frac{3}{4} = \frac{3}{4} \times \frac{3}{4} = \text{Rép. } \frac{9}{16}$

$\qquad\qquad \frac{5}{8} = \frac{5}{8} \times \frac{5}{8} = \text{Rép. } \frac{25}{64}$

$\qquad\qquad \frac{7}{9} = \frac{7}{9} \times \frac{7}{9} = \text{Rép. } \frac{49}{84}$

$\qquad\qquad \frac{11}{23} = \frac{11}{23} \times \frac{11}{23} = \text{Rép. } \frac{124}{529}$

1172. Le cube de $\frac{2}{3} = \frac{2}{3} \times \frac{2}{3} \times \frac{2}{3} = \text{Rép. } \frac{8}{27}$

$\qquad\qquad \frac{4}{13} = \frac{4}{13} \times \frac{4}{13} \times \frac{4}{13} = \text{Rép. } \frac{64}{2197}$

$\qquad\qquad \frac{5}{74} = \frac{5}{74} \times \frac{5}{74} \times \frac{5}{74} = \text{Rép. } \frac{125}{405224}$

$\qquad\qquad \frac{102}{304} = \frac{102}{304} \times \frac{102}{304} \times \frac{102}{304} =$

$$\text{Rép. } \frac{1061208}{28094464}.$$

PROBLÈMES

SUR LA MULTIPLICATION DES FRACTIONS.

1173. Un seul kilog. fait 4 *quarts* ou $\frac{4}{4}$; 9 kilog. font donc $\frac{4}{4} \times 9 = \text{Rép. } \frac{36}{4}$.

1174. Une seule poire faisant $\frac{5}{5}$, il est évident que 6 poires font 6 fois $\frac{5}{5} = \text{Rép. } \frac{30}{5}$ de poire.

1175. Un pain valant $\frac{7}{7}$ de pain, $3\frac{2}{7}$ de pain valent $\frac{23}{7}$ de pain ; il y a donc Rép. $\frac{23}{7}$ ou **23** *septièmes* de pain.

1176. Si 1 kilog. coûte $0^f,7$ 6 kilog. $\frac{5}{9}$ coûteront $6\frac{5}{9}$ fois $0^f,7 = \frac{59}{9} \times 0^f,7 = \text{Rép. } 4^f,59$.

1177. Puisque 1 élève occupe les $\frac{2}{5}$ d'un mètre, 8 élèves occuperont 8 fois $\frac{2}{5} = \frac{16}{5} = \text{Rép. } 3^m\frac{1}{5}$.

1178. Puisque chaque morceau pèse $3\frac{1}{4}$ kilog., les 9 morceaux (ou la barre entière) pèseront 9 fois $3\frac{1}{4}$ kilog. $= 9 \times \frac{13}{4}$ kilog. $= \frac{117}{4}$ kilog. $= \text{Rép. } 29$ kilog. $\frac{1}{4}$.

1179. Puisque $\frac{3}{4}$ de minute produit un débit de $\frac{3}{4}$ de litre, 1 minute produit un débit 3 fois plus grand, ou $\frac{3}{4} \times 3 = \frac{9}{4}$ de litre, et, enfin, 1 heure ou 60 minutes produit $\frac{9}{4} \times 60 = \frac{540}{4} =$ Rép. 135 litres.

1180. Puisque, sous le rapport de la clarté, un quinquet vaut autant que $\frac{2}{3}$ de bec de gaz, 3 quinquets vaudront 3 fois plus, ou $\frac{2}{3} \times 3 = \dfrac{3 \times 2}{3} = \frac{6}{3} =$ Rép. 2 becs de gaz.

1181. Si le son parcourt 337 mètres dans 1 seconde, dans $2\frac{1}{2}$ secondes il parcourra $2\frac{1}{2}$ fois 337, ou $337 \times \frac{5}{2} = \dfrac{337 \times 5}{2} = 842^m,5$. Telle est, par conséquent, la distance demandée.

1182. Puisque, sous le rapport de la clarté, 1 quinquet vaut autant que les $\frac{5}{6}$ d'une lampe Carcel, 6 quinquets vaudront 6 fois plus, ou $\frac{5}{6} \times 6 = \dfrac{5 \times 6}{6} =$ Rép. 5 lampes Carcel.

1183. Si 3 nœuds $= \frac{3}{3}$ de lieue marine ou 5556 mètres, 1 nœud $= \frac{5556}{3}$, et $8\frac{1}{2}$ nœuds $= \frac{5556}{3} \times \frac{17}{2} =$ Rép. $15^{kilom.}742$.

1184. Si, sous le rapport de l'éclairage, une lampe Carcel vaut autant que $\frac{4}{5}$ de bec de gaz, 5 lampes semblables vaudront 5 fois plus, ou $\frac{4}{5} \times 5 =$ Rép. 4 becs de gaz.

1185. 1° La profondeur du double litre $= 108^{mm}\frac{1}{2} \times 2 = $ 1re Rép. 217^{mm};

2° La profondeur du demi-litre $= 68^{mm}\frac{1}{3} \times 2 = $ 2me Rép. $136^{mm}\frac{2}{3}$;

3° La profondeur du double décilitre $= 50^{mm}\frac{1}{3} \times 2 = $ 3me Rép. $100^{mm}\frac{2}{3}$.

19

1186. Puisque 1 bougie absorbe $\frac{1}{3}$ de mètre cube d'air, 6 bougies absorberont $6 \times \frac{1}{3} = \frac{6}{3} = 2^{\text{m. cub.}}$. De même, puisque 1 lampe, gros bec, absorbe $1\frac{1}{4}$ mètre cube ou $\frac{5}{4}$ de mètre cube d'air, 4 lampes semblables absorberont $4 \times \frac{5}{4} = \frac{20}{4} = 5^{\text{m. cub.}}$. Donc la consommation d'air sera $2 \times 5 = $ Rép. $7^{\text{m. cub.}}$.

1187. De 15° à 50° il y a $50 - 15 = 35°$ de différence. Cela posé, puisque 1° de chaleur augmente tout volume d'air de $\frac{1}{367}$, 35° augmenteront ce volume de 35 fois $\frac{1}{367} = \frac{35}{367}$; mais les $\frac{35}{367}$ du litre $= 0^{l},09$; donc 1 litre d'air deviendra $1^{l},+ 0^{l},09 = $ Rép. $1^{l},09$; ce qui veut dire que cet air sera dilaté de manière à occuper $0^{l},09$ ou 9 centilitres $= 90$ centimètres cubes de plus qu'auparavant.

1188. Si 1 hectolitre coûte 32 francs, $4\frac{2}{5}$ hectolitres coûteront $4\frac{2}{5}$ fois plus, ou $32 \times 4\frac{2}{5} = 32 \times \frac{22}{5} = $ Rép. $140^{f}\,\frac{4}{5}$.

1189. Si 1 journée donne 4 francs, les $\frac{3}{5}$ d'une journée donnent les $\frac{3}{5}$ de 4 francs $= \frac{12}{5}^{f} = $ R. $2^{f},4$.

1190. Le carré de $\frac{2}{5}$ ou $\left(\frac{2}{5}\right)^2 = \frac{2}{5} \times \frac{2}{5} = \frac{4}{25} = \frac{20}{125}$

Le cube de $\frac{2}{5}$ ou $\left(\frac{2}{5}\right)^3 = \frac{2}{5} \times \frac{2}{5} \times \frac{2}{5} = \frac{8}{125}$

La différence cherchée égale donc $\frac{20}{125} - \frac{8}{125} = $ Rép. $\frac{12}{125}$.

1191. D'après la définition de la division (page 86 de notre arithmétique in-12), le nombre cherché est un dividende égal au produit de $\frac{7}{11}$ par $\frac{19}{24} = $ Rép. $\frac{133}{264}$; en effet, $\frac{133}{264} : \frac{7}{11} = \frac{133}{264} \times \frac{11}{7} = \frac{1463}{1848} = \frac{19}{24}$, en supprimant le facteur commun 77.

1192. Puisque 1 famille a reçu $4\frac{1}{2}$ fagots, les 11 familles ont reçu 11 fois $4\frac{1}{2}$ fagots $= 11 \times 4\frac{1}{2} = 11 \times \frac{9}{2} = \frac{99}{2} = $ Rép. $49\frac{1}{2}$ fagots.

1193. Si pour 1 franc on a $2\frac{3}{4}$ litres, pour $5^{f},4$ on aura 5,4 fois plus de litres ou $2^{l}\frac{3}{4} \times 5,4 = \frac{11}{4} \times 5,4 = $ Rép. $14^{l},85$.

1194. 57 $\frac{3}{18}$ tours $= \frac{114}{3}$ tours. Cela posé, si pendant $\frac{1}{4}$ de minute, la meule fait $\frac{114}{3}$ tours, pendant $\frac{4}{4}$ de minute ou un temps quatre fois plus long, la meule fera 4 fois plus de tours ou $\frac{114}{3} \times 4 = \frac{456}{3} =$ Rép. 152 tours.

1195. Si, en 1 jour, la montre retarde de $2\frac{3}{7}$ minutes, en 8 jours, elle retardera 8 fois plus, ou $2\frac{3}{7} \times 8 = \frac{17}{7} \times 8 =$ Rép. $19\frac{3}{7}$ minutes.

1196. Puisque la distance du sommet de la tête au bas du menton égale $\frac{1}{8}$ de la taille, la taille est évidemment égale à 8 fois cette distance. On aura donc $21\frac{1}{2} \times 8 = \frac{43}{2} \times 8 =$ Rép. 1m,72.

1197. Si, en 1 heure, on écrit $\frac{2}{3}$ de page, en $6\frac{1}{4}$ heures on écrira $6\frac{1}{4}$ fois $\frac{2}{3}$ de page $= \frac{25}{4} \times \frac{2}{3}$ $=$ Rép. $4\frac{1}{6}$ pages.

1198. Puisque 1 kilog. coûte 1f,1 15 $\frac{3}{4}$ kilog. coûteront 15 $\frac{3}{4}$ fois 1f,1 $= \frac{63}{4} \times 1,1 =$ Rép. 17f,32.

1199. Si 1 jour produit 18m $\frac{3}{4}$ d'ouvrage, les $\frac{2}{3}$ de jour produiront les $\frac{2}{3}$ de cet ouvrage ou $18\frac{3}{4} \times \frac{2}{3}$ $= \frac{75}{4} \times \frac{2}{3} =$ Rép. $12\frac{6}{12}$ ou $12\frac{1}{2}$ mètres.

1200. Toute surface s'obtient en multipliant la longueur par la largeur. Donc la surface cherchée $= 9\frac{1}{5} \times 6\frac{3}{7} = \frac{46}{5} \times \frac{45}{7} = \frac{2070}{35} =$ Rép. 59m. car.,14.

1201. Si, en 1 jour, le bon marcheur fait 50 kilom. $\frac{5}{9}$, en 6 jours $\frac{2}{7}$ il fera $6\frac{2}{7}$ fois plus de chemin, ou $50\frac{5}{9} \times 6\frac{2}{7} = \frac{455}{9} \times \frac{44}{7} =$ Rép. 317kilom.,77.

1202. Puisque en 1 heure le piéton fait $1\frac{1}{4}$ lieue, en $5\frac{1}{2}$ heures, il fera $5\frac{1}{2}$ fois plus de lieues ou $1\frac{1}{4}$ $\times 5\frac{1}{2} = \frac{5}{4} \times \frac{11}{2} =$ Rép. $6\frac{7}{8}$ lieues.

1203. Si 1 heure de travail donne $1\frac{1}{2}$ mètre cube, $8\frac{3}{4}$ heures de travail donneront $8\frac{3}{4}$ fois plus de mètres, ou $1\frac{1}{2} \times 8\frac{3}{4} = \frac{3}{2} \times \frac{35}{4} =$ Rép. 13m. cub.,$\frac{1}{8}$.

EXERCICES SUR LES FRACTIONS DE FRACTIONS.

1204. Les $\frac{2}{3}$ de $\frac{3}{4}$ = Rép. $\frac{6}{12}$ ou $\frac{1}{2}$

Les $\frac{3}{4}$ de $\frac{4}{5}$ = Rép. $\frac{12}{20}$ ou $\frac{3}{5}$

Les $\frac{5}{6}$ de $\frac{3}{8}$ = Rép. $\frac{15}{48}$ ou $\frac{5}{16}$

Les $\frac{4}{9}$ de $\frac{7}{15}$ = Rép. $\frac{28}{135}$

1205. Les $\frac{2}{5}$ des $\frac{4}{9}$ de $\frac{3}{4}$ = Rép. $\frac{24}{480}$ ou $\frac{2}{15}$

Les $\frac{3}{4}$ des $\frac{6}{7}$ de 8 = Rép. $\frac{144}{28}$ ou $5\frac{1}{7}$

Les $\frac{2}{3}$ des $\frac{7}{14}$ de $\frac{5}{9}$ = Rép. $\frac{70}{297}$

Les $\frac{5}{8}$ des $\frac{3}{4}$ de 6 = Rép. $\frac{90}{32}$ ou $2\frac{13}{16}$.

1206. Les $\frac{12}{3}$ des $\frac{5}{6}$ des $\frac{3}{4}$ de $\frac{7}{8}$ = R. $\frac{240}{576}$ ou $\frac{70}{192}$

Les $\frac{4}{5}$ des $\frac{3}{4}$ des $\frac{2}{7}$ de 9 = R. $\frac{216}{140}$ ou $1\frac{19}{35}$

Les $\frac{8}{9}$ des $\frac{3}{8}$ de $\frac{4}{6}$ de 7 = R. $\frac{168}{270}$ ou $\frac{28}{45}$

Le $\frac{1}{2}$ de $\frac{1}{8}$ des $\frac{5}{8}$ de $\frac{11}{12}$ = R. $\frac{55}{576}$.

PROBLÈMES

SUR LES FRACTIONS DE FRACTIONS.

1207. Les $\frac{7}{15}$ des $\frac{24}{27}$ de 1^{m} = $\dfrac{7 \times 24 \times 1}{15 \times 27 \times 1}$ =

les $\frac{168}{405}$ du mètre = Rép. $0^{m},415$.

1208. Les $\frac{2}{3}$ des $\frac{3}{4}$ des $\frac{13}{20}$ de 100 = $\dfrac{2 \times 3 \times 13 \times 100}{3 \times 4 \times 20}$

En supprimant les facteurs 2, 3, 20, communs aux deux termes de cette dernière expression fractionnaire, on obtient l'expression suivante : $\dfrac{13 \times 5}{2} = \frac{65}{2} =$ Rép. $32\frac{1}{2}$.

1209. Prenez les $\frac{6}{10}$ de 38000000, vous aurez $\dfrac{6 \times 38000000}{10}$ = Rép. 22800000 paysans.

1210. La charge demandée $= \frac{2}{3} \times 270 = \frac{540}{3} =$ Rép. 180 kilog.

1211. Le poids demandé $=$ le $\frac{1}{4}$ de 23$^{\text{kilog.}}$,78 $= \frac{1}{4} \times \frac{23,78}{1} = \frac{23,78}{4} =$ Rép. 5$^{\text{kilog.}}$,945.

1212. Les $\frac{5}{1000}$ de 15 kilog. $= \frac{5}{1000} \times \frac{15}{1} = \frac{75}{1000} =$ Rép. 0$^{\text{kilog.}}$,075.

1213. Prenez successivement le $\frac{1}{6}$, le $\frac{1}{5}$, le $\frac{1}{4}$, le $\frac{1}{3}$, de 360, vous aurez :

1° $\frac{1}{6}$ de 360 $= \frac{360}{6} =$ Rép. 60 qui mourront dans l'année de la naissance ;

2° $\frac{1}{5}$ de 360 $= \frac{360}{5} =$ Rép. 72 qui n'arriveront pas à 2 ans ;

3° $\frac{1}{4}$ de 360 $= \frac{360}{4} =$ Rép. 90 qui n'arriveront pas à l'âge de 4 ans;

4° $\frac{1}{3}$ de 360 $= \frac{360}{3} =$ Rép. 120 qui n'arriveront pas à l'âge de 14 ans.

1214. La marchande a vendu les $\frac{2}{3}$ des $\frac{4}{5}$ du sac $= \frac{2 \times 4}{3 \times 5} = \frac{8}{15}$ du sac; or, comme le sac contient ici $\frac{15}{15}$, il reste à la marchande $\frac{15}{15} - \frac{8}{15} =$ Rép. les $\frac{7}{15}$ du sac.

1215. La surface occupée par les mers $= \frac{3}{4}$ de 5094321 $= \dfrac{3 \times 5094321}{4} =$ 1re R. 3820740$^{\text{myr. car.}}$,75 et, par suite, 5094321 $-$ 3820740,75 $=$ 2me Rép. 1273580$^{\text{myr. car.}}$,25 pour la surface des terres.

1216. Prenez successivement le $\frac{1}{2}$, le $\frac{1}{3}$, le $\frac{1}{4}$, le $\frac{1}{5}$, le $\frac{1}{6}$ de 120; cela fait, retranchez de 120 chacun de ces résultats, vous aurez ainsi :

1° le $\frac{1}{2}$ de 120 $=$ 60, et 120 $-$ 60 $=$ 60

2° le $\frac{1}{3}$ de 120 $=$ 40, et 120 $-$ 40 $=$ 80

3° le $\frac{1}{4}$ de 120 $=$ 30, et 120 $-$ 30 $=$ 90

4° le $\frac{1}{5}$ de 120 $=$ 24, et 120 $-$ 24 $=$ 96

5° le $\frac{1}{6}$ de 120 $=$ 20, et 120 $-$ 20 $=$ 100

Résultats qui signifient que sur 120 enfants nés dans la même année, 60 n'atteindront pas l'âge de 42 ans, 80 l'âge de 62 ans , 90 l'âge de 69 ans, 96 l'âge de 72 ans , 100 l'âge de 75 ans.

1217. En perdant les $\frac{3}{45}$ de son poids la pièce a perdu aussi les $\frac{3}{45}$ de sa valeur ou les $\frac{3}{45}$ de 20 francs $= \frac{3}{45} \times 20 = \frac{60}{45} = 1^f,33$. Donc la pièce ne vaut que $20^f - 1^f,33 =$ Rép. $18^f,67$.

1218. Le $\frac{1}{6}$ de 500 gr. $= \frac{1}{6} \times \frac{500}{1} = \frac{500}{6} =$ 1re Rép. 83gr,3.

Tel est le poids de la croûte ; il suffira, pour connaître le poids de la mie, de multiplier cette quantité par 5, ou, ce qui revient au même, de retrancher cette même quantité de 500 gr. Dans ce dernier cas, on a 500 — 83,3 = 2e Rép. 416gr,7.

1219. Une heure $= 60$ minutes ; donc le 20e de $60 = \frac{1}{20} \times 60 = \frac{60}{20} =$ Rép. 3 minutes.

1220. Le tirant d'eau étant, sur le Rhône, de 1m,25, diminuera, dans la Méditerranée, de $\frac{1}{35}$ de 1m,25 ou de $\frac{1,25}{35} =$ Rép. 0m,036.

1221. Puisque le gaz oxygène forme les $\frac{21}{100}$ de toute masse d'air, prenez les $\frac{21}{100}$ de 90 litres, ce qui donne $\frac{21 \times 90}{100} =$ Rép. 18l,9.

1222. Le 5e de 100 kilog. $= \frac{1}{5}$ de $\frac{100}{1} = \frac{100}{5} =$ 1re Rép. 20 kilog. d'os ; par conséquent il y a $100 - 20 =$ 2e Rép. 80 kilog. de viande nette.

1223. Dans les $\frac{2}{3}$ de la journée, le manœuvre pourrait faire les $\frac{2}{3}$ du travail qu'il exécute dans la journée entière , c'est-à-dire les $\frac{2}{3}$ de 20 mètres $= \frac{2 \times 20}{3} =$ Rép. 13m,33.

1224. L'allongement demandé $=$ les $\frac{6}{35}$ de 9m,4 $= \frac{6}{35} \times 9m,4 = \frac{56,4}{35} =$ Rép. 1m,61.

1225. Si la profondeur de la mesure est double du diamètre, le diamètre est donc la moitié ou le $\frac{1}{2}$ de $80 = \frac{1}{2} \times 80 = \frac{80}{2} =$ Rép. 40^{mm}.

1226. Dans les $\frac{3}{4}$ de la journée l'ouvrier fairait les $\frac{3}{4}$ du travail qu'il peut exécuter dans la journée entière, c'est-à-dire les $\frac{3}{4}$ de $100^m = \dfrac{3 \times 100}{4} =$ 1re Rép. 75 mètres de terre ordinaire ; les $\frac{3}{4}$ de $60 = \dfrac{3 \times 60}{4} = \frac{180}{4} =$ 2e Rép. 45 mètres de terre graveleuse ; les $\dfrac{3}{4}$ de $20 = \dfrac{3 \times 20}{4} = \frac{60}{4} =$ 3e Rép. 15 mètres de roc.

1227. Les $\frac{3}{10}$ de $43656 = \dfrac{3 \times 43656}{10} =$ Rép. 13096,8 ou 13096 à 13097 hommes majeurs.

1228 D'après le problème 1227, la population majeure représente les $\frac{6}{10}$ de la population totale ; par conséquent, les $\frac{4}{10}$ restants représentent la population mineure. Il suffit donc de prendre les $\frac{6}{10}$ puis les $\frac{4}{10}$ de 15900 pour obtenirs les résultats demandé. L'opération donne :

$\frac{6}{10}$ de $15900 = \dfrac{6 \times 15900}{10} =$ 1e Rép. 9540 hab.

$\frac{4}{10}$ de $15900 = \dfrac{4 \times 15900}{10} =$ 2e Rép. 6360 hab.

1229. Prenez le $\frac{1}{13}$ de 8710, vous aurez $\dfrac{1 \times 8710}{13} =$ Rép. 670 élèves.

1230. Les $\frac{4}{100}$ de $36 = \dfrac{4 \times 36}{100} = 1^{m. cub.},44 =$ Rép. 1440 décimètres cubes.

1231. Après avoir perdu les $\frac{2}{3}$ de ses billes, l'enfant en avait encore $\frac{1}{3}$; or, de ce $\frac{1}{3}$ l'autre enfant a pris les $\frac{3}{4}$ ou $\frac{1}{3} + \frac{3}{4} = \frac{8}{12}$. C'est donc les $\frac{1}{3} +$ les $\frac{3}{12}$ de 80 billes ou $\frac{24}{36} + \frac{9}{36}$ de 80, ou bien encore $\frac{33}{36}$ de $80 = \frac{2640}{36} = 73,3$ billes que l'enfant a perdu en tout; or, comme il en avait 80, il lui en reste $80 - 73,3 =$ Rép. 6,7 ou de 6 à 7.

1232. Prenez le $\frac{1}{6}$ de 1560, vous aurez $\frac{1}{6}$ de $1560 = \frac{1}{6} \times 1560 = 260$ pour le nombre d'élèves de 5 à 13 ans fournis par la population de la commune; or, comme il faut à chaque élève 1 mètre carré de surface, vous aurez 260×1 mètre carré $=$ Rép. 260 mètres carrés pour la surface de la classe.

1233. Pour qu'il soit bien proportionné, le poitrail doit égaler les $\frac{2}{3}$ de 58 centimètres $= \dfrac{2 \times 58}{3} = 38^{\text{centim}},7$; or, le poitrail donné ayant 43 centimètres de largeur, c'est-à-dire $43 - 38,7 = 4^{\text{centim}},3$ de moins que la première quantité, il faut en conclure que le cheval est mal conformé. La conclusion serait la même, si au lieu d'être en moins, le résultat obtenu était en plus.

1234. Les globes en question ayant 25 centimètres de diamètre ont donc pour rayon le $\frac{1}{2}$ de $25 = 12,5$ centimètres. Par conséquent, l'aplatissement à donner $= \frac{1}{300}$ de $12,5 = \frac{12,5}{300} =$ Rép. $0^{\text{centim}},04$ ou $\frac{1}{10}$ de millimètre.

1235. Le $\frac{1}{3}$ de 100 kilog. $= \frac{100}{3} = 33^{\text{kilog}},3$ lesquels ajoutés à 100 kilog. donnent pour la quantité de pain cherchée $100 + 33,3 =$ Rép. $133^{\text{kilog}},3$. D'un autre côté, les $\frac{2}{3}$ de $100 = \dfrac{2 \times 100}{3} = 66^{\text{kilog}},6$, expriment la quantité d'eau absorbée par la farine; par conséquent, si l'on ajoute ce poids d'eau au poids de la farine, on aura $100 + 66,6 = 166^{\text{kilog}},6$ pour le poids de la pâte avant la cuisson. Mais après la cuisson, ce poids ce trouve réduit à $133^{\text{kilog}},3$, c'est-à-dire qu'il a perdu $166,6 - 133,3 = 33^{\text{kilog}},3$ d'eau qui s'est évaporée.

1236. Puisque 100 kilog de blé donne 76 kilog. de farine, 1 kilog. de blé donne 100 fois moins de farine ou $\frac{76}{100}$ = 0^{kilog},76. Mais, d'un autre côté, la farine produit $\frac{1}{3}$ de pain en sus de son poids ; on aura donc $0,76 + \frac{0,76}{3}$ = Rép. 1^{kilog},01 de pain ou 1 kilog. à 1 décagramme près.

1237. Si 763000000 habitants (population de l'Asie) représentent les $\frac{109}{38}$ de la population de l'Europe, en divisant le premier nombre par le second, vous aurez la population de l'Europe. L'opération donne $763000000 : \frac{109}{38}$ = $763000000 \times \frac{38}{109}$ = 1re Rép. 266000000. Telle étant donc cette population, il suffira d'en prendre successivement les $\frac{4}{19}$, les $\frac{23}{133}$, les $\frac{2}{133}$, pour obtenir celles de l'Amérique, de l'Afrique, de l'Australie. L'opération donne :

$\frac{4}{19}$ de 266000000 = 2me. Rép. 56000000 pour l'Amérique,

$\frac{23}{133}$ de 266000000 = 3me Rép. 46000000 pour l'Afrique,

$\frac{2}{133}$ de 266000000 = 4me Rép. 4000000 pour l'Australie.

1238. La terre devant être partagée entre 3 familles, chacune d'elles en aura le $\frac{1}{3}$; mais ce $\frac{1}{3}$ doit être, à son tour, divisé en 4 parts dans la famille Jean, en 5 parts dans la famille Pierre, en 7 parts dans la famille Antoine ; ce qui fera $4 + 5 + 7$ = 1re Rép. 16 parts.

Chaque copartageant, dans la famille Jean, aura $\frac{1}{4}$ du $\frac{1}{3}$ = $\frac{1}{12}$ de 68 ares = 2me Rép. 5^{ares},666.

Chaque copartageant, dans la famille Pierre, aura $\frac{1}{5}$ du $\frac{1}{3}$ = $\frac{1}{15}$ de 68 ares = 3e Rép. 4^{ares},533.

Chaque copartageant, dans la famille Antoine, aura $\frac{1}{7}$ du $\frac{1}{3}$ = $\frac{1}{21}$ de 68 ares = 4e Rép. 3^{ares},238.

$$\text{Vérification.} \begin{cases} \text{Famille } \text{JEAN} & 4 \times 5{,}666 = 22^a{,}66 \\ \qquad\; -\quad \text{PIERRE} & 5 \times 4{,}533 = 22\ {,}67 \\ \qquad\; -\quad \text{ANTOINE} & 7 \times 3{,}238 = 22\ {,}67 \\ \hline & \overline{16 \text{ parts}} \quad = \overline{68^{\text{ ares}}} \end{cases}$$

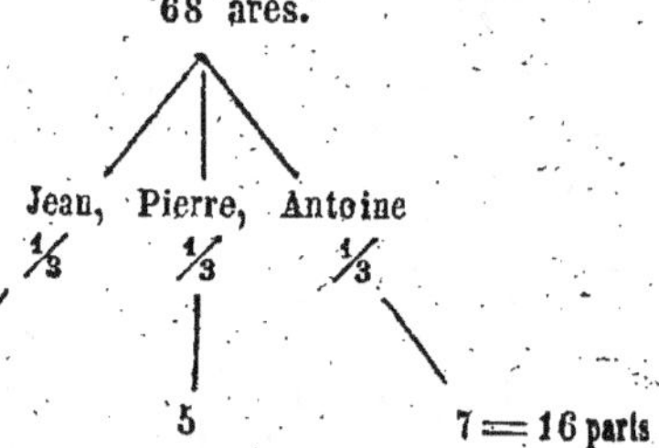

NOTA. Dans les partages compliqués on fera bien, avant d'exécuter les calculs, de les indiquer synoptiquement, comme dans l'exemple ci-contre :

1239. Après la part du 1er enfant, il reste les $\frac{3}{5}$ du panier, dont les $\frac{3}{4} = \frac{3}{4} \times \frac{3}{5} = \frac{9}{20}$ forment Rép. la part du 2e enfant. Mais les deux parts connues forment ensemble $\frac{2}{5} + \frac{9}{20}$ ou $\frac{40}{100} + \frac{15}{100} = $ les $\frac{85}{100}$ du panier. Donc le reste $= \frac{15}{100} = \frac{3}{20}$ sera la part du 3e enfant.

1240. Une goutte de liquide $+$ 99 gouttes d'alcool forment un mélange de 100 gouttes dont chacune contient évidemment $\frac{1}{100}$ du liquide donné ; si donc on prend une goutte de ce mélange pour l'unir à 99 gouttes d'alcool, on forme un 2e mélange de 100 gouttes, dont chacune contient $\frac{1}{100}$ du liquide contenu dans la 1re ; or, comme celle-ci contient déjà $\frac{1}{100}$ du liquide donné, il s'ensuit que chaque goutte du 2me mélange contient $\frac{1}{100}$ de $\frac{1}{100} = \frac{1}{10000}$ du liquide donné. De même, si du 2me mélange on prend une goutte pour l'unir à 99 gouttes d'alcool, on forme un 3me mélange dont chaque goutte contient $\frac{1}{100}$ du liquide contenu dans la 1re ou $\frac{1}{100}$ de $\frac{1}{10000} = $ Rép. $\frac{1}{1000000}$ du liquide donné.

EXERCICES SUR LA DIVISION DES FRACTIONS.

1241. $\frac{2}{3} : \frac{1}{2} = \frac{2\times2}{3\times1} =$ Rép. $\frac{4}{3}$ ou $1\frac{1}{3}$ (1)

$\frac{3}{4} : \frac{2}{5} = \frac{3\times5}{4\times2} =$ Rép. $\frac{15}{8}$ ou $1\frac{7}{8}$

$\frac{8}{9} : \frac{2}{3} = \frac{8\times3}{9\times2} =$ Rép. $\frac{24}{18}$ ou $1\frac{1}{3}$

$\frac{3}{5} : \frac{4}{7} = \frac{3\times7}{5\times4} =$ Rép. $\frac{21}{20}$ ou $1\frac{1}{20}$

1242. $\frac{5}{8} : \frac{5}{6} = \frac{5\times6}{8\times5} =$ Rép. $\frac{30}{40}$ ou $\frac{3}{10}$

$\frac{2}{5} : \frac{6}{7} = \frac{2\times7}{5\times6} =$ Rép. $\frac{14}{30}$ ou $\frac{7}{15}$

$\frac{2}{3} : \frac{3}{4} = \frac{2\times4}{3\times3} =$ Rép. $\frac{8}{9}$

$\frac{5}{9} : \frac{4}{7} = \frac{5\times7}{9\times4} =$ Rép. $\frac{35}{36}$

1243. $\frac{4}{5} : \frac{7}{8} = \frac{4\times8}{5\times7} =$ Rép. $\frac{32}{35}$

$\frac{5}{9} : \frac{3}{7} = \frac{5\times7}{9\times3} =$ Rép. $\frac{35}{27}$ ou $1\frac{8}{27}$

$\frac{3}{8} : \frac{2}{5} = \frac{3\times5}{8\times2} =$ Rép. $\frac{15}{16}$

$\frac{8}{9} : \frac{7}{8} = \frac{8\times8}{9\times7} =$ Rép. $\frac{64}{63}$ ou $1\frac{1}{63}$

1244. $\frac{3}{11} : \frac{2}{7} = \frac{3\times7}{11\times2} =$ Rép. $\frac{21}{22}$

$\frac{8}{13} : \frac{3}{4} = \frac{8\times4}{13\times3} =$ Rép. $\frac{32}{39}$

$\frac{7}{15} : \frac{5}{9} = \frac{7\times9}{15\times5} =$ Rép. $\frac{63}{75}$

$\frac{7}{20} : \frac{1}{6} = \frac{7\times6}{20\times1} =$ Rép. $\frac{42}{20}$ ou $2\frac{1}{10}$.

1245. $\frac{3}{17} : \frac{7}{12} = \frac{3\times12}{17\times7} =$ Rép. $\frac{36}{119}$

$\frac{5}{19} : \frac{2}{11} = \frac{5\times11}{19\times2} =$ Rép. $\frac{55}{38}$ ou $1\frac{17}{38}$

$\frac{9}{10} : \frac{5}{22} = \frac{9\times22}{10\times5} =$ Rép. $\frac{198}{50}$ ou $3\frac{24}{25}$

$\frac{4}{15} : \frac{21}{27} = \frac{4\times27}{15\times21} =$ Rép. $\frac{108}{315}$ ou $\frac{12}{35}$

1246. $\frac{11}{12} : \frac{10}{11} = \frac{11\times11}{12\times10} =$ Rép. $\frac{121}{120}$ ou $1\frac{1}{120}$

$\frac{25}{69} : \frac{45}{32} = \frac{25\times32}{69\times45} =$ Rép. $\frac{800}{1035}$ ou $\frac{160}{207}$

$\frac{13}{24} : \frac{31}{40} = \frac{13\times40}{24\times31} =$ Rép. $\frac{520}{744}$ ou $\frac{65}{93}$

$\frac{307}{401} : \frac{96}{143} = \frac{307\times143}{401\times96} =$ R. $\frac{43901}{38496}$ ou $1\frac{5405}{38496}$.

---

(1) Le signe **:** signifie *divisé par*

1247
$$\tfrac{3}{5} : 4 = \tfrac{3}{5} : \tfrac{4}{1} = \tfrac{3 \times 1}{5 \times 4} = \text{Rép. } \tfrac{3}{20}$$
$$2 : \tfrac{4}{7} = \tfrac{2}{1} : \tfrac{4}{7} = \tfrac{2 \times 7}{1 \times 4} = \text{Rép. } \tfrac{14}{4} \text{ ou } 3\tfrac{1}{2}$$
$$\tfrac{5}{9} : 6 = \tfrac{5}{9} : \tfrac{6}{1} = \tfrac{5 \times 1}{9 \times 6} = \text{Rép. } \tfrac{5}{54}$$
$$9 : \tfrac{3}{4} = \tfrac{9}{1} : \tfrac{3}{4} = \tfrac{9 \times 4}{1 \times 3} = \text{Rép. } \tfrac{36}{3} \text{ ou } 12.$$

1248.
$$10 : \tfrac{2}{5} = \tfrac{10}{1} : \tfrac{2}{5} = \tfrac{10 \times 5}{1 \times 2} = \text{Rép. } \tfrac{50}{2} \text{ ou } 25$$
$$\tfrac{1}{4} : 7 = \tfrac{1}{4} : \tfrac{7}{1} = \tfrac{1 \times 1}{4 \times 7} = \text{Rép. } \tfrac{1}{28}$$
$$13 : \tfrac{5}{6} = \tfrac{13}{1} : \tfrac{5}{6} = \tfrac{13 \times 6}{1 \times 5} = \text{R. } \tfrac{78}{5} \text{ ou } 15\tfrac{3}{5}$$
$$\tfrac{2}{3} : 8 = \tfrac{2}{3} : \tfrac{8}{1} = \tfrac{2 \times 1}{3 \times 8} = \text{Rép. } \tfrac{2}{24} \text{ ou } \tfrac{1}{12}$$

1249.
$$4 : \tfrac{3}{7} = \tfrac{4}{1} : \tfrac{3}{7} = \tfrac{4 \times 7}{1 \times 3} = \text{Rép. } \tfrac{28}{3} \text{ ou } 9\tfrac{1}{3}$$
$$\tfrac{5}{9} : 8 = \tfrac{5}{9} : \tfrac{8}{1} = \tfrac{5 \times 1}{9 \times 8} = \text{Rép. } \tfrac{5}{72}$$
$$10 : \tfrac{3}{4} = \tfrac{10}{1} : \tfrac{3}{4} = \tfrac{10 \times 4}{1 \times 3} = \text{Rép. } \tfrac{40}{3} \text{ ou } 13\tfrac{1}{3}$$
$$\tfrac{3}{8} : 6 = \tfrac{3}{8} : \tfrac{6}{1} = \tfrac{3 \times 1}{8 \times 6} = \text{Rép. } \tfrac{3}{48} \text{ ou } \tfrac{1}{16}.$$

1250.
$$3 : \tfrac{7}{12} = \tfrac{3}{1} : \tfrac{7}{12} = \tfrac{3 \times 12}{1 \times 7} = \text{Rép. } \tfrac{36}{7} \text{ ou } 5\tfrac{1}{7}$$
$$\tfrac{9}{10} : 7 = \tfrac{9}{10} : \tfrac{7}{1} = \tfrac{9 \times 1}{10 \times 7} = \text{Rép. } \tfrac{9}{70}$$
$$9 : \tfrac{3}{13} = \tfrac{9}{1} : \tfrac{3}{13} = \tfrac{9 \times 13}{1 \times 3} = \text{Rép. } \tfrac{117}{3} \text{ ou } 39$$
$$\tfrac{8}{31} : 11 = \tfrac{8}{31} : \tfrac{11}{1} = \tfrac{8 \times 1}{31 \times 11} = \text{Rép. } \tfrac{8}{341}.$$

1251.
$$4 : \tfrac{15}{21} = \tfrac{4}{1} : \tfrac{15}{21} = \tfrac{4 \times 21}{1 \times 15} = \text{Rép. } \tfrac{84}{15} \text{ ou } 5\tfrac{3}{5}$$
$$\tfrac{10}{11} : 5 = \tfrac{10}{11} : \tfrac{5}{1} = \tfrac{10 \times 1}{11 \times 5} = \text{Rép. } \tfrac{10}{55} \text{ ou } \tfrac{2}{11}$$
$$8 : \tfrac{32}{47} = \tfrac{8}{1} : \tfrac{32}{47} = \tfrac{8 \times 47}{1 \times 32} = \text{Rép. } \tfrac{376}{32} \text{ ou } 11\tfrac{3}{4}$$
$$\tfrac{19}{73} : 6 = \tfrac{19}{73} : \tfrac{6}{1} = \tfrac{19 \times 1}{73 \times 6} = \text{Rép. } \tfrac{19}{438}.$$

1252.
$$17 : \tfrac{29}{80} = \tfrac{17}{1} : \tfrac{29}{80} = \tfrac{17 \times 80}{1 \times 29} = \text{Rép. } \tfrac{1360}{29}$$
$$\text{ou } 46\tfrac{26}{29}$$
$$\tfrac{101}{110} : 25 = \tfrac{101}{110} : \tfrac{25}{1} = \tfrac{101 \times 1}{110 \times 25} = \text{Rép. } \tfrac{101}{2750}$$
$$58 : \tfrac{436}{405} = \tfrac{58}{1} : \tfrac{436}{405} = \tfrac{58 \times 405}{1 \times 436} = \text{Rép.}$$
$$\tfrac{23490}{436} \text{ ou } 172\tfrac{49}{68}$$
$$\tfrac{267}{509} : 61 = \tfrac{267}{509} : \tfrac{61}{1} = \tfrac{267 \times 1}{509 \times 61} = \text{Rép. } \tfrac{267}{31049}.$$

1253.
$$3\tfrac{1}{4} : \tfrac{2}{7} = \tfrac{13}{4} : \tfrac{2}{7} = \tfrac{13 \times 7}{4 \times 2} = \text{Rép. } \tfrac{91}{8} \text{ ou } 11\tfrac{3}{8}$$
$$6 : 5\tfrac{1}{2} = \tfrac{6}{1} : \tfrac{11}{2} = \tfrac{6 \times 2}{1 \times 11} = \text{Rép. } \tfrac{12}{11} \text{ ou } 1\tfrac{1}{11}$$
$$8\tfrac{2}{3} : \tfrac{2}{5} = \tfrac{26}{3} : \tfrac{2}{5} = \tfrac{26 \times 5}{3 \times 2} = \text{Rép. } \tfrac{130}{6} \text{ ou } 21\tfrac{2}{3}$$
$$\tfrac{4}{9} : 10\tfrac{7}{8} = \tfrac{4}{9} : \tfrac{87}{8} = \tfrac{4 \times 8}{9 \times 87} = \text{Rép. } \tfrac{32}{783}.$$

1254. $9\frac{10}{14} : 4\frac{3}{21} = \frac{136}{14} : \frac{87}{21} = \frac{136 \times 21}{14 \times 87} = $ Rép. $\frac{2856}{1218}$ ou $2\frac{70}{203}$

$7\frac{13}{18} : 5\frac{9}{26} = \frac{139}{18} : \frac{139}{26} = \frac{139 \times 26}{18 \times 139} = $ Rép. $\frac{26}{18}$ ou $1\frac{4}{9}$

$8\frac{34}{48} : 6\frac{40}{51} = \frac{418}{48} : \frac{346}{51} = \frac{418 \times 51}{48 \times 346} = $ Rép. $\frac{21318}{16608}$ ou $1\frac{785}{2768}$

$10\frac{209}{500} : 3\frac{72}{124} = \frac{5209}{500} : \frac{444}{124} = \frac{5209 \times 124}{500 \times 444} = $ Rép. $\frac{645916}{222000}$.

PROBLÈMES

SUR LA DIVISION DES FRACTIONS.

1255. Divisez $\frac{5}{6}$ par $\frac{3}{4}$, vous aurez : $\frac{5}{6} : \frac{3}{4} = \frac{5}{6} \times \frac{4}{3} = \frac{20}{18} = $ Rép. $1\frac{4}{9}$.

1256. Divisez $\frac{7}{8}$ par $\frac{1}{9}$, vous aurez : $\frac{7}{8} : \frac{1}{9} = \frac{7}{8} \times \frac{9}{1} = \frac{63}{8} = $ Rép. $7\frac{7}{8}$.

1257. Puisque $\frac{4}{13}$ doit être le produit de $\frac{2}{9}$ multiplié par le nombre inconnu, on obtiendra ce nombre en divisant $\frac{4}{13}$ par $\frac{2}{9}$. L'opération dónne $\frac{4}{13} : \frac{2}{9} = \frac{4}{13} \times \frac{9}{2} = $ Rép. $1\frac{5}{13}$; en effet, $1\frac{5}{13} \times \frac{2}{9} = \frac{18}{13} \times \frac{2}{9} = \frac{36}{117} = \frac{4}{13}$.

1258. D'après la définition de la division (page 48 de notre Arith. in-12), $\frac{11}{23}$ est le produit du facteur $\frac{6}{14}$ par un autre facteur inconnu. On connaîtra ce dernier facteur en divisant $\frac{11}{23}$ par $\frac{6}{14}$. L'opération donne $\frac{11}{23} : \frac{6}{14} = \frac{11}{23} \times \frac{14}{6} = \frac{154}{138} = $ Rép. $1\frac{16}{138}$, et plus simplement $1\frac{8}{89}$.

1259. Si 5 pantalons exigent $18^{m}\frac{3}{4}$, 1 pantalon exige la 5e partie de $18\frac{3}{4}$ ou $\frac{18\frac{3}{4}}{5} = \frac{75}{4} : \frac{5}{1} = \frac{75}{4} \times \frac{1}{5} = \frac{75}{20} = $ Rép. $3^{m}\frac{3}{4}$.

1260. Puisque 45 hectolitres représentent $10\frac{1}{2}$ fois la quantité de semence, on connaîtra cette quantité en divisant 45 par 10 $\frac{1}{2}$. L'opération donne 45 : 10 $\frac{1}{2}$ = 45 : $\frac{21}{2}$ = 45 × $\frac{2}{21}$ = $\frac{90}{21}$ = Rép. 4$^{hectol.}$,3.

1261. Autant de fois $\frac{11}{11}$ contient $\frac{3}{11}$, autant de fois la vitesse du cheval sera supérieure à celle du piéton. L'opération donne $\frac{11}{11}$: $\frac{3}{11}$ = 1 × $\frac{11}{3}$ = Rép. 3 $\frac{2}{3}$.

1262. Si, dans 4 heures, la source remplit les $\frac{3}{5}$ du bassin, dans 1 heure elle remplira une partie du bassin 4 fois plus petite que la 1re ou $\frac{3}{5}$: 4 = $\frac{3}{5}$ × $\frac{1}{4}$ = Rép. les $\frac{3}{20}$.

1263. S'il faut 7 $\frac{1}{2}$ mètres de toile pour 1 drap, autant de fois 7 $\frac{1}{2}$ sera contenu dans 150, autant de draps on pourra faire. La division donne 150 : 7 $\frac{1}{2}$ = 150 : $\frac{15}{2}$ = 150 × $\frac{2}{15}$ = Rép. 20 draps.

1264. Autant de fois 5 $\frac{2}{3}$ contient 1 $\frac{3}{4}$, autant de manteaux on peut doubler. L'opération donne 5 $\frac{2}{3}$: 1 $\frac{3}{4}$ = $\frac{17}{3}$: $\frac{7}{4}$ = $\frac{17}{3}$ × $\frac{4}{7}$ = $\frac{68}{21}$ = Rép. 3 $\frac{5}{21}$.

1265. Autant de fois 16 $\frac{1}{3}$ contient 1 $\frac{1}{5}$, autant de serviettes il y a eu. La division donne 16 $\frac{1}{3}$: 1 $\frac{1}{5}$ = $\frac{49}{3}$: $\frac{6}{5}$ = $\frac{49}{3}$ × $\frac{5}{6}$ = Rép. 13 serviettes plus un coupon de $\frac{11}{18}$ de mètre.

1266. S'il faut $\frac{1}{4}$ de litre de bouillon pour 1 personne, pour 9 personnes il en faudra 9 fois plus ou $\frac{1}{4}$ × 9 = $\frac{9}{4}$ de litre; or, comme il faut 1 kilog. de viande pour faire 2 litres de bouillon, autant de fois $\frac{9}{4}$ contiendra 2, autant de kilog. de viande il faudra. L'opération donne $\frac{9}{4}$: 2 = $\frac{9}{4}$ × $\frac{1}{2}$ = $\frac{9}{8}$ = Rép. 1 $\frac{1}{8}$ kilog. ou 1^{k},125.

1267. La profondeur de la mesure étant double du diamètre, on obtiendra ce diamètre en divisant par 2 la profondeur 63^{mm} $\frac{1}{3}$. L'opération donne 63 $\frac{1}{3}$: 2 = $\frac{190}{3}$: $\frac{2}{1}$ = $\frac{190}{3}$ × $\frac{1}{2}$ = $\frac{190}{6}$ = 1re Rép. 31^{mm} $\frac{2}{3}$.

On trouvera, par un raisonnement semblable 23^{mm} $\frac{1}{2}$ pour le diamètre du double centilitre, 18^{mm} $\frac{1}{2}$ pour le diamètre du centilitre.

1268. Puisque $2\frac{1}{2}$ fois la longueur de la tête donnent la hauteur du corps, on aura la longueur de la tête en divisant par $2\frac{1}{2}$ la hauteur du corps 149 centimètres. L'opération donne $149 : 2\frac{1}{2} = 149 : \frac{5}{2} = 149 \times \frac{2}{5} = \frac{149 \times 2}{5} =$ Rép. $59^{\text{centim.}},6$.

1269 Le $\frac{1}{3}$ de $1^m = \frac{1}{3}^m = 0^m,333$; d'un autre côté la surface de la place $= 50^m \times 100^m = 5000$ mètres carrés. Par conséquent, autant de fois cette surface contiendra 0,333, autant de soldats elle pourra contenir. L'opération donne $\frac{5000}{0,333} =$ Rép. 15015.

1270. Si l'ouvrier met $5\frac{1}{3}$ heures pour forger 33 fers $\frac{1}{3}$, pour 1 fer il mettra $33\frac{1}{3}$ fois moins de temps ou $\dfrac{5\frac{1}{3}}{33\frac{1}{3}} = \frac{16}{3} : \frac{100}{3} = \frac{16}{3} \times \frac{3}{100} = \frac{4}{25}$ d'heure ou $9^m 36^s$.

1271. $5^l\frac{1}{2}$ en 7 minutes est la même chose que le $\frac{1}{7}$ de $5\frac{1}{2} = \frac{1}{7}$ de $\frac{11}{2} = \frac{11}{14}$ de litre par minute. Donc pour remplir le réservoir il faudra autant de minutes que 50 litres contient de fois $\frac{11}{14}$ de litre. L'opération donne $50 : \frac{11}{14} = 50 \times \frac{14}{11} =$ Rép. 63 minutes 38 secondes.

1272. Le camion valant $\frac{1}{5}$ de mètre cube, 12 camions valent $\frac{1}{5} \times 12 = \frac{12}{5}$ de mètre cube ; mais d'un autre côté, le tombereau vaut $\frac{1}{2}$ mètre cube. Donc autant de fois $\frac{1}{2}$ sera contenu dans $\frac{12}{5}$, autant de tombereaux il faudra pour représenter 12 camions. L'opération donne $\frac{12}{5} : \frac{1}{2} = \frac{12}{5} \times 2 = \frac{24}{5} = 1^{\text{re}}$ Rép. 4 tombereaux $\frac{4}{5}$. De même, la brouette valant $\frac{1}{30}$ de mètre cube, 510 brouettes valent $\frac{1}{30} \times 510 = 17$ mètres cubes ; donc autant de fois 17 contiendra $\frac{1}{5}$, autant de camions il faudra pour représenter 510 brouettes. L'opération donne $17 : \frac{1}{5} = 17 \times 5 = 2^e$ Rép. 85 camions.

1273. La population demandée doit être telle qu'en en prenant les $\frac{3}{40}$ on doit obtenir 9786 ; ce nombre doit donc être considéré comme un produit formé du facteur $\frac{3}{10}$ et d'un facteur inconnu. On trouvera ce dernier facteur en divisant 9786 par $\frac{3}{10}$. L'opération donne $9786 : \frac{3}{10} = 9786 \times \frac{10}{3} = $ Rép. 32620.

1274. Si le prix de la rame est tel qu'en en prenant les $\frac{3}{5}$ ou, ce qui est la même chose, en le multipliant par $\frac{3}{5}$, on trouve 11 francs, il en résulte que 11 est le produit de $\frac{3}{5}$ par le prix de la rame. On connaîtra donc ce prix en divisant 11 par $\frac{3}{5}$. L'opération donne $11 : \frac{3}{5} = 11 \times \frac{5}{3} = \frac{55}{3} = $ Rép. 18f,33.

1275. Si les os forment $\frac{1}{5}$ du poids total de la viande, le poids de la viande désossée forme évidemment le restant ou $\frac{5}{5} - \frac{1}{5} = \frac{4}{5}$ du poids total; donc 1 kilog. de viande désossée $=$ les $\frac{4}{5}$ du poids total inconnu; et par suite ce poids doit être tel qu'en en prenant les $\frac{4}{5}$ ou en le multipliant par $\frac{4}{5}$, ce qui revient au même, on doit reproduire 1 kilog. On a donc ici deux facteurs et leur produit. On connaîtra le facteur inconnu, en divisant le produit 1 kilog. par le facteur connu. L'opération donne $1 : \frac{4}{5} = 1 \times \frac{5}{4} = $ Rép. 1kilog. $\frac{1}{4}$.

1276. Le nombre demandé doit être tel qu'en en prenant les $\frac{9}{10}$, ou, ce qui revient au même, en le multipliant par $\frac{9}{10}$ on ait 45. Il suit de là, que 45 est le produit de $\frac{9}{10}$ par le nombre cherché. On trouvera donc ce nombre en divisant 45 par $\frac{9}{10}$. L'opération donne $45 : \frac{9}{10} = 45 \times \frac{10}{9} = \frac{450}{90} = $ Rép. 50.

1277. Le prix du kilog. doit être tel qu'en en prenant les $\frac{2}{7}$ ou en le multipliant par $\frac{2}{7}$, ce qui revient au même, on ait $\frac{3}{4}$ de franc. $\frac{3}{4}$ est donc le produit de $\frac{2}{7}$ par le prix cherché. On trouvera ce prix en divisant $\frac{3}{4}$ par $\frac{2}{7}$. L'opération donne $\frac{3}{4} : \frac{2}{7} = \frac{3}{4} \times \frac{7}{2} = $ Rép. 2f,625.

1278. La somme cherchée doit être telle qu'en en prenant les $\frac{4}{13}$, ou, ce qui est la même chose, en la multipliant par $\frac{4}{13}$ on ait 60 francs. Il résulte de là, que 60 est le produit de $\frac{4}{13}$ par la somme cherchée. On trouvera donc cette somme en divisant 60 par $\frac{4}{13}$; l'opération donne $60 : \frac{4}{13} = 60 \times \frac{13}{3} =$ Rép. 195^f.

1279. $\frac{1}{5} \times \frac{3}{4} = \frac{4}{20} + \frac{15}{20} = \frac{19}{20}$. La question revient donc a trouver le nombre dont les $\frac{19}{20}$ valent 58. Pour cela nous dirons : Si le nombre cherché était connu, il est clair, qu'en en prenant les $\frac{19}{20}$ on aurait pour résultat 58. Ce dernier nombre est donc un produit dont $\frac{19}{20}$ est l'un des facteurs ; on trouvera l'autre facteur, ou, le nombre cherché, en divisant 58 par $\frac{19}{20}$. L'opération donne $58 : \frac{19}{20} = 58 \times \frac{20}{19} =$ Rép. $61\frac{1}{19}$.

1280. $\frac{3}{5} \times \frac{2}{7} = \frac{21}{35} + \frac{10}{35} = \frac{31}{35}$. La question se réduit donc à trouver le nombre dont les $\frac{31}{35}$ font 22. Or, le nombre cherché doit être tel qu'en le multipliant par $\frac{31}{35}$ on ait 22, d'où il suit que 22 est le produit de $\frac{31}{35}$ par le nombre cherché. On trouvera ce dernier nombre en divisant 22 par $\frac{31}{35}$. L'opération donne $22 : \frac{31}{35} = 22 \times \frac{35}{31} =$ Rép. $24\frac{26}{31}$.

1281. Après le don des $\frac{7}{9}$, il reste les $\frac{2}{9}$ du bien ; or, puisque le prix de ce bien est tel qu'en en prenant les $\frac{2}{9}$, ou ce qui revient au même, en le multipliant par $\frac{2}{9}$ on trouve 6000 francs, il en résulte que 6000 est le produit de $\frac{2}{9}$ par le prix inconnu; on obtiendra donc ce prix en divisant 6000 par $\frac{2}{9}$. L'opération donne $6000 : \frac{2}{9} = 6000 \times \frac{9}{2} =$ Rép. 27000 francs.

1282. Si l'on connaissait le nombre cherché, il est certain qu'en le multipliant par $\frac{4}{5}$ on devrait reproduire la fraction $\frac{2}{3}$. Cette fraction est donc le produit du facteur $\frac{4}{5}$ par le nombre cherché. On trouvera donc ce dernier nombre en divisant $\frac{2}{3}$ par $\frac{4}{5}$. L'opération donne $\frac{2}{3} : \frac{4}{5} = \frac{2}{3} \times \frac{5}{4} =$ Rép. $\frac{10}{12}$ ou $\frac{5}{6}$ de seconde.

1283. Si l'on connaissait le nombre de mètres que le terrassier peut enlever en 1 heure, il est certain qu'en multipliant ce nombre par $1\frac{1}{4}$ heure, on devrait reproduire $2\frac{7}{8}$. Cette dernière quantité est donc un produit dont $1\frac{1}{4}$ est l'un des facteurs et le nombre cherché, l'autre facteur. On trouvera ce dernier, en divisant $2\frac{7}{8}$ par $1\frac{1}{4}$. L'opération donne $2\frac{7}{8} : 1\frac{1}{4} = \frac{23}{4} : \frac{5}{4} = \frac{23}{8} \times \frac{4}{5} =$ Rép. $2^{\mathrm{m}}\frac{3}{10}$.

1284. En ajoutant $\frac{1}{5}$ de litre d'eau à 1 litre de lait pur, la laitière obtient $1 + \frac{1}{5} = \frac{5}{5} + \frac{1}{5} = \frac{6}{5}$ de litre de lait mélangé d'eau qui ne vaut réellement que 40 centimes, puisque l'eau ne coûte rien; or, 40 centimes : $\frac{6}{5} = 40 \times \frac{5}{6} = \frac{200}{6} = 33^{\mathrm{centimes}},3$ pour le prix du litre. Par conséquent, en payant ce lait au prix de 40 centimes le litre, au lieu de $33^{\mathrm{cent.}},3$ l'acheteur est trompé de la différence des deux prix, soit $40 - 33,3 =$ Rép. 6 centimes $\frac{7}{10}$.

Pour être mieux compris nous avons raisonné sur 1 litre de lait pur, mais il est facile de concevoir que notre raisonnement s'applique à une quantité quelconque de lait pur.

EXERCICES SUR LA RÉDUCTION DES FRACTIONS DÉCIMALES
EN FRACTIONS ORDINAIRES.

1285. $0,7 =$ Rép. $\frac{7}{10}$; $0,9 =$ Rép. $\frac{9}{10}$; $0,15 =$ Rép. $\frac{15}{100}$ ou $\frac{3}{20}$; $0,21 =$ Rép. $\frac{21}{100}$; $0,25 =$ Rép. $\frac{25}{100}$ ou $\frac{1}{4}$; $0,36 =$ Rép. $\frac{36}{100}$ ou $\frac{9}{25}$; $0,45 =$ Rép. $\frac{45}{100}$ ou $\frac{9}{20}$; $0,78 =$ Rép. $\frac{78}{100}$ ou $\frac{39}{50}$; $0,84 =$ Rép. $\frac{84}{100}$ ou $\frac{21}{25}$; $0,05 =$ Rép. $\frac{5}{100}$ ou $\frac{1}{20}$; $0,08 =$ Rép. $\frac{8}{100}$ ou $\frac{2}{25}$.

1286. $0,175 =$ Rép. $\frac{175}{1000}$ ou $\frac{7}{40}$; $0,324 =$ Rép. $\frac{324}{1000}$ ou $\frac{81}{250}$; $0,512 =$ Rép. $\frac{512}{1000}$ ou $\frac{64}{125}$; $0,275 =$ Rép. $\frac{275}{1000}$ ou $\frac{11}{40}$; $0,485 =$ Rép. $\frac{485}{1000}$ ou $\frac{97}{200}$; $0,705 =$ Rép. $\frac{705}{1000}$ ou $\frac{141}{200}$; $0,903 =$ Rép. $\frac{903}{1000}$; $0,864 =$ Rép. $\frac{864}{1000}$ ou $\frac{108}{125}$; $0,104 =$ Rép. $\frac{104}{1000}$ ou $\frac{13}{125}$.

1287. $0{,}875 =$ Rép. $\frac{875}{1000}$ ou $\frac{7}{8}$; $0{,}707 =$ Rép. $\frac{707}{1000}$; $0{,}785 =$ Rép. $\frac{785}{1000}$ ou $\frac{157}{200}$; $0{,}036 =$ Rép. $\frac{36}{1000}$; $0{,}045 =$ Rép. $\frac{45}{1000}$ ou $\frac{9}{200}$; $0{,}012 =$ Rép. $\frac{12}{1000}$ ou $\frac{3}{250}$; $0{,}075 =$ Rép. $\frac{75}{1000}$ ou $\frac{3}{40}$; $0{,}008 =$ R. $\frac{8}{1000}$ ou $\frac{1}{125}$; $0{,}001 =$ R. $\frac{1}{1000}$.

1288. $0{,}1856 =$ Rép. $\frac{1856}{10000}$ ou $\frac{116}{625}$; $0{,}4375 =$ Rép. $\frac{4375}{10000}$ ou $\frac{7}{16}$; $0{,}3064 =$ Rép. $\frac{3064}{10000}$ ou $\frac{383}{1250}$; $0{,}6875 =$ Rép. $\frac{6875}{10000}$ ou $\frac{11}{16}$; $0{,}0126 =$ Rép. $\frac{126}{10000}$ ou $\frac{63}{5000}$; $0{,}0018 =$ Rép. $\frac{18}{10000}$ ou $\frac{9}{5000}$; $0{,}0004 =$ Rép. $\frac{4}{10000}$ ou $\frac{1}{2500}$.

1289. $0{,}13424 =$ Rép. $\frac{13424}{100000}$ ou $\frac{839}{6250}$; $0{,}25065 =$ Rép. $\frac{25065}{100000}$ ou $\frac{5013}{20000}$; $0{,}01408 =$ Rép. $\frac{1408}{100000}$ ou $\frac{44}{3125}$; $0{,}90047 =$ Rép. $\frac{90047}{100000}$; $0{,}30701 =$ Rép. $\frac{30701}{100000}$.

1290. $0{,}00056 =$ Rép. $\frac{56}{100000}$ ou $\frac{7}{12500}$; $0{,}07008 =$ Rép. $\frac{7008}{100000}$ ou $\frac{219}{3125}$; $0{,}60004 =$ R. $\frac{60004}{100000}$ ou $\frac{15001}{25000}$; $0{,}00125 =$ Rép. $\frac{125}{100000}$ ou $\frac{1}{800}$; $0{,}00003 =$ Rép. $\frac{3}{100000}$.

1291. $5{,}6 = 5\,\frac{6}{10} =$ Rép. $\frac{56}{10}$; $7{,}85 = 7\,\frac{85}{100} =$ Rép. $\frac{785}{100}$; $9{,}04 = 9\,\frac{4}{100} =$ Rép. $\frac{904}{100}$; $12{,}53 = 12\,\frac{53}{100} =$ Rép. $\frac{1253}{100}$; $3{,}432 = 3\,\frac{432}{1000} =$ Rép. $\frac{3432}{1000}$; $4{,}107 = 4\,\frac{107}{1000} =$ Rép. $\frac{4107}{1000}$; $8{,}021 = 8\,\frac{21}{1000} =$ Rép. $\frac{8021}{1000}$.

1292. $2{,}009 = 2\,\frac{9}{1000} =$ Rép. $\frac{2009}{1000}$; $6{,}0025 = 6\,\frac{25}{10000} =$ Rép. $\frac{60025}{10000}$; $3{,}10006 = 3\,\frac{10006}{100000} =$ Rép. $\frac{310006}{100000}$; $5{,}00042 = 5\,\frac{42}{100000} =$ Rép. $\frac{500042}{100000}$; $9{,}00003 = 9\,\frac{3}{100000} =$ Rép. $\frac{900003}{100000}$.

EXERCICES SUR LA RÉDUCTION DES FRACTIONS ORDINAIRES EN FRACTIONS DÉCIMALES.

1293.

$\frac{3}{5}$ = Rép. 0,6

$\frac{1}{4}$ = Rép. 0,25

$\frac{7}{8}$ = Rép. 0,875

$\frac{1}{3}$ = Rép. 0,333

$\frac{8}{9}$ = Rép. 0,888

$\frac{5}{8}$ = Rép. 0,625

$\frac{4}{5}$ = Rép. 0,8

$\frac{1}{6}$ = Rép. 0,1666

$\frac{6}{7}$ = Rép. 0,857142857142

$\frac{15}{6}$ = Rép. 2,5

1294.

$\frac{5}{7}$ = Rép. 0,714285

$\frac{9}{10}$ = Rép. 0,9

$\frac{3}{20}$ = Rép. 0,15

$\frac{1}{25}$ = Rép. 0,04

$\frac{5}{16}$ = Rép. 0,3125

$\frac{7}{40}$ = Rép. 0,175

$\frac{3}{11}$ = Rép. 0,2727

$\frac{2}{25}$ = Rép. 0,08

$\frac{9}{60}$ = Rép. 0,15

1295.

$\frac{1}{64}$ = Rép. 0,015625

$\frac{7}{11}$ = Rép. 0,6363

$\frac{3}{40}$ = Rép. 0,075

$\frac{9}{20}$ = Rép. 0,45

$\frac{6}{17}$ = Rép. 0,35294117

$\frac{5}{11}$ = Rép. 0,4545

$\frac{7}{32}$ = Rép. 0,21875

$\frac{5}{77}$ = Rép. 0,064935

$\frac{11}{50}$ = Rép. 0,22

1296.

$\frac{13}{14}$ = Rép. 0,928571

$\frac{21}{25}$ = Rép. 0,84

$\frac{39}{61}$ = Rép. 0,639344

$\frac{11}{15}$ = Rép. 0,7333

$\frac{99}{40}$ = Rép. 2,475

$\frac{23}{99}$ = Rép. 0,2323

$\frac{31}{80}$ = Rép. 0,3875

$\frac{13}{25}$ = Rép. 0,52

$\frac{10}{19}$ = Rép. 0,526315

1297.

$\frac{11}{16}$ = Rép. 0,6875

$\frac{10}{11}$ = Rép. 0,9090

$\frac{21}{74}$ = Rép. 0,2837837

$\frac{40}{18}$ = Rép. 2,222

$\frac{11}{51}$ = Rép. 0,21568

$\frac{98}{24}$ = Rép. 4,0833

$\frac{22}{80}$ = Rép. 0,275

$\frac{17}{25}$ = Rép. 0,68

$\frac{13}{47}$ = Rép. 0,276595

1298.

$\frac{81}{250}$ = Rép. 0,324

$\frac{73}{146}$ = Rép. 0,5

$\frac{108}{125}$ = Rép. 0,864

$\frac{126}{168}$ = Rép. 0,75

$\frac{157}{200}$ = Rép. 0,785

$\frac{116}{495}$ = Rép. 0,23434

$\frac{438}{3125}$ = Rép. 0,14016

$\frac{839}{6250}$ = Rép. 0,13424

1299. $\frac{4}{125} =$ Rép. 0,032 ; $\frac{3}{250} =$ Rép. 0,012 ; $\frac{2}{1000} =$ Rép. 0,002 ; $\frac{9}{5000} =$ Rép. 0,0018 ; $\frac{1}{2500} =$ Rép. 0,0004 ; $\frac{3700}{800} =$ Rép. 4,625 ; $\frac{7}{12500} =$ Rép. 0,00056.

PROBLÈMES

DE RÉCAPITULATION SUR LES FRACTIONS.

1300. La population demandée $=$ les $\frac{3}{10}$ de $\frac{543}{1} = \frac{3 \times 543}{10} =$ Rép. 162 hommes,9 ou mieux de 162 à 163 hommes.

1301. $\frac{60}{5} = 12$ qui calculent ; $\frac{60}{3} = 20$ qui écrivent ; $\frac{60}{4} = 15$ qui lisent ; enfin $60 - (12 + 20 + 15) = 60 - 47 =$ Rép. 13 qui étudient.

1302. Faites la somme des kilogrammes prélevés sur le poids du ballot, vous aurez :

$$
\begin{array}{lll}
15 \text{ kilogrammes} & \frac{3}{4} & \frac{48}{60} \\
20 \quad\quad — & \frac{2}{3} & \frac{40}{60} \\
7 \quad\quad — & \frac{2}{5} & \frac{24}{60} \\
\hline
\text{Total : } 43 & & \frac{49}{60}
\end{array}
$$

Le poids du reste $= 43\frac{49}{60} - 43\frac{49}{60} =$ Rép. 0.

1303. $19^s,2 = \frac{19,2}{60}$ de minute $= 0^m,32$; en y joignant les 28 minutes données on a $28^m,32 = \frac{28,32}{60}$ d'heure $= 0^h,472$; en y joignant les 5 heures données on a $5^h,472 = \frac{5,472}{24}$ de jour ou Rép. $0^s,228$. On peut disposer les opérations de la manière suivante :

$$
\begin{array}{ll|l}
\begin{array}{c|c} 19,2 & 60 \\ 1,2 & \overline{0^m,32} \\ 0 & \end{array}
&
\begin{array}{c|c} 28,32 & 60 \\ 4,32 & \overline{0^h,472} \\ 12 & \\ 0 & \end{array}
&
\begin{array}{c|c} 5,472 & 24 \\ 672 & \overline{0^j,228} \\ 192 & \\ 0 & \end{array}
\end{array}
$$

21

1304. Faites la somme des journées exécutées par-
tiellement, vous aurez :

$$10 \text{ journées } \frac{1}{3} \quad \frac{14}{42}$$
$$13 \quad — \quad \frac{1}{2} \quad \frac{21}{42}$$
$$15 \quad — \quad \frac{2}{7} \quad \frac{12}{42}$$

Somme $= 39$ journées $\quad \frac{5}{42}$

Le 4me ouvrier a fait $46 \frac{1}{4} - 39 \frac{5}{42} = 46 \frac{42}{168} -$
$39 \frac{20}{168} =$ Rép. 7 journées $\frac{22}{168}$ ou $\frac{11}{84}$.

1305. Il faut $\frac{14}{14}$ pour faire 1 page ; donc autant de
fois 14 sera contenu dans 56, autant de pages on trouvera. La division donne $\frac{56}{14} =$ Rép. 4 pages.

1306.
$$\text{De} \quad 12^m \quad \frac{1}{2} \quad \frac{8}{16}$$
$$\text{ôtez} \quad 9 \quad \frac{5}{8} \quad \frac{10}{16}$$

Il reste Rép. $\quad 2^m \quad \frac{14}{16}$ ou $\frac{7}{8}$.

1307. Il faut $\frac{15}{15}$ pour faire 1 litre. Donc autant de
fois 15 sera contenu dans 37, autant de litres et fraction de litre on aura. La division donne $\frac{37}{15} =$ Rép.
2 litres $\frac{7}{15}$ ou $2^l,47$.

1308. Faites d'abord la somme des mètres vendus,
vous aurez :

$$12^m \quad \frac{3}{4} \quad \frac{9}{12}$$
$$6 \quad \frac{1}{3} \quad \frac{4}{12}$$
$$21 \quad \frac{1}{2} \quad \frac{6}{12}$$

Somme $= 40^m \quad \frac{7}{12}$

Il reste donc $56^m - 40^m \frac{7}{12} =$ Rép. $15^m \frac{5}{12}$.

1309. Ajoutant $\frac{1}{3}$ et $\frac{3}{5}$ nous trouvons pour total $\frac{14}{15}$.
La question revient donc à celle-ci : les $\frac{14}{15}$ d'un nom-
bre font 28, quel est ce nombre? Si les $\frac{14}{15}$ du nombre
cherché sont 28, $\frac{1}{15}$ de ce nombre sera 14 fois plus
petit que $\frac{28}{14}$ et les $\frac{15}{15}$ de ce nombre, ou le nombre lui-
même, seront 15 fois $\frac{28}{14} =$ Rép. 30.

$$\text{En effet,} \quad \text{Le } \frac{1}{3} \text{ de } 30 = 10$$
$$\text{Les } \frac{3}{5} \text{ de } 30 = 18$$

Ce qui donne pour total : 28

1310. Représentons par l'unité la longueur de l'allée, les $\frac{2}{5}$ des $\frac{3}{14}$ de cette longueur feront $\frac{2}{5} \times \frac{3}{14} \times \frac{1}{1} = \frac{6}{70}$, expression qui indique que l'unité contient ici $\frac{70}{70}$; or, si les $\frac{6}{70}$ de l'allée font 9 mètres, $\frac{1}{70}$ fera 6 fois moins de longueur ou $\frac{9}{6}$, et les $\frac{70}{70}$ restants, ou la longueur entière, feront 70 fois $\frac{9}{6} =$ Rép. **105** mètres. En effet, les $\frac{2}{5}$ de $\frac{3}{14}$ de 105 $= \frac{2}{5} \times \frac{3}{14} \times \frac{105}{1} = \frac{630}{70} =$ Rép. 9 mètres.

1311. $\frac{1}{3} + \frac{1}{4} + \frac{2}{9} = \frac{12}{36} + \frac{9}{36} + \frac{8}{36} = \frac{29}{36}$ de la longueur totale. Or, cette longueur étant ici divisée en $\frac{36}{36}$, il en reste $\frac{36}{36} - \frac{29}{36} =$ 1re Rép. $\frac{7}{36}$. Mais cette même longueur est aussi divisée en centimètres ; par conséquent, on aura les $\frac{7}{36}$ de $0^m,2 = \frac{1,4}{36} =$ 2e Rép. $0^m,039$.

1312. Si 1 heure de temps donne sur la montre une avance de $\frac{5}{9}$ de seconde, $\frac{1}{4}$ d'heure de temps donnera une avance 4 fois moindre ou $\frac{5}{9 \times 4} = \frac{5}{36}$ seconde, et $\frac{3}{4}$ d'heure de temps donneront 3 fois $\frac{5}{36} =$ Rép. $\frac{15}{36}$ ou $\frac{5}{12}$ de seconde.

1313. Ajoutons $\frac{1}{4} + \frac{1}{2} + \frac{1}{5}$ pour savoir quelle partie de sa hauteur la plante atteint pendant les trois premières années. Nous trouvons $\frac{5}{20} + \frac{10}{20} + \frac{4}{20} =$ les $\frac{19}{20}$ de la hauteur ; par conséquent, la hauteur de l'arbrisseau se compose de $\frac{20}{20}$, et la croissance de la quatrième année en représente $\frac{1}{20}$. Mais ce $\frac{1}{20}$ exprimé en fraction décimale du mètre représentant 18 centimètres, ces 18 centimètres sont le $\frac{1}{20}$ de la hauteur cherchée ; or, puisque $\frac{1}{20}$ de cette hauteur représente 18 centimètres, les $\frac{20}{20}$, ou la hauteur totale, représentent 20 fois 18 centimètres $=$ Rép. 360 centimètres $= 3^m,6$.

1314. Ajoutons $\frac{4}{5} + \frac{2}{7}$ pour savoir quelle partie du panier, la fermière a donnée aux poules et aux pigeons. Nous trouvons $\frac{7}{35} + \frac{10}{35} =$ les $\frac{17}{35}$ du panier. Conséquemment, le panier de sarrazin, considéré comme poids ou comme volume, se compose de $\frac{35}{35}$, et les pintades en ont reçu les $\frac{35}{35} - \frac{17}{35} = \frac{18}{35}$; mais ces $\frac{18}{35}$

représentant 2 litres, ces 2 litres sont les $\frac{18}{35}$ de la quantité de sarrazin contenue dans le panier, et qu'il s'agit de trouver ; or, puisque les $\frac{18}{35}$ de cette quantité représente 2 litres, $\frac{1}{35}$ représente 18 fois moins ou $\frac{2}{18}$, et les $\frac{35}{35}$, ou la quantité totale cherchée, représentent 35 fois $\frac{2}{18} = \frac{70}{18} =$ Rép. 3l,888.

Les poules ont reçu $\frac{1}{5}$ de 3l,888 $=$ 0l,777
Les pigeons — $\frac{2}{7}$ — $=$ 1l,110
Les pintandes — 2l

Total égal. 3l,887 à 1 millilitre près.

1315. Ajoutons $\frac{1}{3} + \frac{2}{5}$ pour savoir quelle part de l'héritage reçoivent l'aînée et la cadette des nièces. Nous trouvons qu'elles reçoivent ensemble $\frac{5}{15} + \frac{6}{15}$ $=$ les $\frac{11}{15}$ de l'héritage ; par conséquent, l'héritage se compose de $\frac{15}{15}$ et la plus jeune nièce en a $\frac{4}{15}$; mais ces $\frac{4}{15}$ représentant 800 francs, ces 800 francs sont les $\frac{4}{15}$ de l'héritage cherché ; or, puisque les $\frac{4}{15}$ de l'héritage représentent 800 francs, $\frac{1}{15}$ représente 4 fois moins ou $\frac{800}{4}$ et $\frac{15}{15}$, ou l'héritage entier, représente 15 fois $\frac{800}{4}$ $=$ 1re Rép. 3000 francs.

L'aînée reçoit $\frac{5}{15}$ de 3000 fr. $=$ 1000 fr.
La cadette $\frac{6}{15}$ — $=$ 1200 fr.
La plus jeune $\frac{4}{15}$ — $=$ 800 fr.

Total égal. 3000 fr.

1316. Ajoutons $\frac{1}{4} + \frac{1}{5} + \frac{3}{8}$ pour savoir quelle partie de la terre les 3 premiers enfants ont eues ; pour cela réduisons au même dénominateur, nous trouvons $\frac{10}{40} + \frac{8}{40} + \frac{15}{40} =$ les $\frac{33}{40}$ de la terre. Par conséquent, la terre se compose de $\frac{40}{40}$, et le 5me enfant en a eu les $\frac{7}{40}$; mais ces $\frac{7}{40}$ représentant 46 ares, ces 46 ares sont les $\frac{7}{40}$ du nombre d'ares cherché ; or, puisque les $\frac{7}{40}$ de la terre représentent 46 ares, $\frac{1}{40}$ représente 7 fois moins ou $\frac{46}{7}$ et les $\frac{40}{40}$ de la terre, ou la terre entière, représentent 40 fois $\frac{46}{7} =$ 1re Rép. 262ares,86.

Le plus jeune enfant a le $\frac{1}{4}$ de 262^{ares},86 $=$ 65^{ares},71
Le cadet, a le $\frac{1}{5}$ — $=$ 52^{ares},57
L'aîné, a les $\frac{3}{8}$ — $=$ 98^{ares},58
Le troisième, a 46^{ares}

Total égal. 262^{ares},86

1317. Ajoutons $\frac{3}{8} + \frac{2}{7}$ pour savoir quelle partie du sac le cheval et l'âne ont reçue; nous trouvons qu'ils ont reçu ensemble $\frac{21}{56} + \frac{16}{56} =$ les $\frac{37}{56}$ du sac; par conséquent, le sac se compose de $\frac{56}{56}$, et le mulet en a les $\frac{19}{56}$; mais ces $\frac{19}{56}$ représentant 28 litres, ces 28 litres sont les $\frac{19}{56}$ du nombre de litres cherché. Or, puisque $\frac{19}{56}$ du sac représentent 28 litres $\frac{1}{56}$ du sac sera $\frac{1}{19}$ de 28 litres ou $\frac{28}{19}$ de litre, et les $\frac{56}{56}$ du sac, ou le sac entier, seront 56 fois plus grand ou $\frac{28}{19} \times 56 =$ 1re Rép. 82^l,52

Le cheval a les $\frac{3}{8}$ de 82^l,5 $=$ 30^l,93
L'âne a les $\frac{2}{7}$ — $=$ 23^l,58
Le mulet a 28^l

Total égal. 82^l,51 à 1 centilitre près.

1318. Puisque l'étendue du bois surpasse de 15 ares celle de la vigne, il est évident qu'en retranchant 15 ares au bois pour les ajouter à la vigne, on aura l'égalité suivante : $\frac{2}{11} + 15$ ares $= \frac{1}{4}$; ou bien 15 ares $= \frac{1}{4} - \frac{2}{11}$; ou bien encore 15 ares $= \frac{11}{44} - \frac{8}{44} = \frac{3}{44}$. Par conséquent, l'étendue du domaine se compose de $\frac{44}{44}$, et les $\frac{3}{44}$ de cette étendue représentent 15 ares. Mais si $\frac{3}{44}$ représentent 15 ares, $\frac{1}{44}$ représente 3 fois moins ou $\frac{15}{3}$, et les $\frac{44}{44}$ du domaine, ou le domaine entier, représentent 44 fois $\frac{15}{3}$ ares $=$ Rép. 220 ares.

Le bois contient $\frac{1}{4}$ de 220 ares $+$ 15 ares $=$ 70^a
La vigne $\frac{2}{11}$ de 220 ares $=$ 40

Ensemble 110^a

Le domaine étant de 220 ares, retranchez-en 110, vous aurez pour reste, ou pour la partie plantée en froment : 220 — 110 $=$ 110 ares.

21*

1319. Le nombre des causes favorables est ici de 11
$+$ 42 $=$ 53, et le nombre des causes défavorables de
125 — 53 $=$ 72 ; or, le nombre total des chances étant
125, et ces chances ayant autant de probabilités les
unes que les autres, la probabilité pour chaque conscrit d'obtenir un bon numéro, est de 72 sur 125 ou
$\frac{72}{125} = 0,57 = \frac{57}{100}$. On conclut de là qu'il y a 57
contre 43 à parier que le conscrit doit tirer un bon
numéro, mais, par contre, qu'il y a 43 contre 57 à
parier que le numéro sera mauvais.

1320. Puisque sur 365 jours il y a 147 jours de
pluie, il y a 365 — 147 $=$ 218 jours sans pluie ; par
conséquent la probabilité, pour un jour quelconque
de l'année, d'être un jour sans pluie, est de 218 sur
365 ou $\frac{218}{365}$. Mais comme l'année contient 365 jours
sur lesquels il y en a seulement 52 (52 vendredis), qui
remplissent la condition d'être sans pluie, la probabilité
pour l'un de ces jours de réaliser cette condition, est
de 52 sur 365 ou $\frac{52}{365}$. Ainsi, pour arriver à la condition du problème, il faut le concours de deux événe-
ments dont les probabilités particulières, sont $\frac{218}{365}$ et
$\frac{52}{365}$. La probabilité de ce concours est le produit des
deux précédentes $\frac{218}{365} \times \frac{52}{365} = \frac{11336}{133225}$. Cette fraction
réduite en décimales $= 0,08$. Elle indique donc que
le nombre total des chances étant 100, et ces chances
ayant autant de probabilités les unes que les autres, la
probabilité, pour un vendredi, d'être un jour sans
pluie, est de $\frac{8}{100}$; ce qui revient à dire qu'il y a 92
contre 8 ou 11 $\frac{1}{2}$ contre 1 à parier qu'il ne pleuvra
pas ce jour là.

1321. D'après la table I, page 168 (1re PARTIE),
le nombre des individus vivants à l'âge de 25 ans
étant de 774, et ce nombre se trouvant réduit à 581,
à l'âge de 50 ans ; il est évident que sur 774 chances
tant favorables que contraires, l'individu de 25 ans,
en a 581 en sa faveur, ce que l'on exprime par la
fraction $\frac{581}{774} = 0,75 = \frac{75}{100}$. Cette fraction indique
donc que sur 100 individus de 25 ans, 75 parviennent

à 50 ans, tandis que 25 autres meurent dans l'intervalle; d'où l'on conclut qu'il y a 75 à parier contre 25 ou 3 contre 1, qu'un individu de cet âge ne mourra pas avant 50 ans.

1322. On voit par la table I, page 168 (1re PARTIE), que sur 917 enfants de 6 ans, il en reste seulement 599 à l'âge de 48 ans. La probabilité d'atteindre cet âge, pour une fille de 6 ans, est donc de 599 sur 917 ou $\frac{599}{917}$ = Rép. 0,65 = $\frac{65}{100}$; ce qui veut dire que sur 100 enfants de 6 ans il y en a seulement 65 qui peuvent espérer vivre jusqu'à 48 ans, les autres devant mourir avant cet âge; on conclut de là qu'il y a 65 à parier contre 35 ou 13 contre 7, qu'un enfant de cet âge ne mourra pas avant d'avoir atteint 48 ans.

1323. La table I, page 168 (1re PARTIE), montre que sur 842 individus âgés de 16 ans, il en reste seulement 463 à l'âge de 60 ans. La probabilité de parvenir à cet âge, est donc de 463 sur 842, ou de $\frac{463}{842}$ = 0,55 = $\frac{55}{100}$; ce qui revient à dire que sur 100 individus de 16 ans, 55 arrivent à 60 ans, tandis que les 45 autres n'y parviennent pas; par conséquent, il y a à parier 55 pour et 45 contre, ou bien 11 pour et 9 contre, qu'un enfant de 16 ans atteindra sa 60e année.

1324. La table I, page 168 (1re PARTIE), montre que, sur 742 individus de 29 ans, il en reste seulement 734 à l'âge de 30 ans; c'est-à-dire qu'il en meurt 8 dans l'année; par conséquent, la chance de mort est ici de 8 sur 742 ou $\frac{8}{742}$ = 0,01 = $\frac{1}{100}$; ce qui revient à dire que, sur 100 individus de 29 ans, il y en a 1 qui n'arrive pas à 30 ans, tandis que les autres y arrivent. Donc il y a 1 contre 99 à parier que l'individu de 29 ans n'atteindra pas sa 30e année. En revanche, il y a 99 contre 1 à parier que ce même individu doit parvenir à 30 ans.

1325. La table I, page 168 (1re PARTIE), montre que sur 1286 enfants qui naissent au même instant, 1071 seulement atteignent l'âge de 1 an, c'est-à-dire qu'il en meurt $1286 - 1071 = 215$ dans l'année de leur naissance. La chance de mort est donc de 215 sur 1286, ou $\frac{215}{1286} = 0,17 = \frac{17}{100} =$ Rép. $\frac{1}{6}$ environ. Ce résultat signifie que, pour l'enfant qui vient de naître, il y a 1 chance de mort pour 5 chances de vie.

1326. La table I, page 168 (1re PARTIE), montre que, sur 118 vieillards de 80 ans, 101 seulement atteignent l'âge de 81 ans; il en meurt donc $118 - 101 = 17$ dans le courant de l'année. Par conséquent, la chance de mort est de 17 sur 118 ou $\frac{17}{118} = 0,14 = \frac{14}{100} =$ Rép. $\frac{1}{7}$ environ; ce qui veut dire que sur 7 vieillards de 80 ans 1 meurt dans l'année, tandis que les autres survivent; il y a donc 6 contre 1 à parier que le vieillard de 80 ans vivra encore une année.

RAPPORTS ET PROPORTIONS.

EXERCICES.

1327. 1° $x = \frac{3 \times 8}{6} =$ Rép. 4; 2° $x = \frac{2 \times 4}{5} =$ Rép. 1,6; 3° $x = \frac{5 \times 21}{7} =$ Rép. 15; 4° $x = \frac{9 \times 13}{15} =$ Rép. 7,8.

1328. 1° $x = \frac{27 \times 10}{12} =$ Rép. 22,5; 2° $x = \frac{19 \times 56}{34} =$ Rép. 31,294; 3° $x = \frac{48 \times 83}{7} =$ Rép. 569,14; 4° $x = \frac{102 \times 20}{15} =$ Rép. 136.

1329. 1° $x = \frac{9 \times 8}{5,2} =$ Rép. 13,846; 2° $x = \frac{0,75 \times 6,4}{14} =$ Rép. 0,3428; 3° $x = \frac{23 \times 0,36}{4,85} =$ Rép. 1,707; 4° $x = \frac{10,5 \times 3,2}{67,409} =$ Rép. 0,498.

1330. 1° $x = \frac{10 \times 10}{0,8} =$ Rép. 125; 2° $x = \frac{60 \times 0,7}{1,2} =$ Rép. 35; 3° $x = \frac{1,2 \times 24}{1,8} =$ Rép. 16; 4° $x = 0,37 \times 75 =$ Rép. 27,75.

1331. 1° $x = \frac{5,67 \times 0,22}{10} =$ Rép. 0,12474; 2° $x = \frac{9 \times 14}{7,8} =$ Rép. 16,15; 3° $x = \frac{4,5}{2,14} =$ Rép. 2,102 4° $x = \frac{10 \times 5}{6} =$ Rép. 8,333, en supprimant le dénominateur 8 commun aux deux derniers termes, ce qui n'altère pas la proportion.

1332. 1° $x = \frac{4 \times 6,5}{\frac{2}{3}} = 4 \times 6,5 \times \frac{3}{2} = \frac{4 \times 6,5 \times 3}{2} =$ Rép. 39;

2° $x = \frac{\frac{4}{5} \times 12}{\frac{3}{7}} = \frac{4}{5} \times 12 \times \frac{7}{3} = \frac{12 \times 7}{5 \times 3} =$ Rép. 5,6;

3° $x = \frac{\frac{5}{6} \times \frac{4}{9}}{\frac{4}{2}} = \frac{5 \times 4}{6 \times 9} \times \frac{2}{4} = \frac{40}{54} =$ Rép. 0,7407;

4° $x = \frac{\frac{4}{7} \times \frac{5}{8}}{\frac{3}{11}} = \frac{4 \times 5}{7 \times 8} \times \frac{11}{3} = \frac{220}{168} =$ Rép. 1,309.

1333. 1° L'égalité des deux rapports $\frac{7}{20}$, $\frac{10}{x}$ forme la proportion $7 : 20 :: 10 : x$, de laquelle on tire $x = \frac{20 \times 10}{7} =$ Rép. 28,57; 2° L'égalité des deux rapports $\frac{4}{5,9}$, $\frac{x}{8}$ forme la proportion $4 : 5,9 :: x : 8$, d'où $x = \frac{4 \times 8}{5,9} =$ Rép. 5,424; 3° L'égalité des deux rapports $\frac{3}{x}$, $\frac{8,05}{17}$ forme la proportion $3 : x :: 8,05 : 17$, d'où $x = \frac{3 \times 17}{8,05} =$ Rép. 6,33; 4° L'égalité des deux rapports $\frac{x}{\frac{5}{8}}$, $\frac{2}{11} : \frac{7}{9}$ forme la proportion $x : \frac{5}{8} :: \frac{2}{11} : \frac{7}{9}$, de laquelle on tire $x = \frac{\frac{5}{8} \times \frac{2}{11}}{\frac{7}{9}} = \frac{5 \times 2}{8 \times 11} \times \frac{9}{7} = \frac{5 \times 2 \times 9}{8 \times 11 \times 7} =$ Rép. 0,146.

1334. 1° $3 \times 3 : 5 \times 5 \times 5 :: 14 : x$, ou $9 : 125 :: 14 : x$, d'où $x = \frac{125 \times 14}{9} =$ Rép. 194,44;

2° On a vu (n° 265 de notre Arith. in-12) que, si quatre nombres sont en proportion, leurs carrés ou leurs cubes sont aussi en proportion. Elevez donc au carré tous les termes de la proportion donnée, vous aurez, $5^2 : 8^2 :: x : 2$, ou bien $25 : 64 :: x : 2$, d'où $x = \frac{25 \times 2}{64} =$ Rép. 0,781.

3° En vertu du principe précédent, élevez au cube tous les termes de la proportion, vous aurez, $4^3 : x :: 17 : 21^3$, ou bien $64 : x :: 17 : 9261$, d'où $x = \frac{64 \times 9261}{17} =$ Rép. 34864,94.

4° Dans cette proportion les deux moyens sont égaux; par conséquent, le carré d'un des moyens est égal au produit des extrêmes, et l'on a $x \times x$ ou $x^2 = 7 \times 28$; d'où il résulte que pour connaître le terme x, il faut extraire la racine carrée du produit 7×28. L'opération donne $x = \sqrt{7 \times 28} = \sqrt{196} =$ Rép. 14. Cette valeur de x est ce qu'on appelle *un moyen proportionnel* entre 7 et 28. (Page 270 de notre Arith. in 12°).

PROBLÈMES

SUR LA RÈGLE DE TROIS SIMPLE.

1335. PREMIÈRE MÉTHODE. Tableau des données :

$$25 \text{ ouvriers} \qquad 30 \text{ mètres}$$
$$15 \qquad\qquad x$$

Solution. Moins il y a d'ouvriers, moins il y a de mètres ; le terme x est donc plus petit que son homogène 30. De là, la proportion $15 : 25 :: x : 30$, d'où $x = \frac{15 \times 30}{25} =$ Rép. 18 mètres.

DEUXIÈME MÉTHODE. *Solution.* Si 25 ouvriers font 30 mètres d'ouvrage, 1 ouvrier en fait 25 fois moins ou $\frac{30}{25}$; par conséquent, 15 ouvriers font 15 fois $\frac{30}{25} =$ Rép. 18 mètres.

1336. PREMIÈRE MÉTHODE. Tableau des données :

$$100 \text{ kilog. (farine)} \qquad 0^{kilog.},75 \text{ (sel)}$$
$$2 \qquad\qquad\qquad x$$

Solution. Moins il y a de farine, moins de sel il faudra ; le terme x est donc plus petit que son homogène $0^k,75$; de là, la proportion $2 : 100 :: x : 0,75$, d'où $x = \frac{2 \times 0,75}{100} =$ Rép. $0^{kilog.},015$ ou 15 grammes.

DEUXIÈME MÉTHODE. *Solution*. Si 100 kilog. de farine exigent $0^{kilog.},75$ de sel, 1 kilog. de farine exigera 100 fois moins de sel ou $\frac{0,75}{100}$, et 2 kilog. de farine exigeront 2 fois $\frac{0,75}{100} =$ Rép. $0^{kilog.},015$.

1337. PREMIÈRE MÉTHODE. Tableau des données :

1286 naissances	866 enfants de 12 ans
8600	x

Solution. Plus il y a de naissances, plus il y a d'enfants de 12 ans. Le terme x est donc plus grand que son homogène 866. De là, la proportion $1286 : 8600 :: 866 : x$, de laquelle on tire $x = \frac{8600 \times 866}{1286} =$ Rép. 5791.

DEUXIÈME MÉTHODE. *Solution*. Si 1286 naissances donnent 866 enfants vivants à 12 ans, 1 naissance donne 1286 fois moins d'enfants de cet âge ou $\frac{866}{1286}$; par conséquent, 8600 naissances donneront 8600 fois $\frac{866}{1286} =$ Rép. 5791.

1338. PREMIÈRE MÉTHODE. Tableau des données :

36 ouvriers	8 jours
x	12

Solution. Plus on a de jours pour faire le même ouvrage, moins il faut d'ouvriers. Le terme x est donc plus petit que son homogène 36. De là, la proportion $x : 36 :: 8 : 12$, d'où $x = \frac{36 \times 8}{12} =$ Rép. 24.

DEUXIÈME MÉTHODE. *Solution*. Si l'on connaissait combien il faut d'ouvriers pour faire l'ouvrage en *un seul jour*, il serait ensuite facile de calculer combien il en faudrait pour exécuter le même travail dans 12 jours. Or, puisqu'il faut 8 jours à 36 ouvriers, il faudrait évidemment, pour *un seul jour*, 8 fois plus d'ouvriers, c'est-à-dire $8 \times 36 = 288$ ouvriers ; mais comme en réalité il s'agit d'exécuter le travail dans 12 jours, il suffira de la 12ᵉ partie de $288 = \frac{288}{12} =$ Rép. 24 ouvriers.

1339. PREMIÈRE MÉTHODE. Tableau des données :

$$0^{kilog.},933 \text{ (lentilles)} \qquad 1 \text{ kilog. (pois)}$$
$$1 \qquad\qquad\qquad x$$

Solution. Plus il y a de lentilles, plus il faut de pois. Le terme x est donc plus grand que son homogène 1 kilog. De là, la proportion $0,933 : 1 :: 1 : x$, d'où $x = \dfrac{1 \text{ kilog.}}{0,933} =$ Rép. $1^{kilog.},07$.

DEUXIÈME MÉTHODE. *Solution.* Puisque $0^k,933$ de lentilles valent 1 kilog. de pois, $0^k,001$ de lentilles vaut 933 fois moins ou $\dfrac{1 \text{ kilog.}}{933}$, et 1 kilog. ou 1000 grammes de lentilles valent 1000 fois $\dfrac{1 \text{ kilog.}}{933} =$ Rép $1^{kilog.},07$.

1340. PREMIÈRE MÉTHODE. Tableau des données :

$$12 \text{ hectolitres} \qquad 1 \text{ hectare}$$
$$2,5 \qquad\qquad\qquad x$$

Solution. Moins il y a d'hectolitres de blé, moins il faut de terrains. Le terme x est donc plus grand que son homogène 1 hectare, d'où la proportion $2,5 : 12 :: x : 1$, d'où $x = \frac{2,5}{12} =$ Rép. $0^{hectare},2083$ ou 20 ares 83 centiares.

DEUXIÈME MÉTHODE. Puisque 12 hectolitres de blé représentent 1 hectare de terrain, 1 hectol. de blé représente 12 fois moins de terrain ou $\dfrac{1^{hectare}}{12}$, et $2^{hectol.},5$ représentent $2,5$ fois $\dfrac{1^{hectare}}{12} =$ Rép. $0^{hectare},2083$.

1341. Première méthode. Tableau des données :

$$9^m \text{ (longueur)} \qquad 0^m,60 \text{ (largeur)}$$
$$x \qquad\qquad 0^m,55$$

Solution. Moins une étoffe est large, plus il en faut. Le terme x est donc plus grand que son homogène 9^m. De là, la proportion $9 : x :: 0,55 : 0,6$, d'où $x = \frac{9 \times 0,6}{0,55} =$ Rép. $9^m,82$.

Deuxième méthode. *Solution.* Si la seconde étoffe n'avait que 1 *centimètre* au lieu de 60, il en faudrait évidemment 60 fois plus, c'est-à-dire $9 \times 60 = 540$ mètres ; mais comme elle a 55 centimètres de large au lieu de 1 centimètre, il en faudrait 55 fois moins ou la 55e partie de 540 mètres $= \frac{540}{55} =$ Rép. $9^m,82$.

1342. Première méthode. Tableau des données :

$$657 \qquad 347$$
$$10 \qquad x$$

Solution. Moins il y a de personnes de 40 ans, moins il en parviendra à l'âge de 70 ans. Le terme x est donc plus petit que son homogène 347. De là, la proportion $10 : 657 :: x : 347$, d'où $x = \frac{347 \times 10}{657} =$ Rép. 5,3. C'est-à-dire de 5 à 6 ou 5 au moins, 6 au plus.

Deuxième méthode. *Solution.* Si 657 personnes de 40 ans fournissent 347 personnes atteignant l'âge de 70 ans, 1 personne du 1er âge fournira 657 fois moins de personnes du 2e âge ou $\frac{347}{657}$. Par conséquent, 10 personnes de 40 ans fourniront 10 fois $\frac{347}{657} =$ Rép. 5,3. C'est-à-dire 5 à 6 personnes.

1343. Première méthode. Tableau des données :

$$100 \text{ kilog. (bois)} \qquad 2 \text{ kilog. (cendre)}$$
$$x \qquad\qquad 100$$

Solution. Plus de cendre il y a, plus il faut de bois. Le terme x est donc plus grand que son homogène 100 kilog. De là, la proportion $100 : x :: 2 : 100$, d'où $x = \frac{100 \times 100}{2} =$ Rép. 5000 kilog.

DEUXIÈME MÉTHODE. *Solution*. Puisque 2 kilog. de cendre représentent 100 kilog. de bois brûlé, 1 *kilog.* de cendre représente 2 fois moins de [bois brûlé ou $\frac{100}{2}$, et 100 kilog. de cendre représentent 100 fois $\frac{100}{2}$ = Rép. 5000 kilog. de bois brûlé.

1344. PREMIÈRE MÉTHODE. Tableau des données :

289kilog.,9 (chaud)   294kilog.,6 (froid)
100   x

Solution. Moins grand sera le poids du pain chaud, moins grand aussi sera le poids du pain froid. Le terme x est donc plus petit que son homogène 294,6. De là, la proportion 100 : 289,9 :: x : 294,6, d'où $x = \frac{294,6 \times 100}{289,9}$ = Rép. 101kilog.,62. C'est-à-dire que l'augmentation est de 1k,62 pour 100.

DEUXIÈME MÉTHODE. *Solution*. Si 289kilog.,9 de pains chauds pèsent 294kilog.,6, vingt-quatre heures après la sortie du four, 1 kilog. de pain chaud pesera 289,9 fois moins ou $\frac{294,6}{289,9}$, et 100 kilog. du même pain pèseront 100 fois $\frac{294,6}{289,9}$ = Rép. 101kilog.,62. C'est-à-dire que l'augmentation est de 1kilog.,62 pour 100.

1345. PREMIÈRE MÉTHODE. Tableau des données :

15 ouvriers   90 heures
20   x

Solution. Plus il y a d'ouvriers pour faire le même ouvrage, moins de temps il faut. Le terme x est donc plus petit que son homogène 90. De là, la proportion 15 : 20 :: x : 90, d'où $x = \frac{15 \times 90}{20}$ = Rép. 67 heures 30 minutes.

DEUXIÈME MÉTHODE. *Solution*. Puisque 15 ouvriers mettent 9 jours ou 90 heures, *un seul* ouvrier mettra 15 fois plus de temps, c'est-à-dire $15 \times 90 = 1350$ heures. Mais comme le même travail doit être exécuté, non par 1 ouvrier, mais par 20, il faudra évidemment la 20e partie de 1350 heures ou $\frac{1350}{20}$ = Rép. 67 heures 30 minutes.

1346. PREMIÈRE MÉTHODE. Tableau des données :

$$5 \text{ kilog. (sucre)} \qquad 100 \text{ kilog. (racines)}$$
$$x \qquad\qquad 1258$$

Solution. Plus il y a de racines, plus de sucre il y aura. Le terme x est donc plus grand que son homogène 5. De là, la proportion $5 : x :: 100 : 1258$, d'où $x = \frac{5 \times 1258}{100} =$ Rép. $62^{\text{kilog.}},9$.

DEUXIÈME MÉTHODE. *Solution.* Si 100 kilog. de racines produisent 5 kilog. de sucre, 1 *kilog.* de racines produit 100 fois moins de sucre ou $\frac{5}{100}$, et 1258 kilog. produisent 1258 fois $\frac{5}{100} =$ Rép. $62^{\text{kilog.}},9$.

1347. PREMIÈRE MÉTHODE. Tableau des données :

$$84 \text{ décès} \qquad 100 \text{ naissances}$$
$$100 \qquad\qquad x$$

Solution. Plus il y a de décès, plus il y a de naissances. Le terme x est donc plus grand que son homogène 100 naissances. De là, la proportion $84 : 100 :: 100 : x$, d'où $x = \frac{100 \times 100}{84} =$ Rép. 119,05 ou mieux de 119 à 120 naissances.

DEUXIÈME MÉTHODE. *Solution.* Puisque 84 décès représentent 100 naissances, 1 *décès* représente 84 fois moins de naissances ou $\frac{100}{84}$, et 100 décès représentent 100 fois $\frac{100}{84} =$ Rép. 119,05 ou mieux 119 à 120 naissances.

1348. PREMIÈRE MÉTHODE. Tableau des données :

$$0^{\text{m}},9 \qquad x^{\text{m}} \qquad\qquad 9^{\text{m}} \qquad x^{\text{m}}$$
$$0^{\text{m}},8 \qquad 1000 \quad \text{ou} \quad 8^{\text{m}} \qquad 1000$$

Solution. Plus le pas est long, plus la distance parcourue dans le même temps sera grande. Le terme x est donc plus grand que son homogène 1000 mètres. De là, la proportion $8 : 9 :: 1000 : x$, d'où $x = \frac{9 \times 1000}{8} =$ Rép. 1125 mètres.

DEUXIÈME MÉTHODE. *Solution.* Puisque, d'après les données, 8 mètres parcourus par l'âne correspondent à 9 mètres parcourus par le mulet, 1 *mètre* parcouru par l'âne correspond aux $\frac{9}{8}$ de la distance parcourue par le mulet; par conséquent, 1000 mètres parcourus par l'âne correspondent à $1000 \times \frac{9}{8} =$ Rép. 1125 mètres parcourus par le mulet.

1349. PREMIÈRE MÉTHODE. Tableau des données :

$$18 \text{ personnes} \qquad 0^{\text{kilog}},5$$
$$18 + 7 = 25 \qquad x$$

Solution. Plus il y a de personnes, plus la ration doit être petite, la provision restant la même. Le terme x est donc plus petit que son homogène $0^{\text{k}},5$. De là, la proportion $18 : 25 :: x : 0,5$, d'où $x = \frac{18 \times 0,5}{25} =$ Rép. $0^{\text{k}},36$ ou 360 grammes.

DEUXIÈME MÉTHODE. *Solution.* La ration actuelle étant de $0^{\text{k}},5$ par personne, serait 18 fois plus grande ou $0^{\text{k}},5 \times 18 = 9$ kilog., s'il ne fallait nourrir qu'*une seule personne*. Mais ces 9 kilog. doivent nourrir 25 personnes, donc la ration sera 25 fois plus petite ou $\frac{9 \text{ kilog.}}{25} =$ Rép. $0^{\text{k}},36$ ou 360 grammes.

1350. PREMIÈRE MÉTHODE. Tableau des données :

$$1 \text{ hectare} \qquad 40 \text{ hectolitres}$$
$$0,57 \qquad x$$

Solution. Moins il y a d'hectares ensemencés, moins il y a de grains récoltés. Le terme x est donc plus petit que son homogène 40. De là, la proportion $0,57 : 1 :: x : 40$, d'où $x = 0,57 \times 40 =$ Rép. $22^{\text{hectol.}},8$.

DEUXIÈME MÉTHODE. *Solution.* Si 1 hectare ou 100 ares rend 40 hectolitres de grains, 1 are rend 100 fois moins ou $\frac{40}{100}$, et 57 ares rendent 57 fois plus ou $57 \times \frac{40}{100} =$ Rép. $22^{\text{hectol.}},8$.

1351. PREMIÈRE MÉTHODE. Tableau des données :

$$1 \text{ kilog. sulfate} \qquad 100 \text{ litres d'eau}$$
$$x \qquad 67$$

Solution. Moins il y a de litres d'eau, moins il faut de sulfate. Le terme x est donc plus petit que son homogène 1 kilog. De là, la proportion $x : 1 :: 67 : 100$, d'où $x = \frac{67}{100} =$ Rép. $0^{kilog.},67$.

DEUXIÈME MÉTHODE. *Solution*. Si 100 litres d'eau exigent 1 kilog. de sulfate, 1 *litre d'eau* exige 100 fois moins de sulfate ou $\frac{1 \text{ kilog.}}{100}$, et 67 litres d'eau exigent 67 fois $\frac{1 \text{ kilog.}}{100} =$ Rép. $0^{kilog.},67$.

1352. PREMIÈRE MÉTHODE. Tableau des données :

$$5 \text{ jours} \qquad 10 \text{ heures}$$
$$x \qquad\qquad 12$$

Solution. Plus on consacre d'heures à un travail déterminé, moins il faut de jours pour le faire. Le terme x est donc plus petit que son homogène 5 jours. De là, la proportion $x : 5 :: 10 : 12$, d'où $x = \frac{5 \times 10}{12} =$ Rép. 4 jours 4 heures.

DEUXIÈME MÉTHODE. *Solution*. Si, au lieu de 10 heures de travail par jour on employait 1 *heure* seulement, il faudrait évidemment 10 fois plus de temps ou $10 \times 5 = 50$ jours ; mais comme il s'agit de travailler, non pas 1 heure, mais 12 heures par jour, il faudrait 12 fois moins de temps ou $\frac{50}{12} =$ Rép. 4 jours 4 heures.

1353. PREMIÈRE MÉTHODE. Tableau des données :

$$-100 \text{ mariages} \qquad 344 \text{ naissances}$$
$$x \qquad\qquad\qquad 28$$

Solution. Moins il y a de naissances, moins de mariages on doit trouver. Le terme x est donc plus petit que son homogène 100. De là, la proportion $x : 100 :: 28 : 344$, d'où $x = \frac{28 \times 100}{344} =$ Rép. de 8 à 9 mariages.

DEUXIÈME MÉTHODE. *Solution*. Si 344 naissances représentent 100 mariages, 1 *naissance* représente 344 fois moins de mariages ou $\frac{100}{344}$, et 28 naissances représentent 28 fois $\frac{100}{344}$ = Rép. de 8 à 9 mariages.

1354. Première méthode. Tableau des données :

$$10^\mathrm{m} \qquad \frac{6}{8}\frac{}{8}$$
$$x$$

Solution. Moins l'étoffe est large, plus il en faut pour doubler les 10 mètres de drap. Le terme x est donc plus grand que son homogène 10. De là, la proportion $10 : x :: \frac{5}{8} : \frac{6}{8} :: 5 : 6$, en supprimant le dénominateur 8 commun aux deux derniers termes. On trouve $x = \frac{10 \times 6}{5} =$ Rép. 12 mètres.

Deuxième méthode. *Solution.* Si le drap n'avait que $\frac{1}{8}$ de large au lieu de $\frac{6}{8}$, il en faudrait évidemment 6 fois plus ou $6 \times 10 = 60$ mètres ; mais comme ces 60 mètres doivent être doublés, non pas avec une toile ayant $\frac{1}{8}$ de largeur, mais avec une toile ayant $\frac{5}{8}$, il en faudra 5 fois moins, c'est-à-dire $\frac{60}{5}$ Rép. 12 mèt.

1355. Première méthode. Tableau des données :

$$100^\mathrm{gr.}\ \text{(châtaignes)} \qquad 6^\mathrm{gr.},76\ \text{(matières nutritives)}$$
$$x \qquad\qquad 7$$

Solution. Plus il y a de matières nutritives, plus le poids des châtaignes, sera grand. Le terme x est donc plus grand que son homogène 100. De là, la proportion $100 : x :: 6,76 : 7$, d'où $x = \frac{7 \times 100}{6,76} =$ Rép. 103$^\mathrm{g}$,6.

Ce résultat indique que 100 grammes de pain et 103$^\mathrm{g}$,5 de châtaignes, ou bien 1 kilog. de pain et 1$^\mathrm{k}$,035 de châtaignes contiennent la même quantité de substances nutritives. Donc 1$^\mathrm{kilog}$,035 de châtaignes équivaut à 1 kilog. de pain.

Deuxième méthode. *Solution.* Puisque 6$^\mathrm{g}$,76 de matières nutritives représentent 100 grammes de châtaignes, 1 *gramme* de matières représente 6,76 fois moins ou $\frac{100}{6,76}$ de châtaignes, et 7 grammes de matières nutritives représentent 7 fois $\frac{100}{6,76} =$ Rép. 103$^\mathrm{g}$,6. (Voyez ci-dessus l'interprétation de ce résultat).

1356. Première méthode. Tableau des données :

10 heures   60 mèt. cub.
x 24

Solution. Moins il y a de mètres cubes, moins il faut d'heures de travail. Le terme x est donc plus petit que son homogène 10. De là, la proportion $x : 10 :: 24 : 60$, d'où $x = \frac{10 \times 24}{60} =$ Rép. 4 heures.

Deuxième méthode. *Solution*. Si 60 mètres de regalage exigent 10 heures de temps, 1 *mètre* exige 60 fois moins de temps ou $\frac{10}{60}$, et 24 mètres exigent 24 fois $\frac{10}{60} =$ Rép. 4 heures.

1357. Première méthode. Tableau des données :

37 échelons   20 centimèt.
x 21

Solution. Plus les échelons sont écartés, moins il en faut pour la même longueur d'échelle. Le terme x est donc plus petit que son homogène 37. De là, la proportion $x : 37 :: 20 : 21$, d'où $x = \frac{37 \times 20}{21} =$ Rép. 35.

Deuxième méthode. *Solution*. S'il faut 37 échelons à la distance de 20 centimètres, il est évident qu'à la distance de 1 *centimètre* seulement, il faudrait 20 fois plus d'échelons ou $20 \times 37 = 740$; mais comme l'écartement, dans le second cas, est de 21 centimètres au lieu de 1, il en faudrait 21 fois moins ou $\frac{740}{21} =$ Rép. 35.

1358. Première méthode. Tableau des données :

100 litres   81 kilog.
x 100

Solution. Plus il y a de kilog. de blé, plus de litres il y a. Le terme x est donc plus grand que son homogène 100 litres. De là, la proportion $100 : x :: 81 : 100$; d'où $x = \frac{100 \times 100}{81} =$ Rép. 123^l,45.

Deuxième méthode. *Solution*. Puisque 81 kilogram. représentent 100 litres, 1 *kilogram.* représente 81 fois moins de litres ou $\frac{100}{81}$ de litres, et 100 kilog. représentent 100 fois $\frac{100}{81}$ = Rép. 123^l,45.

1359. PREMIÈRE MÉTHODE. Tableau des données :

1006 âgés de 2 ans.   774 âgés de 25 ans.
37   x

Solution. Moins il y a d'enfants de 2 ans, moins il en parviendra à l'âge de 25 ans. Le terme x est donc plus petit que son homogène 774. De là, la proportion 37 : 1006 :: x : 774, d'où $x = \frac{37 \times 774}{1006}$ = Rép. 28 à 29 individus.

DEUXIÈME MÉTHODE. *Solution.* Si 1006 individus de 2 ans fournissent 774 individus à l'âge de 25 ans, 1 *individu* du 1er âge fournira 1006 fois moins d'individus du 2e âge ou $\frac{774}{1006}$; par conséquent, 37 individus de 2 ans fourniront 37 fois $\frac{774}{1006}$ = Rép. 28 à 29 individus.

1360. PREMIÈRE MÉTHODE. Tableau des données :

60^m longueur   0^m,8 profondeur
x 1,2

Solution. Plus la profondeur est grande, moins on fait de mètres, la largeur et le temps restant les mêmes. Le terme x est donc plus petit que son homogène 60. De là, la proportion x : 60 :: 0,8 : 1,2 d'où $x = \frac{60 \times 0,8}{1,2}$ = Rép. 40 mètres.

DEUXIÈME MÉTHODE. *Solution.* Si, au lieu de 0,8 la profondeur du fossé était de 0,1 seulement, il est évident que les ouvriers feraient 8 fois plus de longueur ou $8 \times 60 = 480$ mètres. Mais comme la profondeur est, non pas de 0^m,1, mais 1,2, c'est-à-dire 12 fois plus grande dans le second cas, les ouvriers feront évidemment 12 fois moins de longueur ou $\frac{480}{12}$ = Rép. 40 mètres.

1361. PREMIÈRE MÉTHODE. Tableau des données :

9 heures   0^m,85 hauteur
x 0^m,67

Solution. La longueur et la largeur du bassin restant les mêmes dans les deux cas, il est évident que l'eau mettra moins de temps pour monter à $0^m,67$ que pour monter à $0^m,85$, hauteur totale du bassin. Le terme x, qui exprime le temps cherché, est donc plus petit que son homogène 9. De là, la proportion $x : 9 :: 0,67 : 0,85$, d'où $x = \frac{9 \times 0,67}{0,85} =$ Rép. 7 heures 5 minutes 39 secondes.

Deuxième méthode. *Solution.* Puisque 0,85 de hauteur d'eau représente 9 heures de débit, $0^m,01$ de hauteur d'eau représente 85 fois moins de temps ou $\frac{9}{85}$, et 0,67 représente 67 fois $\frac{9}{85} =$ Rép. $7^h\ 5^m\ 39^s$.

1362. Première méthode. Tableau des données :

$$4 \text{ personnes} \qquad 4^l,25$$
$$4 + 1 = 5 \qquad x$$

Solution. Plus il y a de personnes, plus la part de vin sera petite. Le terme x est donc plus petit que son homogène $4^l,25$. De là, la proportion $4 :.5 :: x : 1,25$, d'où $x = \frac{4 \times 1,25}{5} =$ Rép. 1 litre.

Deuxième méthode. *Solution.* La ration de vin qui est actuellement de $4^l,25$, serait 4 fois plus grande ou $4 \times 1,25 = 5$ litres, s'il n'y avait qu'une seule personne. Mais ces 5 litres sont destinés à 5 personnes : par conséquent, la ration sera 5 fois plus petite ou $\frac{5}{5} =$ Rép. 1 litre.

1363. Première méthode. Tableau des données :

$$10000 \text{ kilog.} \qquad 86 \text{ mèt. cubes}$$
$$3500 \qquad x$$

Solution. Moins il y a de kilogram. de foin, moins leur volume est considérable. Le terme x est donc plus petit que son homogène 86. De là, la proportion $3500 : 10000 :: x : 86$, d'où $x = \frac{3500 \times 86}{10000} =$ Rép. $30^{\text{mèt. cub.}},1$.

Deuxième méthode. *Solution.* Puisque 10000 kilog. occupent 86 mètres cubes, 1 *kilog.* occupe 10000 fois moins de mètres ou $\frac{86}{10000}$, et 3500 kilog. occupent 3500 fois $\frac{86}{10000} =$ Rép. $30^{\text{mèt. cub.}},1$.

1364. Première méthode. Tableau des données :

$$18 \text{ bouteilles} \qquad 6^l,5$$
$$x \qquad 10$$

Solution. Plus les bouteilles sont grandes, moins il en faut pour renfermer la même quantité de vin. Le terme x est donc plus petit que son homogène 18. De là, la proportion $x : 18 :: 6,5 : 10$, d'où $x = \frac{18 \times 6,5}{10}$ = Rép. 11,7 bouteilles ou de 11 à 12.

Deuxième méthode. *Solution.* Si au lieu d'être de $6^l,5$ les bouteilles étaient de 1 *litre* seulement, il en faudrait 6,5 fois plus ou $18 \times 6,5 = 117$. Mais comme dans le second cas les bouteilles sont supposées de 10 litres, c'est-à-dire 10 fois plus grandes, il en faudra 10 fois moins ou $\frac{117}{10}$ = Rép. 11,7 bouteilles ou de 11 à 12.

1365. Première méthode. Tableau des données :

$$1000000 \text{ habitants} \qquad 164149 \text{ de 20 à 30 ans}$$
$$38000000 \qquad x$$

Solution. Plus il y a d'habitants, plus il y a d'individus de 20 à 30 ans. Le terme x est donc plus grand que son homogène 164149. De là, la proportion $1000000 : 38000000 :: 164149 : x$, d'où $x = \frac{38000000}{1000000} \times 164149 =$ Rép. 6237662. Tel est donc le nombre d'individus de 20 à 30 ans. Mais sur ce nombre, on compte moitié filles moitié garçons ; par conséquent, on aura le nombre de ces derniers, c'est-à-dire le nombre de combattants cherché, en prenant la moitié de 6237662 soit Rép. 3118831.

Deuxième méthode. *Solution.* Si pour 1000000 habitants on compte 164149 individus de 20 à 30 ans, pour 1 *habitant* on aura 1000000 de fois moins ou $\frac{164149}{1000000}$ et, par suite, pour 38000000 habitants on aura 38000000 fois $\frac{164149}{1000000} = 6237662$. (Voyez à la 1re solution pour l'interprétation de ce dernier résultat).

1366. Première méthode. Tableau des données :

$$23940 \text{ kilog.} \qquad 100 \text{ mètres}$$
$$x \qquad 60$$

Solution. Plus le relais est court, plus de voyages on fait dans la même journée ; par conséquent, plus grand est le poids des matériaux transportés. Le terme x est donc plus grand que son homogène 23940. De là, la proportion $23940 : x :: 60 : 100$, d'où $x = \frac{23940 \times 100}{60} =$ Rép. 39900 kilog.

DEUXIÈME MÉTHODE. *Solution*. Puisque à 100 mètres le manœuvre peut transporter 23940 kilogrammes, à 1 *mètre* seulement de distance, il transporterait 100 fois plus de kilog. ou $23940 \times 100 = 2394000$; mais comme ce n'est pas à 1 mètre, mais à 60 mètres que le transport doit avoir lieu, le nombre de kilog. transportés sera 60 fois plus petit que 2394000 ou $\frac{2394000}{60} =$ Rép. 39900 kilog.

1367. PREMIÈRE MÉTHODE. Réduisez les temps en minutes, vous aurez $3 \times 60 + 42 = 222$ minutes pour le premier, $60 + 18 = 78$ minutes pour le second, et, par suite, le tableau des données suivant :

$$9 \text{ litres} \qquad 222 \text{ minutes}$$
$$x \qquad\qquad 78$$

Solution. Moins la fontaine met de temps pour remplir le même bassin, plus de litres d'eau elle doit débiter. Le terme x est donc plus grand que son homogène 9. De là, la proportion $9 : x :: 78 : 222$, d'où $x = \frac{222 \times 9}{78} =$ Rép. $25^l,62$.

DEUXIÈME MÉTHODE. *Solution*. 3 heures 42 minutes $= 222$ minutes, et 1 heure 18 minutes $= 78$ minutes ; cela posé, on dira : si, au lieu de remplir le bassin en 222 minutes, la fontaine le remplissait en 1 *minute* seulement, il faudrait évidemment que son débit fût 222 fois plus grand ou de $222 \times 9 = 1998$ litres. Or, ce n'est pas en 1 minute, mais en 78 minutes que le bassin doit s'emplir dans le second cas. Donc alors le débit doit être 78 fois plus petit ou de $\frac{1998}{78} =$ Rép. $25^l,62$.

1368. PREMIÈRE MÉTHODE. Tableau des données :

100 kilog. (gerbes)   34 kilog. (grains)
9   x

Solution. Moins il y a de poids de gerbes, moins il y a de grains. Le terme x est donc plus petit que son homogène 34. De là, la proportion 9 : 100 :: x : 34, d'où $x = \frac{34 \times 9}{100} = 3^{kilog}.,06$ de grains.

DEUXIÈME MÉTHODE. *Solution.* Si 100 kilog. de gerbes donnent 34 kilog. de grains, 1 *kilog. de gerbes* donne 100 fois moins de grains ou $\frac{34}{100}$, et 9 kilog. de gerbes donnent 9 fois $\frac{34}{100} =$ Rép. $3^{kilog}.,06$ de grains.

1369. PREMIÈRE MÉTHODE. Tableau des données :

10 heures   10 mètres cubes
x 43,7

Solution. Plus il y a de mètres cubes, plus il faut d'heures de travail. Le terme x est dont plus grand que son homogène 10 heures. De là, la proportion 10 : x :: 10 : 43,7; d'où $x = \frac{43,7 \times 10}{10} =$ Rép. $43^h,7$ ou 4 journées 3 heures 42 minutes.

DEUXIÈME MÉTHODE. *Solution.* Si 10 mètres cubes de déblai exigent 10 heures de travail, 1 *mètre cube* de déblai exigera 10 fois moins de temps ou $\frac{10}{10} = 1$ heure, et $43^{m. cub.},7$ exigeront 43,7 fois 1 heure = Rép. $43^{heures},7$ ou 4 journées 3 heures 42 minutes.

1370. PREMIÈRE MÉTHODE. Tableau des données :

5 kilog. sulfate   100 litres d'eau
x 134

Solution. Plus il y a de litres d'eau, plus il faut de kilog. de sulfate. Le terme x est donc plus grand que son homogène 5. De là, la proportion 5 : x :: 100 : 134, d'où $x = \frac{134 \times 5}{100} =$ Rép. $6^{kilog}.,7$.

DEUXIÈME MÉTHODE. *Solution.* Puisque 100 litres d'eau prennent 5 kilog. de sulfate, 1 *litre d'eau* prend 100 fois moins de sulfate ou $\frac{5}{100} = 0^k,05$, et 134 litres d'eau prennent 134 fois $0^k,05 =$ Rép. $6^{kilog}.7$.

1371. PREMIÈRE MÉTHODE. Tableau des données :

1286 naissances   581 individus de 50 ans.
48   x

Solution. Moins il y a de naissances, moins il y a d'individus de 50 ans. Le terme x est donc plus petit que son homogène 581. De là, la proportion 48 : 1286 :: x : 581, d'où $x = \frac{48 \times 581}{1286} =$ Rép. 21 à 22.

DEUXIÈME MÉTHODE. *Solution*. Si 1286 naissances donnent 581 individus de l'âge de 50 ans, 1 naissance donne 1286 fois moins d'individus de cet âge ou $\frac{581}{1286}$, et 48 naissances donnent 48 fois $\frac{581}{1286} =$ Rép. 21 à 22.

1372. PREMIÈRE MÉTHODE. Tableau des données :

110 kilog. (mélange)   10 kilog. (chaux)
100   x

Solution. Moins il y a de kilog. dans le mélange, moins de chaux il faut. Le terme x est donc plus petit que son homogène 140. De là, la proportion 100 : 110 :: x : 10, d'où $x = \frac{100 \times 10}{110} = 9^k,09$. Ce qui veut dire que sur 100 parties de mélange, la chaux entre pour 9,09 parties, l'eau formant le reste, c'est-à-dire 100 — 9,09 = 90parties,91.

DEUXIÈME MÉTHODE. *Solution*. Puisque 110 parties de mélange contiennent 10 parties de chaux, 1 partie de mélange contient 110 fois moins de chaux ou $\frac{10}{110}$, et 100 parties de mélange contiennent 100 fois $\frac{10}{110} =$ Rép. 9parties,09, l'eau formant le reste.

1373. PREMIÈRE MÉTHODE. Tableau des données :

0kilog.,86 (fèves)   1 kilog. (haricots)
1   x

Solution. Plus il y a de fèves, plus il y aura de haricots. Le terme x est donc plus grand que son homogène 1 kilog. (haricots). De là, la proportion 0,86 : 1 :: 1 : x, d'où $x = \frac{1}{0,86} =$ Rép. 1kilog.,16.

DEUXIÈME MÉTHODE. *Solution*. Puisque 0k,86 de fèves

valent 1 kilog. de haricots, 0^k,01 de fèves vaut 86 fois moins ou $\frac{1}{86}$, et 1 kilog. de fèves vaut 100 fois $\frac{1}{86}$ = Rép. 1$^{kilog.}$,16.

1374. PREMIÈRE MÉTHODE. Tableau des données :

$$15 \text{ hommes} \qquad 25 \text{ jours}$$
$$x \qquad\qquad 10$$

Solution. Moins il y a de jours, plus d'hommes il faut pour exécuter le même ouvrage. Le terme x est donc plus grand que son homogène 15. De là, la proportion 15 : x :: 10 : 25, d'où $x = \frac{15 \times 25}{10}$ = Rép. 37 à 38 hommes.

DEUXIÈME MÉTHODE. *Solution.* Si 25 jours de travail exigent 15 hommes, 1 jour exigerait 25 fois plus d'hommes ou $15 \times 25 = 375$ hommes. Or, comme ce n'est pas en 1 jour, mais en 10 jours que l'ouvrage doit être fait, il faudra évidemment 10 fois moins d'hommes ou $\frac{375}{10}$ = Rép. 37 à 38 hommes.

1375. PREMIÈRE MÉTHODE. Tableau des données :

$$1 \text{ voiture} \qquad 6^f,50$$
$$\tfrac{2}{3} \qquad\qquad x$$

Solution. Moins il faut de fumier de mouton pour une surface donnée de terrain, plus son prix doit être élevé par rapport aux prix des autres engrais ; car, s'il en était autrement, si par exemple ce prix était inférieur ou seulement égal aux prix des autres fumiers, on n'aurait aucune raison pour employer ces derniers, dont il faut une plus grande quantité pour la même surface de terrain. Le terme x est donc plus grand que son homogène 6^f,50. De là, la proportion $\frac{2}{3} : 1 :: 6,5 : x$, d'où $x = \frac{6,5}{\frac{2}{3}} = 6^f,5 \times \frac{3}{2}$ = Rép. 9^f,75.

DEUXIÈME MÉTHODE. *Solution.* Puisque $\frac{2}{3}$ de voiture de fumier de mouton valent 1 voiture de tout autre engrais qui vaut 6^f,50, $\frac{1}{3}$ de voiture du premier engrais vaut 2 fois moins ou $\frac{6,5}{2}$ = 3f,25 ; par conséquent, les $\frac{3}{3}$ de la voiture, ou la voiture entière de fumier de mouton, valent 3 fois 3f,25 = Rép. 9f,75.

1376. PREMIÈRE MÉTHODE. Tableau des données :

970000 naissances   305500 garçons de 20 à 21 ans.
    86   x

Solution. Moins il y a de naissances, moins il y a de garçons de la catégorie donnée. Le terme x est donc plus petit que son homogène 305500. De là, la proportion 86 : 970000 :: x : 305500, d'où $x = \frac{305500 \times 86}{970000}$ = Rép. 27 à 28.

DEUXIÈME MÉTHODE. *Solution.* Si 970000 naissances donnent 305500 jeunes gens de 20 à 21 ans, 1 naissance donne 970000 fois moins de jeunes gens de cette catégorie ou $\frac{305500}{970000}$, et 86 naissances donnent 86 fois $\frac{305500}{970000}$ = Rép. 27 à 28.

1377. PREMIÈRE MÉTHODE. Tableau des données :

200 mètres   1° 30′ ou 90′
   x 1° 15′ ou 75′

Solution. Plus les angles diminuent, plus les distances comprises entre la borne et le géomètre augmentent. Le terme x est donc plus grand que son homogène 200. De là, la proportion 200 : x :: 75 : 90, d'où $x = \frac{200 \times 90}{75}$ = Rép. 240 mètres.

DEUXIÈME MÉTHODE. *Solution.* Si, au lieu d'être de 90′, l'angle correspondant à 200 mètres, était de 1′ seulement, la distance correspondant à ce dernier angle serait 90 fois plus grande que la première, c'est-à-dire de 90×200 = 18000 mètres ; mais comme il s'agit, en second lieu, non pas d'un angle de 1′, mais d'un angle de 75′, c'est-à-dire 75 fois plus grand, la distance correspondante sera 75 fois plus petite ou $\frac{18000}{75}$ = Rép. 240 mètres.

1378. PREMIÈRE MÉTHODE. Tableau des données :

1912 mètres   5 millimètres
1886 x

Solution. Moins la montagne est élevée sur le terrain, moindre sera sa hauteur sur le papier. Le terme x est donc plus petit que son homogène 5 millimètres. De là, la proportion $1886 : 1912 :: x : 5$, d'où $x = \frac{1886 \times 5}{1912}$ = Rép. $4^{mm},9$.

Deuxième méthode. *Solution*. Si 1912 mètres sur le terrain représentent 5 millimètres de hauteur sur le papier, 1 mètre sur le terrain représentera, sur le papier, une hauteur 1912 fois plus petite ou $\frac{5}{1912}$, et 1886 mètres sur le terrain ou la hauteur du mont Dore, représenteront 1886 fois $\frac{5}{1912}$ = Rép. $4^{mm},9$.

1379. Première méthode. Tableau des données :

$$1^m \text{ (carte)} \qquad 80000 \text{ (terrain)}$$
$$0,861 \qquad\qquad x$$

Solution. Plus la distance sur la carte est petite, plus petite elle sera sur le terrain. Le terme x est donc plus petit que son homogène 80000. De là, la proportion $0,861 : 1 :: x : 80000$, d'où $x = 80000 \times 0,861$ = Rép. $68^{kilom.},88$.

Deuxième méthode. *Solution*. Si 1 mètre sur la carte représente sur le terrain une distance de 80000 mètres, $0^m,001$ sur la carte représentera, sur le terrain, une distance 1000 fois moindre ou $\frac{80000}{1000}$, et $0^m,861$ représenteront 861 fois $\frac{80000}{1000}$ = Rép. $68^{kilom.},88$.

1380. Première méthode. Tableau des données :

$$0^m,3 \text{ (plan)} \qquad 30^m \text{ (terrain)}$$
$$1^m \qquad\qquad x$$

Solution. Les distances augmentant sur le plan, augmentent aussi sur le terrain. Le terme x est donc plus grand que son homogène 30. De là, la proportion $0,3 : 1 :: 30 : x$, d'où $x = \frac{30}{0,3} = 100$. Ce résultat signifie que 1 mètre mesuré sur le plan représente 100 mètres mesurés sur le terrain, ou, ce qui revient au même, que l'échelle du plan est de $\frac{1}{100}$ ou de $0^m,01$ par mètre.

— 253 —

DEUXIÈME MÉTHODE. *Solution*. Puisque $0^m,3$ sur le plan, représente 30 mètres sur le terrain, $0^m,1$ sur le plan, représente sur le terrain une distance 3 fois plus petite ou $\frac{30}{3}$, et 1 mètre sur le plan représente 10 fois $\frac{30}{3} = 100$. (Pour l'interprétation de ce résultat, voyez la première solution).

1381. PREMIÈRE MÉTHODE. Tableau des données :

$$150^m \text{ (terrain)} \qquad 0^m,15 \text{ (plan)}$$
$$x \qquad\qquad\qquad 1$$

Solution. Les distances augmentant sur les plans, augmentent proportionnellement sur le terrain. Le terme x est donc plus grand que son homogène 150. De là, la proportion $150 : x :: 0,15 : 1$, d'où $x = \frac{150}{0,15} = 1000$. Ce qui veut dire que l'échelle est Rép. de $\frac{1}{1000}$ ou de $0^m,001$ par mètre.

DEUXIÈME MÉTHODE. *Solution*. Si $0^m,15$ mesurés sur le plan représentent, sur le terrain, une distance de 150 mètres, $0^m,01$ pris sur le même plan, représente, sur le terrain, une distance 15 fois plus petite ou $\frac{150}{15}$, et 1^m ou 100 centimètres mesurés sur le plan, représentent 100 fois $\frac{150}{15} = $ Rép. 1000 mètres. Ce résultat signifie que l'échelle est de $\frac{1}{1000}$ ou de $0^m,001$ par mèt.

1382. PREMIÈRE MÉTHODE. Le bois vert perdant $\frac{1}{5}$ ou $\frac{20}{100}$ de son poids, il en résulte que 100 kilog. de bois vert se réduisent à 80 kilog. de bois sec, ce qui fournit les données suivantes :

$$80. \text{ kilog.} \qquad 2^f,50$$
$$100 \qquad\qquad x$$

Solution. Plus il y a de kilog. de bois, plus le prix s'élève. Le terme x est donc plus grand que son homogène $2^f,50$. De là, la proportion $80 : 100 :: 2^f,5 : x$, d'où $x = \frac{2,5 \times 100}{80} = $ R. $3^f,125$ les 100 kilog.

DEUXIÈME MÉTHODE. *Solution*. D'après le tableau des données, puisque 80 kilog. coûtent $2^f,50$, 1 kilog. coûte 80 fois moins ou $\frac{2,5}{80}$, et 100 kilog. coûtent 100 fois $\frac{2,5}{80} = $ Rép. $3^f,125$.

23 *

1583. PREMIÈRE MÉTHODE. Représentons par l'unité la valeur nutritive de l'œuf, nous aurons 1,5 pour celle de la viande, et, par suite, le tableau suivant des données :

$$1,5 \text{ valeur nutritive (viande)} \qquad 240 \text{ gr.}$$
$$1 \qquad — \qquad \text{(œufs)} \qquad x$$

Dans lequel x exprime le poids d'œufs équivalant à 240 grammes de viande.

Solution. Moins une substance est nutritive, comparativement à une autre, plus il en faut pour un poids donné de celle-ci. Le terme x est donc plus grand que son homogène 240. De là, la proportion $1 : 1,5 :: 240 : x$, d'où $x = 240 \times 1,5 = 360$ grammes.

Tel est le poids d'œufs équivalant à 240 gram. de viande. Or, comme les œufs pèsent 54 gram., autant de fois ce nombre sera contenu dans 360 gram., autant d'œufs il faudra. La division donne $\frac{360}{54} =$ Rép. 6 à 7 œufs.

DEUXIÈME MÉTHODE. *Solution.* Il est évident que si l'œuf avait la même valeur nutritive que la viande, 240 gram. de la première substance équivaudraient à 240 gram. de la seconde. Mais comme la première vaut non pas autant, mais 1,5 fois moins comme aliment, il s'ensuit qu'il en faut une quantité 1,5 fois plus grande, c'est-à-dire $240 \times 1,5 = 350$ grammes. (Pour la suite du raisonnement, voyez la 1re solution.)

1584. PREMIÈRE MÉTHODE. Tableau des données :

$$12732 \text{ kilom.} \qquad 114$$
$$x \qquad 32$$

Solution. Le diamètre de la terre étant représenté par 114 et celui de la lune par 32, il est évident que ce dernier, exprimé en kilomètres, sera plus petit que 12732 kilom. Par conséquent, le terme x est plus petit que son homogène 12732, et contenu dans ce dernier nombre autant de fois que 32 est contenu dans 114. On aura donc la proportion $32 : 114 :: x : 12732$, d'où $x = \frac{12732 \times 32}{114} =$ Rép. 3573 kilom.,9.

DEUXIÈME MÉTHODE. *Solution*. Puisque le nombre 114 représente 12732 kilom., le nombre 1 ou l'unité représente 114 fois moins de kilom. ou $\frac{12732}{114}$, et le nombre 32 représente 32 fois $\frac{12732}{114}$ = Rép. 3573^k,9.

1385. PREMIÈRE MÉTHODE. Tableau des données :

100 $^{kilog.}$ (blé) 76 $^{kilog.}$ (farine) 100 $^{kilog.}$ (blé) 22 $^{kilog.}$ (son)
567   x 567 x

Solution. Plus il y a de blé, plus il y a de farine et de son. Le terme x sera donc plus grand que ses homogènes 76 et 22. De là, les proportions :

(1) $100 : 567 :: 76 : x$, d'où $x = \frac{567 \times 76}{100} =$ Rép. 430$^{kilog.}$,92 farine.

(2) $100 : 567 :: 22 : x$, d'où $x = \frac{567 \times 22}{100} =$ Rép. 124$^{kilog.}$,74 son.

DEUXIÈME MÉTHODE. 1re *Solution*. Si 100 kilog. blé donnent 76 kilog. farine, 1 kilog. blé donnera 100 fois moins de farine ou $\frac{76}{100}$, et 567 kilog. blé donneront 567 fois $\frac{76}{100}$ = 1re Rép. 430$^{kilog.}$,92 farine.

2e *Solution*. Si 100 kilog. blé donnent 22 kilog. son, 1 kilog. blé donnera 100 fois moins de son ou $\frac{22}{100}$, et 567 kilog. blé donneront 567 fois $\frac{22}{100}$ = 2^e Rép. 124$^{kilog.}$,74 son.

1386. PREMIÈRE MÉTHODE. Le $\frac{1}{320}$ du diamètre terrestre = $\frac{12732000}{320}$ = 39787^m; par conséquent, on aura pour tableau des données :

12732000^m (diamètre)   39787^m (épaisseur de la croûte)
0,3 x

Solution. Plus le diamètre est petit, moins la croûte est épaisse. Le terme x est donc plus petit que son homogène 39787. De là, la proportion 0,3 : 12732000 :: x : 39787, d'où $x = \frac{39787 \times 0,3}{12732000} =$ Rép. 0^m,0009 ou 0^{mm},9.

DEUXIÈME MÉTHODE. *Solution*. Puisque 1 diamètre de 12732000 mètres représente une croûte de 39787 mètres d'épaisseur, un diamètre de $0^m,1$ *seulement* représentera une croûte 12732000 fois moins épaisse ou $\frac{39787}{12732000}$, et un diamètre de $0^m,3$ représentera 3 fois $\frac{39787}{12732000}$ = Rép. $0^m,0009$ ou $0^{mm},9$.

1387. PREMIÈRE MÉTHODE. Si 1 coupe verte pèse 22000 kilog., les 4 coupes pèsent $22000 \times 4 = 88000$ kilog. Mais ces 88000 kilog. se réduisent à 9000 kilog. de fourrage sec ; donc la question se réduit à chercher combien 100 kilog. de fourrage vert produisent de kilogrammes de fourrage sec, à l'aide des données suivantes :

$$88000 \text{ kilog. (vert)} \qquad 9000 \text{ kilog. (sec)}$$
$$100 \qquad\qquad x$$

Solution. Moins il y a de fourrage vert, moins il y aura de fourrage sec. Le terme x est donc plus petit que son homogène 9000. De là, la proportion $100 : 88000 :: x : 9000$, d'où $x = \frac{9000 \times 100}{88000}$ = Rép. $10^{kilog.},2$ fourrage sec.

DEUXIÈME MÉTHODE. *Solution.* D'après le tableau des données, si 88000 kilog. fourrage vert produisent 9000 kilog. fourrage sec, 1 kilog. fourrage vert produira 88000 fois moins de fourrage sec ou $\frac{9000}{88000}$, et 100 kilog. fourrage vert produiront 100 fois $\frac{9000}{88000}$ = Rép. $10^{kilog.},2$ fourrage sec.

1388. PREMIÈRE MÉTHODE. Il y a entre 20 et 19 hecto-litres le même rapport qu'entre 20 et 19 décalitres. On a donc pour tableau des données :

$$20 \text{ hectol. (achetés)} \qquad 19 \text{ hectol. (reçus)}$$
$$17 \qquad\qquad x$$

Solution. Moins il y a d'hectolitres achetés, moins il y a d'hectolitres reçus. Le terme x est donc plus petit que son homogène 19. De là, la proportion $17 : 20 :: x : 19$, d'où $x = \frac{17 \times 19}{20} = 16^{hectol.},15$. Ce ré-sultat signifie que lorsqu'on croit acheter et qu'on paye 17 hectolit., on n'en reçoit réellement que 16,15, d'où il suit qu'on perd $17 - 16,15 = 0^{hectol.},85$, lesquels, à raison de 23 fr. l'hectolitre, donnent $0,85 \times 23 =$ Rép. $19^f,55$ de perte.

DEUXIÈME MÉTHODE. *Solution*. Puisque 20 hectolitres achetés, représentent 19 hectolitres reçus, 1 hectolitre acheté représente 20 fois moins ou $\frac{19}{20}$, et 17 hectolitres achetés représentent 17 fois $\frac{19}{20}$, $= 16^{\text{hectol.}},15$. (Même observation que pour le résultat de la 1re méthode).

1389. PREMIÈRE MÉTHODE. Puisque sur 40 kilog. d'eau, 100 kilog. de bois n'en retiennent plus que 12, après un an de coupe, il s'ensuit que ce bois a perdu 28 kilog. de son poids, ou, ce qui est la même chose, que 100 kilog. de bois vert se réduisent à 72 kilog. de bois sec ; par conséquent, on a pour tableau des données :

$$100^{\text{kilog.}} \text{ (vert)} \qquad 72^{\text{kilog.}} \text{ (sec)}$$
$$1254 \qquad\qquad x$$

Solution. Plus il y a de bois vert plus il y a de bois sec. Le terme x est donc plus grand que son homogène 72. De là, la proportion $100 : 1254 :: 72 : x$, d'où $x = \frac{1254 \times 72}{100} =$ Rép. $902^{\text{kilog.}},88$ bois sec.

DEUXIÈME MÉTHODE. *Solution*. Si 100 kilog. bois vert donnent 72 kilog. bois sec, 1 kilog. bois vert donne 100 fois moins de bois sec ou $\frac{72}{100}$, et 1254 kilog. bois vert donnent 1254 fois $\frac{72}{100} =$ Rép. $902^k,88$ bois sec.

1390. PREMIÈRE MÉTHODE. 25 mètres cubes $= 25000$ litres ; d'un autre côté, 600 becs brûlant 8 heures, à 120 litres par heure $= 600 \times 8 \times 120 = 576000$ lit. On a donc pour tableau des données :

$$100 \text{ kilog. (houille)} \qquad 25000 \text{ litres (gaz)}$$
$$x \qquad\qquad 576000$$

Solution. Plus il y a de litres de gaz, plus il faut de kilog. de houille. Le terme x est donc plus grand que son homogène 100. De là, la proportion $100 : x :: 25000 : 576000$, d'où $x = \frac{576000 \times 100}{25000} =$ Rép 2304 kilog.

Deuxième méthode. *Solution.* D'après le tableau des données, si 25000 litres de gaz exigent 100 kilog. de houille, 1 litre de gaz exige 25000 fois moins de houille ou $\frac{100}{25000}$, et 576000 litres de gaz exigent 576000 fois $\frac{100}{25000}$ = Rép. 2304 kilog. de houille.

1391. Première méthode. Représentons par 100 le poids d'un pain fait avec du blé dur, et par x le poids qu'il faut en pains de munition pour remplacer le premier, comme aliment. Nous aurons pour tableau des données :

100 parties (pain) · 14 parties (matières nutritives)
x · 7,8

Solution. Moins une substance est nutritive, par rapport à une autre, plus il en faut pour un poids donné de celle-ci. Le terme x est donc plus grand que son homogène 100. De là, la proportion $100 : x :: 7,8 : 14$, d'où $x = \frac{14 \times 100}{7,8} = 179,5$. Ce résultat indique que 100 parties de pain fait avec du blé dur, et 179,5 parties de pain de munition, contiennent la même quantité de matières nutritives, ou bien qu'il faut, à poids égal, 1,795 pain de munition pour remplacer, comme aliment, 1 pain fait avec du blé dur.

Deuxième méthode. *Solution.* Si le pain de munition avait la même valeur nutritive que le pain de blé dur, 100 parties du premier équivaudraient à 100 parties du second; mais comme le premier vaut non pas autant, mais $\frac{14}{7,8} = 1,795$ fois moins, comme aliment, il s'ensuit qu'il en faut une quantité 1,795 fois plus grande ou $100 \times 1,795 = $ Rép. 179 parties,5 pour 100 du premier, ou plus simplement qu'il faut 1,795 pain du munition pour 1 pain de blé dur, le poids des pains étant le même.

1392. Première méthode. Si 1 coupe verte pèse 2200 kilog., 2 coupes pèsent $22000 \times 2 = 44000$ kilog.; or, ces 44000 kilog. se réduisent à 7500 kilog., fourrage sec ; par conséquent, la question revient à chercher combien 100 kilog. de fourrage vert produisent de kilog. fourrage sec, au moyen des données suivantes :

$$44000^{kilog.}, \text{(vert)} \qquad 7500^{kilog.} \text{(sec)}$$
$$100 \qquad\qquad\qquad x$$

Solution. Moins il y a de fourrage vert, moins il y a de fourrage sec. Le terme x est donc plus petit que son homogène 7500. De là, la proportion $100 : 44000 :: x : 7500$, d'où $x = \frac{7500 \times 100}{44000} = 17$ kilog. fourrage sec.

DEUXIÈME MÉTHODE. *Solution.* Si 44000 kilog. fourrage vert donnent 7500 kilog. fourrage sec, 1 kilog. fourrage vert donnera 44000 fois moins ou $\frac{7500}{44000}$, et 100 kil. fourrage vert donneront 100 fois $\frac{7500}{44000} = $ Rép. 17 kilog. fourrage sec.

1393. PREMIÈRE MÉTHODE. Tableau des données :

1er Tableau. $\left\{ \begin{array}{l} 100^{kilog.} \text{(poids de la bête)} \qquad 4^{kilog.} \text{(foin)} \\ 350 \qquad\qquad\qquad\qquad\qquad\qquad x \end{array} \right.$

2me Tableau. $\left\{ \begin{array}{l} 100^{kilog.} \text{(poids de la bête)} \qquad 4^{kilog.} \text{(foin)} \\ 38 \qquad\qquad\qquad\qquad\qquad\qquad x \end{array} \right.$

3me Tableau. $\left\{ \begin{array}{l} 100^{kilog.} \text{(poids de la bête)} \qquad 4^{kilog.} \text{(foin)} \\ 29 \qquad\qquad\qquad\qquad\qquad\qquad x \end{array} \right.$

Solutions. Le poids de la bête augmentant ou diminuant, le poids du fourrage augmente ou diminue proportionnellement; par conséquent, le terme x sera plus grand que son homogène 4, dans le 1er tableau, et plus petit que ses homogènes 4, dans le 2e et 3e tableau. De là, les trois proportions :

(1) $100 : 350 :: 4 : x$, d'où $x = \frac{350 \times 4}{100} = $ Rép. 14 kilog.

(2) $38 : 100 :: x : 4$, d'où $x = \frac{38 \times 4}{100} = $ Rép. $1^{kilog.}, 52$.

(3) $29 : 100 :: x : 4$, d'où $x = \frac{29 \times 4}{100} = $ Rép. $1^{kilog.}, 16$.

Deuxième méthode. 1re *Solution*. Puisque 100 kilog. (poids de bête) représentent 4 kilog. (poids de foin), 1 kilog. (poids de bête) représente la 100e partie de 4 kilog. ou $\frac{4}{100}$, et 350 kilog. (poids de bête) représentent 350 fois $\frac{4}{100}$ = 1re Rép. 14 kilog. de foin.

En raisonnant de la même manière pour le 2e et 3e cas, on trouvera :

$$\text{Le 2e résultat} = \text{Rép. } 1^{\text{kilog}}.,52.$$
$$\text{Le 3e} \quad — \quad = \text{Rép. } 1^{\text{kilog}}.,16.$$

1394. Première méthode.

$$\begin{array}{l} \text{1er} \\ \textit{Tableau.} \end{array} \left\{ \begin{array}{ll} 100^l \text{ (vin)} & 19^l \text{ (alcool)} \\ 180 & x \end{array} \right.$$

$$\begin{array}{l} \text{2me} \\ \textit{Tableau.} \end{array} \left\{ \begin{array}{ll} 100^l \text{ (vin)} & 15^l,1 \text{ (alcool)} \\ 180 & x \end{array} \right.$$

$$\begin{array}{l} \text{3me} \\ \textit{Tableau.} \end{array} \left\{ \begin{array}{ll} 100^l \text{ (vin)} & 14^l,57 \text{ (alcool)} \\ 180 & x \end{array} \right.$$

Solutions. Plus il y a de vin, plus il y a d'alcool. Le terme x est donc plus grand que ses homogènes 19^l, $15^l,1$, $14^l,57$. De là, les trois proportions suivantes :

(1) $100 : 180 :: 19 : x$, d'où $x = \frac{180 \times 19}{100} =$ 1re Rép. $34^l,2$.

(2) $100 : 180 :: 15,1 : x$, d'où $x = \frac{180 \times 15,1}{100} =$ 2me Rép. $27^l,18$.

(3) $100 : 180 :: 14,57 : x$, d'où $x = \frac{180 \times 14,57}{100} =$ 3me Rép. $26,23$.

Deuxième méthode. 1re *Solution*. Si 100 litres de vin donnent 19 litres d'alcool, 1 litre de vin donne la 100me partie de 19 ou $\frac{19}{100}$, et 180 litres de vin donnent 180 fois $\frac{19}{100}$ = Rép. $34^l,2$ d'alcool.

Par un raisonnement semblable on trouvera :

Le 2me résultat = Rép. $27^l,18$.

Le 3me résultat = Rép. $26^l,23$.

1395. Première méthode. Tableaux des données :

$$1^{er} \text{ Tableau.} \quad \left\{ \begin{array}{ll} 33 \text{ naissances} & 17 \text{ garçons} \\ x & 7641 \end{array} \right.$$

$$2^{me} \text{ Tableau.} \quad \left\{ \begin{array}{ll} 70 \text{ décès féminins} & 71 \text{ décès de garçons} \\ 5137 & x \end{array} \right.$$

Solutions. 1er cas. Plus il y a de naissances de garçons, plus il y a de naissances de tout sexe, 2e cas. Plus il y a de de décès féminins, plus il y a de décès de garçons. Le terme x est donc plus grand que ses homogènes 33, 71. De là, les deux proportions suivantes :

(1) $33 : x :: 17 : 7641$, d'où $x = \frac{7641 \times 33}{17} =$ 1re Rép. 14832 à 14833.

(2) $70 : 5137 :: 71 : x$, d'où $x = \frac{5137 \times 71}{70} =$ 2me Rép. 5210 à 5211.

Deuxième méthode. 1re *Solution.* Si 17 garçons représentent 33 naissances, 1 garçon représente 17 fois moins de naissances ou $\frac{33}{17}$, et 7641 garçons représentent 7641 fois $\frac{33}{17} =$ Rép. 14832 à 14833 naissances.

2me *Solution.* Si 70 décès féminins représentent 71 décès de garçons, 1 décès féminin représente 70 fois moins de décès de garçons ou $\frac{71}{70}$, et 5137 décès féminins représentent 5137 fois $\frac{71}{70} =$ Rép. 5210 à 5211 décès de garçons.

1396. Première méthode. Tableau des données :

$$\begin{array}{ll} 400 \text{ kilog. (vert)} & 100 \text{ kilog. (sec)} \\ x & 3000 \text{ à } 4500 \end{array}$$

Solution. Plus il y a de fourrage sec, plus il y a de fourrage vert. Le terme x est donc plus grand que son homogène 400. De là, la proportion $400 : x :: 100 : 3000 : 4500$, d'où $x = \frac{400 \times 3000}{100} =$ 1re Rép. 12000 kilog., et $x = \frac{400 \times 4500}{100} =$ 2me Rép. 18000 kilog.

Deuxième méthode. *Solution.* Puisque 100 kilog. fourrage sec représentent 400 kilog. fourrage vert, 1 kilog. fourrage sec représente la 100e partie de 400 ou $\frac{400}{100}$, et 3000 ou 4500 kilog. fourrage sec représentent :

3000 fois $\frac{400}{100}$ = 1re Rép. 12000 kilog. fourrage vert
4500 fois $\frac{400}{100}$ = 2me Rep. 18000 kilog.   —

1397. Première méthode. Puisque 9 mètres cubes exigent 1 piocheur, autant de fois 9 sera contenu dans 108 mètres cubes, autant de piocheurs il faudra. La division donne $\frac{108}{9}$ = 12 piocheurs. On a donc pour tableau des données :

$$5 \text{ piocheurs} \qquad 3 \text{ pelleteurs}$$
$$12 \qquad\qquad x$$

Solution. Plus il y a de piocheurs, plus il faut de pelleteurs. Le terme x est donc plus grand que son homogène 3. De là, la proportion $5 : 12 :: 3 : x$, d'où $x = \frac{12 \times 3}{5}$ = Rép. $7\frac{1}{5}$ ou mieux 7 à 8 pelleteurs.

Deuxième méthode. *Solution.* D'après le tableau des données, si 5 piocheurs exigent 3 pelleteurs, 1 piocheur exige 5 fois moins de pelleteurs ou $\frac{3}{5}$, et 12 piocheurs exigent 12 fois $\frac{3}{5}$ = Rép. $7\frac{1}{5}$ ou 7 à 8 pelleteurs.

1398. Première méthode. Puisque une coupe verte pèse 18000 kilog., les 2 coupes pèsent $18000 \times 2 = 36000$ kilog. Mais ces 36000 se réduisent à 7500 kilog. de foin fané ; la question se réduit donc à trouver combien 100 kilog. de foin vert produisent de kilog. en foin fané. Tableau des données :

$$36000 \text{ kilog. (vert)} \qquad 7500 \text{ kilog. (fané)}$$
$$100 \qquad\qquad x$$

Solution. Moins il y a de foin vert, moins il y aura de foin fané. Le terme x est donc plus petit que son homogène 7500. De là, la proportion $100 . 36000 :: x : 7500$, d'où $x = \frac{7500 \times 100}{36000}$ = Rép. 20,8 p. % de foin fané pour 79,2 p. % de foin vert.

Deuxième méthode. *Solution.* Puisque 36000 kilog. de foin vert produisent 7500 kilog. de foin fané, 1 kilog. de foin vert produira la 36000me partie de 7500 kilog. ou $\frac{7500}{36000}$, et 100 kilog. de foin vert produiront 100 fois $\frac{7500}{36000}$ = Rép. 20,8 p. % de foin fané, pour 79,2 p. % de foin vert.

1399. Première méthode. Le produit en viande nette est de $100 - 40 = 60$ p. % pour les bœufs et les veaux; de $100 - 44 = 56$ p. % pour les vaches; de $100 - 47 = 53$ p. % pour les moutons. On a donc pour tableaux des données :

1er CAS. $\begin{cases} 100 \\ 625 \end{cases}$ kilog. (brut) $\begin{cases} 60 \text{ kilog. (net)} \\ x \end{cases}$

2me CAS. $\begin{cases} 100 \\ 73 \end{cases}$ kilog. (brut) $\begin{cases} 60 \text{ kilog. (net)} \\ x \end{cases}$

3me CAS. $\begin{cases} 100 \\ 534,75 \end{cases}$ kilog. (brut) $\begin{cases} 56 \text{ kilog. (net)} \\ x \end{cases}$

4me CAS. $\begin{cases} 100 \\ 27,35 \end{cases}$ kilog. (brut) $\begin{cases} 53 \text{ kilog. (net)} \\ x \end{cases}$

Solutions. Le poids brut augmentant ou diminuant, le poids net augmente ou diminue proportionnellement. Le terme x est donc plus grand dans le 1er et 3me cas, que ses homogènes 60, 56, et plus petit dans le 2me et 4me cas, que 60, 53. De là, les quatre proportions suivantes :

(1) $100 : 625 :: 60 : x$, d'où $x = \frac{625 \times 60}{100} =$ 1re Rép. 375 kilog.

(2) $73 : 100 :: x : 60$, d'où $x = \frac{73 \times 60}{100} =$ 2me Rép. 43,8.

(3) $100 : 534,75 :: 56 : x$, d'où $x = \frac{534,75 \times 56}{100} =$ 3me Rép. 299,46.

(4) $27,35 : 100 :: x : 53$, d'où $x = \frac{27,35 \times 53}{100} =$ 4me Rép. 14,5.

Deuxième méthode. 1re *Solution.* Si 100 kilog. (poids brut) produisent 60 kilog. (poids net) 1 kilog. (poids brut) produit la 100e partie de 60 kilog. ou $\frac{60}{100}$, et 625 kil. (poids brut) produiront 625 fois $\frac{60}{100} =$ 1re R. 375 kil. (net). On trouvera de la même manière que

Le 2me résultat = Rép. 43^k,8
Le 3me — = Rép. 299^k,46
Le 4me — = Rép. 14^k,50

1400. PREMIÈRE MÉTHODE. Cherchons d'abord la consommation annuelle de chaque bête, nous trouverons :

1° $365 \times 12 = 4380$ kilog. pour le cheval
2° $365 \times 15 = 5475$ — le bœuf
3° $365 \times 8 = 2920$ — la vache
4° $365 \times 1 = 365$ — le mouton

Conséquemment, nous aurons pour tableaux des données :

1er CAS. $\begin{cases} 100 \text{ kilog.} \text{ (foin consommé)} & 130^k \text{ (fumier)} \\ 4380 & x \end{cases}$

2me CAS. $\begin{cases} 100 \text{ kilog.} \text{ (foin consommé)} & 130^k \text{ (fumier)} \\ 5475 & x \end{cases}$

3me CAS. $\begin{cases} 100 \text{ kilog.} \text{ (foin consommé)} & 130^k \text{ (fumier)} \\ 2920 & x \end{cases}$

4me CAS. $\begin{cases} 100 \text{ kilog.} \text{ (foin consommé)} & 130^k \text{ (fumier)} \\ 365 & x \end{cases}$

Solutions. Plus il y a de foin consommé plus il y a de fumier. Le terme x est donc plus grand que son homogène 130, dans les quatre cas. De là, les quatre proportions :

(1) $100 : 4380 :: 130 : x$, d'où $x = \frac{4380 \times 130}{100}$
$=$ 1re Rép. 5694 kilog.

(2) $100 : 5475 :: 130 : x$, d'où $x = \frac{5475 \times 130}{100}$
$=$ 2e Rép. 7117,5.

(3) $100 : 2920 :: 130 : x$, d'où $x = \frac{2920 \times 130}{100}$
$=$ 3e Rép. 3796.

(4) $100 : 365 :: 130 : x$, d'où $x = \frac{365 \times 130}{100}$
$=$ 4e Rép. 474,5.

DEUXIÈME MÉTHODE. 1re *Solution.* D'après le premier tableau des données, si 100 kilog. de foin produisent 130 kilog. de fumier, 1 kilog. de foin produit la 100e partie de 130 kilog. on $\frac{130}{100}$, et 4380 kilog. de foin produisent 4380 fois $\frac{130}{100} =$ 1re Rép. 5694 kilog.

Par un raisonnement analogue appliqué aux trois autres cas, on trouvera :

Le 2e résultat = Rép. 7117^k,5.
Le 3e résultat = Rép. 3796.
Le 4e résultat = Rép. 474,5.

1401. PREMIÈRE MÉTHODE. Supposons un instant, que le prix du bois soit inconnu, et désigné par x, nous aurons pour tableau des données :

$$1 \text{ kilog. (coke)} \qquad 4^c,5$$
$$2,14 \qquad \text{(bois)} \qquad x$$

Solution. Plus il faut de bois pour une quantité donnée de coke, moins le prix du bois doit être élevé par rapport à celui du coke, car, s'il était supérieur ou seulement égal à ce dernier, le bois serait plus cher que le coke, parce qu'il en faut d'avantage (supposition que repousse la nature de la question). Le terme x est donc plus petit que son homogène, $4^c,5$. De là, la proportion $1 : 2,14 :: x : 4,5$, d'où $x = \frac{4,5}{2,14} = 2^c,1$. Tel doit être le prix du bois quand le coke est à $4^c,5$; or, dans notre cas le bois revient à $\frac{1,8}{100} = 0^f,018$ le kilog.; donc il vaut mieux brûler du bois.

DEUXIÈME MÉTHODE. *Solution.* Si le bois avait la même puissance calorifique que le coke, 1 kilog. de bois vaudrait autant que 1 kilog. de coke, c'est-à-dire 4,5 centimes; mais comme il vaut 2,14 fois moins, il en faut 2,14 fois plus. Conséquemment, pour qu'il soit indifférent de brûler de l'un ou de l'autre combustible, il faut que le prix du bois soit 2,14 fois moindre que celui du coke ou égal à $\frac{4,5}{2,14} = 2^c,1$. (Pour l'interprétation de ce résultat, voyez ce qui est dit à la première solution).

1402. PREMIÈRE MÉTHODE. Tableau des données :

$$1 \text{ kilog. (houille)} \qquad 5 \text{ centimes}$$
$$1,07 \qquad \text{(charbon de bois)} \qquad x$$

Solution. Plus il faut de charbon pour remplacer

une quantité donnée de houille, moins le prix du charbon doit être élevé par rapport à celui de la houille. Le terme x est donc plus petit que son homogène 5 centimes. De là, la proportion $1 : 1,07 :: x : 5$, d'où $x = \frac{5}{1,05} =$ Rép. 4,6 centimes.

Deuxième méthode. *Solution.* Si le charbon fournissait la même chaleur que la houille, 1 kilog. de charbon vaudrait autant que 1 kilog. de houille, c'est-à-dire 5 centimes; mais comme il vaut 1,07 fois moins, il en faut 1,07 fois plus. Par conséquent, pour que la dépense soit la même dans les deux cas, il faut que le prix du charbon soit 1,07 fois moindre que celui de la houille, c'est-à-dire égal à $\frac{5}{1,07} =$ Rép. 4^{cent},6.

1403. **Première méthode.** Supposons le prix du coke inconnu, et désigné par x, nous aurons pour tableau des données :

$$1 \text{ kilog. (houille)} \quad 0^f,056$$
$$1,25 \quad \text{(coke)} \quad x$$

Solution. Plus il faut de coke pour remplacer une quantité donnée de houille, moins le prix du coke doit être élevé par rapport à celui de la houille. Le terme x est donc plus petit que son homogène 0,056. De là, la proportion $1 : 1,25 :: x : 0,056$; d'où $x = \frac{0,056}{1,25} = 0^f,045$. Tel doit doit être le prix du coke quand la houille est à $0^f,056$; or, dans notre cas le coke revient à $\frac{5,4}{100} = 0^f,054$ le kilog. Donc la houille est plus économique.

Deuxième méthode. *Solution.* Si le coke fournissait la même chaleur que la houille, 1 kilog. de coke vaudrait autant que 1 kilog. de houille, c'est-à-dire $0^f,056$; mais comme il vaut 1,25 fois moins comme combustible, il en faut 1,25 fois plus. Par conséquent, pour qu'il ne soit pas plus avantageux de brûler de l'un que de l'autre, il faut que le prix du coke soit 1,25 fois moindre que celui de la houille, c'est-à-dire égal à $\frac{0,056}{1,25} = 0^f,045$. (Pour la suite du raisonnement, voyez la première solution.)

1404. Première méthode. Supposons le prix du bois inconnu, et désigné par x, nous aurons pour tableau des données :

    1 kilog. (houille)   2 centimes
    2,68   (bois) x

Solution. Plus il faut de bois pour remplacer une quantité donnée de houille, moins son prix doit être élevé par rapport à celui de la houille. Le terme x est donc plus petit que son homogène 2 centimes. De là, la proportion $1 : 2,68 :: x : 2$, d'où $x = \frac{2}{2,68} =$ $0^{cent},75$.

Tel est le prix que le kilog. de bois doit coûter quand la houille est à 2 centimes ; mais, dans notre cas, le bois revient à 3 centimes ; donc la houille est à meilleur compte, et le bois plus cher de $3 - 0,75 = 2^{cent},25$ par kilog.

Deuxième méthode. *Solution.* Si le bois avait la même puissance calorifique que la houille, 1 kilog. de bois vaudrait autant que 1 kilog. de houille, c'est-à-dire 2 centimes ; mais comme il vaut 2,68 fois moins comme combustible, il en faut 2,68 fois plus ; par conséquent, pour qu'il soit indifférent de brûler de l'un ou de l'autre, il faut que le prix du bois soit 2,68 fois moindre que celui de la houille, c'est-à-dire égal à $\frac{2}{2,68} = 0^{cent},75$. (Pour la suite du raisonnement, voyez la 1re solution).

1405. Première méthode. Admettons un instant que le prix du coke soit inconnu, et désignons-le par x, nous aurons pour tableau des données :

    1 kilog. (charbon) $0^f,07$
    1,17   (coke) x

Solution. Plus il faut de coke pour remplacer une quantité donnée de charbon, moins son prix doit être élevé par rapport à celui du charbon. Le terme x est donc plus petit que son homogène $0^f,07$. De là, la proportion $1 : 1,17 :: x : 0^f,07$, d'où $x = \frac{0,07}{1,17} =$ $0^f,059$.

Tel doit être le prix du coke quand le charbon est à $0^f,07$; mais, dans notre cas, le coke revient à $\frac{4,5}{100} = 0^f,045$ le kilog. ; donc il est plus avantageux de $0^f,059 - 0^f,045 = 0^f,014$ ou $1^{cent.},4$ par kilog.

DEUXIÈME MÉTHODE. *Solution.* Si le coke échauffait autant que le charbon, 1 kilog. de coke vaudrait autant que 1 kilog. de charbon, c'est-à-dire $0^f,07$; mais comme il échauffe 1,17 fois moins, il en faut 1,17 fois plus ; par conséquent, pour qu'il ne soit pas plus avantageux de brûler de l'un que de l'autre combustible, il faut que le prix du coke soit 1,17 fois moindre que celui du charbon, c'est-à-dire égal à $\frac{0,07}{1,17} = 0^f,059$. (Pour la suite du raisonnement, voyez la 1re solution).

1406. PREMIÈRE MÉTHODE. Représentons par 1 la clarté de la lampe Carcel, et par x le prix du gaz que nous supposons inconnu pour un moment, nous aurons pour tableau des données :

1 (Carcel)	5 centimes
1,5 (gaz)	x

Solution. Pour qu'il soit indifférent d'employer l'un ou l'autre éclairage, ou, ce qui est la même chose, pour que le prix de revient soit le même, il faut qu'il y ait entre les prix des deux éclairages le même rapport qu'entre leurs intensités, c'est-à-dire que l'éclairage de la lampe Carcel, dont l'intensité est représentée par 1, coûtant 5 centimes par heure, celui du gaz dont l'intensité est 1,5 fois plus grande, doit coûter 1,5 fois plus ; car s'il coûtait moins et même autant que l'éclairage de la lampe Carcel, il serait préférable à celui-ci, ce qui est contraire à notre hypothèse. Le terme x est donc plus grand que son homogène 5. De là, la proportion $1 : 1,5 :: 5 : x$, d'où $x = 1,5 \times 5 = 7^{cent.},5$. Tel doit être le prix du gaz quand l'huile est à 5 centimes ; or, puisque dans notre cas, il ne coûte que 6 centimes, il vaut mieux que l'huile sous le rapport économique.

DEUXIÈME MÉTHODE. *Solution.* D'après le tableau des données, la clarté du gaz étant exprimée par 1,5 quand celle de la lampe est exprimée par 1, il faut, pour qu'il soit indifférent d'employer l'un ou l'autre éclairage, que le premier coûte 1,5 fois plus que le second, c'est-à-dire $1,5 \times 5$ centimes $= 7^{cent},5$. (Pour la suite du raisonnement, voir la 1re solution.)

1407. PREMIÈRE MÉTHODE. A $1^f,5$ le kilog., 1 gramme d'huile coûte $\frac{1,5}{1000} = 0^f,0015$ et 42 grammes coûtent $0,0015 \times 42 = 0^f,063$ ou 6,3 cent. à l'heure.

A $2^f,8$ le kilog., 1 bougie coûte $\frac{2,8}{10} = 0^f,28$, et comme elle dure 5 heures, elle coûte $\frac{0,28}{5} = 0^f,056$ ou 5,6 centimes à l'heure.

Cela posé, supposons un instant que le prix de l'éclairage par la bougie soit inconnu, et désignons ce prix par x, nous aurons pour tableau des données :

$$8 \text{ (Carcel)} \qquad 6,3 \text{ centimes}$$
$$1 \text{ (bougie)} \qquad x$$

8 et 1 représentant les intensités de lumière.

Solution. Pour qu'il soit indifférent d'employer l'un ou l'autre éclairage, il faut, comme on l'a vu au numéro précédent, qu'il y ait entre leurs prix le même rapport qu'entre leurs intensités, c'est-à-dire que la lampe Carcel, dont la clarté est représentée par 8, coûtant 6,3 centimes, la bougie dont la clarté est 8 fois moindre, doit coûter 8 fois moins. Le terme x est donc plus petit que son homogène 6,3. De là, la proportion $1 : 8 :: x : 6,3$, d'où $x = \frac{6,3}{8} = 0^{cent},79$. Tel doit être le prix de la bougie quand l'huile coûte 6,3 centimes ; or, puisque, dans notre cas, la bougie revient à 5,6 centimes, celle-ci est plus chère, et par suite moins avantageuse que la lampe Carcel.

DEUXIÈME MÉTHODE. *Solution.* La clarté d'une bougie étant représentée par 1 quand celle de la lampe est exprimée par 8, il faut, pour qu'il soit indifférent d'employer l'un ou l'autre mode d'éclairage, que le premier coûte 8 fois moins que le second, c'est-à-dire $\frac{6,3}{8} = 0^{cent},79$. (Pour la suite du raisonnement, voyez la 1re solution).

1408. PREMIÈRE MÉTHODE. A $1^f,5$ le kilog., 1 gram. d'huile coûte $\frac{1,5}{1000} = 0^f,0015$, et 42 grammes coûtent $0,0015 \times 42 = 0^f,063$ ou 6,3 centimes à l'heure.

A $1^f,4$ le kilog., 1 chandelle coûte $\frac{1,4}{12} = 0^f,116$, et comme elle dure 4,5 heures, elle coûte $\frac{0,116}{4,5} = 0^f,026$ ou $2^{cent.},6$ à l'heure.

Cela posé, supposons un instant que le prix de l'éclairage par la chandelle soit inconnu, et désigné par x, nous aurons pour tableau des données :

$$48 \text{ (lampe Carcel)} \qquad 6,3 \text{ centimes}$$
$$5 \text{ (chandelle)} \qquad x$$

48 et 5 représentant les intensités de lumière.

Solution. En raisonnant comme au numéro précédent, on trouvera que le terme x est plus petit que son homogène 6,3. De là, la proportion $5 : 48 :: x : 6,3$, d'où $x = \frac{5 \times 6,3}{48} = 0^{cent.},65$. Tel doit être le prix de la chandelle quand l'huile coûte 6,3 centimes à l'heure ; or, comme dans notre cas, la chandelle revient à 2,6 centimes à l'heure, elle est plus chère, partant moins économique.

DEUXIÈME MÉTHODE. *Solution.* Si, au lieu d'être exprimée par 5, l'éclat de la chandelle l'était par 1, celle de la lampe l'étant par 48, il faudrait pour qu'il fût indifférent d'employer l'un ou l'autre éclairage, que le premier coûtât 48 fois moins que le second, c'est-à-dire $\frac{6,3}{48}$. Or, ce n'est pas par 1, mais par 5, que l'éclat de la chandelle est exprimée, il faut donc multiplier ce prix par 5 pour le ramener à sa juste valeur ; l'on a ainsi $\frac{6,3}{48} \times 5 = 0^{cent.},65$. (Pour la suite du raisonnement, voyez la 1re solution).

1409. PREMIÈRE MÉTHODE. A $1^f,5$ le kilog., 1 gram. d'huile coûte $\frac{1,5}{1000} = 0^f,0015$, et 42 grammes coûtent $0^f,0015 \times 42 = 0^f,063$ ou 6,3 centimes à l'heure.

A $1^f,5$ le kilog., 1 chandelle coûte $\frac{1,5}{12} = 0^f,125$ et comme elle dure 4,5 heures, elle coûte $\frac{0,125}{4,5} = 0^f,028$ ou 2,8 centimes à l'heure.

Cela posé, supposons que le prix d'éclairage par la chandelle soit inconnu, et désignons ce prix par x, nous aurons pour tableau des données :

$$8 \text{ (quinquet)} \qquad 6,3 \text{ centimes}$$
$$1 \text{ (chandelle)} \qquad x$$

8 et 1 représentant les intensités de lumière.

Solution. En raisonnant comme au n° 1407, on trouvera que le terme x est plus petit que son homogène 6,3. De là, la proportion $1 : 8 :: x : 6,3$, d'où $x = \frac{6,3}{8} = 0^{\text{cent}},79$. Tel doit être le prix de la chandelle quand l'huile coûte 6,3 centimes à l'heure ; mais, comme dans notre cas, la chandelle revient à 2,8 centimes à l'heure, elle est plus chère, et par conséquent, il vaut mieux brûler de l'huile.

DEUXIÈME MÉTHODE. *Solution.* D'après le tableau des données, la clarté de la chandelle étant exprimée par 1 quand celle du quinquet est exprimée par 8, il faut, pour qu'il soit indifférent d'employer l'un ou l'autre mode d'éclairage, que le premier coûte 8 fois moins que le second, c'est-à-dire $\frac{6,3}{8} = 0^{\text{cent}},79$. (Pour la suite du raisonnement, voyez la 1re solution.)

1410. PREMIÈRE MÉTHODE. A $1^{\text{fr}},5$ le kilog., 1 chandelle coûte $\frac{1,5}{12} = 0^{\text{fr}},125$, et comme elle dure 4,5 heures elle coûte $\frac{0,125}{4,5} = 0^{\text{f}},028$ ou $2^{\text{cent}},8$ à l'heure.

A $2^{\text{fr}},8$ le kilog., 1 bougie coûte $\frac{2,8}{10} = 0^{\text{f}},28$, et comme elle dure 5 heures, elle coûte $\frac{0,28}{5} = 0^{\text{f}},056$ ou $5^{\text{cent}},6$ à l'heure. Cela posé, supposons un moment que le prix d'éclairage par la bougie soit inconnu et désigné par x, nous aurons pour tableau des données :

$$6 \text{ (chandelle)} \qquad 2^{\text{cent}},8$$
$$5 \text{ (bougie)} \qquad x$$

6 et 5 représentant les intensités de lumière.

Solution. Même raisonnement qu'au n° 1407. De là, la proportion $5 : 6 :: x : 2,8$ d'où $x = \frac{5 \times 2,8}{6} = 2,3$ centimes. Tel doit être le prix de la bougie quand la chandelle coûte 2,8 centimes à l'heure ; or, comme dans notre cas, la bougie revient à 5,6 centimes pour la même durée, elle est plus chère et, par suite, moins avantageuse.

DEUXIÈME MÉTHODE. *Solution.* D'après le tableau des données, si, au lieu d'être exprimée par 5, l'éclat de la bougie l'était par 1, celui de la chandelle l'étant par 6, il faudrait, pour qu'il fût indifférent d'employer l'un ou l'autre mode d'éclairage, que le premier coûtât 6 fois moins que le second, c'est-à-dire $\frac{2.8}{6} = 0,47$ centimes ; or, ce n'est pas par 1, mais par 5, que l'éclat de la bougie est exprimé, il faut donc multiplier ce prix par 5 pour le ramener à sa juste valeur ; on a ainsi $0,47 \times 5 = 2,3$ centimes. (Pour la suite du raisonnement, voyez la 1re solution).

1411. PREMIÈRE MÉTHODE. La distance de la lampe Carcel à l'écran étant de $1^m,4$, son carré sera $1,4 \times 1,4 = 1^m,96$. De même, la distance de la bougie étant de $0^m,75$, son carré sera $0,75 \times 0,75 = 0^m,5625$. On a donc pour tableau des données :

$$1^m,96 \qquad 1 \text{ (Carcel)}$$
$$0^m,5625 \qquad x \text{ (bougie)}$$

1 et x représentant les intensités de lumière.

Solution. Puisque les clartés des deux foyers lumineux sont dans le rapport des carrés des distances, la clarté de la lampe Carcel représentée par 1, sera à la clarté x de la bougie comme 1,96 : 0,5625. De là, la proportion $1 : x :: 1,96 : 0,5625$, d'où $x = \frac{0,5625}{1,96} = 0,287$. Les clartés sont donc entre elles comme $1 : 0,287$; mais $\frac{1}{0,287} = 3,48$. Ce qui signifie que dans les conditions du problème, la lampe Carcel éclaire 3 ½ fois environ autant que la bougie, ou équivaut à 3 ½ bougies.

DEUXIÈME MÉTHODE. *Solution.* D'après le tableau des données, puisque, à la distance de $1^m,96 = 1^m,9600$ une lumière produit un éclat exprimé par 1, à la distance de $0^m,0001$, l'éclat sera 19600 fois moindre ou

$\frac{1}{19600}$, et à la distance de 0^m,5625, l'éclat sera 5625 fois plus grand ou $\frac{1}{19600} \times 5625 = 0,287$. (Pour la suite du raisonnement, voyez la 1re solution.)

1412. Première méthode. D'après le 1er principe : 4^m,9 *espace correspondant à la* 1re *seconde*, est à x, *espace correspondant à la* 7me *seconde*, comme 1, *premier terme de la suite* 1, 3, 5, 7, 9, 11, *etc.*, est au 7me *terme de cette suite* ou 13 ; on a donc pour tableau des données :

$$4^m,9 \qquad 1 \text{ seconde}$$
$$x \qquad 13$$

Solution. Plus les temps de chute que l'on considère s'éloignent de l'origine de la chute, plus les espaces correspondant à ces temps deviennent considérables. Le terme x est donc plus grand que son homogène 4^m,9. De là, la proportion 4,9 : x :: 1 : 13, d'où $x = 4,9 \times 13 = $ Rép. 63^m,7.

Deuxième méthode. *Solution.* D'après le tableau des données, 4^m,9 étant l'espace parcouru pendant la 1re seconde de chute, l'espace x ou l'espace parcouru pendant la 7me seconde sera 4,9 $\times$ 13 (13 étant le 7me terme de la suite 1, 3, 5 etc.) L'espace cherché est donc 4,9 $\times$ 13 $=$ 63^m,7. Cette question et toutes ses semblables peuvent donc se résoudre par une simple multiplication.

1413. Première méthode. 2 minutes $= 2 \times 60 = 120$ secondes ; or, d'après le 2me principe du numéro précédent, sur la chute des corps, on a pour tableau des données :

$$4^m,9 \qquad 1^2 \text{ seconde}$$
$$x \qquad \overline{120}^2$$

Solution. Plus la durée de la chute est grande, plus l'espace parcouru est grand ; le terme x est donc plus grand que son homogène 4,9. De là, la proportion 4,9 : x :: $\overline{1}^2$: $\overline{120}^2$, d'où $x = 4,9 \times \overline{120}^2 = $ Rép. 70560 mètres.

25*

Telle est la profondeur de la cavité ; en effet, puisque la pierre met 120 secondes pour parcourir 70560 mètres depuis l'origine jusqu'au bas de la chute, elle mesure ainsi la hauteur dont elle est tombée, et cette hauteur est ici la profondeur de la cavité.

Deuxième méthode. *Solution*. Puisque 1 seconde de temps représente un espace de $4^m,9$ 2 minutes ou 120 secondes représenteraient un espace 120 fois plus grand, soit $4^m,9 \times 120$, si les espaces parcourus étaient proportionnels au temps de chute ; mais d'après le deuxième principe du problème, les espaces sont entre eux comme les carrés des temps, par conséquent, l'espace trouvé ci-dessus est 120 fois trop petit ; pour le ramener à sa juste valeur, il faut le multiplier par 120, ce qui donne $4,9 \times 120 \times 120 =$ Rép. 70560 mètres.

1414. — Première méthode. Tableau des données :

$$4^m,9 \qquad 1^2 \text{ seconde}$$
$$x \qquad 5^2$$

Solution. Plus le temps de la chute est long, plus l'espace parcouru est grand. Le terme x est donc plus grand que son homogène $4^m,9$. De là, la proportion $4,9 : x :: 1^2 : 5^2$, qu'on peut énoncer de la manière suivante : $4^m,9$ *espace parcouru pendant 1 seconde*, est à x, *espace parcouru pendant 5 secondes*, comme *le carré du premier temps (1 seconde), est au carré du second temps (5 secondes)*, d'où l'on tire $x = 4,9 \times 25 =$ Rép. $122^m,5$.

Deuxième méthode. *Solution*. Même raisonnement qu'au numéro précédent. On trouvera la hauteur cherchée $=$ Rép. $122^m,5$.

1415. Première méthode. Tableau des données :

$$4^m,9 \qquad 1^2 \text{ seconde} \qquad\qquad 4^m,9 \qquad 1 \text{ seconde}$$
$$x \qquad 3^2 \qquad\qquad\text{ou}\qquad\qquad x \qquad 9$$

Solution analogue à celle du numéro précédent. On trouvera $x = 4,9 \times 9 =$ Rép. $44^m,1$.

DEUXIÈME MÉTHODE. *Solution* analogue à celle du nº 1413.

1416. PREMIÈRE MÉTHODE. *Solution.* Comme on suppose le canon pointé horizontalement, il est clair que sans l'action de la pesanteur, le boulet sortant horizontalement de la pièce irait frapper le point sur lequel l'axe de la pièce est dirigé, tandis qu'au contraire il abandonne bientôt cette direction et descend peu à peu pour aller tomber à terre. Mais si tout le monde sait que cette descente est l'effet de la pesanteur, on ne sait pas assez généralement si cette force est modifiée dans ses effets par la vitesse de translation du boulet. Or, l'expérience nous apprend que si l'on marque exactement le point A (*fig.* 17), sur lequel l'axe de la pièce est dirigé, et le point B, sensiblement plus bas, où le boulet pénètre réellement dans le rempart, la distance verticale AB, qui sépare ces deux points, est précisément celle qu'*un corps tombant d'un endroit élevé parcourt dans 1 ¼ seconde.*

Calculant donc cette distance d'après le 2ᵉ principe du problème 1412, nous dirons : les espaces parcourus pendant 1 seconde et 1 ¼ seconde sont entre eux comme les carrés de ces nombres, ou comme 1^2 : $\overline{1,25}^2$. De là, la proportion $4^m,9$: AB :: 1^2 : $\overline{1,25}^2$, dans laquelle $4^m,9$ exprime l'espace que parcourt le boulet, comme tout corps pesant, au bout de 1 seconde de chute, et AB l'espace parcouru au bout de 1 ¼ seconde de chute. On trouve AB $= 4,9 \times 1,5625$ $=$ Rép. $7^m,66$.

DEUXIÈME MÉTHODE. *Solution.* D'après ce qui précède on a pour tableau des données :

$4^m,9$	1^2 seconde		$4,9$	1
AB	$\overline{1,25}^2$	ou	AB	$1,5625$

Dans lesquelles les deux derniers nombres à droite représentent les carrés du temps des chutes. Cela posé, puisque le nombre 1 donne un espace de $4^m,9$ le nombre 0,0001 donnera un espace 10000 fois plus petit ou $\frac{4,9}{10000}$, et le nombre 1,5625 donnera un espace 15625 fois plus grand ou $\frac{4,9}{10000} \times 15625 =$ R. 7^m,66.

On voit par là de quelles intéressantes applications les principes du problème 1412 sont susceptibles.

1417. Première méthode. Tableau des données :

$$9^m,81 \qquad 1 \text{ seconde}$$
$$x \qquad 5$$

Solution. Plus le temps de chute est grand, plus la vitesse acquise au bas de la chute est grande. Le terme x est donc plus grand que son homogène 9^m,81. De là, la proportion $9,81 : x :: 1 : 5$, d'où $x = 9,81 \times 5 =$ Rép. 49^m,05.

Deuxième méthode. *Solution.* Puisque, d'après le principe énoncé, les vitesses acquises sont proportionnelles aux durées de la chute, il est évident que si un corps acquiert une vitesse de 9^m,81 au bout de 1 seconde, au bout de 5 secondes la vitesse acquise sera 5 fois plus grande ou $9,81 \times 5 =$ Rép. 49^m,05.

1418. Première méthode. Tableau des données :

$$1 \text{ seconde} \qquad 9^m,81$$
$$x \qquad 215$$

Solution. Plus la vitesse acquise est grande, plus la durée de la chute est grande. Le terme x est donc plus grand que son homogène 1. De là, la proportion $1 : x :: 9,81 : 215$, d'où $x = \frac{215}{9,81} =$ Rép. 21 à 22 secondes.

Deuxième méthode. *Solution.* Si 9^m,81 de vitesse exigent 1 seconde de temps, 1 mètre de vitesse exige 9,81 fois moins de temps ou $\frac{1}{9,81}$, et 215 mètres de vitesse exigeront 215 fois $\frac{1}{9,81} =$ Rép. 21 à 22^{secondes}.

1419. Première méthode. L'espace parcouru par un corps, pendant 1 seconde, étant de 4^m,9 (probl. 1412), et la vitesse au bout de ce temps, de 9^m,81 (problème 1413), on a pour tableau des données :

$$4^m,9 \qquad \overline{9^m,81}^{\,2} \qquad \text{ou} \qquad 4^m,9 \qquad 96^m,24$$
$$x \qquad \overline{52}^{\,2} \qquad\qquad x \qquad 2704$$

Dans lesquelles x désigne l'espace correspondant à la vitesse 52^m, espace qui n'est autre chose que la hauteur de la tour.

Solution. Plus la vitesse est grande, plus l'espace parcouru est grand. Le terme x est donc plus grand que son homogène 4,9. De là, la proportion $4,9 : x :: 96,24 : 2704$, d'où $x = \frac{4,9 \times 2704}{96,24} = $ R. 138^m.

DEUXIÈME MÉTHODE. *Solution.* Si $96^m,24$ de vitesse représentent $4^m,9$ d'espace parcouru, 1 mètre de vitesse représentera 96,24 fois moins ou $\frac{4,9}{96,24}$, et 2704 mètres représenteront 2704 fois $\frac{4,9}{96,24} = $ R. 138 mètres d'espace parcouru. Cet espace est précisément la hauteur de la tour.

1420. PREMIÈRE MÉTHODE. On voit par la note qui accompagne le problème, que la balle met autant de temps à monter qu'à descendre. Il s'agit donc, d'abord, de trouver l'espace qu'elle peut parcourir au bout de 5 ¼ secondes de chute, et cet espace sera la hauteur à laquelle la balle est parvenue ; or, d'après le 2e principe du problème 1412, les espaces parcourus par un corps pendant sa chute verticale sont entre eux comme les carrés des temps de chute. On aura donc pour tableau des données :

$$\begin{array}{cc} 4^m,9 & 1^a \text{ seconde} \\ x & \overline{5,25}^2 \end{array} \quad \text{ou} \quad \begin{array}{cc} 4,9 & 1 \\ x & 27,56 \end{array}$$

1re *Solution.* Plus le temps de la chute est grand plus l'espace parcouru est grand. Le terme x est donc plus grand que son homogène 4,9. De là, la proportion $4,9 : x :: 1 : 27,56$ d'où $x = 4,9 \times 27,56 = 1^{re}$ Rép. 135 mètres.

Il s'agit maintenant de déterminer la vitesse de la balle au sortir du canon. Pour cela, nous dirons, d'après le principe du problème 1417, la vitesse acquise par la balle au bout de sa chute (vitesse égale à celle qu'elle avait au sortir du canon), est proportionnelle à la durée de la chute. Nous aurons donc pour tableau des données :

$$9^{\text{m}},81 \qquad 1 \text{ seconde}$$
$$x \qquad 5,25$$

2me *Solution*. Plus la durée de la chute est grande, plus la vitesse acquise au bas de la chute sera grande. Le terme x est donc plus grand que son homogène $9^{\text{m}},81$. De là, la proportion $9,81 : x :: 1 : 5,25$ d'où $x = 9,81 \times 5,25 = 2^{\text{e}}$ Rép. $51^{\text{m}},5$.

DEUXIÈME MÉTHODE. Si l'on se reporte aux explications qui accompagnent la première méthode, on formera le tableau des données de la manière suivante :

$$4^{\text{m}},9 \qquad 1^2 \text{ seconde} \qquad\qquad 4,9 \qquad 1$$
$$x \qquad \overline{5,25}^2 \qquad \text{ou} \qquad x \qquad 27,56$$

Dans lesquelles les deux derniers nombres à droite expriment les carrés des temps de la chute.

1re *Solution*. Puisque le nombre ou le temps 1 représente un espace de $4^{\text{m}},9$ le temps $0,01$ donnera un espace 100 fois plus petit ou $\frac{4,9}{100}$, et le nombre $27,56$ donnera un espace $27,56$ fois plus grand ou $\frac{4,9}{100} \times 27,56$ $= 1^{\text{re}}$ Rép. 135 mètres. Telle est la hauteur à laquelle la balle s'est élevée ; il s'agit maintenant de déterminer la vitesse de la balle au sortir du canon. Pour cela, l'on dira :

2me *Solution*. D'après le principe énoncé dans le problème 1417, la vitesse acquise par la balle au sortir du canon est proportionnelle à la durée de la chute ; on a donc pour tableau des données :

$$1 \text{ seconde} \qquad\qquad 9^{\text{m}},81$$
$$5,25 \qquad\qquad x$$

Cela posé, puisque le temps 1 donne l'espace $9^{\text{m}},81$ le temps $5,25$ donnera $5,25$ fois $9^{\text{m}},81 =$ Rép. $51^{\text{m}},5$.

1421. PREMIÈRE MÉTHODE. D'après la note qui accompagne le problème 1420, la balle, en retombant à terre a la vitesse qu'elle avait au sortir du canon. Cela étant, l'opération se réduit à chercher la hauteur de chute d'une balle dont la vitesse, au bas de la descente, serait de 400 mètres. Or, d'après le problème 1419, les hauteurs de chute, ou ce qui est la même chose, les espaces parcourus sont entre eux, comme les carrés des vitesses acquises au bas de la chute; par conséquent, si l'on nomme x l'espace ou la hauteur cherchée, correspondant à la vitesse 400 mètres, on aura pour tableau des données :

$$4^m,9 \qquad \overline{9^m,81} \qquad \text{ou} \qquad 4,9 \qquad 96,2361$$
$$x \qquad \overline{400}^2 \qquad\qquad x \qquad 160000$$

Solution. Plus la vitesse acquise est grande, plus l'espace parcouru est grand. Le terme x est donc plus grand que son homogène $4^m,9$. De là, la proportion $4,9 : x :: 96,2361 : 160000$, d'où $x =$ R. 8147^m.

DEUXIÈME MÉTHODE. *Solution.* D'après le tableau ci-dessus, si la vitesse $96^m,2361$ correspond à l'espace parcouru $4^m,9$ la vitesse 1 mètre correspondra à un espace $96^m,2361$ fois plus petit ou $\frac{4,9}{96,2361}$, et la vitesse 160000 mètres correspondra à un espace 160000 fois plus grand ou $\frac{4,9 \times 160000}{96,2361} =$ Rép. 8147 mètres.

1422. PREMIÈRE MÉTHODE. D'après la note qui accompagne le problème 1420, le boulet en retombant à terre a la même vitesse qu'au sortir du canon; cela étant, il s'agit, d'abord, de trouver le temps pendant lequel resterait en l'air un boulet dont la vitesse, au bas de sa chute, serait de 547 mètres. Or, d'après le problème 1417, les durées de la chute étant proportionnelles aux vitesses acquises, si l'on nomme x la durée de chute correspondant à la vitesse 547 mètres, on aura pour tableau des données :

$$1 \text{ seconde} \qquad 9,81$$
$$x \qquad 547$$

Solution. Plus la vitesse acquise est grande, plus la durée de chute est grande. Le terme x est donc plus grand que son homogène 1. De là, la proportion 1 : x : : 9,81 : 547, d'où $x = \frac{547}{9,81} = 55,76$ secondes.

Telle est la durée de la chute, ou de la descente; or, cette durée étant précisément égale à la durée de la montée, il en résulte que le boulet a mis $2 \times 55,76 = $ 1re Rép. 111s,52.

Il s'agit, maintenant, de déterminer la hauteur où le boulet est parvenu; pour cela, on dira : les espaces parcourus par un corps pesant, dans sa chute verticale, sont entre eux comme les carrés des temps de la chute (problème 1412), ou comme les carrés des vitesses acquises au bas de la chute (problème 1419). Si donc on nomme x, l'espace correspondant à la durée 55s,76 ou à la vitesse 547m, on aura les deux proportions :

(1) $4^m,9 : x :: \overline{1^s}^2 : \overline{55,76}^2$, d'où $x = $ 2me Rép. 15234 mètres.

(2) $4^m,9 : x :: \overline{9,81}^2 : \overline{547}^2$, d'où $x = $ 2me Rép. 15234 mètres.

Lesquelles donnent le même résultat, et dont on pourra, par conséquent, se servir indifféremment dans tous les cas analogues.

DEUXIÈME MÉTHODE. 1re *Solution.* D'après le tableau des données, puisque les durées des chutes sont proportionnelles aux vitesses acquises, la vitesse 9m,81 correspondant à la durée 1 seconde, la vitesse 1m correspondra à une durée 9,81 fois plus petite ou $\frac{1}{9,81}$, et la vitesse 547m correspondra à une durée 547 fois $\frac{1}{9,81}$ $=$ Rép. 55sec,76.

Telle est donc la durée de la chute ou de la descente du boulet; or, cette durée étant précisément égale à celle de la montée, il en résulte que le boulet a mis $2 \times 55,76 = $ 1re Rep. 111s,52.

2me *Solution.* Pour déterminer la hauteur ou le boulet est parvenu, on dira : les espaces parcourus par un corps pesant, dans sa chute verticale, sont entre eux comme les carrés des temps de la chute (Probl. 1412), ou comme les carrés des vitesses acquises au bas de la chute (Probl. 1419). Si donc on nomme x l'espace correspondant à la durée 55^s,76 ou à la vitesse 547, on aura pour tableaux des données :

$$(1) \quad \frac{1^2 \text{ seconde}}{5576^2} \quad \begin{matrix} 4,9 \\ x \end{matrix} \quad \text{ou} \quad \begin{matrix} 1 \\ 3109,1776 \end{matrix} \quad \begin{matrix} 4,9 \\ x \end{matrix}$$

$$(2) \quad \frac{9,81^2}{547^2} \quad \begin{matrix} 4,9 \\ x \end{matrix} \quad \text{ou} \quad \begin{matrix} 96,2361 \\ 299209 \end{matrix} \quad \begin{matrix} 4,9 \\ x \end{matrix}$$

Cela posé, 1º puisque le temps 1 seconde donne l'espace 4^m,9 , le temps 3109,1776 donnera un espace 3109,1776 fois plus grand, ou $4,9 \times 3109,1776 =$ 2me Rép. 15234 mètres.

2º Puisque la vitesse 96^m,2361 correspond à l'espace 4,9 la vitesse 1^m correspondra à un espace 96,2361 fois plus petit ou $\frac{4,9}{96,2361}$, et la vitesse 299209 correspondra à 299209 fois $\frac{4,9}{96,2361} =$ 2me Rép. 15234 mèt.

PROBLÈMES

SUR LA RÈGLE DE TROIS COMPOSÉE.

1423. Tableau des données :

4 ouvriers	25 mètres	12 heures
7	x	5

Solution. Puisque 4 ouvriers, en 12 heures, font   25 mètres

1 ouvrier en ferait 4 fois moins ou $\frac{25}{4}$

Les 7 ouvriers feraient donc 7 fois $\frac{25}{4}$ ou $\frac{25 \times 7}{4}$

Puisque 12 heures de travail de 7 ouvriers produisent $\frac{25 \times 7}{4}$, 1 heure de travail produirait 12 fois moins ou $\frac{25 \times 7}{4 \times 12}$

Les 5 heures de travail des 7 ouvriers produiraient donc 5 fois $\frac{25 \times 7}{4 \times 12}$ ou $\frac{25 \times 7 \times 5}{4 \times 12}$

$=$ Rép. 18^m,23.

1424. Tableau des données :

700 tombereaux	650m longueur	8m largeur
x	1100	6

Solution. Puisque 650 mètres de long sur 8 de large exigent

700 tombereaux

1 mètre de long exigerait 650 fois moins ou

$$\frac{700}{650}$$

Les 1100 mètres de long sur 8 de large exigeraient donc 1100 fois $\frac{700}{650}$ ou

$$\frac{700 \times 1100}{650}$$

Puisque 8 mètres de large sur 1100 mètres de long exigent $\frac{700 \times 1100}{650}$, 1 mètre de large exigerait 8 fois moins ou

$$\frac{700 \times 1100}{650 \times 8}$$

et 6 mètres de large sur 1100 mètres de long exigeraient donc 6 fois $\frac{700 \times 1100}{650 \times 8}$ ou $\frac{700 \times 1100 \times 6}{650 \times 8}$

= Rép. 888tombereaux,5.

1425. Tableau des données :

9 hectares	23 jours	8 heures
14,6	x	12

Solution. Puisque 9 hectares, moyennant 8 heures de travail par jour, exigent

23 jours

1 hectare exigerait 9 fois moins de jours ou

$$\frac{23}{9}$$

Les 14hect.,6 exigeraient donc 14,6 fois $\frac{23}{9}$ ou

$$\frac{23 \times 14,6}{9}$$

Puisque 8 heures de travail sur un champ de 14,6 hectares exigent $\frac{23 \times 14,6}{9}$, 1 heure exigerait 8 fois moins de jours ou

$$\frac{23 \times 14,6}{9 \times 8}$$

Les 12 heures exigeraient donc 12 fois $\frac{23 \times 14,6}{9 \times 8}$ ou $\frac{23 \times 14,6 \times 12}{9 \times 8}$

= Rép. 55jours,9.

1426. Tableau des données :

	15 hommes	5 jours	10 heures
15 + 10 = 25		2	x

Solution. Puisque l'ouvrage fait par 15 hommes, pendant 5 jours, exige $\qquad$ 10 heures

Le même ouvrage, fait en un jour, exigera 5 fois plus d'heures ou $\qquad$ 10×5

Et comme il doit être fait en 2 jours, il exigera 2 fois moins d'heures ou $\qquad$ $\dfrac{10 \times 5}{2}$

Mais puisque 15 hommes, pour faire l'ouvrage en 2 jours, mettent $\frac{10 \times 5}{2}$ heures, 1 homme mettra 15 fois plus d'heures ou $\qquad$ $\dfrac{10 \times 5 \times 15}{2}$

Les 25 hommes mettront donc 25 fois moins d'heures ou $\qquad$ $\dfrac{10 \times 5 \times 15}{2 \times 25}$

= Rép. 15 heures.

1427. Tableau des données :

17m	$\frac{8}{4}$	86f		17m	$\frac{9}{12}$	86f
23	$\frac{8}{3}$	x	ou	23	$\frac{8}{12}$	x

Solution. Puisque 17m de long sur $\frac{9}{12}$ de large coûtent $\qquad$ 86 francs

1 mètre de long sur $\frac{9}{12}$ de large coûtera 17 fois moins ou $\qquad$ $\dfrac{86}{17}$

Puisque 1m de long sur $\frac{9}{12}$ de large coûte $\frac{86}{17}$, 1m de long sur $\frac{4}{12}$ de large coûtera 9 fois moins ou $\qquad$ $\dfrac{86}{17 \times 9}$

et 23m de long sur $\frac{4}{12}$ de large coûteront 23 fois $\frac{86}{17 \times 9}$ ou $\qquad$ $\dfrac{86 \times 23}{17 \times 9}$

Puisque 23m de long sur $\frac{4}{12}$ de large coûtent $\frac{86 \times 23}{17 \times 9}$, les 23m de long sur $\frac{8}{12}$ de large coûteront 8 fois $\frac{86 \times 23}{17 \times 9}$ ou $\qquad$ $\dfrac{86 \times 23 \times 8}{17 \times 9}$

= Rép. 103f,42.

1428. Tableau des données :

3	$\frac{5}{4}$	4m		3	$\frac{40}{32}$	4m
5	$\frac{7}{8}$	x	ou	5	$\frac{28}{32}$	x

Puisque 3 habillements d'enfants avec du drap de $\frac{40}{32}$ de large exigent $\qquad$ 4 m. de long

1 habillement exigera 3 fois moins de longueur ou $\qquad$ $\dfrac{4}{3}$

Puisque 1 habillement avec $\frac{40}{32}$ de large exige $\frac{4}{3}$, 1 habillement avec $\frac{1}{32}$ de large

seulement exigera 40 fois plus de longueur
ou $\dfrac{4 \times 40}{3}$

5 habillements exigeront 5 fois $\dfrac{4 \times 40}{3}$
ou $\dfrac{4 \times 40 \times 5}{3}$

Puisque 5 habillements avec $\frac{1}{32}$ de large exigent $\dfrac{4 \times 40 \times 5}{3}$, 5 habillements avec $\frac{28}{32}$ de large exigeront 28 fois moins de longueur ou $\dfrac{4 \times 40 \times 5}{3 \times 28}$
= Rép. 9ᵐ,52.

1429. Tableau des données :

30 mètres	3690 carreaux	9 centimètres
25	x	14

Avant de commencer l'opération, il importe de remarquer que les deux sortes de carreaux présentent des surfaces qui sont entre elles comme les carrés des côtés, et non comme les longueurs de ces côtés, ainsi qu'on pourrait le supposer sans attention ; par conséquent, la surface des premiers carreaux sera exprimée par $9^2 = 81$ centimètres carrés ; celle des seconds par $\overline{14}^2 = 196$ centimètres carrés. (Page 141 de notre Arithm. in-12, 34ᵉ édition). On aura donc pour tableau des données :

30 mètres	3690 carreaux	81 centimètres carrés
25	x	196

Solution. Puisque 30 mètres de surface carrelés avec des carreaux de 81 centimètres exigent 3690 carreaux

1 mètre carrelé de la même manière exige 30 fois moins de carreaux ou $\dfrac{3690}{30}$

1 mètre carrelé avec des carreaux de 1 centimètre exigerait 81 fois $\dfrac{3690}{30}$ ou $\dfrac{3690 \times 81}{30}$

1 mètre carrelé avec des carreaux de 196 centimètres exigerait 196 fois moins ou $\dfrac{3690 \times 81}{30 \times 196}$

Les 25 mètres carrelés avec des carreaux de 196 centimètres carrés (ou 14

centimètres de côté) exigeraient donc
25 fois $\frac{3690 \times 81}{30 \times 196}$ ou $\frac{3690 \times 81 \times 25}{30 \times 196}$
= Rep. 1270 carreaux.

1430 Tableau des données :

18 hommes	74 mètres	7 jours	10 heures
28	x	13	8

Solution. Puisque 18 hommes travaillant 10 heures par jour ont fait, en 7 jours, 74 m. d'ouvrage

1 homme travaillant aussi 10 heures par jour, pendant 7 jours, ferait 18 fois moins d'ouvrage ou $\frac{74}{18}$

1 homme travaillant 10 heures pendant 1 jour seulement, ferait 7 fois moins d'ouvrage ou $\frac{74}{18 \times 7}$

1 homme travaillant 1 heure seulement, pendant 1 jour, ferait 10 fois moins d'ouvrage ou $\frac{74}{18 \times 7 \times 10}$

1 homme travaillant 8 heures par jour ferait 8 fois plus d'ouvrage ou $\frac{74 \times 8}{18 \times 7 \times 10}$

1 homme travaillant 8 heures par jour, pendant 13 jours, ferait 13 fois plus ou $\frac{74 \times 8 \times 13}{18 \times 7 \times 10}$

Les 28 hommes travaillant 8 heures par jour, pendant 13 jours, feront donc 28 fois $\frac{74 \times 8 \times 13}{18 \times 7 \times 10}$ ou $\frac{74 \times 8 \times 13 \times 28}{18 \times 7 \times 10}$
= Rép. 171 mètres.

1431. Tableau des données :

5 ouvriers	15 jours	8 heures	380 francs
3	x	9	400

Solution. Puisque 5 ouvriers travaillant 8 heures par jour ont gagné 380 fr. en 15 jours

1 ouvrier travaillant 8 heures par jour mettrait, pour gagner 380 fr., 5 fois plus de jours où 15×5

26

1 ouvrier travaillant 1 heure par jour seulement, mettrait, pour gagner la même somme, 8 fois plus de jours ou

$$15 \times 8 \times 8$$

1 ouvrier travaillant 1 heure par jour, mettrait, pour gagner 1 fr., 380 fois moins de jours ou

$$\frac{15 \times 5 \times 8}{380}$$

1 ouvrier travaillant 1 heure par jour, mettrait, pour gagner 400 fr., 400 fois plus de jours ou

$$\frac{15 \times 5 \times 8 \times 400}{380}$$

1 ouvrier travaillant 9 heures, mettrait, pour gagner la même somme, 9 fois moins de jours ou

$$\frac{15 \times 5 \times 8 \times 400}{380 \times 9}$$

Les 3 ouvriers travaillant 9 heures par jour, pendant 13 jours, mettraient donc, pour gagner 400 francs, 3 fois moins de jours ou

$$\frac{15 \times 5 \times 8 \times 400}{380 \times 9 \times 3}$$

= Rép. 23 jours, $\frac{4}{10}$ environ.

1432. Tableau des données :

20 mètres	$\frac{9}{12}$	156 francs
35	$\frac{7}{12}$	x

Solution. Puisque 20 mètres de drap, 1re qualité, coûtent

156 francs

1 mètre de ce drap coûte 20 fois moins ou

$$\frac{156}{20}$$

Et 35 mètres du même drap coûtent 35 fois $\frac{156}{20}$ ou

$$\frac{156 \times 35}{20}$$

Puisque 35 mètres de drap, 1re qualité, à $\frac{9}{12}$ coûtent $\frac{156 \times 35}{20}$, 35 mètres de drap à $\frac{1}{12}$ coûteront 9 fois moins ou

$$\frac{156 \times 35}{20 \times 9}$$

et 35 mètres de drap, 1re qualité, à $\frac{7}{12}$ coûteront 7 fois $\frac{156 \times 35}{20 \times 9}$ ou

$$\frac{156 \times 35 \times 7}{20 \times 9}$$

Mais le prix de 1 mètre, 2me qualité, est les $\frac{8}{11}$ du prix de 1 mètre, 1re qualité ; par conséquent, les 35 mètres de drap, 2me qualité, coûteront les $\frac{8}{11}$ de $\frac{156 \times 35 \times 7}{20 \times 9}$ ou

$$\frac{156 \times 35 \times 7}{20 \times 9} \times \frac{8}{11}$$

= Rép. 154f,42

1433. Tableau des données :

4 ouvriers 10 heures 15 jours 18ᵐ long. 3ᵐ haut. 0ᵐ,50 larg.
6   9   x   18   4   0, 75

Solution. Il faut ici négliger la longueur du mur, attendu qu'elle est la même dans les deux cas, c'est-à-dire de 18 mètres. Cela posé, si 4 ouvriers travaillant 10 heures pour faire un mur de 3 mètres de haut sur 0ᵐ,5 de large mettent

    15 jours

1 ouvrier travaillant 10 heures, pour faire un mur semblable, mettra 4 fois plus de jours ou

$$15 \times 4$$

1 ouvrier travaillant 1 heure seulement mettra 10 fois plus de jours ou

$$15 \times 4 \times 10$$

1 ouvrier travaillant 9 heures mettra 9 fois moins de temps ou

$$\frac{15 \times 4 \times 10}{9}$$

Puisque 1 ouvrier travaillant 9ʰ pour faire un mur de 3 mètres de hauteur sur 0ᵐ,5 de large mettra $\frac{15 \times 4 \times 10}{9}$ jours, 1 ouvrier travaillant 9 heures pour faire un mur de 1 mètre de haut sur 0ᵐ,5 de large mettra 3 fois moins de temps ou

$$\frac{15 \times 4 \times 10}{9 \times 3}$$

1 ouvrier travaillant 9 heures, pour faire un mur de 4 mètres de haut sur 0ᵐ,50 de large, mettra 4 fois plus de temps ou

$$\frac{15 \times 4 \times 10 \times 4}{9 \times 3}$$

1 ouvrier travaillant 9 heures, pour faire un mur de 4 mètres de haut sur 0ᵐ,01 de large, mettrait 50 fois moins de jours ou

$$\frac{15 \times 4 \times 10 \times 4}{9 \times 3 \times 50}$$

1 ouvrier travaillant 9 heures, pour faire un mur de 4 mètres de haut sur 0ᵐ,75 de large, mettrait 75 fois plus de jours ou

$$\frac{15 \times 4 \times 10 \times 4 \times 75}{9 \times 3 \times 50}$$

Les 6 ouvriers travaillant 9 heures, pour faire un mur de 4 mètres de haut sur $0^m,75$ de large, mettraient donc 6 fois moins de temps ou $\frac{15 \times 4 \times 10 \times 4 \times 75}{9 \times 3 \times 50 \times 6} =$ Rép. 22 jours, 2.

PROBLÈMES

SUR LA RÈGLE CONJOINTE.

1434. *1re Solution.* Disposez les données de la question sur deux séries verticales, en équations successives, en appelant x l'inconnue, et a, b, c, d les quatre qualités de blé, rapportées à l'unité de mesure; de cette manière:

$$
\begin{aligned}
5\,a &= 8\,b \\
11\,b &= 12\,c \\
7\,c &= 9\,d \\
x\,d &= 3\,a
\end{aligned}
$$

Évidemment le produit des quatre termes de gauche est égal au produit des quatre termes de droite. Donc on a $x \times 7 \times 11 \times 5 = 3 \times 9 \times 12 \times 8$ ou $x \times 385 = 2592$, d'où $x = \frac{2592}{385} = 6,73$; c'est-à-dire qu'il faut Rép. 6,73 mesures de la 4e qualité pour 3 mesures de la 1re.

2me Solution. Puisque $5a$ valent $8b$, $1a$ vaut 5 fois moins ou $\frac{8}{5}b$. De même, puisque $11b$ valent $12c$, $1b$ vaut 11 fois moins ou $\frac{12}{11}c$. Par conséquent, $1a$ vaut $\frac{8}{5}$ fois $\frac{12}{11}c$ ou $\frac{96}{55}c$. Pareillement, puisque $7c$ valent $9d$, $1a$ vaut $\frac{96}{55}$ fois $\frac{9}{7}d$, et $3a$ valent 3 fois $\frac{96}{55} \times \frac{9}{7}d = \frac{96 \times 9 \times 3}{55 \times 7}d, = 6,73d$; c'est-à-dire qu'il faut 6,73 mesures de la 4e qualité pour 3 mesures de la 1re.

3me Solution. Puisque $5a$ valent $8b$, $1a$ vaut les $\frac{8}{5}$ de b. De même, puisque $11b$ valent $12c$, il s'ensuit que $1b$ vaut les $\frac{12}{11}$ de c, et par conséquent, $1a$ vaut les $\frac{8}{5}$ des $\frac{12}{11}$ de c. Pareillement, puisque $7c$ valent $9d$, il s'ensuit que $1c$ vaut les $\frac{9}{7}$ de d. Par conséquent aussi, $1a$ vaut les $\frac{8}{5}$ des $\frac{12}{11}$ des $\frac{9}{7}$ de d, et $3a$ valent 3 fois les $\frac{8}{5}$ des $\frac{12}{11}$ des $\frac{9}{7}$ de d.

Donc $3a = \frac{8 \times 12 \times 9 \times 3}{8 \times 11 \times 7}\, d = 6{,}73\, d$; c'est-à-dire qu'il faut 6,73 mesures de la 4e qualité pour 3 mesures de la 1re. (1)

1435. Disposez l'opération de la manière suivante :

$$20^m \text{ ruban} = 3^m \text{ velours}$$
$$5^m \text{ velour} = 11^m \text{ drap}$$
$$x^m \text{ drap} = 2^m \text{ ruban}$$

Ici encore le produit des 3 termes de gauche est égal au produit des 3 termes de droite. Donc on a $x \times 5 \times 20 = 3 \times 11 \times 2$, ou $x \times 100 = 66$, d'où $x = \frac{66}{100} = 0^m,66$. C'est-à-dire que $0^m,66$ de drap valent autant que 2^m de ruban.

OBSERVATION. Pour les deux autres solutions, le professeur n'a qu'à suivre, en l'appliquant aux données de la question, le raisonnement adopté dans le numéro précédent.

1436. Nommons v', v'', v''' les trois espèces de vin rapportées à la même unité de mesure, et disposons l'opération comme il suit :

$$1\,v' = 3\,v''$$
$$1\,v'' = 2\,v'''$$
$$x\,v''' = 7\,v'$$

Multiplions ces égalités membre à membre, nous aurons évidemment $x \times 1 \times 1 = 3 \times 2 \times 7$ ou $x = 42$. C'est-à-dire qu'il faut 42 mesures ou 42 litres de la 3e espèce pour 7 mesures ou 7 litres de la 1re. (Même observation qu'au numéro précédent.)

1437. Disposez comme ci-après les données de la question :

$$1 \text{ kilog. or} = 1^{kilog.},697 \text{ plomb}$$
$$1 \text{ kilog. plomb} = 1^{kilog.},457 \text{ fer}$$
$$x \text{ fer} = 1 \text{ kilog. or}$$

---

(1) Cette solution montre que la règle conjointe peut encore être considérée comme un cas particulier de la règle des fractions de fractions, exposée page 200 de notre Arithmétique in-12.

Multipliez ces égalités membre à membre, vous aurez $x \times 1 \times 1 = 1{,}697 \times 1{,}457 \times 1$ ou $x = 2^k{,}472$. C'est-à-dire qu'il faut $2^k{,}472$ de fer pour faire un poids équivalant à 1 kilog. d'or. (Même observation qu'au numéro 1435.)

1438. Disposez les données ainsi qu'il suit :

x yards	=	15 mètres
$1^m{,}296$	=	4 pieds
76 pieds	=	27 yards

Il est évident que le produit des 3 termes de gauche est égal au produit des 3 termes de droite. Par conséquent, on a $x \times 1{,}296 \times 76 = 15 \times 4 \times 27$ ou $x = 16{,}4$. C'est-à-dire que 15 mèt. valent 16,4 yards ou 16 yards $\frac{2}{5}$. (Même observation qu'au numéro 1435).

1439. Cherchons d'abord le nombre de livres de Prusse correspondant à 100 kilog. Pour cela, posons la conjointe suivante :

1 livre de Prusse	=	0,835 livre d'Autriche
1 livre d'Autriche	=	$0^{kilog}{,}56$
100 kilog.	=	x livres d'Autriche

D'après ce qu'on a vu précédemment on a $x \times 0{,}56 \times 0{,}835 = 1 \times 1 \times 100$ ou $x = \frac{100}{0{,}4676} = 214$. C'est-à-dire que 100 kilog. équivalent à 214 livres de Prusse.

Cela posé, le ducat valant $11^f{,}85$ $\frac{1}{10}$ de ducat vaut le 10e de $11^f{,}85$ ou $1^f{,}185$; par conséquent, la livre de café qui coûte en Prusse $\frac{1}{10}$ de ducat me revient à $1^f{,}185$ et 214 livres ou 100 kilog. me reviennent à 214 fois $1^f{,}185$ = Rép. $253^f{,}59$.

1440.   CONJOINTE.

$30^f{,}16$	=	26 shillings
4 schillings	=	1,78 florins
20 florins	=	4,39 ducats
3,38 ducats	=	10 roubles
x roubles	=	65 francs.

Dans laquelle on a $x \times 3,38 \times 20 \times 4 \times 30,16 = 26 \times 1,78 \times 4,39 \times 10 \times 65$, ou $x = \frac{132089,98}{8155,264} =$ Rép. 16,2 roubles.

PROBLÈMES

SUR LA RÈGLE D'INTÉRÊT.

1441. Puisque 100^f rapportent 5^f d'intérêt, 1^f rapporte 100 fois moins ou $\frac{5}{100} = 0^f,05$; donc 450 francs rapportent 450 fois $0^f,05 =$ Rép. $22^f,50$.

1442. Si 100^f rapportent 6^f d'intérêt, 1^f rapportera 100 fois moins ou $\frac{6}{100} = 0^f,06$; par conséquent, 480^f rapporteront 480 fois $0^f,06 =$ Rép. $28^f,80$.

1443. 1° L'intérêt de 100^f étant 6^f, l'intérêt de 1^f est le 100e de 6^f ou $\frac{6}{100} = 0^f,06$. L'intérêt des 18500 fr. est donc 18500 fois $0^f,06 = 1110$ fr.

2° L'intérêt de 100^f étant $4^f,5$, l'intérêt de 1^f est le 100e de 4,5 ou $\frac{4,5}{100} = 0^f,045$. Par conséquent, l'intérêt de 9600 est 9600 fois $0^f,045 = 432$ fr.

Les revenus cherchés sont donc $1110 + 432 =$ Rép. 1542 fr.

1444. 1° L'intérêt de 100^f étant $5^f,5$ l'intérêt de 1^f est le 100e de 5,5 ou $\frac{5,5}{100} = 0^f,055$; l'intérêt de 2450 est donc 2450 fois $0,055 = 134^f,75$.

2° L'intérêt de 100^f étant 6^f, l'intérêt de 1^f est donc le 100e de 6^f ou $\frac{6}{100} = 0^f,06$. L'intérêt de 7800^f est donc 7800 fois $0,06 = 468$ fr.

3° L'intérêt de 100^f étant $4^f \frac{3}{4}$ ou $4^f,75$, l'intérêt de 1^f est le 100e de $4^f,75$ ou $\frac{4,75}{100} = 0^f,0475$. L'intérêt de 9290^f est donc 9290 fois $0^f,0475 = 441^f,275$.

La personne a donc $134^f,75 + 468^f + 441^f,275 =$ Rép. $1044^f,025$ de revenu.

1445. Puisque chaque 100^f de réparation devront produire 5^f d'intérêt par an, 1^f de réparation produira la 100e partie de 5^f ou $\frac{5}{100} = 0^f,05$ d'intérêt par an, et pour les 6 années du bail, 6 fois $0^f,05 = 0^f,30$. Les 520^f de réparations produiront donc 520 fois $0^f,30 =$ Rép. 156 fr.

1446. L'énoncé de la question revient à celui-ci : 100 fr. rapportent $2^f,5$, combien rapporteront 3500 fr.? Cela posé, l'on dira : Puisque 100 fr. rapportent $2^f,5$ d'intérêt par an, 1 fr. rapportera 100 fois moins ou $\frac{2,5}{100} = 0^f,025$. 3500 fr. rapporteront donc 3500 fois $0^f,025$ = Rép. $87^f,50$.

1447. L'énoncé de la question revient à celui-ci : 100 fr., placés en terre, donnent moyennement 3 fr. de revenu net par an, combien donneront 7500 fr., placés de la même manière ? Cela posé, nous dirons : Puisque 100^f donnent 3 fr. de revenu net par an, 1 fr. donnera 100 fois moins ou $\frac{3}{100} = 0^f,03$. 7500 fr. donneront donc 7500 fois $0^f,03$ = Rép. 225 fr.

1448. Puisque l'enfant ne retire qu'après 20 ans, les 500 fr. placés au moment de sa naissance, il en résulte évidemment que ces 500 fr. ont porté intérêt pendant 20 ans. Cela posé, si 100^f rapportent 5^f d'intérêt pendant un an, 1^f rapportera 100 fois moins ou $\frac{5}{100} = 0^f,05$ et pendant 20 ans, 20 fois $0^f,05 = 1$ fr. Par conséquent, les 500 fr. placés pendant 20 ans rapportent 500 fois 1 fr. ou 500 fr. L'enfant a donc retiré en capital et en intérêts $500 + 500 =$ Rép. 1000 fr. (1).

1449. Si 100 fr. rapportent $7^f,5$ d'intérêt par an, 1 fr. rapporte 100 fois moins ou $\frac{7,50}{100} = 0^f,075$. Mais si 1 fr. rapporte $0^f,075$ pendant 1 an ou 12 mois, pendant 1 mois il rapporte 12 fois moins ou $\frac{0,075}{12}$, et pendant 10 mois, 10 fois $\frac{0,075}{12} = \frac{0,075 \times 10}{12}$. Par conséquent, les 7850 fr. placés pendant 10 mois rapporteront 7850 fois $\frac{0,075 \times 10}{12} =$ Rép. $490^f,62$.

---

(1) On voit par cet exemple que la somme de 500 fr. placée pendant 20 ans a produit, au bout de ce temps, une égale somme d'intérêt. Or, si l'on réfléchit que, pour une même durée de placement, les intérêts sont proportionnels aux capitaux, c'est-à-dire doubles, triples, quadruples, etc., quand les capitaux sont doubles, triples, quadruples, etc., on en conclura que toute somme placée à 5 % se trouve doublée au bout de 20 ans, par l'accumulation des intérêts simples. (Voyez la note du problème 1467.)

1450. Observons d'abord que l'année valant 12 mois, 2 ans 4 mois valent 28 mois ou $\frac{28}{12}$ d'une année. Cela posé, l'intérêt de 100^f par an étant 4^f, l'intérêt de 1 fr. par an est le 100e de 4^f ou $\frac{4}{100} = 0^f,04$. L'intérêt de 1^f pendant $\frac{28}{12}$ ans est $0^f,04 \times \frac{28}{12} = \frac{0,04 \times 28}{12}$. L'intérêt des 4540^f pendant $\frac{28}{12}$ ans, ou 2 ans 4 mois, est donc 4540 fois $\frac{0,04 \times 28}{12} = $ Rép. 423^f72.

1451. Cherchons d'abord combien le capital 1 fr. vaudra dans 3 ans 6 mois ou 42 mois $= \frac{42}{12}$ d'année. A cet effet, observons que l'intérêt annuel de 1^f étant $\frac{5}{100} = 0^f,05$, l'intérêt de 1 fr. pendant 3 ans 6 mois est $0^f,05 \times \frac{42}{12} = \frac{0,05 \times 42}{12} = 0^f,175$. Le capital 1 fr. vaudra donc, dans 3 ans 6 mois, 1 fr. $+ 0^f,175 = 1^f,175$. Par conséquent, les 2540 fr. pendant 3 ans 6 mois vaudront 2540 fois $1^f,175 = $ Rép. $2984^f,50$.

1452. L'année valant 360 jours, 45 jours valent $\frac{45}{360}$ d'année. Cela posé, l'intérêt de 100 fr. par an étant 6 fr., l'intérêt de 1 fr. par an est le 100e de 6 fr. ou $\frac{6}{100} = 0^f,06$. L'intérêt de 1 fr., pendant 45 jours ou $\frac{45}{360}$ d'année, est $0^f,06 \times \frac{45}{360} = \frac{0,06 \times 45}{360}$. Par conséquent, l'intérêt de 300 fr. pendant 45 jours est 300 fois $\frac{0,06 \times 45}{360} = $ Rép. $2^f,25$. (1)

1453. Le mois valant 30 jours, 7 mois valent 210 jours, et 7 mois 45 jours valent $210 + 15 = 225$ jours

---

(1) Dans la pratique, et lorsqu'on veut calculer promptement les intérêts, sans le secours du raisonnement, on multiplie le capital par le nombre de jours, et on divise le produit par des nombres connus appelés diviseurs simples. Ces nombres sont :

6000	pour le	6 %
7200	—	5
8000	—	4 1/2
9000	—	4
12000	—	3
14400	—	2 1/2
18000	—	2

(Voyez notre Arith. pages 234, 241, 242.)

Appliquons ce procédé au problème 1452, nous aurons $\frac{300 \times 45}{6000} = 2^f,25$, résultat trouvé par le raisonnement.

ou $\frac{225}{360}$ d'année. Cela posé, puisque 100 fr. rapportent 5f,75 d'intérêt pour un an ou 360 jours, 1 fr. rapporte 100 fois moins ou $\frac{5,75}{100} = 0f,075$. Mais si 1 fr. rapporte 0f,075 d'intérêt pour 360 jours, pour 1 jour il rapportera 360 fois moins ou $\frac{0,075}{360}$, et pour 225 jours il rapportera 225 fois $\frac{0,075}{360} = \frac{0,075 \times 225}{360}$. Par conséquent, les 5700 fr. pendant 7 mois 15 jours rapporteront 5700 fois $\frac{0,075 \times 225}{360}$ ou $\frac{0,075 \times 225 \times 5700}{360} =$ Rép. 267f,19.

1454. Observons d'abord que 1 an 2 mois 20 jours valent $360 + 60 + 20 = 440$ jours ou $\frac{440}{360}$ d'année. Cela posé, nous dirons : L'intérêt de 100 fr. par an étant 6 fr., l'intérêt de 1 fr. est le 100e de 6 fr. ou $\frac{6}{100} = 0f,06$. L'intérêt de 1f pendant $\frac{440}{360}$ d'année est $0f,06 \times \frac{440}{360} = \frac{0,06 \times 440}{360}$. Par conséquent, l'intérêt de 4542f serait 4542 fois $\frac{0,06 \times 440}{360}$ ou $\frac{0,06 \times 440 \times 4542}{360} =$ Rép. 333f,08.

1455. Cherchons d'abord le nombre de jours qu'il y a du 13 mars au 27 août. En voici le compte :

        Du 13 à la fin de mars $30 - 13 = $ 17 jours
        Avril, mai, juin, juillet (4 mois) $=$ 120
        Du 1er au 27 août $=$ 27
                                          ——————
                        Total : 164 jours.

Cela posé, si 100 fr. produisent 5 fr. d'intérêt pour un an ou 360 jours, 1 fr. produit 100 fois moins ou $\frac{5}{100} = 0f,05$; mais si 1 fr. produit 0f,05 d'intérêt pour 360 jours, pour 1 jour il produit 360 fois moins ou $\frac{0,05}{360}$, et pour 164 jours 164 fois $\frac{0,05}{360} = \frac{0,05 \times 164}{360}$. Par conséquent, les 675 fr. pendant 164 jours doivent produire 675 fois $\frac{0,05 \times 164}{360} = \frac{0,05 \times 164 \times 675}{360} =$ R. 15f,375.

1456. L'opération se réduit à calculer d'abord l'intérêt à 5 % de 900 fr. pendant 2 ans, ensuite l'intérêt de 400 fr. du 5 février au 22 juin. Ces deux résultats obtenus, si l'on y ajoute les 400 fr. qui n'ont pas été remboursés, on aura le montant du dernier payement.

1er compte : L'intérêt de 100 fr. par an étant 5 fr., l'intérêt de 1 fr. par an est le 100e de 5 fr. ou $\frac{5}{100}$ = 0f,05 et pendant 2 ans, 2 fois 0f,05 = 0f,10. Par conséquent, l'intérêt de 900 fr., pendant 2 ans, est 900 fois 0f,10 = 90 fr.

2me compte :

Du 5 à la fin de février 30 — 5 = 25
Mars, avril, mai, (3 mois) = 90
Du 1er au 22 juin = 22

$$\text{Total : } 137^j \text{ ou } \frac{137}{360} \text{ d'année}$$

Cela posé, l'intérêt de 100 fr. par an étant 5 fr., l'intérêt de 1 fr. est le 100e de 5 fr. ou $\frac{5}{100}$ = 0f,05. L'intérêt de 1 fr. pendant 137 jours ou $\frac{137}{360}$ d'année est $0^f,05 \times \frac{137}{360} = \frac{0,05 \times 137}{360}$. Par conséquent, l'intérêt des 400 fr. pendant 137j est 400 fois $\frac{0,05 \times 137}{360} = \frac{0,05 \times 137 \times 400}{360}$ = 7f,165 ; on a donc 90 fr. + 7f,165 + 400 fr. = Rép. 497f,61.

1457. Si 5 fr. de rente représentent un capital de 100 fr., 1 fr. de rente représente un capital 5 fois plus petit ou $\frac{100}{5}$. Par conséquent, 2450 fr. de rente représentent un capital 2450 fois plus grand que $\frac{100}{5}$ ou $\frac{2450 \times 100}{5}$ = Rép. 49000 fr. Tel est le capital que le propriétaire doit placer.

1458. L'intérêt de 100 fr. étant de 6 fr. par an, l'intérêt de 1 fr. est 100 fois plus petit ou $\frac{6}{100}$ = 0f,06 au bout d'un an, et de $0^f,06 \times 3$ = 0f,18 au bout de 3 ans. Or, si 0f,18 d'intérêt pendant 3 ans représente 1 fr. en capital, autant de fois cet intérêt sera contenu dans 533f,40 autant de francs en capital le quotient représentera. L'opération donne $\frac{533,40}{0,18}$ = R. 2963f,33.

1459. Observons d'abord que 3 ans 2 mois valent 38 mois ou $\frac{38}{12}$. Cela posé, l'intérêt de 100 fr. étant de 6 fr. par an, l'intérêt de 1 fr. est 100 fois plus petit ou $\frac{6}{100}$ = 0f,06 au bout d'un an, et de $0^f,06 \times \frac{38}{12}$ = $\frac{0,06 \times 38}{12}$ au bout de 3 ans 2 mois. Mais si $\frac{0,06 \times 38}{12}$ est l'intérêt de 1 fr. pendant 3 ans 2 mois, autant de fois cet intérêt sera contenu dans les 655f,50 autant de francs en capital le quotient représentera. La division donne $655^f,50 : \frac{0,06 \times 38}{12} = \frac{655,50 \times 12}{0,06 \times 38} =$ R. 3450 fr.

1460. A $5^f,50$ % 100 fr. rapportent $5^f,50$ après un an, et après 3 ans $5^f,50 \times 3 = 16^f,50$. Par conséquent, après 3 ans 100 fr. deviennent $116^f,50$ capital et intérêts compris. Or, puisque $116^f,50$ de capital et d'intérêts confondus représentent un capital de 100-fr. 1 franc de capital et d'intérêts confondus ensemble représente un capital 116,5 fois plus petit ou $\frac{100}{116,5}$. Les 8229 francs représentent donc 8229 fois $\frac{100}{116,5}$ $= \frac{8229 \times 100}{116,5} =$ Rép. $7063^f,52$.

1461. Observons d'abord que 13 mois valent $\frac{13}{12}$ d'année. Cela posé, à 6 %, 100 fr. rapportent 6 fr. dans un an, et dans 13 mois ou $\frac{13}{12}$ d'année, 6 fr. $\times$ $\frac{13}{12} = \frac{78}{12} = 6^f,50$. Par conséquent, 100 fr. dans 13 mois deviennent 100 fr. $+ 6^f,50 = 106^f,50$; et, récipro-quement, $106^f,50$ payables dans 13 mois valent actuel-lement 100 fr. Mais puisque $106^f,50$ payables dans 13 mois à 6 % valent 100 fr. actuellement, 1 fr. payable dans 13 mois à 6 % vaut 106,50 fois moins ou $\frac{100}{106,5}$, et les 650 fr. payables aussi dans 13 mois valent 650 fois $\frac{100}{106,5} = \frac{650 \times 100}{106,50} = \frac{65000}{106,50} =$ Rép. $610^f,33$.

1462. Puisque, d'après la question, un revenu de 2 et demi ou de $2^f,50$ représente un capital de 100 fr., 1 fr. de revenu représente un capital 2,5 fois plus petit ou $\frac{100}{2,5}$, et les 500 fr. de revenu de la terre repré-sentent donc 500 fois $\frac{100}{2,5} = \frac{50000}{2,5} =$ Rép. 20000 fr.; tel est le prix auquel il faut revendre la terre.

1463. 5000 kilog. de foin à 36 fr. les 100 kilog. $=$ $5000 \times \frac{36}{100} = 1800$ fr.; tel est le revenu de la prairie. Or, si 3 fr. de rente représente un capital de 100 fr., 1 fr. de rente représente $\frac{100}{3}$, et 1800 fr. de rente ou le revenu de la prairie représente $\frac{100}{3} \times 1800 =$ $\frac{180000}{3} =$ Rép. 60000 fr.

1464. 100 francs rapportant 6 fr. d'intérêt par an, 1 fr. rapporte 100 fois moins ou $\frac{6}{100} = 0^f,06$, et les

6590 fr. rapportent 6590 fois 0^f,06 = 395^f,40. Or, puisque 395^f,40 est l'intérêt d'un an de 6590 fr., autant de fois cet intérêt sera contenu dans 1878^f,15 autant d'années de placement le quotient exprimera. La division donne $\frac{1878,15}{395,4}$ = Rép. 4^{ans},75 ou 4 ans 9 mois.

1465. 100 fr. rapportant 4 fr. d'intérêt par an, 1 fr. rappporte 100 fois moins ou $\frac{4}{100}$ = 0^f,04 et les 7740 fr. rapportent 7740 fois 0^f,04 = 309^f,60 ; mais si 309^f,60 est l'intérêt d'un an de 7740 fr., autant de fois cet intérêt sera contenu dans les 2322 fr. d'intérêts, autant d'années de placement le quotient exprimera. La division donne $\frac{2322}{309,60}$ = Rép. 7^{ans},5 ou 7 ans 6 mois.

1466. La différence entre 480 fr. et 583^f,2 étant 103^f,2 il s'agit de chercher combien de temps les 480 fr. doivent être placés pour rapporter 103^f,2 d'intérêt. Or, 100 fr. rapportant 6 fr., 1 fr. rappporte 6 fois moins ou $\frac{6}{100}$ = 0^f,06 et 480 fr. rapportent 480 fois 0^f,06 = 28^f,8 par an. Mais, puisque 28^f,8 est l'intérêt d'un an de 480 fr., autant de fois cet intérêt sera contenu dans 103^f,2 autant d'années de placement le quotient exprimera. La division donne $\frac{103,2}{28,8}$ = Rép. 3^{ans},58 ou 3 ans 7 mois.

1467. 100 fr. rapportant 3 fr. d'intérêt par an, 1 fr. rapporte 100 fois moins ou $\frac{3}{100}$ = 0^f,03 et les 2800 fr. rapportent 2800 fois 0,03 = 84 fr. Or, si 84 fr. est l'intérêt d'un an de 2800 fr., autant de fois cet intérêt sera contenu dans 385 fr., autant d'années on aura pour la durée du placement cherchée. La division donne $\frac{385}{84}$ = Rép. 4^{ans},583 ou 4 ans 7 mois.

1468 L'énoncé revient à celui-ci : Quel temps faut-il pour que 1 fr. de capital produise 1 fr. d'intérêt. Or, 100 fr. rapportant 5 fr. d'intérêt par an, 1 fr. rapporte 100 fois moins ou $\frac{5}{100}$ = 0^f,05. Mais puisque 0^f,05 est l'intérêt de 1 fr. de capital pendant un an, autant de fois cet intérêt sera contenu dans 1 fr. d'intérêt, autant d'années de placement le quotient exprimera, ou, ce qui est la même chose, autant d'années le capital 1 fr. devra rester placé. On a donc $\frac{1}{1,05}$ = Rép. 20 ans. (1)

1469. Puisque 12600 fr. de capital doivent produire 693 fr. de rente, 1 fr. de capital produira 12600 fois moins ou $\frac{693}{12600}$, et 100 fr. de capital produiront 100 fois $\frac{693}{12600} = \frac{693 \times 100}{12600} = \frac{693}{126}$ = Rép. 5f,5 %.

1470. Puisque 69f,50 de capital produisent 3 fr. de rente, 1 fr. de capital produit 69,50 fois moins ou $\frac{3}{69,50}$. Par conséquent, 100 fr. produisent 100 fois $\frac{3}{69,50} = \frac{3 \times 100}{69,50} = \frac{3}{0,695} = 4^f,32$; donc Rép. l'argent est placé au taux de 4,32 %.

1471. Observons d'abord que l'année valant 360 jours, 2 ans 25 jours valent $360 \times 2 + 25 = 745$ jours. Cela posé :

L'intérêt de 7800 fr. pour 745 jours étant 1418 fr.

L'intérêt de 7800 fr. pour 1 jour est $\frac{1418}{745}$

L'intérêt de 7800 fr. pour 1 an est $\frac{1418 \times 360}{745}$

L'intérêt de 1 fr. pour 1 an est $\frac{1418 \times 360}{745 \times 7800}$

L'intérêt de 100 fr. pour 1 an est $\frac{1418 \times 360 \times 100}{745 \times 7800}$ = Rép. 8f,78 %.

1472. La Différence entre 583f,2 et 480 fr., qui est 103f,20 représente l'intérêt de 480 fr. pendant 3 ans 7 mois ou 43 mois. Pour en déduire le *taux*, il suffit de déterminer l'intérêt annuel de 100 fr. ; pour cela nous dirons :

L'int. de 480 fr. pour 43 mois étant 103f,20

L'int. de 480 fr. pour 1 mois est $\frac{103,20}{43}$ = 24f

L'int. de 480 fr. pour 1 an est 12 fois 24f = 288f

L'int. de 1 fr. pour 1 an est $\frac{288}{480}$ = 0f,06

L'int. de 100 fr. pour 1 an est, donc $0^f,06 \times 100$ = 6 fr. L'argent était donc placé à 6 %.

---

(1) Voyez la note du problème 1448.

FONDS PUBLICS. — RENTES SUR L'ÉTAT.

1473. Quand on dit que le 3 % est au cours de 66^f,65, on entend par là que, pour 66^f,65, on peut acheter un titre de rente de 100 fr. de capital nominal produisant 3 fr. d'intérêt ou de rente par an; or, comme il s'agit de trouver l'intérêt annuel de 100 fr. je dis :

1re *Solution.* Puisque 66^f,65 rapportent 3 fr., 1 fr. rapporte $\frac{3}{66,65}$, et 100 fr. rapportent $\frac{3}{66,65} \times 100 =$ Rép. 4^f,50 d'intérêt.

2me *Solution.* Puisque 66^f,65 rapportent 3 fr. d'intérêt ou de rente, 100 fr. rapportent un intérêt x donné par la porportion suivante, $66,65 : 3 :: 100 : x$, d'où $x = \frac{3 \times 100}{66,65} =$ Rép. 4^f,50 d'intérêt. L'argent est donc placé au 4 ½ %.

1474. Puisque 96^f,75 de capital rapportent 4^f,50 d'intérêt ou de rente, 1 fr. de capital rapporte 96,75 fois moins ou $\frac{4,50}{96,75}$, et 100 fr. de capital rapportent 100 fois $\frac{4,50}{96,75} =$ Rép. 4^f,65. L'argent est donc placé à 4,65 %.

1475. Puisque 68^f,25 rapportent 3 fr. d'intérêt ou de rente, 1 fr. rapporte $\frac{3}{68,25}$, et 100 fr. rapportent $\frac{3}{68,25} \times 100 =$ Rép. 4^f,40. Donc l'argent est placé à 4,40 %.

1476. Puisque la rente 3 fr. se paie en 4 termes, et qu'on reçoit 0^f,75 à chaque trimestre échu, il est clair que le taux annuel 3 fr. s'accroît :

1° de l'intérêt de 0^f,75 pendant 9 mois pour le paiement fait au 1er trimestre
2° — 0^f,75 — 6 — 2me —
3° — 0^f,75 — 3 — 3me —

Somme que le rentier peut faire valoir en la plaçant immédiatement. Or, 0^f,75 pendant $9 + 6 + 3 = 18$ mois rapportent à 5 % (taux supposé du placement) $\frac{0,75 \times 5 \times 18}{100 \times 12} = 0^f,056$. Par conséquent, payer la rente 3 % en 4 semestres, revient à élever le taux de 3 fr. à 3^f,056.

1477. Pour résoudre cette question, il faut chercher à quel taux revient l'argent placé dans les deux cas.

Or, quand on dit que le 4 ½ est au cours de 97^f,25 cela signifie qu'avec 97^f,25 on pourrait acheter une rente de 4^f,50 ; mais puisque 97^f,25 de capital rapportent 4^f,50 d'intérêt, 1 fr. de capital rapporte $\frac{4,50}{97,25}$ et 100 fr. de capital rapportent $\frac{4,50}{97,25} \times 100$ fr. $= 4^f,62$ d'intérêt.

De même, la rente 3 % achetée au cours de 72^f,50 produirait $\frac{3 \times 100}{72,50} = 4^f,14$ d'intérêt.

Ainsi 100 fr. de capital rapportant 4^f,62 dans le 1er cas, et 4^f,14 seulement dans le 2me cas, c'est le 1er cours qui est le meilleur marché, et par suite le moins élevé.

1478. Puisque pour 4^f,50 de rente il faut une somme de 87^f,90 pour 1 fr. de rente il faut 4,5 fois moins ou $\frac{87,90}{4,5}$, et pour 200 fr. de rente il faut 200 fois $\frac{87,90}{4,5}$ $=$ Rép. 3906^f,67.

1479. Puisque 3 fr. de rente coûtent 68^f,10 1 fr. de rente coûte 3 fois moins ou $\frac{68,10}{3}$, et 120 fr. de rente coûtent 120 fois $\frac{68,10}{3}$ $=$ Rép. 2724 fr.

1480. Puisque pour 4,50 de rente il faut 93^f,25 pour 1 fr. de rente il faut 4,5 fois moins ou $\frac{93,25}{4,5}$, et pour 45 fr. de rente il faut 45 fois $\frac{93,25}{4,5}$ $=$ R. 932^f,50.

1481. Puisque 3 fr. de rente valent 65 fr. de capital, 1 fr. de rente vaut 3 fois moins ou $\frac{65}{3}$, et 546^f de rente valent 546 fois $\frac{65}{3}$ $=$ Rép. 11830 fr.

1482. 3 fr. de rente coûtant 70 fr., 1 fr. de rente coûte 3 fois moins ou $\frac{70}{3}$, et 55 fr. de rente coûtent 55 fois $\frac{70}{3}$ $=$ Rép. 1283^f,33. Tel est le montant du legs cherché.

1483. 3 fr. de rente coûtant 72^f,15 1 fr. de rente coûte 3 fois moins ou $\frac{72,15}{3}$, et 140 fr. de rente coûtent 140 fois $\frac{72,15}{3}$ $=$ 3367^f. Telle est la somme demandée.

1484. Puisque 65 fr. de capital représentent 3 fr.

de rente, 1 fr. de capital représente 65 fois moins ou $\frac{3}{65}$, et 1495 fr. de capital représentent 1495 fois $\frac{3}{65} =$ Rép. 69 fr. de rente.

1485. Puisque 94^f,5 de capital représentent 4^f,5 de rente, 1 fr. de capital représente 94,5 fois moins, ou $\frac{4,5}{94,5}$, et 567 fr. de capital représentent 567 fois $\frac{4,5}{94,5}$, $=$ Rép. 27 fr. de rente.

1486. Puisque 73^f,5 rapporte 3 fr. de rente ou de revenu, 1 fr. rapporte $\frac{3}{73,5}$, et 4485 fr. de rente rapportent 4485 fois $\frac{3}{73,5} =$ Rép. 183^f,06.

1487. Puisque 150 fr. de rente ont coûté 3157^f,5 1 fr. de rente coûte 150 fois moins ou $\frac{3157,5}{150}$, et 3 fr. de rente coûtent 3 fois $\frac{3157,5}{150} =$ Rép. 63^f,15.

1488. Puisque 210 fr. de rente représentent 4585 fr. de capital, 1 fr. de rente représente un capital 210 fois plus petit ou $\frac{4585}{210}$, et 3 fr. de rente représentent 3 fois $\frac{4585}{210} =$ Rép. 65^f, 50.

1489. Le cours du 3 % étant 69^f,30, il faut un capital de 69^f,30 pour rapporter 3 fr. d'intérêt; par conséquent, pour 1 fr. d'intérêt il faudrait un capital 3 fois plus petit ou $\frac{69,3}{3}$, et pour rapporter 4^f,50 d'intérêt, il faudrait un capital 4,5 fois plus grand ou $\frac{69,3}{3} \times$ 4,5 $=$ Rép. 103^f,95.

1490. Le cours du 4 ½ étant 96^f,5 il faut un capital de 96^f,5 pour rapporter 4^f,5 d'intérêt. Par conséquent, pour 1 fr. d'intérêt il faudrait un capital 4,5 fois plus petit ou $\frac{96,5}{4,5}$, et pour rapporter 3 fr. d'intérêt, il faudrait un capital 3 fois plus grand ou $\frac{96,5}{4,5} \times$ 3 $=$ Rép. 64^f,33.

1491. Le cours de 3 % étant 100 fr., il faut un capital de 100 fr. pour rapporter 3 fr. d'intérêt. Par conséquent, pour rapporter 1 fr. d'intérêt il faut un capital 3 fois plus petit ou $\frac{100}{3}$, et pour rapporter 4^f,5 d'intérêt, il faudrait un capital 4,5 fois plus grand ou $\frac{100}{3} \times$ 4,5 $=$ Rép. 150 fr.

C'est-à-dire que du 3 au cours de 100 représente du 4 ½ au cours de 150 fr.

1492. Le cours du 4 ½ étant 100 fr., il faut un capital de 100 fr. pour rapporter $4^f,5$ d'intérêt. Par conséquent, pour rapporter 1 fr. d'intérêt il faut un capital 4,5 fois plus petit ou $\frac{100}{4,5}$, et pour rapporter 3 fr. d'intérêt il faut 3 fois $\frac{100}{4,5} =$ Rép. $66^f,66$.

C'est-à-dire que du 4 ½ % au cours de 100 fr. représente du 3 au cours de $66^f,66$.

1493. 1re *Solution.* Si $65^f,5$ donnent 40 centimes de hausse, 1 fr. donnera 65,5 fois moins ou $\frac{0,4}{65,5}$, et $97^f,55$ donneront 97,55 fois $\frac{0,4}{65,5} = 0^f,60$ de hausse.

Or, puisque le 4 ½ était à $97^f,55$, il serait à $97^f,55 + 0^f,60 =$ Rép. $98^f,15$. Telle serait donc la hausse correspondante demandée.

2me *Solution.* Si $65^f,5$ devient $65^f,9$, $97^f,55$ deviendra x, ce qui donne la proportion $65^f,5 : 65^f,9 :: 97^f,55 : x$, d'où $x = \frac{65,9 \times 97,55}{65,5} =$ Rép. $98^f,15$.

1494. Si $98^f,1$ donnent $0^f,15$ de baisse, 1 fr. donnera 98,1 fois moins ou $\frac{0,15}{98,1}$, et $66^f,05$ donneront 66,05 fois $\frac{0,15}{98,1} = 0^f,10$ de baisse. Or, puisque le 3 % était à $66^f,05$ il serait à $66^f,05 - 0^f,10 =$ Rép. $65^f,95$. Telle serait donc la baisse correspondante demandée.

1495. Si 3 fr. de rente produisent 1 fr. de hausse dans le cours, 1 fr. de rente produira 3 fois moins ou $\frac{1}{3}$, et $4^f,5$ de rente produiront 4,5 fois $\frac{1}{3} =$ Rép. $1^f,50$ de hausse.

1496. Si $4^f,5$ de rente produisent 1 fr. de baisse dans le cours, 1 fr. de rente produit 4,5 fois moins ou $\frac{1}{4,5}$, et 3^f de rente produisent 3 fois $\frac{1}{4,5} =$ Rép. $0^f,66$.

1497. Si $71^f,55$ produisent 3 fr. de rente ou d'intérêt, 1 fr. produit 71,55 fois moins ou $\frac{3}{71,55}$, et 100 fr. produisent 100 fois $\frac{3}{71,55} = 4^f,19$ de rente ou d'intérêt pour 100.

D'un autre côté, si 4000 fr. de capital rapportent 160^f, 1 fr. de capital produit 4000 fois moins ou $\frac{160}{4000}$, et 100 fr. de capital produisent 100 fois $\frac{100}{4000} = 4$ fr. de revenu ou d'intérêt pour 100.

Or, le placement en rentes représentant le 4,19 % et le domaine ne rapportant que le 4 %, il est évident qu'il y a profit dans le premier mode de placement.

1498. 1re *Solution*. Cherchons d'abord l'intérêt de 600 fr. par an ; pour cela nous dirons : Si 100 fr. rapportent 5 fr. d'intérêt par an, 1 fr. rapporte 100 fois moins ou $\frac{5}{100} = 0^f,05$. Par conséquent, 600 fr. rapporteront 600 fois $0,05 = 30$ fr. d'intérêt. On a donc 600 $+ 30 = 630$ fr. pour le capital devant produire intérêt pendant la 2me année. Cherchons l'intérêt du nouveau capital. Ainsi qu'on vient de le voir, à 5 %, 1 fr. rapporte $0^f,05$ d'intérêt par an ; par conséquent, 630 fr. rapporteront 630 fois $0,05 = 31^f,50$ d'intérêt.

On a donc 630 fr. $+ 31^f,50 = 661^f,50$ pour le capital devant produire intérêt pendant la 3me année. Cherchons encore l'intérêt de ce nouveau capital : à 5 fr. d'intérêt par an, 1 fr. rapporte $0^f,05$; par conséquent, $661^f,50$ rapporteront $661,5$ fois $0^f,05 = 33^f,075$ d'intérêt.

On a donc $661,50 + 33,075 = 694^f,575$ pour le capital devant produire intérêt pendant la 4me année. Cherchons encore l'intérêt de ce nouveau capital : à 5^f d'intérêt par an, 1 fr. rapporte $0^f,05$; par conséquent, $694,575$ rapporteront $694,575$ fois $0,05 = 34^f,72875$.

On a donc $694,575 + 34,72875 =$ Rép. $729^f,30$ pour la valeur de 600 fr. placés pendant 4 ans à intérêts composés. (1)

2me *Solution*. Si nous savions ce que deviendrait 1 fr. placé au même taux et pour le même temps, il est clair qu'il n'y aurait qu'à prendre 600 fois ce premier résultat. Or, si l'on observe qu'il suffit d'ajouter *un vingtième* au capital primitif, pour avoir sa valeur au bout d'un an, nous trouverons facilement ce que deviendrait 1 fr. en 4 ans à 5 % :

---

(1) 600 fr. placés pendant 4 ans à l'intérêt simple n'aurait produit que 4 fois 30 ou 120 fr. La même somme placée à intérêts composés a donc produit $9^f,30$ de plus.

$$1^{re} \text{ année} = 1 \text{ fr.}$$
$$2^{me} \text{ année } 1 \text{ fr.} + 0^f,05 = 1^f,05$$
$$3^{me} \text{ année } 1^f,05 + 0^f,0525 = 1^f,1025$$
$$4^{me} \text{ année } 1^f,1025 + 0^f,055125 = 1^f,157625$$
$$\text{Capital demandé } 1^f,157625 + 0^f,05788125 = 1^f,21550625$$

La somme cherchée sera donc $1^f,21550625 \times 600$ = Rép. 729^f,30.

3me *Solution.* On pourrait aussi opérer de la manière suivante :

Le taux étant toujours supposé à 5 %. On sait qu'un capital s'accroît de son *vingtième* au bout d'une année. Par exemple : 1 fr. devient, au bout d'un an, $1 \text{ fr.} + \frac{1}{20}$ ou $\frac{20}{20} + \frac{1}{20} = \frac{21}{20} = 1^f,05$, c'est-à-dire que le produit d'une somme quelconque multipliée par 1^f,05 représente la valeur de cette somme avec son intérêt, au bout d'un an. Par conséquent, si le placement dure 2, 3, 4 ans, le capital primitif devra être multiplié 2, 3, 4 fois par 1^f,05, ou, ce qui revient au même, par 1^f,05 élevé à la 2me, 3me, 4me puissance.

Donc, dans notre cas le capital demandé serait représenté par 600 fr. $\times 1,05 \times 1,05 \times 1,05 \times 1,05 = 600 \times (1,05)^4 =$ Rép. 729^f,30.

Ce procédé ne s'applique évidemment qu'au 5 %. Mais on comprendra sans peine que le nombre par lequel il faut multiplier le capital primitif serait 1,02, 1,03, 1,04, 1,06, 1,07, 1,08, si le taux était 2, 3, 4, 6, 7, 8 %. (Voir la note du problème 1499.

4me *Solution.* Enfin, on peut obtenir le même résultat, plus commodément encore, à l'aide des logarithmes. En effet, d'après ce qui vient d'être dit, on a 600 $(1,05)^4 =$ log. 600 $+$ 4 log. 1,05.

Or, le logarithme de 600 est 2,77815125

Le logarithme de 1,05 est 0,0211893,
et 4 fois ce logarithme égale 0,08475720

Le logarith. du capital cherché est donc 2,86290845

Le nombre correspondant à ce logarithme est Rép. 729^f,30.

1499. La table II ci-après, calculée par logarithmes, répond à toutes les questions du problème.

TABLE II

indiquant les valeurs successives de 1 fr. placé à intérêt composé, à la fin de chaque année, pendant 50 années.

années	Le taux étant de				
	2 %	3 %	4 %	5 %	6 %
1	1,02000	1,03000	1,04000	1,05000	1,06000
2	1,04040	1,06090	1,08160	1,10250	1,12360
3	1,06121	1,09273	1,12486	1,15763	1,19102
4	1,08243	1,12551	1,16986	1,21551	1,26248
5	1,10408	1,15927	1,21665	1,27628	1,33823
6	1,12616	1,19405	1,26532	1,34010	1,41852
7	1,14869	1,22987	1,31593	1,40710	1,50363
8	1,17166	1,26677	1,36857	1,47746	1,59385
9	1,19509	1,30477	1,42331	1,55133	1,68948
10	1,21899	1,34392	1,48024	1,62889	1,79085
11	1,24337	1,38423	1,53945	1,71034	1,89830
12	1,26824	1,42576	1,60103	1,79586	2,01220
13	1,29361	1,46853	1,66507	1,88565	2,13293
14	1,31948	1,51259	1,73168	1,97993	2,26090
15	1,34587	1,55797	1,80094	2,07893	2,39656
16	1,37279	1,60471	1,87298	2,18287	2,54035
17	1,40024	1,65285	1,94790	2,29202	2,69277
18	1,42825	1,70243	2,02582	2,40662	2,85434
19	1,45681	1,75351	2,10685	2,52695	3,02560
20	1,48595	1,80611	2,19112	2,65330	3,20714
21	1,51567	1,86029	2,27877	2,78596	3,39956
22	1,54598	1,91610	2,36992	2,92526	3,60354
23	1,57690	1,97359	2,46472	3,07152	3,81975
24	1,60844	2,03279	2,56330	3,22510	4,04893
25	1,64061	2,09378	2,66584	3,38635	4,29187
26	1,67342	2,15659	2,77247	3,55567	4,54938
27	1,70689	2,22129	2,88337	3,73346	4,82235
28	1,74102	2,28793	2,99870	3,92013	5,11169
29	1,77584	2,35657	3,11865	4,11614	5,41839
30	1,81136	2,42726	3,24340	4,32194	5,74349
31	1,84759	2,50008	3,37313	4,53804	6,08810
32	1,88454	2,57508	3,50806	4,76494	6,45339

		Le taux étant de		
années	2 %	3 %	4 %	5 %	6 %
33	1,92223	2,65234	3,64838	5,00319	6,84059
34	1,96068	2,73191	3,79432	5,25335	7,25103
35	1,99989	2,81386	3,94609	5,51602	7,68609
36	2,03989	2,89828	4,10393	5,79182	8,14725
37	2,08069	2,98523	4,26809	6,08141	8,63609
38	2,12230	3,07478	4,43881	6,38548	9,15425
39	2,16474	3,16703	4,61637	6,70475	9,70351
40	2,20804	3,26204	4,80102	7,03999	10,28572
41	2,25220	3,35990	4,99306	7,39199	10,90286
42	2,29724	3,46070	5,19278	7,76159	11,55703
43	2,34319	3,56452	5,40050	8,14967	12,25045
44	2,39005	3,67145	5,61652	8,55715	12,98548
45	2,43785	3,78160	5,84118	8,98501	13,76461
46	2,48661	3,89504	6,07482	9,43426	14,59049
47	2,53634	4,01190	6,31782	9,90597	15,46592
48	2,58707	4,13225	6,57053	10,40127	16,39387
49	2,63881	4,25622	6,83335	10,92133	17,37750
50	2,69159	4,38391	7,10668	11,46740	18,42015
n	$(1,02)^n$	$(1,03)^n$	$(1,04)^n$	$(1,05)^n$	$(1,06)^n$ (*)

(*) Quoique assez étendue, cette table s'arrête à 50 ans, de sorte que si l'on voulait connaître la valeur de 1 fr. avec les intérêts composés, après un nombre quelconque n d'années, on ne le pourrait pas avec le seul secours de cette table. Pour combler cette lacune, nous donnons pour chaque taux d'intérêt la valeur générale de 1 fr., qu'il sera facile de calculer par logarithmes. Supposons qu'on veuille connaître la valeur de 1 fr. plus les intérêts à 4 % après 100 ans, la valeur $(1,04)^n$ qui correspond au 4 % devient $(1,04)^{100} = 100$ log. de $1,04 = 100 \times 0,01703334 = 1,703334$ qui correspond à 50f,504948.

La même formule sert à calculer la valeur de 1 fr. pour un taux quelconque, il suffit pour cela de remplacer $(1,04)$ par le taux donné. Soit à calculer la valeur de 1 fr. après un nombre n d'années au taux de 2 ½ %, 3 ⅔ %, 4 ¾ %; la formule devient, dans ces cas $(1,025)^n$, $(1,0366)^n$, $(1,0475)^n$, et il ne reste plus qu'à trouver la valeur de n par le procédé ci-dessus.

1500. Le nombre d'années énoncé dans la question ne se trouvant pas dans la table II, il faut, d'après la note mise au bas de cette table, multiplier l'une par l'autre deux valeurs quelconques de la table correspondant à deux nombres d'années, dont la somme égale 100, 2 fois 50 font 100; multipliez donc par elle même la valeur correspondant à 50, vous aurez 11,4674 × 11,4674 = 131f,50126 pour la valeur de 1 fr. après 100 ans ; or, si 1 fr. donne 131f,50126 1000 fr. donneront 1000 fois plus ou Rép. 131501f,26.

Par les logarithmes on aurait : $x = 1000 (1,05)^{100}$.

Or, logarithme 1000 = 3
Log. 1,05 = 0,0211893, et 100 fois ce log. = 2,118930

Logarithme du capital cherché est donc 5,118930

Nombre correspondant à ce logarithme = Rép. 131501f,26.

1501. On pourrait résoudre la question par l'une des quatre méthodes exposées dans le problème 1498, mais quand le nombre des années est un peu considérable, comme dans notre exemple, les calculs deviennent généralement très-longs, c'est pourquoi dans

---

Lorsque le nombre d'années de la question se trouve entre 50 et 100 ans, on peut, sans le secours des logarithmes, trouver la valeur de 1 fr. correspondant à ce nombre, il suffit pour cela de multiplier l'une par l'autre deux valeurs quelconques de la table, correspondant à deux nombres d'années qui fassent entre eux le nombre d'années donné. Soit à déterminer la valeur de 1 fr. à 4 % après 83 ans, on pourra prendre indistinctement les valeurs correspondant à 50 et 33, à 41 et 42, à 37 et 46, etc. On multipliera ces valeurs entre elles, et le produit sera la valeur demandée. On a, en effet, 7,10668 × 3,64838 = 4,99306 × 5,19278 = 4,26809 × 6,07482 = 25f,92789, valeur cherchée. Ce procédé résulte de ce que chaque nombre de la table étant un terme d'une progression constante, en multipliant le 50e par le 33e, le 41e par le 42e, le 37e par le 46e, on a nécessairement le 83e, de même qu'en multipliant le 5e par lui-même et le 9e par le 31e, on aurait le 25e et le 40e, etc.

ces cas, on résoudra la question d'une manière plus commode, à l'aide des logarithmes, et plus simplement encore, en se servant de la table II, page 305, au moyen de laquelle les questions sur les intérêts composés sont résolues par une simple multiplication. *Pour trouver à l'aide de la table à combien s'élève, après un certain temps, un capital quelconque placé à intérêts composés,* on multiplie le capital par le *nombre qui, dans cette table, correspond* AU TAUX et AU TEMPS. Le produit sera le nombre cherché.

Dans notre exemple, l'opération se réduit donc à multiplier 10,000 par 2,29202 nombre qui correspond au taux de 5 % et à 17 ans, ce qui donne Rép. 22920^f,2 pour la somme que le tuteur doit compter à sa pupille.

1502. Le taux du 3 et demi ne se trouvant pas dans la table II, il faut recourir à la note de la page 306, pour obtenir la valeur de 1 fr. à intérêts composés au taux de 3 ½ après 19 ans. On trouve cette valeur $=$ $(1,035)^{19} =$ 19 Log. de 1,035 $=$ 19 $\times$ 0,0149404 $=$ 0,28388676, laquelle correspond au nombre 1^f,9225. Multipliez ce nombre par 1500 fr., vous aurez Rép. 2883^f,75 pour le montant de la dot.

1503. Comme la question renferme, outre des années, des mois et des jours, cherchez d'abord ce que devient le capital 700 fr. à intérêts composés pendant 3 ans, au taux de 4 %. C'est-à-dire, d'après ce qui a été dit au probl. 1501, multipliez 700 fr. par le nombre qui, dans la table II, page 305, correspond à 3 ans et à 4 %, vous aurez 700 $\times$ 1,12486 $=$ 787^f,40,

Cela fait et observant que les intérêts ne se capitalisent qu'à la fin de l'année, il ne faut prendre que l'intérêt simple de 787^f,40 pour les 7 mois et 8 jours restants, on dira : Si 100 fr. rapportent 4 fr. d'intérêt par an, 1 fr. rapporte 100 fois moins ou $\frac{4}{100} = $ 0^f,04 par an ou 360 jours, et pour 7 mois 8 jours ou 219 jours, 1 fr. rapporte $\frac{219}{360}$ fois 0^f,04 ou $\frac{219 \times 0,04}{360}$. Les 787^f,40 rapporteront donc pendant 7 mois 8 jours

787,4 fois $\frac{219 \times 0,04}{360} = \frac{219 \times 0,04 \times 787,4}{360} = 19^f,16$.
On aura donc $787^f,40 + 19^f,16 =$ Rép. $806^f,56$. (1)

1504. D'après la question, il faut que l'acquéreur paye comptant une somme qui restera 12 ans sans produire intérêt, et, au bout de ce temps, il recevra 6000 fr. La valeur de la somme à payer comptant est donc la somme qui, placée à intérêts composés, vaudra 6000 fr. dans 12 ans, à 5 % ; or, d'après la table II, page 305, 1 fr. vaut, au bout de 12 ans, $1^f,79586$. La somme cherchée vaudra donc autant de fois 1 fr. que $1,79586$ sera contenu de fois dans 6000 fr. L'opération donne $\frac{6000}{1,79586} =$ Rép. $3341^f,01$.

1505. Pour trouver cette valeur, il faut supposer que l'on achète le bois le lendemain de la coupe ; or, dans cette hypothèse, il faudra débourser une somme qui restera 18 ans sans produire intérêt, et, au bout de ce temps, on recevra 800 fr. de la coupe de taillis. La valeur foncière de ce bois est donc la somme qui, placée à 5 % d'intérêt composé, rendra 800 fr. au bout de 18 ans. Or, d'après la table II, page 305, 1 fr. au bout de 18 ans vaut 2,40662. La somme cherchée vaudra donc autant de fois 1 fr. que 800 fr. contiendra de fois 2,40662. L'opération donne $\frac{800}{2,40662} =$ Rép. $332^f,42$.

1506. Cherchez dans la table II, page 305, ce que 1 fr. devient après 7 années au 6 %. Vous trouverez $1^f,50363$. Cela posé, si 1 fr. devient 1,50363, le capital cherché sera autant de fois 1 fr. que 1,50363 sera contenu de fois dans 3500. L'opération donne $\frac{3500}{1,50363} =$ Rép. $2327^f,70$.

1507. On trouve dans la table II, page 305, que 1 fr. dans 14 ans devient $1^f,97993$, et après 15 ans

---

(1) Lorsque la durée du placement renferme, outre des années, des mois ou des jours, comme dans notre exemple, il faut supposer que le capital primitif a été placé à intérêts composés pendant le nombre entier d'années, et que le capital produit est resté placé à intérêts simples pendant les jours ou mois restants.

2,07893. Un an de placement donne donc la différence 2,07893 — 1,97993 = 0^f,099 ; or, si 1 an ou 360 jours donnent 0^f,099, 1 jour donnera 360 fois moins ou $\frac{0,099}{360}$, et 2 mois 13 jours ou 73 jours donnent 73 fois $\frac{0,099}{360} = \frac{73 \times 0,099}{360} = \frac{73 \times 0,011}{40} = 0^f,02$. Par conséquent, au bout de 14 ans 2 mois 13 jours le capital devient 1^f,9799 + 0^f,02 = 2 fr. Mais, puisque 1 fr. devient 2 fr., le capital cherché sera autant de fois 1 fr. que 2 sera contenu de fois dans 1000. L'opération donne $\frac{1000}{2}$ = Rép. 500.

1508. Si 500 fr. deviennent 670 fr., 1 fr. deviendra la 500e partie de 670 fr. ou $\frac{670}{500} = 1^f,34$. Cherchons donc dans la table II, page 305, le temps qu'il faut à 1 fr. pour devenir 1^f,34 : nous trouvons que c'est entre 5 et 6 ans, puisque 1^f,34 tombe entre 1^f,3382 et 1^f,4185, qui correspondent à ces années. Mais la différence entre ces deux derniers nombres ou 1,4185 — 1,3382 = 0^f,0803, et la différence entre 1^f,34 et 1,3382 = 0^f,0018. Par conséquent, l'on dira : Puisque 0^f,0803 représente 1 an ou 360 jours de placement, 0^f,0001 représente 803 fois moins ou $\frac{360}{803}$, et 0,0018 représente 18 fois $\frac{360}{803} = \frac{360 \times 18}{803} = 8$ jours. On voit par là qu'il faut 5 ans 8 jours pour que 1 fr. devienne 1^f,34. Mais 1^f,34 n'est autre chose que la 500e partie de 670. Donc il faudra le même temps pour que 500 fr. deviennent 670 fr.

1509. L'énoncé de la question revient à celui-ci : Quel temps faut-il pour que 1 fr. placé à 5 % d'intérêt composé devienne 2 fr. ?

On trouve dans la table II, page 305, que 2 fr. tombe entre 1,97993 qui correspond à 14 ans, et 2,07893 qui correspond à 15 ans. Le temps cherché est donc entre 14 et 15 ans. La différence entre 1,97993 et 2,07893 ou 2,07893 — 1,97993 = 0^f,099. La différence entre 2 et 1,97993 ou 2 — 1,97993 = 0,020. Par conséquent, nous dirons : Puisque 0^f,099 représente 1 an ou 360 jours de placement, 0,001 représente 99 fois moins ou $\frac{360}{99}$, et 0^f,020 représente 20 fois $\frac{360}{99} = \frac{360 \times 20}{99} = \frac{40 \times 20}{11} = 73$ jours ou 2 mois 13 jours.

Donc il faut 14 ans 2 mois 13 jours pour que 1 fr. devienne 2 fr. ou le double du capital primitif. Il en sera de même d'une somme quelconque, puisque les intérêts sont proportionnels aux capitaux, c'est-à-dire qu'ils deviennent doubles, triples, quadruples, etc., quand les capitaux deviennent doubles, triples, quadruples, etc. (1)

ANNUITÉS — AMORTISSEMENT — CAISSES DE RETRAITE — RENTES VIAGÈRES — ASSURANCES SUR LA VIE — TONTINES.

1510. D'après ce qui a été dit au problème 1498 (3ᵉ solution).

Les 100 fr. placés la 1ᵉ année valent au bout de 5 ans $100 (1,04)^5$
Les 100 fr. placés la 2ᵉ année valent au bout de 4 ans $100 (1,04)^4$
Les 100 fr. placés la 3ᵉ année valent au bout de 3 ans $100 (1,04)^3$
Les 100 fr. placés la 4ᵉ année valent au bout de 2 ans $100 (1,04)^2$
Les 100 fr. placés la 5ᵉ année valent à la fin de l'année $100 (1,04)$

Or, si nous additionnons ces différentes valeurs dans un ordre inverse, ce qui n'altère nullement le résultat, il est clair que nous aurons là somme des 5 placements annuels de 100 fr. avec leurs intérêts composés ou le capital difinitif demandé. Ce capital sera donc représenté par

$$100 (1,04) + 100 (1,04)^2 + 100 (1,04)^3 + 100 (1,04)^4 + 100 (1,04)^5$$

---

(1) On a vu, problème 1448, qu'il faut 20 ans pour qu'une somme quelconque, placée à 5 %, soit doublée par l'accumulation des intérêts simples. Telle est donc la rapidité avec laquelle s'accroissent les intérêts composés, qu'il ne faut guère plus de 14 ans pour que la même somme, placée ainsi à 5 %, soit doublée par l'accumulation des intérêts composés.

On peut trouver, soit par le calcul, soit par la simple inspection de la table II, page 305, qu'un capital est

doublé, triplé, quadruplé, quintuplé,

après 35 ans   » ans   » ans   » ans pour le 2 % d'int. composé
après 23   37   47   »   le 3 %
après 18   28   36   41   le 4 %
après 14   23   29   33   le 5 %
après 12   19   24   28   le 6 %

1000 fr. à 5 % s'accroissent, dans 100 ans, à 131501 fr.

Mais, si nous observons que cette série de valeurs forme une progression géométrique croissante, dont le premier terme est $100 (1,04)$, la raison $1,04$ et le dernier terme $100 (1,04)^5$. Si nous nous rappelons, en outre, que pour obtenir la somme x des termes d'une progression (connaissant le premier terme, la raison et le dernier terme), il faut *multiplier le dernier terme par la raison et retrancher de ce produit le premier terme de la progresion, puis diviser ce reste par la raison diminuée d'une unité.*

Nous aurons x ou le capital cherché $=$

$$\frac{[100 (1,04)^5 \times 1,04] - 100 (1,04)}{1,04 - 1} = \frac{100 (1,04)^6 - 100 (1,04)}{1,04 - 1}$$

Mettant $1,04$ et 100 en facteurs communs, on a $x =$

$$\frac{1,04 \times 100 \,[(1,04)^5 - 1]}{1,04 - 1}$$

Enfin, multipliant haut et bas (ou numérateur et dénominateur) par 100, on a

$$x = \frac{104 \times 100 \,[(1,04)^5 - 1]}{4} = \text{Rép. } 563^{f},30. \quad (1)$$

Si l'on veut calculer par logarithmes cette dernière égalité, on aura :

Log. 104 $\qquad\qquad = 2,0170333$

Log. 100 $\qquad\qquad = 2$

5 log. $1,04 = 5 \times 0,0170333 = 0,0851667$ qui correspond au nombre $1,2162046$; ce nombre diminué de 1 ou $0,2162046$ a pour log. $\qquad 1,3357707$

D'où log. du numérateur $\qquad 3,3528040$

log. du dénominateur $\qquad 0,6020599$

D'où log. de $x = \qquad\qquad 2,7507441$

Qui correspond à $x = $ Rép. $563^{f},30.$

---

(1) Au lieu de faire la 5e puissance de $1,04$, opération assez longue, on abrégera beaucoup les calculs, en se rappelant que cette quantité, qui n'est autre chose que 1 fr. placé à 4 % pendant 5 ans, est immédiatement fournie par la table II, page 305, et égale à $1,21665$.

1511. D'après la table II, page 305, à 5 %.

1 fr. placé la 1re année vaut au bout de 5 ans 1f,27628
1 fr. placé la 2e année vaut au bout de 4 ans 1f,21551
1 fr. placé la 3e année vaut au bout de 3 ans 1f,15762
1 fr. placé la 4e année vaut au bout de 2 ans 1f,10250
1 fr. placé la 5e année vaut au bout de l'an 1f,05000

Total 5f,80191

Donc, cinq placements de 1 fr. faits d'année en année pendant 5 ans valent au bout de ces 5 ans 5f,80191. Mais cette valeur n'est autre chose que la somme des cinq premiers nombres de la table II (colonne de 5 %) rangés dans un ordre inverse. Or, de même qu'en additionnant ces cinq nombres nous obtenons la valeur de 5 annuités de 1 fr.; de même, en additionnant successivement les deux premiers, les trois premiers, les quatre premiers, etc., nous obtiendrons la valeur de deux, de trois, de quatre, etc., annuités de 1 fr. c'est-à-dire les nombres de la table demandée correspondant année par année à ceux de la table II.

Ainsi les nombres de la table II pour le 5 % étant

Les nombres correspondants de la table III demandée seront

ANNÉE			ANNÉE	
1	1,05000	$= (1,05)$	1	1,05000
2	1,10250	$= (1,05)^2$	2	2,15250
3	1,15762	$= (1,05)^3$	3	3,31012
4	1,21551	$= (1,05)^4$	4	4,52563
5	1,27628	$= (1,05)^5$	5	5,80191

Ainsi de suite.

Il est facile de voir que ce procédé est général; par conséquent, en l'appliquant successivement aux divers taux d'intérêt, on obtiendra le capital acquis à la fin de chaque année par un placement annuel de 1 fr. aux taux de 2, 3, 4, 5, 6 %, et l'on formera ainsi la table III ci-après, laquelle répond à la question.

TABLE III

indiquant le capital acquis à la fin de chaque année
par un versement annuel de 1 fr.

années	Le taux étant de				
	2 %	3 %	4 %	5 %	6 %
1	1,020000	1,030000	1,040000	1,050000	1,060000
2	2,060400	2,090900	2,121600	2,152500	2,183600
3	3,121608	3,183627	3,214943	3,310125	3,374616
4	4,204040	4,309136	4,362466	4,525631	4,637093
5	5,308121	5,468409	5,632975	5,801913	5,975319
6	6,434283	6,662462	6,898294	7,142008	7,393838
7	7,582969	7,892336	8,214226	8,549109	8,897468
8	8,754628	9,159106	9,582795	10,026564	10,491316
9	9,949721	10,463879	10,006107	11,577893	12,180795
10	11,168715	11,807796	12,486351	13,206787	13,971643
11	12,412089	13,192029	14,025805	14,917127	15,869941
12	13,680332	14,617790	15,626838	16,712983	17,882138
13	14,973938	16,086324	17,291911	18,598632	20,015066
14	16,293417	17,598914	19,023588	20,578564	22,275970
15	17,639285	19,156881	20,824531	22,657492	24,672528
16	19,012071	20,761588	22,697512	24,840366	27,212880
17	20,412312	22,414435	24,645413	27,132385	29,905653
18	21,840559	24,116868	26,671229	29,539004	32,759992
19	23,297369	25,870374	28,778079	32,065954	35,785591
20	24,783317	27,676486	30,969202	34,719252	38,992727
21	26,298984	29,536780	33,247970	37,505214	42,392290
22	27,844963	31,452884	35,617889	40,430475	45,995828
23	29,421862	33,426470	38,082604	43,501999	49,815577
24	31,030299	35,459264	40,645908	46,727099	53,864512
25	32,670910	37,553042	43,311745	50,113454	58,156383
26	34,344324	39,709634	46,084214	53,699126	62,705766
27	36,051210	41,930923	48,967583	57,402583	67,528112
28	37,792235	44,218850	51,966286	61,322712	72,639798
29	39,568079	46,575416	55,084938	65,438848	78,058186
30	41,379441	49,002678	58,328335	69,760790	83,801677
31	43,227030	51,502759	61,701469	74,298883	89,889778
32	45,111570	54,077841	65,209527	79,063771	96,343165

années	Le taux étant de				
	2 %	3 %	4 %	5 %	6 %
33	47,033802	56,730177	68,857909	84,066959	103,183755
34	48,994478	59,462082	72,652225	89,320307	110,434780
35	50,994367	62,275944	76,598314	94,836323	118,120867
36	53,034255	65,174223	80,702246	100,628139	126,268119
37	55,114940	68,159449	84,970336	106,709546	134,904206
38	57,237238	71,234233	89,469150	113,095023	144,058458
39	59,401983	74,401260	94,025516	119,799774	153,761966
40	61,610023	77,663298	98,826536	126,839763	164,047684
41	63,862224	81,023196	103,819598	134,231751	174,950545
42	66,159468	84,483892	109,012382	141,993339	186,507577
43	68,502657	88,048409	114,412877	150,143006	198,758032
44	70,892710	91,719861	120,029392	158,700156	211,743514
45	73,330564	95,501457	125,870568	167,685164	225,508125
46	75,817176	99,396501	131,945390	177,119422	240,098612
47	78,353520	103,408396	138,263206	187,025393	255,564529
48	80,940590	107,540648	144,833734	197,426663	271,958401
49	83,579440	111,796867	151,667008	208,347996	289,335905
50	86,270990	116,180773	158,773767	219,815395	307,756059

REMARQUE. Il résulte de la manière dont les valeurs de la table III ont été formées par rapport au 5 %, que :

La 1re $= (1,05)$

La 2^{e} $= (1,05) + (1,05)^2$

La 3^{e} $= (1,05) + (1,05)^2 + (1,05)^3$

La 4^{e} $= (1,05) + (1,05)^2 + (1,05)^3 + (1,05)^4$

La 5^{e} $= (1,05) + (1,05)^2 + (1,05)^3 + (1,05)^4 + (1,05)^5$

C'est-à-dire qu'à l'exception de la première, chacune de ces valeurs est égale à la somme d'une progression géométrique croissante dont le premier terme est $(1,05)$ la raison $(1,05)$ et le dernier terme égal au premier élevé à une puissance d'un degré égal au nombre d'années donné. Par conséquent, pour connaître la valeur x

de 1 fr. après un nombre quelconque d'années, 85 par exemple, on posera l'égalité $x = \dfrac{105\left[(1,05)^{85} - 1\right]}{5}$ (I)

Calculant par les logarithmes, on aura :

Log. 105 .... $= 2,0211893$

85 log 1,05 $= 85 \times 0,0211893 =$ 1,8010905; qui correspond au nombre 63,2543668 ; ce nombre diminué de 1 a pour log. 1,7941694

D'où log. du numérateur 3,8153587

log. du dénominateur 0,6989700

log. x 3,1163887

Qui correspond à $x = 1307^f,34$.

On peut, comme simplification, calculer par logarithmes la valeur de $(1,05)^{85}$, puis achever les calculs arithmétiquement ; on a ainsi :

$(1,05)^{85} = 85 \log. 1,05 = 85 \times 0,0211893$, lequel correspond à 63,254 ; par suite, l'égalité ci-dessus devient

$$x = \frac{105 \times 62,254}{5} = \text{Rép. } 1307^f,34.$$

On peut aussi, au moyen de l'égalité (I), calculer la valeur de 1 fr. pour un taux quelconque ; il suffit pour cela de remplacer 105, 1,05, 5 par 104, 1,04, 4 si le taux cherché est le 4 % ; par 103, 1,03, 3, si ce taux est le 3 %, etc.

1512. D'après la table III page 314, 12 annuités ou versements annuels de 1 fr. valent, après 12 ans, $15^f,626838$. Or, puisque 1 fr. vaut $15^f,626..$, 60 fr. vaudront 60 fois plus ou $15^f,626 \times 60 = \text{Rép. } 937^f,56$.

1513. D'après ce qui a été dit dans la remarque de la page 315, le nombre d'années énoncé dans le problème ne se trouvant pas dans la table III, on obtiendra la valeur de 1 fr. après 100 ans, au moyen de l'égalité $x = \dfrac{105\left[(1,05)^{100} - 1\right]}{5}$, dans laquelle

$(1,05)^{100} = 100 \log. 1,05 = 100 \times 0,0211893 = 2,11893$, lequel correspond à 131,50223.

L'égalité ci-dessus devient donc $x = \dfrac{105 \times 131,50223}{5} = 2761,54683$. Telle est la valeur de 1 fr. après 100 ans. Or, si 1 fr. vaut 2761^f,54683, 1000 fr. vaudront 1000 fois plus ou Rép. 2,761,546^f,83.

1514. En consultant la table III, page 314, on voit qu'un versement annuel de 1 fr. placé à 3 % donne, au bout de 20 ans, un capital de 27^f,6764. Cela posé, puisque pour avoir 27^f,6764 au bout de 20 ans, il faut 1 fr. par an ou une somme 27,6764 fois plus petite, pour avoir 3000 fr. dans le même temps, il faudra verser une somme 27,6764 fois plus petite que 3000 fr. ou $\dfrac{3000}{27,6764} =$ Rép. 108^f,39.

1515. De 23 à 60 ans il y a 60 — 23 = 37 ans de différence ; c'est donc 37 versements annuels que l'ouvrier devra faire. Il s'agit de trouver d'abord la somme que produit un versement annuel de 1 fr. à 4 $\frac{1}{2}$ après 37 ans, puis, cette somme trouvée, de la multiplier par 8000. Le produit ainsi obtenu exprimera le montant du versement annuel. Le taux de 4 $\frac{1}{2}$ ne se trouvant pas dans la table III, il faut recourir à la formule de la page 315 pour avoir la valeur d'un versement de 1^f à 4 $\frac{1}{2}$ après 37 ans. Cette valeur $= \dfrac{104,5 \left[(1,045)^{37} - 1\right]}{4,5}$

Calculant par logarithmes, on a $(1,045)^{37} = 37 \log. 1,045 = 37 \times 0,0191163 = 0,7073231$, lequel correspond au nombre 5,0971 ; la valeur ci-dessus devient donc : $\dfrac{1,045\,(5,0971 - 1)}{4,5} = 95^f,14376$. Telle est la somme que produit un versement annuel de 1 fr. après 37 ans ; or, si pour avoir 95^f,14376 au bout de 37 ans, il faut verser annuellement 1 fr., pour avoir 1 fr. il faut verser une somme 95,14376 fois plus petite ou $\dfrac{1}{95,14376}$, et pour avoir 8000 fr. il faut verser 8000 fois $\dfrac{1}{95,14376} =$ Rép. 84^f,08.

1516. D'après la question, il faudra 21 versements

annuels de la somme cherchée ; or, la table III, p. 314, indique qu'un versement annuel de 1 fr. à 4 % produit, après 21 ans, 33f,2479 ; par conséquent, si pour avoir 33f,2479, il faut verser annuellement 1 fr., pour avoir 1 fr. il faudra verser 33,2479 fois moins ou $\frac{1}{33,2479}$, et pour avoir 2500 fr. il faudra verser 2500 fois $\frac{1}{33,2479}$ $= \frac{2500}{33,2479} = $ Rép. 75f,19.

1517. Cette question ainsi que les suivantes, jusqu'au N° 1523, se rattachent aux *annuités* et exigent l'emploi des logarithmes ; mais pour faciliter ces sortes de calculs aux personnes peu familières avec leur usage, on a construit la table suivante, laquelle résoudra la plupart des questions usuelles.

TABLE IV

Indiquant l'annuité que l'on doit recevoir ou payer à la fin de chaque année, pendant un nombre donné d'années, pour éteindre un prêt ou un emprunt de 100 fr. avec les intérêts composés.

années	Le taux étant de				
	2 %	3 %	4 %	5 %	6 %
1	102,0000	103,0000	104,0000	105,0000	106,0000
2	51,5050	52,2611	53,0196	53,7805	54,5437
3	34,6755	35,3530	36,0349	36,7209	37,4110
4	26,2624	26,9027	27,5490	28,2012	28,8591
5	21,2158	21,8355	22,4627	23,0975	23,7396
6	17,8526	18,4598	19,0762	19,7017	20,3363
7	15,4512	16,0506	16,6610	17,2820	17,9135
8	13,6510	14,2456	14,8528	15,4722	16,1036
9	12,2515	12,8434	13,4493	14,0690	14,7022
10	11,1327	11,7231	12,3291	12,9505	13,5868
11	10,2178	10,8077	11,4149	12,0389	12,6793
12	9,4560	10,0462	10,6552	11,2825	11,9277
13	8,8118	9,4030	10,0144	10,6456	11,2960
14	8,2602	8,8526	9,4669	10,1024	10,7585
15	7,7825	8,3767	8,9941	9,6342	10,2963
16	7,3650	7,9611	8,5820	9,2270	9,8952
17	6,9970	7,5953	8,2199	8,8699	9,5445
18	6,6702	7,2709	7,8993	8,5546	9,2357

années	Le taux étant de				
	2 %	3 %	4 %	5 %	6 %
19	6,3782	6,9814	7,6139	8,2745	8,9621
20	6,1157	6,7216	7,3582	8,0243	8,7185
21	5,8785	6,4872	7,1280	7,7996	8,5005
22	5,6631	6,2747	6,9199	7,5971	8,3046
23	5,4668	6,0814	6,7309	7,4137	8,1278
24	5,2871	5,9047	6,5587	7,2471	7,9679
25	5,1220	5,7428	6,4012	7,0952	7,8227
26	4,9699	5,5938	6,2567	6,9564	7,6904
27	4,8293	5,4564	6,1239	6,8292	7,5697
28	4,6990	5,3293	6,0013	6,7123	7,4593
29	4,5778	5,2115	5,8880	6,6046	7,3580
30	4,4650	5,1019	5,7830	6,5051	7,2649
31	4,3596	4,9999	5,6855	6,4132	7,1792
32	4,2611	4,9047	5,5949	6,3280	7,1002
33	4,1687	4,8156	5,5104	6,2490	7,0273
34	4,0819	4,7822	5,4315	6,1755	6,9598
35	4,0002	4,6539	5,3577	6,1072	6,8974
36	3,9233	4,5804	5,2887	6,0434	6,8395
37	3,8507	4,5112	5,2240	5,9840	6,7857
38	3,7821	4,4459	5,1632	5,9284	6,7358
39	3,7171	4,3844	5,1061	5,8765	6,6894
40	3,6556	4,3262	5,0523	5,8278	6,6462
41	3,5972	4,2712	5,0017	5,7822	6,6059
42	3,5417	4,2192	4,9540	5,7395	6,5683
43	3,4890	4,1698	4,9090	5,6993	6,5333
44	3,4388	4,1230	4,8665	5,6616	6,5006
45	3,3910	4,0785	4,8262	5,6262	6,4701
46	3,3453	4,0363	4,7882	5,5928	6,4415
47	3,3018	3,9961	4,7522	5,5614	6,4148
48	3,2602	3,9578	4,7181	5,5318	6,3898
49	3,2204	3,9213	4,6857	5,5040	6,3664
50	3,1823	3,8865	4,6550	5,4777	6,3444

Revenant à la question qui nous occupe, nous
dirons : D'après la table IV, colonne 5 %, pour amortir 100 francs en 5 ans, il faut payer une annuité de
23f,0975. Donc pour amortir 1 fr., il faut payer une

annuité 100 fois plus petite ou 0ᶠ,230975, et pour amortir 5000 fr. il faut payer une annuité de 0ᶠ,230975 × 5000 = 1154ᶠ,87.

1518. D'après la table IV, colonne du 4 %, pour amortir 100 fr. en 15 ans, il faut une annuité de 8ᶠ,9941. Donc pour amortir 1 fr., il faut une annuité 100 fois plus petite ou 0,089941 et pour amortir 40000 fr., il faut une annuité de 0ᶠ,089941 × 40000 = Rép. 3597ᶠ,64.

1519. D'après la table IV, col. du 3 %, l'annuité 18ᶠ,4598 amortit en 6 ans le capital 100 fr. Donc l'annuité 1 fr. amortit un capital 18,4598 fois plus petit ou $\frac{100}{18,4598}$, et l'annuité 540ᶠ,91 amortira le capital $\frac{100}{18,4598} \times 540,91 =$ Rép. 2930ᶠ,2. Tel est le montant de la dette cherchée.

1520. Pour avoir une rente de 400 fr., il est clair qu'il faut 8000 fr. de capital. Il s'agit donc de trouver combien il faut d'annuités de 100 fr. pour produire un capital de 8000 fr. Pour cela nous dirons : Si 100 fr. d'annuité doivent produire un capital de 8000 fr., 1 fr. d'annuité doit produire 100 fois moins ou 80 fr.; or, l'inspection de la table III montre que 80 francs tombe entre 79ᶠ,063771 qui correspond à 32 ans, et 84ᶠ,066959 qui correspond à 33 ans; ce qui veut dire qu'il faut 32 à 33 annuités de 1 fr. pour produire un capital de 80 fr., et par conséquent, 100 fois cette annuité pour produire 8000 fr. de capital ou 400 fr. de rente perpétuelle.

1521. D'après la table I, page 168, (1ʳᵉ partie), la vie probable d'une personne de 50 ans est de 21 à 22 ans. Prenons 21 ans comme plus favorable à la valeur de la rente. Cela posé, il s'agit de trouver l'annuité que la personne doit toucher pendant 21 ans à raison des 6000ᶠ qu'elle veut placer. Or, la table IV, col. 5% montre qu'en plaçant 100 fr. on toucherait chaque année 7ᶠ,7996; en plaçant 1 franc on toucherait 0,077996 ; en plaçant 6000 fr. on doit toucher 0,077996 × 6000 = Rép. 467ᶠ,98. Telle est donc la pension viagère cherchée.

1522. D'après la table I, page 168 (1re partie), la vie probable d'un individu de 65 ans est de 10 ans 8 mois, soit 11 ans, en nombre rond. Il s'agit donc de trouver l'annuité que l'individu doit toucher pendant 11 ans, à raison des 4000 fr. qu'il offre de céder. Or, d'après la table IV, col. du 5%, en plaçant 100 fr., on toucherait chaque année 12^f,0389; en plaçant 1 fr., on toucherait $\frac{12,0389}{100}$, et en plaçant 4000 fr., qui représente le prix de la maison, l'individu doit toucher $\frac{12,0389}{100} \times 4000$ = 481^f, 56. Si l'on compare cette rente ou pension à celle de 500 fr. que le célibataire demande, on trouve qu'il y aurait une perte de 18^f,44 par an, en acceptant le marché qu'il propose.

1523. Un individu de 57 [ans a chance de vivre encore 16 ans (Table I, page 168, 1re partie), par conséquent, il devra toucher jusqu'à sa mort une annuité qui représente l'amortissement, en 16 ans, du capital 15000 fr. calculé avec l'intérêt composé du taux légal ; Or, d'après la table IV, colonne 5 %, en plaçant 100 fr. cet individu toucherait chaque année, 9^f,2270; en plaçant 1 fr., il toucherait 100 fois moins ou 0^f,092270, et en plaçant 15000 fr., il devrait toucher 0^f,092270 $\times$ 15000 = 1384^f,05.

Telle est la rente que l'acquéreur devrait payer pour qu'il n'y eût ni profit ni perte pour lui. Mais comme il paye $\frac{9 \times 15000}{100}$ = 1350 francs, c'est-à-dire 34^f,05 de moins, il s'ensuit qu'il a fait une bonne affaire (1).

---

(1) En concluant, d'après les conditions du problème, que l'acquéreur a fait une bonne affaire, on part de ce principe : que le vendeur doit vivre encore 16 ans, pendant lesquels il touchera la rente convenue. Or, comme la durée de la vie est incertaine et qu'on ne peut établir les calculs que sur la *probabilité* d'atteindre tel ou tel âge, l'acquéreur ne sait s'il gagnera ou s'il perdra qu'après la mort du vendeur. Cette circonstance fait donc, de tout placement viager, un *véritable jeu de hasard*. Mais si l'on ne peut prédire exactement combien vivra une personne d'un âge donné, au moins existe-t-il des *probabilités* sur la durée de l'existence de chaque individu, probabilités qui se trouvent rarement en défaut quand on considère à la fois un grand nombre d'individus.

29.

1524. D'après la table I, page 168 (1re partie), l'homme de 40 ans peut espérer vivre encore 29 ans; par conséquent, pour chaque somme de 100 fr. qu'il aura placée en viager, il devra toucher une annuité capable d'amortir 100 fr. en 29 ans. Or, la table IV, colonne du 5 %, indique que cette annuité est de 6f,6046, ou ce qui revient au même, que la rente viagère doit être calculée à raison de 6,6046 % du capital aliéné.

En raisonnant de la même manière pour les autres âges, on obtient le tableau suivant qui répond à toutes les conditions du problème.

TABLEAU

indiquant le taux de la rente viagère pour 100 fr. de capital aliéné, depuis 40 jusqu'à 75 ans (1).

40 ANS.	6f,6046	52 ANS	8f,1294	64 ANS	11f,7893
41	6,6854	53	8,3193	65	12,3397
42	6,7801	54	8,5322	66	12,8776
43	6,8826	55	8,7375	67	13,5093
44	6,9911	56	8,9878	68	14,0690
45	7,1074	57	9,2270	69	14,8829
46	7,2213	58	9,4998	70	15,6170
47	7,3587	59	9,7887	71	16,3771
48	7,4907	60	10,1024	72	17,2820
49	7,6977	61	10,4664	73	18,2983
50	7,7996	62	10,9131	74	19,2904
51	8,0181	63	11,2825	75	20,5507

(1). La vie probable est ici calculée d'après la table 1, page 168, (1re partie). En calculant d'après les autres tables de mortalité, on obtiendrait pour les valeurs de la rente à chaque âge, des résultats différents, en plus ou en moins, de ceux portés dans le tableau ci-dessus. Cela prouve qu'il n'est pas indifférent d'adopter telle ou telle table pour base des calculs relatifs à la détermination des rentes viagères. Quand on considère l'intérêt du prêteur, on prendra la table où l'ordre de mortalité est plus rapide, parce qu'elle donne une rente plus forte; si, au contraire, on considère l'intérêt de l'emprunteur, on prendra celle où cet ordre est plus lent, parce qu'elle amoindrit la rente.

1525. D'après la table I, page 168, 1re partie, un individu de 44 ans a chance de vivre encore 26 ans ; donc il touchera jusqu'à sa mort une somme égale au produit de 26 annuités de 600 fr. ; or, 26 annuités de 1 fr. à 5 % valent 53f,699 et 26 annuités de 600 fr. valent 53,699 × 600 = 32219f,4. Maintenant il s'agit de trouver la somme qui, placée à intérêts composés pendant 25 ans, soit équivalente à 32219f,4. Pour trouver cette somme, on dira : 1 fr. placé pendant 26 ans vaut 3f,5557 (Table II, page 305). Donc autant de fois cette valeur sera contenue dans 32219f,4 autant de francs en capital ce quotient représentera. L'opération donne $\frac{32219,4}{3,5557}$ = Rép. 9061f,33.

1526. D'après la table 1, p. 168 (1re partie), l'homme de 35 ans a chance de vivre encore 33 ans. La question est donc ramenée à celle-ci : Quel est le capital produit par 4000 fr. placés à intérêts composés pendant 33 ans? Or, 1 fr. placé de la sorte vaut 5f,00319 (Table II, page 305), et 400 fr. valent 5,00319 × 4000 = 20012f,76. Réduite de 12 p. 100, la somme à compter à la veuve sera donc Rép. 17611f,23.

1527. De 34 à 60 ans la différence est 26 ans. Il s'agit donc de trouver le capital produit au bout de ce temps par la mise totale des associés, mise égale à 15 × 2000 = 30000 fr. D'après la table II, page 305, 1 fr. produit 3f,55567, et 30000 fr. produisent 3,55567 × 30000 = 106670f,1. Telle est la somme à partager entre les survivants ; or, de 34 à 60 ans, le nombre des survivants se réduit (Table I, page 168, première partie) de 702 à 463, et proportionellement de 15 à 10 environ. Divisant 106,607,1 par 10, la part de chaque survivant de 60 ans sera Rép. de 10660f,71.

PROBLÈMES

SUR LA RÈGLE D'ESCOMPTE.

1528. Puisque 100 fr. donne 3 fr. d'escompte, 1 fr. donne 100 fois moins ou $\frac{3}{100}$, et 420 fr. donnent 420 × $\frac{3}{100}$ = $\frac{1260}{100}$ Rép. 12f,60.

1529. Si je paye 1 an avant l'échéance, je dois retenir 1 an d'intérêt. Or, si 100 fr. donne 4 fr. d'intérêt ou d'escompte, 1 fr. donne 100 fois moins ou $\frac{4}{100}$, et 745 fr. donnent $745 \times \frac{4}{100} = \frac{745 \times 4}{400} = $ Rép. 29^f,80.

1530. Observons d'abord que 7 mois valent $\frac{7}{12}$ d'année. Cela posé, si 100 fr. donne 5 fr. d'escompte par an ou 12 mois, pour 12 mois aussi 1 fr. donnera 100 fois moins ou $\frac{5}{100}$, et pour 7 mois, il donnera $\frac{7}{12}$ de fois $\frac{5}{100} = \frac{5 \times 7}{100 \times 12} = \frac{35}{1200}$. Par conséquent, 1580 fr. donnent 1580 fois $\frac{35}{1200} = \frac{35 \times 1580}{1200} = $ Rép. 46^f,08.

1531. Un mois vaut $\frac{1}{12}$ d'année. Par conséquent, 1 mois ½ vaut $\frac{1,5}{12}$. Cela posé, puisque 100 fr. produit 6 fr. d'escompte par an ou 12 mois, 1 fr. produit 100 fois moins ou $\frac{6}{100}$ pendant le même temps, et pour 1 mois et demi, il produira $\frac{1,5}{12} \times \frac{6}{100} = \frac{9}{1200}$; 8090 fr. produiront donc 8090 fois $\frac{9}{1200} = \frac{72810}{1200} = $ R. 60^f,67.

1532. 1 mois vaut $\frac{1}{12}$ d'année. Donc 15 mois valent $\frac{15}{12}$ d'année. Cela posé, si 100^f produit 5^f,25 d'escompte pour 1 an ou 12 mois, pour le même temps 1 fr. produira 100 fois moins ou $\frac{5,25}{100}$, et pour 15 mois, il produira $\frac{15}{12} \times \frac{5,25}{100} = \frac{78,75}{1200}$. Par conséquent, 2850^f,45 produiront, dans 15 mois, 2850,45 fois $\frac{78,75}{1200} = \frac{167463,9375}{1200} = $ Rép. 139^f,55.

Deuxième méthode. L'escompte de 100 fr. par an étant

$$5^f,25$$

L'escompte de 100 fr. par mois est le $\frac{1}{12}$ de 5^f,25 $=$

$$\frac{5,25}{12}$$

L'escompte de 100 fr. pour 15 mois est 15 fois $\frac{5,25}{12} =$

$$\frac{5,25 \times 15}{12}$$

L'escompte de 1 fr. pour 15 mois est le 100e de $\frac{5,25 \times 15}{12}$ ou

$$\frac{5,25 \times 15}{12 \times 100}$$

L'escompte de 2850^f,45 sera donc 2850,45 fois $\frac{5,25 \times 15}{12 \times 100} =$

$$\frac{5,25 \times 15 \times 2850,45}{12 \times 100}$$

$=$ Rép. 139^f,55.

1533. Du 9 mai au 9 octobre, il y a 5 mois (1). Cela posé :

L'escompte de 100 fr. par an ou 12 mois étant $\qquad$ 6 fr.

L'escompte de 100 fr. pour 1 mois est le 12e de 6 fr. $= \qquad \dfrac{6}{12}$

L'escompte de 100 fr. pour 5 mois est 5 fois $\dfrac{6}{12} = \qquad \dfrac{6 \times 5}{12}$

L'escompte de 1 fr. pour 5 mois est le 100e de $\dfrac{6 \times 5}{12} = \qquad \dfrac{6 \times 5}{12 \times 100}$

L'escompte de 1345 fr. sera donc 1345 fois $\dfrac{6 \times 5}{12 \times 100} = \qquad \dfrac{6 \times 5 \times 1345}{12 \times 100}$

$=$ Rép. 33f,62.

1534. ¼ p. % par mois représente ¼ de franc ou 0f,25 pour 30 jours (2). Cela posé :

L'escompte de 100 fr. pour 30 jours, étant $\qquad$ 0f,25

L'escompte de 100 fr. pour 1 jour est le 30e de 0f,25 ou $\qquad \dfrac{0,25}{30}$

L'escompte de 100 fr. pour 45 jours est 45 fois $\dfrac{0,25}{30}$ ou $\qquad \dfrac{0,25 \times 45}{30}$

L'escompte de 1 fr. pour 45 jours est le 100e de $\dfrac{0,25 \times 45}{30}$ ou $\qquad \dfrac{0,25 \times 45}{30 \times 100}$

L'escompte de 2500 fr. sera donc 2500 fois $\dfrac{0,25 \times 45}{30 \times 100} = \qquad \dfrac{0,25 \times 45 \times 2500}{30 \times 100}$

$=$ Rép. 9f,37.

1535. L'escompte de 100 fr. par an ou 360 jours étant $\qquad$ 6 fr.

L'escompte de 100 fr. pour 1 jour est le 360e de 6 fr. ou $\qquad \dfrac{6}{360}$

L'escompte de 100 fr. pour 60 jours est 60 fois $\dfrac{6}{360} = \dfrac{6 \times 60}{360} = \qquad \dfrac{360}{360}$

$=$ Rép. 1 fr. C'est-à-dire que dans ce cas, *l'escompte est le centième de la somme placée.* (3).

---

(1) Voir note 3 du probl. 1452, (1re partie.)

(2)   idem.   idem.

(3) On peut s'assurer que pour toute autre somme escomptée à 6 % pour 60 jours, le résultat sera le même ; c'est-à-dire que dans tous

1536. Puisque 100 fr. payables dans 1 an valent aujourd'hui $100 - 6 =$ 94 fr.

1 fr. payable dans 1 an vaut aujourd'hui le 100ᵉ de 94 fr. $= \frac{94}{100}$

745 fr. payables dans 1 an valent donc aujourd'hui 745 fois $\frac{94}{100} = \frac{745 \times 94}{100}$

$=$ Rép. 700ᶠ,30.

1537. Si 100 fr. payables dans 1 an valent aujourd'hui $100 - 5^f,5 =$ 94ᶠ,5

1 fr. payable dans 1 an vaut aujourd'hui 100 fois moins ou $\frac{94,5}{100}$

Et 800 fr. payables dans 1 an valent aujourd'hui 800 fois $\frac{94,5}{100} =$ Rép. 756ᶠ.

---

les cas, l'escompte représentera le *centieme de la somme escomptee.* Il résulte de là un moyen très-simple de calculer l'escompte pour un nombre quelconque de jours. Ce moyen consiste à déterminer d'abord l'escompte à 6 % pour 60 jours, ce qui revient à prendre le 100ᵉ de la somme donnée, et à comparer ensuite le nombre de jours avec des multiples ou des sous-multiples de 60. Un seul exemple suffira pour faire comprendre la marche à suivre dans les différents cas qui peuvent se présenter. Supposons qu'il s'agisse de trouver l'escompte à 6 % d'un effet de 1250 francs, payables dans 154 jours.

L'intérêt de 60 jours étant le 100ᵉ de 1250 ou 12ᶠ,50, on aura :

Pour 120 jours, le double du nombre précédent ou		25ᶠ
30 jours, le quart		6 ,25
3 jours, le dixième		» ,625
1 jour, le tiers		» ,208
Pour 154 jours, l'escompte à 6 % sera donc		32ᶠ,083

Si, au lieu de 6 % le taux était 5, 4 ½, 4, 3 %, on retrancherait du résultat :

1 sur 6 ou le *sixième* pour le 5

1 ½ sur 6 ou le *quart* pour le 4 ½

2 sur 6 ou le *tiers* pour le 4

3 sur 6 ou la *moitié* pour le 3.

On trouvera une méthode tout aussi expéditive, dans notre Arith. in-12, page 241.

1538. 5 ¾ est la même chose que 5^f,75 % par an ou 12 mois. Cela posé :

L'escompte de 100 fr. pour 12 mois étant $\qquad$ 5^f,75

L'escompte de 100 fr. pour 1 mois est $\qquad \dfrac{5,75}{12}$

L'escompte de 100 fr. pour 18 mois est $\qquad \dfrac{5,75 \times 18}{12}$

L'escompte de 1 fr. pour 18 mois est $\qquad \dfrac{5,75 \times 18}{12 \times 100}$

L'escompte de 2000 fr. pour 18 mois est donc 2000 fois $\dfrac{5,75 \times 18}{12 \times 100}$ ou $\qquad \dfrac{5,75 \times 18 \times 2000}{12 \times 100}$

$= 172^f,50.$

En retranchant cet escompte de la somme escomptée, il reste à payer par le banquier ou pour la somme que je dois recevoir, 2000 fr. — 172^f,5 = Rép. 1827^f,50.

1539. L'escompte de 100 fr. par an ou 12 mois étant $\qquad$ 5 fr.

L'escompte de 100 fr. pour 1 mois est le 12e de 5 fr. ou $\dfrac{5}{12}$ $\qquad \dfrac{5}{12}$

L'escompte de 100 fr. pour 9 mois est 9 fois $\dfrac{5}{12}$ ou $\qquad \dfrac{5 \times 9}{12}$

L'escompte de 1 fr. pour 9 mois et le 100e de $\dfrac{5 \times 9}{12}$ ou $\qquad \dfrac{5 \times 9}{12 \times 100}$

L'escompte de 3000 fr. sera donc 3000 fois $\dfrac{5 \times 9}{12 \times 100} =$ $\qquad \dfrac{5 \times 9 \times 3000}{12 \times 100}$

$= 112^f,50.$

Retranchant cet escompte du montant du billet, on a pour la somme reçue par le particulier 3000 fr. — 112^f,50 = Rép. 2887^f,50.

1540. 6 ½ représente 6^f,50. Cela posé :

L'escompte de 100 fr. par an ou 12 mois étant $\qquad$ 6^f,5

L'escompte de 100 fr. pour 1 mois est le 12e de 6^f,5 ou $\qquad \dfrac{6,5}{12}$

L'escompte de 100 fr. pour 2 mois est 2 fois $\dfrac{6,5}{12}$ ou $\qquad \dfrac{6,5 \times 2}{12}$

L'escompte de 1 fr. pour 2 mois est le 100e de $\dfrac{6,5 \times 2}{12}$ ou $\qquad \dfrac{6,5 \times 2}{12 \times 100}$

L'escompte de 1640 fr., pour 2 mois, sera donc 1640 fois $\frac{6,5 \times 2}{12 \times 100}$ ou $\frac{6,5 \times 2 \times 1640}{12 \times 100}$ = 17^f,77.

Retranchant cet escompte du montant du billet, on a pour la somme que le commerçant doit recevoir 1640 fr. — 17^f,77 = Rép. 1622^f,23.

1541. 4 mois 11 jours valent 131 jours. Cela posé :

L'escompte de 100 fr. par an ou 360 jours étant .... 5 fr.

L'escompte de 100 fr. pour 1 jour est le 360e de 5 fr. ou .... $\frac{5}{360}$

L'escompte de 100 fr. pour 131 jours est 131 fois $\frac{5}{360}$ ou .... $\frac{5 \times 131}{360}$

L'escompte de 1 fr. pour 131 jours est le 100e de $\frac{5 \times 131}{360}$ ou .... $\frac{5 \times 131}{360 \times 100}$

L'escompte de 1500 fr. pour 131 jours (ou 4 mois 11 jours) sera donc 1500 fois $\frac{5 \times 131}{360 \times 100}$ ou $\frac{5 \times 131 \times 1500}{36000}$ = 27^f,29.

Retranchant cet escompte de la valeur *nominale* du billet, on a, pour sa valeur actuelle, 1500 — 27^f,29 = Rép. 1472^f,71.

1542. Il y a 57 jours du jour de l'escompte au jour de l'échéance du billet, savoir :

Du 19 au 31 mars	13 jours	(1)
1er au 30 avril	30 jours	
1er au 14 mai	14 jours	
Total.	57 jours	

Cela posé :

L'escompte de 100 fr. par an ou 360 jours étant .... 5^f,25

L'escompte de 100 pour 1 jour est le 360e de 5^f,25 ou .... $\frac{5,25}{360}$

---

(1) Le calcul est fait ici selon le vœu de la loi, c'est-à-dire que le jour de l'échéance n'est pas compté dans l'escompte et que les mois sont tels qu'ils sont fixés dans le calendrier. (Voyez note 3 du probl. 1452.)

L'escompte de 100 fr. pour 57 jours est 57 fois $\frac{5,25}{360}$ ou $\frac{5,25 \times 57}{360}$

L'escompte de 1 fr. pour 57 jours est le 100e de $\frac{5,25 \times 57}{360}$ ou $\frac{5,25 \times 57}{360 \times 100}$

L'escompte de 250 fr. pour 57 jours est donc 250 fois $\frac{5,25 \times 57}{360 \times 100}$ ou $\frac{5,25 \times 57 \times 250}{36000}$ $= 2^f,78.$

Le billet de 250 fr. vaut donc, argent comptant, 250^f — 2^f,78 = Rép. 247^f,22.

1543. En comptant les mois tels qu'ils sont fixés dans le calendrier, on trouve 137 jours de placement du 1er juillet jour de l'escompte, au 15 novembre jour de l'échéance. Cela posé :

Puisque l'escompte de 100 fr. par an ou 360 jours (1) est 6 fr.

L'escompte de 100 pour 1 jour est le 360e de 6 fr. ou $\frac{6}{360}$

L'escompte de 100 fr. pour 137 jours est 137 fois $\frac{6}{360}$ ou $\frac{6 \times 137}{360}$

L'escompte de 1 fr. pour 137 jours est le 100e de $\frac{6 \times 137}{360}$ ou $\frac{6 \times 137}{360 \times 100}$

L'escompte de 985 fr. sera donc 985 fois $\frac{6 \times 137}{360 \times 100}$ ou $\frac{6 \times 137 \times 985}{360 \times 100}$ $= \frac{137 \times 985}{6000} = 22^f,49$ (2).

---

(1) Voyez note 3 du probl. 1452.

(2) Si l'on fait attention à la manière dont la dernière expression fractionnaire $\frac{137 \times 985}{6000}$ a été formée, on remarquera 1° qu'elle confient au numérateur, le produit de la somme escomptée par le nombre de jours du placement; 2° que cette même expression n'est autre chose que la précédente $\frac{6 \times 137 \times 985}{360 \times 100}$, dans laquelle on a supprimé le facteur 6 commun à ses deux termes ; or, comme ce facteur est *constant* tant qu'il s'agit du 6 %, on en tire la règle suivante dont on se sert dans le commerce pour calculer l'intérêt ou l'escompte d'une somme pour un certain nombre de jours, au taux de 6 % qui est le taux commercial le plus ordinaire.

Règle. *Pour trouver l'escompte ou l'intérêt d'une somme à 6 p. %, on multiplie cette somme par le nombre de jours qui doit*

En retranchant cet escompte des 985^f, montant du billet, on a 985 fr. — 22^f,49 = Rép. 962^f,51 pour la somme que la personne doit payer.

1544. 1re *Opération* : L'escompte de de 100 fr. par an ou 360 jours étant $\quad$ 5^f,4

L'escompte de 100 fr. pour 1 jour est le 360e de 5^f,4 ou $\quad \dfrac{5,4}{360}$

L'escompte de 100 fr. pour 280 jours est 280 fois $\frac{5,4}{360}$ ou $\quad \dfrac{5,4 \times 280}{360}$

L'escompte de 1 fr. pour 280 jours est le 100e de $\frac{5,4 \times 280}{360}$ ou $\quad \dfrac{5,4 \times 280}{360 \times 100}$

L'escompte de 2450 fr. pour 280 jours sera donc 2450 fois $\frac{5,4 \times 280}{360 \times 100}$ ou $\quad \dfrac{5,4 \times 280 \times 2450}{360 \times 100}$ = Rép. 102^f,9.

2me *Opération* : La commission et le change font ensemble 0^f,75 p. 100 fr. ou $\frac{0,75}{100}$ pour 1 fr., et pour le montant du billet 2450 fois $\frac{0,75}{100}$ = 18^f,37.

Par conséquent, la retenue totale à faire sur le billet sera 102^f, + 18^f,37 = 121^f,27 et par suite, le porteur recevra 2450 fr. — 121^f,27 = Rép. 2328^f,73 (1).

---

s'écouler avant l'échéance et l'on divise le produit par 6000. Le quotient obtenu est l'escompte cherché.

On trouvera la démonstration de cette règle dans notre Arithm. in-12, page 242.

(1) En traitant par le raisonnement les questions d'escompte, notre but est d'exercer l'intelligence des élèves, sans nous préoccuper de la longueur des opérations. Mais dans la pratique des affaires, où la promptitude des calculs est souvent une condition indispensable, on a recours aux méthodes expéditives que nous avons fait connaître page 326. Le professeur fera donc bien de faire résoudre chaque question, d'abord par le raisonnement, ensuite par l'une des méthodes en question.

Voici, du reste, quelques exemples d'escompte d'effets de commerce, auxquels les élèves pourront appliquer les méthodes abrégées.

Supposons qu'on m'ait escompté, à Paris, les effets de commerce ci-après :

Le 25 janvier, effet de 2000 fr. sur Paris, au 31 mars, intérêt à 6 %;

1545. 100 fr. escomptés à 5 ½ ou 5ᶠ,50 se réduisent à 100 fr. — 5ᶠ,5 = 94ᶠ,5. Or, puisque 94ᶠ,5 proviennent de 100 fr., 1 fr. provient d'un capital 94,5 fois plus petit ou $\frac{100}{94,5}$, et 984 fr. proviennent d'un capital 984 fois plus grand que $\frac{100}{94,5}$ ou $\frac{100 \times 984}{94,5}$ = Rép. 1041ᶠ,26.

1546. L'escompte de 100 fr. par an ou 360 jours étant $\quad$ 4 fr.

L'escompte de 100 fr. pour 1 jour est le 360ᵉ de 4 fr. ou $\quad \frac{4}{360}$

L'escompte de 100 fr. pour 8 mois 10 jours ou 250 jours est 250 fois $\frac{4}{360}$ ou $\quad \frac{4 \times 250}{360}$ = 2ᶠ,77.

Par conséquent 100 fr. escomptés pour 8 mois 10 jours se réduisent à 100 fr. — 2ᶠ,77 = 97ᶠ,23.

Or, puisque 97ᶠ,23 proviennent de 100 fr., 1 fr. provient d'une somme 97,23 fois plus petite ou $\frac{100}{97,23}$

Le 27 janvier, effet de 600 fr. sur Provins, au 30 avril, intérêt à 5 %, et change de place de $\frac{3}{8}$ %.

Le 28 janvier, effet de 200 fr. sur Melun, au 10 avril, avec intérêt à 4 %.

Commission de banque ½ p. %, et change de place ¼ p. %.

TYPES DE CALCUL.

1° Intérêt du 25 janvier au 31 mars, ou 65 jours à 6 % $\quad$ 21ᶠ,65
Espèces $\quad$ 1978,35
$\qquad$ Total. $\quad$ 2000ᶠ,00

2° Intérêt du 27 janvier au 30 avril, ou 92 jours à 5 % $\quad$ 7ᶠ,65
Change de place $\frac{3}{8}$ %, ou 0ᶠ,35 % sur 600 $\quad$ 2,25
Espèces $\quad$ 590,10
$\qquad$ Total. $\quad$ 600ᶠ,00

3° Intérêt du 28 janvier au 10 avril, ou 72 jours au 4 % $\quad$ 1,60
Commission de banque ½ %, ou 0ᶠ,50 sur 100 $\quad$ 1,00
Change de place ¼ %, ou 0ᶠ,25 sur 100 $\quad$ 0,50
Espèces $\quad$ 196,90
$\qquad$ Total. $\quad$ 200ᶠ,00

et 755 fr. proviennent d'une somme 755 fois plus grande que $\frac{100}{97,23}$ ou $\frac{100 \times 755}{97,23}$ = Rép. 776^f,51.

1547. L'escompte de 100 fr. par an ou 360 jours étant 6 fr.

L'escompte de 100 fr. pour 1 jour est le 360e de 6 fr. ou $\frac{6}{360}$

L'escompte de 100 fr. pour 2 mois 19 jours ou 79 jours est 79 fois $\frac{6}{360}$ ou $\frac{6 \times 79}{360}$ = 1^f,3166.

Or, puisque 1^f,3166 représente l'escompte de 100 fr. payables dans 2 mois 19 jours, autant de fois cet escompte sera contenu dans 63^f,20 (escompte du billet), autant de fois 100 fr. sera contenu dans le montant de ce billet. La division de $\frac{63,2}{1,3166}$ donne pour quotient 48,002 lequel multiplié par 100, donne Rép. 4800^f,2 pour la somme cherchée.

1548. L'escompte de 2000 fr. étant 135 fr.

L'escompte de 1 fr. est 2000 fois plus petit ou $\frac{135}{2000}$

L'escompte de 100 fr. est 100 fois $\frac{135}{2000}$ ou $\frac{135 \times 100}{2000}$ = Rép. 6^f,75 %.

1549. L'escompte de 500 fr. pour 9 mois étant 500 — 475 fr. ou 25 fr.

L'escompte de 500 fr. pour 1 mois est le 9e de 25 fr. ou $\frac{25}{9}$

L'escompte de 500 fr. pour 12 mois est 12 fois $\frac{25}{9}$ ou $\frac{25 \times 12}{9}$

Mais, puisque 500 fr. pour 12 mois ou 1 an donne $\frac{25 \times 12}{9}$ d'escompte, 100 francs pour 1 an donne 5 fois moins ou $\frac{25 \times 12}{9 \times 5}$ = Rép. 6^f,67 %.

1550. L'escompte de 1500 fr. pour 4 mois étant 1500 — 1478 fr. ou 22 fr.

L'escompte de 1500 fr. pour 1 mois est 4 fois plus petit ou $\frac{22}{4}$

L'escompte de 1500 fr. pour 12 mois est 12 fois $\frac{22}{4}$ ou $\frac{22 \times 12}{4}$

Mais si 1500 fr. pour 12 mois ou 1 an donne $\frac{22 \times 12}{4}$ d'escompte, 100 fr. pour 1 an donne 15 fois moins ou $\frac{22 \times 12}{4 \times 15}$
= Rép. 4^f,40 %.

1551. L'escompte de 3480 fr. pour 3 mois 21 jours ou 111 jours étant   63^f,8

L'escompte de 3480 fr. pour 1 jour est 111 fois plus petit ou $\frac{63,8}{111}$

L'escompte de 3480 fr. pour 360 jours ou 1 an est 360 fois $\frac{63,8}{111}$ ou $\frac{63,8 \times 360}{111}$

L'escompte de 1 fr. par an est 3480 fois plus petit que $\frac{63,8 \times 360}{111}$ ou $\frac{63,8 \times 360}{111 \times 3480}$

L'escompte de 100 fr. par an sera donc 100 fois $\frac{63,8 \times 360}{111 \times 3480}$ ou $\frac{63,8 \times 360 \times 100}{111 \times 3480}$
= Rép. 5^f,95 %.

1552. L'escompte de 100 fr. par an étant   5^f,5

L'escompte de 1 fr. par an est le 100e de 5^f,5 ou   0^f,055

L'escompte de 3500 fr. par an est 3500 fois 0^f,055 ou   192^f,5

Mais, si 192^f,5 représente 1 an de placement ou   360 jours

1 fr. représente 192,5 fois moins ou $\frac{360}{192,5}$

38^f,5 représenteront donc 38,5 fois $\frac{360}{192,5} =$ $\frac{360 \times 38,5}{192,5}$
= 72 jours. Par conséquent, l'échéance était Rép. à 2 mois 12 jours.

1553. L'escompte du billet est de 800 fr. — 770 fr. = 30 fr.; or,

L'escompte de 100 fr. par an étant   4^f,5

L'escompte de 1 fr. par an est le 100e de 4^f,5 ou   0^f,045

L'escompte de 800 fr. par an est 800 fois 0^f,045 ou   36 fr.

Mais, puisque 36 fr. représentent 1 an de placement ou   360 jours

1 fr. représente 36 fois moins de temps ou $\frac{360}{36}$

30

30 fr. ou l'escompte du billet représenterait donc 30 fois $\frac{360}{36} = 300$ jours de placement.

Donc, Rép. le billet a été payé 300 jours ou 10 mois avant l'échéance.

PROBLÈMES

sur l'escompte des factures, la commission, le courtage, le change de place, les primes d'assurances.

1554. Puisque 100 fr. de marchandises donnent 8 fr. d'escompte, 1 fr. de marchandises donne 100 fois moins ou $\frac{8}{100}$, et 3245 de marchandises donnent $\frac{8 \times 3245}{100}$ = Rép. 259^f,60.

Il suffit de là que pour trouver l'escompte en question, *il faut multiplier la somme par le taux de de l'escompte et diviser le produit par 100.*

1555. La règle du numéro 1554 donne $\frac{450 \times 3,5}{100} =$ Rép. 15^f,75.

1556. La règle du numéro 1554 donne $\frac{2540,49 \times 9}{100}$ = Rép. 228^f,64.

1557. D'après la règle du numéro 1554, l'escompte de 1560 fr. $= \frac{1560 \times 4}{100} = 62^f,40$. Par conséquent, je dois débourser 1560 fr. — 62^f,40 = Rép. 1497^f,60.

1558. D'après la règle du numéro 1554, la remise sur 620 fr. $= \frac{620 \times 3}{100} = 18^f,60$. Par conséquent, le marchand doit payer 620^f — 18^f,60 = Rép. 601^f,40.

1559. Calculé d'après la règle du numéro 1554 l'escompte de 478 fr. $= \frac{478 \times 15}{100} = 71^f,70$. En retranchant cette somme de 478 fr., on a pour la somme qu'il faut payer net 478 fr. — 71^f,70 = Rép. 406^f,30.

1560. Calculez d'après la règle du numéro 1554, l'escompte demandé, vous aurez $\frac{109 \times 5}{100} = 5^f,45$. Le montant de la facture se réduit donc à 109 fr. — 5^f,45 = Rép. 103^f,55.

1561. D'après la règle du numéro 1554, on a pour l'escompte cherché $\frac{1136,25 \times 6,5}{100} = 73^f,86$. Par conséquent, la facture se réduit à $1136^f,25 - 73^f,86 =$ Rép. $1062^f,39$.

1562. Si 2 ½ ou $2^f,5$ d'escompte représente 100 fr. de marchandises, 1 fr. d'escompte représente 2,5 fois moins de marchandises ou $\frac{100}{2,5}$. Donc $11^f,4$ d'escompte représente 11,4 fois $\frac{100}{2,5} = \frac{100 \times 11,4}{2,5} = 456$ fr. de marchandises ou, ce qui revient au même, le montant de la facture.

1563. Puisque 400 fr. de marchandises donnent 68 fr. d'escompte 100 fr. de marchandises donnent 4 fois moins d'escompte ou $\frac{68}{4} = 17$ fr. Donc le taux de l'escompte est Rép. de 17 fr. pour 100 fr. ou de 17 %.

PROBLÈMES SUR LA COMMISSION.

1564. Puisque 100 fr. de vente donnent $3^f,5$ de commission, 1 fr. de vente donne 100 fois moins de commission ou $\frac{3,5}{100}$, et $12590^f,5$ donnent $\frac{12590,5 \times 3,5}{100} =$ Rép. $440^f,67$.

Donc pour trouver la commission cherchée, *il faut multiplier la somme par le taux de la commission et diviser le produit par 100.*

1565. La règle du numéro 1564 donne $\frac{9050 \times 0,5}{100} =$ Rép. $45^f,30$.

1566. En calculant comme ci-dessus on a $\frac{8450 \times 1,50}{100}$ = Rép. $51^f,75$.

1567. 30 pièces calicot à 55 fr. $= 30 \times 55 = 1650$ fr.

200 mètres drap à 25 fr. $= 200 \times 25 = 5000$ fr.

Le commissionnaire a donc vendu pour 6650 fr. Or, à 2 ½ ou $2^f,5$ p. % cette vente donne (d'après la la règle du numéro 1564), $\frac{6650 \times 2,5}{100} = 166^f,25$ de commission. Donc, en retenant $166^f,25$ sur 6650^f, le commissionnaire est redevable de $6650 - 166,25 =$ Rép. $6483^f,75$.

1568. Puisque 5 ⅔ ou 5^f,67 de commission représentent 100 fr. d'achat, 1 fr. de commission représente 5,67 fois moins ou $\frac{100}{5,67}$, et 129 fr. de commission représentent $129 \times \frac{100}{5,67} = \frac{12900}{5,67} =$ Rép. 2275^f,13.

1569. $\frac{7}{8}$ p. 100 est ici la même chose que $\frac{7}{8}$ de 1 fr. pour 100 ou 0^f,875 %. Cela posé, il est évident que si, sur une vente de 100 fr., on déduit 0^f,875 de commission, il restera 100 fr. — 0^f,875 = 99^f,125. Or, puisque 99^f,125 expriment une vente de 100 fr., déduction faite de la commission, 1 fr. de vente exprime 99,125 fois moins ou $\frac{100}{99,125}$, et 19543^f,7 expriment 19543,7 fois $\frac{100}{99,125}$ ou $\frac{1954370}{99,125} =$ Rép. 19716^f,22.

1570. Si 4000 fr. d'achat donnent 157^f,5 de commission, 1 fr. d'achat donne 4000 fois moins ou $\frac{157,5}{4000}$, et 100 fr. d'achat donnent 100 fois $\frac{157,5}{4000} = \frac{15750}{4000} =$ 3^f,94. Le taux demandé est donc Rép. de 3^f,94 %.

PROBLÈMES SUR LE COURTAGE.

1571. Si 100 fr. de vente ou d'achat donne ½ ou 0^f,5 de courtage, 1 fr. donne 100 fois moins ou $\frac{0,5}{100}$, et 18212 fr. donnent 18212 fois $\frac{0,5}{100} = \frac{18212 \times 0,5}{100} =$ Rép. 91^f,06.

Donc pour trouver le courtage demandé, *il faut multiplier la somme par le taux du courtage et diviser le produit par 100.*

1572. Puisque 1000 fr. de négociation donnent 1 ¼ ou 1^f,25 de courtage, 1 fr. de négociation donne 1000 fois moins ou $\frac{1,25}{1000}$, et 64300 fr. donnent 64300 fois $\frac{1,25}{1000} =$ Rép. 80^f,37.

1573. Si 2874 fr. de négociation donnent 50 fr. de courtage, 1 fr. de négociation donne 2874 fois moins ou $\frac{50}{2874}$, et 100 fr. de négociation donnent 100 fois $\frac{50}{2874} = \frac{5000}{2874} =$ 1^f,74. Le courtage s'est donc élevé à Rép. 1^f,74 pour 100.

PROBLÈMES SUR LE CHANGE DE PLACE.

1574. $\frac{1}{8}$ pour cent est la même que $\frac{1}{8}$ de fr. ou 0^f,125 p. 100. Cela posé, si 100 fr. donne 0^f,125 de change,

1 fr. donne 100 fois moins ou $\frac{0,125}{100}$, et 1200^f donnent 1200 fois $\frac{0,125}{100}$ = Rép. 1^f,50.

Donc, pour trouver le change demandé, *il faut multiplier la somme par le taux du change et diviser le produit par 100.*

1575. En opérant, d'après la règle ci-dessus, on a pour le montant du change, $\frac{4500 \times 0,1}{100}$ = 4^f,50. Par conséquent, le négociant doit remettre au banquier 4500 fr. + 4^f,50 = Rép. 4504^f,50.

1576. Il faut payer au banquier 500 francs plus le change de 500 fr., à raison de 0^f,25 ou $\frac{500 \times 0,25}{100}$, = 1^f,25 ; c'est-à-dire en tout 500 fr. + 1^f,25 = Rép. 501^f,25.

1577. Je dois donner au banquier 2643 fr. plus le change de 2643 fr., à raison de 0^f,5 ou $\frac{2643 \times 0,5}{100}$ = 13^f,21 ; c'est-à-dire 2643 fr. + 13^f,21 = R. 2656^f,21.

1578. On doit verser 1500 fr. plus le change de cette somme, à raison de 33 centimes ou $\frac{1500 \times 0,33}{100}$ = 4^f,95 ; c'est-à-dire 1500 fr. + 4^f,95 = Rép. 1504^f,95.

1579. ¾ p. % signifie 0^f,75 %. Cela posé le commerçant donnera 925^f,6 plus le change de cette somme à raison de 0^f,75 % ou $\frac{925,6 \times 0,75}{100}$ = 6^f,94 ; c'est-à-dire en tout 925^f,60 + 6^f,94 = Rép. 932^f, 54.

1580. Le change étant de ⅔ ou 0,666 %, il est clair que pour toucher 100 fr. net on doit payer 100 fr. plus 0^f,666... = 100^f,666... Donc pour toucher 1 fr., on doit payer 100 fois moins ou 1^f,00666..., et pour toucher 1857 francs, on doit payer 1857 fois 1^f,00666. = Rép. 1869^f,37.

1581 ¼ p. % = 0^f,25 %. Cela étant, on doit donner au banquier 1263^f,4 plus le change de cette somme à raison de 0^f,25 ou $\frac{1263,4 \times 0,25}{100}$ = 3^f,16 ; c'est-à-dire en tout 1263^f,40 + 3^f,16 = Rép. 1266^f,56.

1582. 1 ⅔ = 1^f,666.... Cela posé, je dois donner au banquier, d'abord le montant de la lettre de change, soit 750 fr., ensuite le change de cette somme à raison de $1^f,666\ldots\%$ ou $\frac{750 \times 1,666}{100} = 12^f,50$; c'est-à-dire en tout 750 fr. $+ 12^f,50 = $ Rép. $762^f,50$.

1583. Le change étant de $1\frac{1}{2}$ ou de $1^f,5\%$, il est évident que pour toucher 100 fr. net, je dois donner 100 francs plus $1^f,5 = 101^f,5$. Donc pour toucher 1 fr., je dois donner 100 fois moins ou $1^f,015$, et pour toucher $658^f,35$, je dois donner 658,35 fois $1^f,015 = $ Rép. $668^f,22$.

1584. D'après les données de la question, pour une lettre de change de 100 fr., on donne au banquier $100^f,75$. Or, puisque $100^f,75$ ainsi donnés représentent 100 fr. de lettre de change, 1 fr. représente 100,75 fois moins ou $1^f,0075$, et $489^f,5$ représentent 489,5 fois $1^f,0075 = $ Rép. $493^f,17$.

1585. $\frac{1}{2}$ p. $\% = 0^f,5$ p. $\%$. Or, si 50 centimes de change représentent une somme de 100 fr., 1 centime de change représente 50 fois moins ou $\frac{100}{50}$, et 100 cent. ou 1 fr. représentent 100 fois $\frac{100}{50} = \frac{10000}{50} = 200$ fr. Par conséquent, $19^f,8$ de change représentent 19,8 fois 200 fr. $= $ Rép. 3960 fr.

1586. Le change est égal à $502^f,25 - 500$ fr. $= 2^f,25$. Or, puisque 500 fr. donne $2^f,25$ de change, 1 fr. donne 500 fois moins ou $\frac{2,25}{500}$, et 100 fr. donne 100 fois $\frac{2,25}{500} = \frac{225}{500} = 0^f,45$. Le taux a donc été pris à $0^f,45\%$.

PROBLÈMES SUR LES ASSURANCES.

1587. Si 1000 fr. assurés payent 30 centimes ou $0^f,3$ de prime, 1 fr. de valeur paye 1000 fois moins ou $0^f,0003$, et 12000 fr. payent 12000 fois $0^f,0003 = $ Rép. $3^f,60$.

1588. Si 1000 fr. assurés payent $0^f,75$ de prime, 1 fr. assuré payent 1000 fois moins ou $0^f,00075$, et 3500 fr. payent 3500 fois $0^f,00075 = $ Rép. $2^f,62$.

1589. $1\frac{1}{2}$ par 1000 veut dire ici $1^f,50$ par 1000 fr. Or, puisque 1000 fr. assurés payent $1^f,50$ de prime,

1 fr. assuré paye 1000 fois moins ou 0^f,0015 et 25000 fr. assurés (ou la valeur de la fabrique) payent 25000 fois plus = 25000 $\times$ 0^f,0015 = Rép. 37^f,50.

1590. Si 1^f,20 de prime représentent 1000 fr. d'assurance, 1 fr. de prime représente une assurance 1,2 fois plus petite ou $\frac{1000}{1,2}$, et 43 fr. de prime représentent 43 fois $\frac{1000}{1,2}$ = Rép. 35833^f,33.

1591. Si 25 centimes de prime représentent une assurance de 1000 fr., 1 centime de prime représente une assurance 25 fois plus petite ou $\frac{1000}{25}$ et 100 centimes ou 1 fr. de prime représentent 100 fois $\frac{1000}{25} = \frac{100000}{25}$. Donc 14^f,5 de prime représentent 14,5 fois $\frac{100000}{25}$ = Rép. 58000 fr.

1592. Puisque 100 fr. de marchandises assurées payent 3 fr. de prime, 1 fr. de marchandises paye 100 fois moins ou 0^f,03, et 28900 fr. de marchandises payent 28900 fois 0^f,03 ou 867 fr. de prime. Donc la Compagnie doit rembourser 28900 fr. — 867 fr. = Rép. 28033 fr.

1593. Puisque 100 fr. de récoltes payent 8 centim. ou 0^f,08 de prime, 1 fr. de récolte paye 100 fois moins ou 0^f,0008, et 1570 fr. de récoltes payent 1570 fois 0^f,0008 = 1^f,26. Par conséquent, l'assuré doit recevoir $\frac{1570}{3}$ — 1^f,26 = Rép. 522^f,07.

1594. La différence entre la valeur assurée des bestiaux et la valeur payée au fermier est

De 1200 fr. — 1196^f	=	4^f	p. les bœufs.
De 750 fr. — 747^f,40	=	2^f,60	p. les vaches.
De 800 fr. — 789^f	=	11^f	p. les moutons.
2750 fr. assurance totale		17^f,60 prime totale	

Or, si 1200 fr. d'assurances payent 4 fr. de prime, 1 fr. assuré paye 1200 fois moins ou $\frac{4}{1200}$, et 100 fr. d'assurance payent 100 fois $\frac{4}{1200} = \frac{400}{1200} = 0^f$,33 de prime.

De même si 750 fr. payent 2^f,6 de prime, 1 fr. paye 750 fois moins ou $\frac{2,6}{750}$, et 100 fr. payent 100 fois $\frac{2,6}{750} = 0^f$,35 fr. de prime.

Enfin, puisque 800 fr. payent 11 fr. de prime, 1 fr. paye 800 fois moins ou $\frac{11}{800}$, et 100 fr. payent 100 fois $\frac{11}{800} = 1^f,38$ de prime.

Ces trois résultats montrent que les trois espèces de bétail étaient assurés, 1re Rép.

Les bœufs à raison de 0f,33 pour cent.
Les vaches à raison de 0f,32 pour cent.
Les moutons à raison de 1f,38 pour cent.

Mais, d'un autre côté, on a pour la valeur totale des bestiaux assurés 1200 fr + 750 fr. + 800 fr. = 2750. fr., et pour la prime totale correspondante 4 fr. + 2f,60 + 11 fr. = 17f,60. Donc 2me Rép. moyennant 17f,60 de prime annuelle, le fermier est garanti contre une perte éventuelle de 2750 fr.

PARTAGE PROPORTIONNEL.

1595. Faisons la somme des trois nombres 5, 7, 18, nous aurons $5 + 7 + 18 = 30$; cela posé, nous dirons : Puisque la somme 30 des nombres donnés procure 45 fr. le nombre 1 procure $\frac{45}{30} = 1^f,58$. Par conséquent :

$$
\begin{aligned}
1^{re} \text{ partie } &= 1,5 \times 5 = 7^f,50 \\
2^{me} &= 1,5 \times 7 = 10,50 \\
3^{me} &= 1,5 \times 18 = 27
\end{aligned}
$$

$$\text{Preuve : } 45$$

1596. Représentons par *l'unité* le nombre des chèvres, les trois nombres de bêtes seront alors représentés ainsi qu'il suit :

Chèvres 1
Agneaux 3
Moutons 6
——
Total 10

C'est-à-dire que les chèvres doivent former le $\frac{1}{10}$, les agneaux les $\frac{3}{10}$, et les moutons les $\frac{6}{10}$ du troupeau ou de 84 bêtes ; or, le $\frac{1}{10}$ de 84 = 8,4. Par conséquent, on aura :

$$8,4 \times 1 = 8,4 \quad \text{Chèvres.}$$
$$8,4 \times 3 = 25,2 \quad \text{Agneaux.}$$
$$8,4 \times 6 = 50,4 \quad \text{Moutons.}$$

Preuve : 84 bêtes.

1597. Prenons pour l'*unité* la quote-part du ménage le moins pauvre, les trois quote-parts seront alors représentées de la manière suivante :

1° Quote-part du ménage le moins pauvre = 1
2° — le plus pauvre = 3
3° — n° 3 = 2

Total : 6

C'est-à-dire que la 1re quote-part devra être le $\frac{1}{6}$, la 2e quote-part les $\frac{3}{6}$, et la 3e quote-part les $\frac{2}{6}$ de 162 fagots ; or, le $\frac{1}{6}$ de 162 = 27. Par conséquent, on aura :

1re quote-part $27 \times 1 = 27$ fagots.
2me — $27 \times 3 = 81$ —
3me — $27 \times 2 = 54$ —

Preuve : 162 fagots.

1598. Prenons pour *unité* la 1re des parts cherchées, les 4 parts seront alors représentées par les nombres suivants :

1re part = 1
2me — = $3 \times 1 = 3$
3me — = $1 + 3 = 4$
4me — = $4 \times 5 = 20$

Total : 28

Il s'agit donc de partager 100 fr. proportionnellement aux nombres 1, 3, 4, 20 ; or, puisque le nombre 28 procure 100 fr., le nombre 1 procure $\frac{100}{28} = 3^f,571$. Par conséquent, les parts cherchées seront :

$$1^{re} \text{ part} = 3^f,571 \times 1 = 3^f,571$$
$$2^{me} — = 3,571 \times 3 = 10,713$$
$$3^{me} — = 3,571 \times 4 = 14,284$$
$$4^{me} — = 3,571 \times 20 = 71,420$$

$$\text{Preuve} : \quad 99^f,988$$

ou 100 fr. à 12 millièmes près.

1599. Commencez par réduire au même dénominateur les 3 fractions données $\frac{2}{3}, \frac{3}{4}, \frac{4}{5}$, vous aurez les fractions équivalentes $\frac{40}{60}, \frac{45}{60}, \frac{48}{60}$. Mais les fractions qui ont même dénominateur étant proportionnelles à leurs numérateurs, il suffira de partager le nombre 210 proportionnellement aux nombres 40, 45, 48. Cela posé, puisque la somme totale $40 + 45 + 48 = 133$ procure 210, la somme 1 procurera $\frac{210}{133} = 1,579$. Par conséquent, les parties cherchées seront :

$$1^o \quad 1,579 \times 40 = 63,16$$
$$2^o \quad 1,579 \times 45 = 71,05$$
$$3^o \quad 1,579 \times 48 = 75,79$$

$$\text{Preuve} : \quad 210$$

1600. Réduisez au même dénominateur les fractions $\frac{1}{4}, \frac{1}{5}, \frac{1}{8}$, vous aurez pour fractions équivalentes $\frac{10}{40}, \frac{8}{40}, \frac{5}{40}$ dont la somme égale $\frac{23}{40}$; c'est-à-dire que les parts réunies de Jean, François et Baptiste forment les $\frac{23}{40}$, et le reste à partager entre les 6 autres employés, les $\frac{17}{40}$ des 8000 francs laissés par le manufacturier. Il s'agit donc de partager cette somme, proportionnellement aux fractions $\frac{10}{40}, \frac{8}{40}, \frac{5}{40}, \frac{17}{40}$, ce qui revient à prendre successivement les $\frac{10}{40}$, les $\frac{8}{40}$, les $\frac{5}{40}$, les $\frac{17}{40}$ de 8000 fr.

Or, le $\frac{1}{40}$ de 8000 fr. $= 200$ fr.; par conséquent :

$$\text{Jean aura} \quad 200 \times 10 = 2000 \text{ fr.}$$
$$\text{François} — \quad 200 \times 8 = 1600$$
$$\text{Baptiste} — \quad 200 \times 5 = 1000$$
$$\text{6 employés auront} \quad 200 \times 17 = 3400$$

$$\text{Preuve} : \quad 8000 \text{ fr.}$$

Les 6 employés non-dénommés auront chacun $\frac{3400}{6} = 566^f,66$.

1601. Faisons la somme des deux nombres donnés, nous aurons $4 + 7 = 11$, c'est-à-dire que l'une des parties doit être les $\frac{4}{11}$, et l'autre partie les $\frac{7}{11}$ de la fraction $\frac{3}{5}$; or, le $\frac{1}{11}$ de $\frac{3}{5} = \frac{3}{55}$. Par conséquent, nous aurons :

$$\text{1}^{\text{re}}\ \text{partie}\quad \frac{3}{55} \times 4 = \frac{12}{55}$$
$$\text{2}^{\text{me}}\ \text{partie}\quad \frac{3}{55} \times 7 = \frac{21}{55}$$

$$\text{Preuve} : \quad \frac{33}{55} = \frac{3}{5}$$

Les deux parties 12 et 21 de la fraction donnée sont bien entre elles $:: 4 : 7$, ainsi que le montre la proportion $12 : 21 :: 4 : 7$.

1602. Il faut considérer les 12 noisettes formant la part du frère aîné, comme une dette qui doit être acquittée par les deux petits garçons, en raison des parts qu'ils ont reçues ; ce qui revient à partager le nombre 12 en parties proportionnelles aux nombres 15 et 17. Or, si l'on fait la somme de ces deux derniers nombres, on trouve $15 + 17 = 32$, ce qui veut dire que l'un des garçons doit fournir les $\frac{15}{32}$, et l'autre garçon les $\frac{17}{32}$ de 12. Mais le $\frac{1}{32}$ de $12 = 0,375$. Par conséquent, les deux petits garçons fourniront :

$$\text{L'un}\quad 0,375 \times 15 = 5,625\ \text{noisettes.}$$
$$\text{L'autre}\quad 0,375 \times 17 = 6,375\ \text{—}$$

$$\text{Preuve} : \quad 12 \qquad \text{noisettes.}$$

1603. Si la somme des trois fractions $\frac{1}{2}$, $\frac{2}{5}$, $\frac{1}{3}$ était égale à 1, il n'y aurait qu'à prendre successivement le $\frac{1}{2}$, les $\frac{2}{5}$, le $\frac{1}{3}$ de 150, et l'on aurait les trois parts cherchées.

Mais en réduisant ces fractions au même dénominateur, on trouve $\frac{15}{30}$, $\frac{12}{30}$, $\frac{10}{30}$ dont la somme est égale à $\frac{37}{30}$ ou $1\frac{7}{30}$, résultat plus grand que 1. Les intentions du père ne sauraient donc être remplies, à moins de supposer qu'il a voulu distribuer les oranges entre les enfants, de manière que leurs parts fussent entre elles comme les nombres $\frac{1}{2}$, $\frac{2}{5}$, $\frac{1}{3}$, qui sont censés représenter la force respective des enfants.

Dans cette hypothèse la plus conforme à la raison, il suffira, pour que la volonté du père s'exécute, de partager 150 proportionnellement aux trois fractions données, ou plus simplement aux nombres 15, 12, 10, qui sont les numérateurs de ces fractions. (n° 1599). On dira donc : puisque le total des parts $15 + 12 + 10 = 37$ représente 150 oranges, la part 1 représente $\frac{150}{37} = 4$ oranges,054. Par conséquent, il revient :

À l'aîné $4,054 \times 15 = 60,81$ oranges
Au cadet $4,054 \times 12 = 48,65$
Au plus jeune $4,054 \times 10 = 40,54$

Preuve :   150   oranges

1604. Puisque le nombre $9 + 14 = 23$ jours représente 85f,10, le nombre 1 jour représente $\frac{85,10}{23}$, $= 3$f,70. Par conséquent :

1re mise $3,70 \times 9 = 33$f,30
2me — $3,70 \times 14 = 51,80$

Preuve :   85f,10

1605. La somme des dettes est de $250 + 180 + 75 + 28 = 533$ fr. Or, comme il n'y a que 400 fr. pour payer les créanciers, il s'ensuit que ceux-ci perdront ensemble $533 - 400 = 133$ fr. Mais, puisque la créance totale 533 fr. perd 133 fr., la créance 1 fr. perd $\frac{133}{533} = 0$f,2495. Par conséquent :

Le domestique perdra $0,2495 \times 250 = 62$f,375
Le tailleur   — $0,2495 \times 180 = 44,910$
Le bottier   — $0,2495 \times 75 = 18,712$
Le chapelier   — $0,2495 \times 28 = 6,986$

Preuve :   132f,983

ou 133 fr. à 1cent,7 près.

1606. Puisque la mise totale $970 + 1410 = 2380$k rapporte 1428 litres, la mise 1 kilog. rapportera $\frac{1428}{2380} = 0$l,6. Par conséquent :

1re mise $0,6 \times 970 = 582$ lit. de vin.
2me — $0,6 \times 1410 = 846$ —

Preuve :   1428 litres.

1607. La part de l'Hôpital étant représentée par $\frac{3}{5}$, les parts réunies des deux autres établissements seront représentées par $\frac{2}{5}$. Mais, sur cette valeur restante, le Bureau de bienfaisance prend les $\frac{2}{5}$ ou les $\frac{2}{5}$ de $\frac{2}{5} = \frac{4}{25}$, et le Mont-de-Piété les $\frac{3}{5}$ de $\frac{2}{5} = \frac{6}{25}$. En réduisant au même dénominateur, on a $\frac{15}{25}$, $\frac{4}{25}$, $\frac{6}{25}$ pour les parts relatives des 3 établissements ; il s'agit donc de partager 6000 fr. proportionnellement à ces trois fractions, ce qui revient à prendre successivement les $\frac{15}{25}$, les $\frac{4}{25}$, les $\frac{6}{25}$ de 6000 fr. ; or, le $\frac{1}{25}$ de 6000 $= 240$ francs. Par conséquent :

$$
\begin{array}{llll}
\text{L'Hôpital} & \text{aura } 240^f & \times\ 15 = & \text{Rép. } 3600 \text{ fr.} \\
\text{Le Bureau} & - \quad 240 & \times\ \ 4 = & \text{Rép. } \quad 960 \\
\text{Le Mont-de-Piété} & - \quad 240 & \times\ \ 6 = & \text{Rép. } \ 1440 \\
\end{array}
$$

$$\text{Preuve : } \quad 6000 \text{ fr.}$$

1608. La somme des créances est de $5320 + 9536,40 + 4009,15 + 258,15 = 19124^f,30$; mais comme l'actif n'est que de 11546 fr., les créanciers perdront la différence $19124^f,30 - 11546$ fr. $= 7578^f,30$; or, puisque la créance totale $19124^f,30$ perd $7578^f,30$, la créance 1 franc perdra $\frac{7578,30}{19124,30} = 0^f,396265$. Par conséquent :

$$
\begin{array}{lll}
1^{er} \text{ créancier perdra } 0^f,396265 \times 5320 & = & 2108^f,13 \\
2^e \quad - \qquad\quad - \quad 0\ ,396265 \times 9536,40 & = & 3778\ ,94 \\
3^e \quad - \qquad\quad - \quad 0\ ,396265 \times 4009,75 & = & 1588\ ,92 \\
4^e \quad - \qquad\quad - \quad 0\ ,396265 \times\ \ 258,15 & = & 102\ ,30 \\
\end{array}
$$

$$\text{Preuve : } \quad 7578^f,29$$

résultat exact à 1 centime près.

Il suit de là qu'il doit revenir :

$$
\begin{array}{llll}
\text{Au } 1^{er} \text{ créancier} & 5320^f & - 2108^f,13 = & 3211^f,87 \\
2^{me} \quad - & 9536\ ,40 & - 3778\ ,94 = & 5757\ ,46 \\
3^{me} \quad - & 4009\ ,75 & - 1588\ ,92 = & 2420\ ,83 \\
4^{me} \quad - & 258\ ,15 & - 102\ ,30 = & 155\ ,85 \\
& 19124^f,30 & & 11546^f,01 \\
\end{array}
$$

résultat exact à 1 centime près.

31

1609. La somme des créances ou le passif étant de $235 + 864 + 1240 + 472 + 175 = 2986$ fr. et l'actif de 1164^f,54 seulement, il en résulte que les créanciers perdront ensemble la différence $2986 - 1164^f,54 = 1821^f,46$; or, puisque la créance totale perd 1821^f,46 la créance 1 fr. perdra $\frac{1821^f,46}{2986} = 0^f,61$. Par conséquent :

$$
\begin{array}{llllll}
\text{Le 1}^\text{er} \text{ créancier perdra} & 0^f,61 & \times & 235 & = & 143^f,35 \\
\text{2}^\text{me} & 0,61 & \times & 864 & = & 527,04 \\
\text{3}^\text{me} & 0,61 & \times & 1240 & = & 756,40 \\
\text{4}^\text{me} & 0,61 & \times & 472 & = & 287,92 \\
\text{5}^\text{me} & 0,61 & \times & 175 & = & 106,75 \\
\end{array}
$$

$$\text{Preuve :} \quad \overline{1821^f,46}$$

1610. La somme des créances ou le passif est de $3200 + 4500 + 5300 + 2400 + 7100 = 22500$ fr. L'actif ou l'avoir du marchand est de $22500 - 14850 = 7650^f$. Cela étant, il est clair que les créanciers ne pourront pas retirer la totalité de leurs créances, c'est-à-dire qu'ils devront se contenter des 7650^f qui forment l'avoir du marchand, en se partageant cette somme proportionnellement au montant de chaque créance ; par conséquent, on dira : Puisque la créance totale 22500 fr. procure 7650 fr., la créance 1 fr. procurera $\frac{7650}{22500} = 0^f,34$. Par conséquent :

$$
\begin{array}{llllll}
\text{A retirera} & 0^f,34 & \times & 3200 & = & 1088 \text{ fr.} \\
\text{B} & 0,34 & \times & 4500 & = & 1530 \\
\text{C} & 0,34 & \times & 5300 & = & 1802 \\
\text{D} & 0,34 & \times & 2400 & = & 816 \\
\text{E} & 0,34 & \times & 7100 & = & 2414 \\
\end{array}
$$

$$\text{Preuve :} \quad \overline{7650 \text{ fr.}}$$

Telles sont donc les sommes dont les créanciers devront se contenter.

1611. Puisque le total des lots $1840 + 675 + 320 = 2835$ fr. supporte 150^f,25 de frais, le total 1 fr. supportera $\frac{150,25}{2835} = 0^f,053$. Par conséquent :

La part de Jacques $= 0^f,053 \times 1840 = 97^f,52$
— Henri $= 0,053 \times 675 = 35,77$
— Firmin $= 0,053 \times 320 = 16,96$
Preuve : $\overline{150^f,25}$

1612. Puisque la population totale $24635 + 27781 + 18302 = 70718$ habitants fournit 100 conscrits, la population 1 habitant procurera $\frac{100}{70718} = 0,00141$ Par conséquent :

Le 1er canton fournira 0,00141 $\times$ 24635 $=$ 34,78 conscrits.
2me — 0,00141 $\times$ 27781 $=$ 39,17 —
3me — 0,00141 $\times$ 18302 $=$ 25,80 —
Total : $\overline{99,7}$

ou 100 à 0,3 près.

PROBLÈMES

SUR LA RÈGLE DE SOCIÉTÉ.

1613. Puisque la somme des mises ou la mise $700 + 500 = 1200$ fr. gagne 300 fr., la mise 1 fr. gagne $\frac{300}{1200} = 0^f,25$. Par conséquent :

1re mise $0^f,25 \times 700 = 175$ fr.
2me — $0,25 \times 500 = 125$
Preuve : $\overline{300 \text{ fr.}}$

1614. Puisque la mise $700 + 1100 + 1400 = 3200^f$ donne $262^f,40$ de gain, la mise 1 fr. donnera $\frac{262,4}{3200} = 0^f,082$. Par conséquent :

1er mise $0^f,082 \times 700 = 57^f,40$
2me — $0,082 \times 1100 = 90,20$
3me — $0,082 \times 1400 = 114,80$
Preuve : $\overline{262^f,40}$

1615. La mise totale des journées est de 2 mois ou 60 jours. Or, puisque la mise totale 60 journées gagne 250 fr., la mise 1 journée gagnera $\frac{250}{60} = 4^f,1666$. Par conséquent :

1er	ouvrier	4f,1666	×	10	=	41f,666
2m	—	4 ,1666	×	18	=	74 ,998
3me	—	4 ,1666	×	7	=	29 ,166
4me	—	4 ,1666	×	25	=	104 ,165

Preuve : 249f,995

ou 250 fr. à 5 millimes près.

1616. Puisque la mise 2000 sacs perd 300 sacs, la mise 1 sac perd $\frac{300}{2000} = 0,15$ sac. Par conséquent :

1°	0,15	×	800	=	120 sacs
2°	0,15	×	500	=	75
3°	0,15	×	700	=	105

Preuve : 300 sacs.

1617. Les mises étant égales , le bénéfice doit être proportionnel aux temps pendant lequel elles ont été laissées dans la société , c'est-à-dire proportionnel aux nombres 3 ans ou 36 mois , 2 ½ ans ou 30 mois. Mais, puisque le temps total $36 + 30 = 66$ mois procure un bénéfice de 800 fr., 1 mois procurera $\frac{800}{66} = 12^f,121$. Par conséquent, on aura :

1re	part	12f,121	×	36	=	436f,36
2me	—	12 ,121	×	30	=	363 ,63

Preuve : 799f,99

ou 800 fr. à 1 centime près.

1618. Représentons par 1 la mise du 1er associé ; la mise du 2me sera ½. Mettons ces deux quantités sous forme de fractions, puis réduisons-les au même dénominateur, nous aurons $\frac{1}{1}$, $\frac{1}{2} = \frac{2}{2}$, $\frac{1}{2}$, fractions équivalentes aux deux premières. Mais les fractions qui ont même dénominateur sont proportionnelles à leurs numérateurs. Il suffira donc de partager le bénéfice 756 fr. proportionnellement aux nombres 2 et 1, considérés comme les mises des associés. Cela posé, l'on dira : Puisque la mise totale $2 + 1 = 3$ procure 756 fr. de bénéfice, la mise 1 fr. procurera $\frac{756}{3} = 252^f$. Par conséquent :

Le 1er associé retirera 252^f $\times$ 2 = 504 fr.
Le 2me associé retirera 252 $\times$ 1 = 252

Preuve : 756 fr.

Telle est la manière dont le bénéfice doit être distribué.

1619. Puisque le fonds 100000 fr. gagne 13500 fr., le fonds 1 fr. gagnera $\frac{13500}{100000}$ = 0^f,135. Par conséquent :

Pierre doit retirer 0^f,135 $\times$ 10 $\times$ 500 =   675^f
François   —   0,135 $\times$ 25 $\times$ 500 = 1687 ,50
Martin   —   0,135 $\times$ 40 $\times$ 500 = 2700
André   —   0,135 $\times$ 50 $\times$ 500 = 3375
Benoît   —   0,135 $\times$ 75 $\times$ 500 = 5062 ,50

Preuve : 13500^f

Pour déterminer le dividende on dira : Puisque 1 fr. gagne ou procure 0^f,135, le montant de l'action ou l'action elle-même gagne 0^f,135 $\times$ 500 = 2me Rép. 67^f,50. (1)

1620. 1000 fr. placés pendant 3 ans rapportent le même bénéfice que 3 fois 1000 fr. ou 3000 fr. placés pendant 1 an. De même, 600 fr. placés pendant 2 ans rapportent autant que 2 fois 600 ou 1200 fr. pendant 1 an (2).

La question est donc ramenée au cas d'une société simple, puisque le temps n'entre pas en considération, attendu qu'il est le même pour chaque mise. Cela

---

(1) Ce mode de répartition est celui qu'emploient, sur une échelle beaucoup plus vaste, les compagnies financières.

(2) Parfaitement exact quand il s'agit de l'intérêt des capitaux, ce raisonnement cesse de l'être, quand il s'agit du partage des bénéfices d'une société. Nous le reproduisons cependant, parce que se trouvant dans tous les traités d'Arithmétique, nous ne pourrions, en le laissant de côté, justifier complètement le titre de notre livre. On trouvera dans notre Arith., page 250, des considérations nouvelles sur la manière dont la règle de société composée a été enseignée jusqu'à ce jour, les exercices qu'elle contient et les modifications dont elle est susceptible.

31 *

posé, nous dirons : Puisque la mise totale $3000 +$ $1200 = 4200$ fr. produit 900 fr. de bénéfice, la mise 1 franc produira $\frac{900}{4200} = 0^f,214285$. Par conséquent, nous aurons pour

La part du 1er entrep. $0^f,214285 + 3000 = 642^f,86$
La part du 2me $\qquad 0,214285 + 1200 = 257,14$

$$\text{Preuve : } \overline{900^f}$$

1621. 5000 fr. placés pendant 7 mois rapportent le même bénéfice que 7 fois 5000 ou 35000^f placés pendant 1 mois. De même 7000 fr. laissés pendant 6 mois produisent autant que 6 fois 7000 ou 42000 fr. laissés pendant 1 mois. Enfin, 3000 francs laissés pendant 10 mois produiront autant que 10 fois 3000 ou 30000 francs laissés pendant 1 mois. Nous dirons donc : Puisque la mise totale $35000 + 42000 + 30000 = 107000$ francs produit 12000 francs de bénéfice, la mise 1 fr. produira $\frac{12000}{107000} = 0^f,112149$. Par conséquent, on aura :

Part du 1er associé $0^f,112149 \times 35000 = 3925^f,215$
$\quad$ 2me $\quad$ — $\quad 0,112149 \times 42000 = 4710,258$
$\quad$ 3me $\quad$ — $\quad 0,112149 \times 30000 = 3364,47$

$$\text{Preuve : } \overline{11999^f,943}$$

ou 12000 fr. à 6 centimes près.

1622. 240 fr. placés pendant 2 ans ou 730 jours produisent le même bénéfice que 730 fois 240 fr., ou 175200^f placés pendant 1 jour ; 300 fr. pendant 15 mois ou 450 jours rapportent autant que 450 fois 300 ou 135000 fr. pendant 1 jour ; 450 fr. pendant 21 mois ou 630 jours rapportent autant que 630 fois 450 ou 283500 fr. pendant 1 jour. Enfin, 150 fr. pendant 45 jours rapportent autant que 45 fois 150 ou 6750 fr. pendant 1 jour.

Les mises des quatre marchands peuvent donc être représentées respectivement par les nombres 175200 fr., 135000 fr., 283500 fr., 6750 fr., dont la somme égale 600450 fr. Or, puisque la mise totale 600450 fr.

produit 860 fr. de bénéfice, la mise 1 fr. produira $\frac{860}{600450}$ = 0^f,0014322. Par conséquent, les parts de bénéfice seront :

$$
\begin{aligned}
1° \quad 0^f,0014322 \times 175200 &= 250^f,92 \\
2° \quad 0,0014322 \times 135000 &= 193,35 \\
3° \quad 0,0014322 \times 283500 &= 406,03 \\
4° \quad 0,0014322 \times 6750 &= 9,67 \\
\hline
\text{Preuve :} \quad & 859^f,97
\end{aligned}
$$

ou 860 fr. à 3 centimes près.

1623. 60 moutons, pendant 15 jours, font la même chose que 15 fois 60 ou 900 moutons pendant 1 jour. De même, 80 moutons, pendant 30 jours, font la même chose que 30 fois 80 ou 2400 moutons pendant 1 jour. Cela posé, faisons la somme des deux nombres 900, 2400, nous aurons 900 + 2400 = 3300. C'est-à-dire qu'il faut partager 35 fr. proportionnellement aux fractions $\frac{900}{3300}$, $\frac{2400}{3300} = \frac{3}{11}$, $\frac{8}{11}$, ou, ce qui revient au même, que les bergers paient, l'un les $\frac{3}{11}$, l'autre les $\frac{8}{11}$ de 35 fr. Or, le $\frac{1}{11}$ de 35 fr. = 3^f,181. Par conséquent :

$$
\begin{aligned}
\text{Le 1}^{er}\text{ berger paiera } 3^f,181 \times 3 &= 9^f,543 \\
\text{Le 2}^{me}\text{ berger paiera } 3,181 \times 8 &= 25,448 \\
\hline
\text{Preuve :} \quad & 34^f,991
\end{aligned}
$$

à 1 centime près.

1624. Le droit d'arroser 9 hectares pendant 3 jours équivaut au droit d'arroser 3 fois 9 hectares ou 27 hectares pendant 1 jour. De même, le droit d'arroser 11 hectares pendant 4 jours équivaut au droit d'arroser 4 fois 11 ou 44 hectares pendant 1 jour. Les droits des deux particuliers peuvent donc être représentés par les quantités relatives 27, 44, dont la somme égale 71. Cela posé, l'opération se réduit à partager 100 fr. en parties proportionnelles aux nombres 27, 44, ou, ce qui revient au même, proportionnellement aux fractions $\frac{27}{71}$, $\frac{44}{71}$ (N° 1599) ; or, la 71e partie de 100 fr. = 1^f,408. Par conséquent :

La 1ʳᵉ partie aura à payer 1,408 × 27 = 38ᶠ,02
La 2ᵐᵉ — 1,408 × 44 = 61 ,95

Preuve : 99ᶠ,97

soit 100 fr. à 3 centimes près.

1625. La mise du 1ᵉʳ entrepreneur est le travail de 5 chevaux pendant 9 jours et 12 heures par jour ; or, travailler 9 jours pendant 12 heures équivaut à travailler 12 fois 9 ou 108 jours pendant 1 heure, et comme il y a 5 chevaux, le travail total équivaut à 5 fois 108 = 540 jours pendant 1 heure.

La mise du 2ᵐᵉ entrepreneur est le travail de 7 chevaux pendant 10 jours et 8 heures par jour, travail équivalant à 10 × 8 × 7 = 560 jours pendant 1 heure.

Enfin, la mise du 3ᵐᵉ entrepreneur est le travail de 12 chevaux pendant 7 jours, et 10 heures par jour, travail équivalant à 7 × 10 × 12 = 860 jours pendant 1 heure. Donc les mises des entrepreneurs peuvent être représentées par les nombres 540, 560, 860, dont la somme égale 1960. Cela posé, puisque la mise totale 1960 heures donne 400 fr. de bénéfice, la mise 1 heure donnera $\frac{400}{1960} = 0^f,20408$. Par conséquent, on aura pour les parts cherchées :

1° 0ᶠ,20408 × 540 = 110ᶠ,20
2° 0 ,20408 × 560 = 114 ,28
3° 0 ,20408 × 860 = 175 ,51

Preuve : 399ᶠ,99

soit 400 fr. à 1 centime près.

1626. 1 mètre cube transporté à 800 mètres équivaut à 800 mèt. cub. transportés à 1 mètre, et comme il y a 180 voyages semblables, le travail du 1ᵉʳ voiturier équivaut à 180 fois 800 = 144000 mètres cubes transportés à 1 mètre. (1)

Le travail fourni par le 2ᵐᵉ voiturier équivaut à 120 × 1000 × 0,8 = 96000ᵐ·ᶜᵘᵇ· transportés à 1 mètre, et

____

(1) Voyez probl. 254 (1ʳᵉ Partie).

le travail du 3me voiturier à $90 \times 1500 \times 1,3 =$ 175500 mètres cubes transportés à 1 mètre. Les travaux des 3 voituriers sont donc représentés par les nombres 144000, 96000, 175500, dont la somme égale 415500. Cela posé, puisque le travail total 415500 mètres cubes donne 270 fr. de bénéfice, le travail 1 mètre cube donnera $\frac{270}{415500} = 0^{\text{f}},0006498$. Par conséquent, on aura les parts cherchées suivantes :

$$
\begin{array}{llll}
1^{\text{o}} & 0^{\text{f}},0006498 & \times \ 144000 & = \ \ 93^{\text{f}},57 \\
2^{\text{o}} & 0,0006498 & \times \ \ \ 96000 & = \ \ 62,38 \\
3^{\text{o}} & 0,0006498 & \times \ 175500 & = \ 114,04 \\
\hline
& & & \ 269^{\text{f}},99
\end{array}
$$

soit 270 fr. à 1 centime près.

PROBLÈMES

SUR LES MOYENNES.

1627. Cette moyenne égale $\dfrac{5 + 9}{2} =$ Rép. 7.

1628. La moyenne cherchée $= \dfrac{16 + 21 + 34}{3}$ $=$ Rép. 23 $\frac{2}{3}$.

1629. Cette moyenne $= \left\{ \dfrac{2}{3} + \dfrac{3}{4} \right\} : 2 = \dfrac{17}{12}$ $: 2 = \dfrac{17}{12} \times \dfrac{1}{2} =$ Rép. $\dfrac{17}{24}$.

1630. Cette moyenne égale $\dfrac{1170^{\text{k}} + 1470^{\text{k}}}{2} =$ Rép. 1320 kilog.

1631. La vitesse demandée égale : $\dfrac{14^{\text{kilom.}},8 + 22^{\text{kilom.}},3}{2} =$ Rép. 18$^{\text{kilom.}}$,55.

1632. 1499 étant la somme des âges des vieillards et 13 le nombre de ces derniers, divisez 1499 par 13 : vous aurez $\frac{1499}{13}$ = Rép. 115 ans $\frac{4}{13}$ pour l'âge cherché.

1633. Le nombre demandé égale :

$$\frac{62 + 65 + 67 + 64 + 72 + 63 + 66 + 61 + 71 + 70}{10}$$

= Rép. 66$^{\text{enf.}}$,1.

1634. Additionnez tous les résultats et divisez la somme par 6, nombre des élèves, vous aurez :

$$\frac{1^{\text{m}},04 + 1^{\text{m}},08 + 0^{\text{m}},97 + 1^{\text{m}},01 + 1^{\text{m}},009 + 0^{\text{m}},86}{6}$$

= Rép. 0^{m},995 pour la taille moyenne cherchée.

1635.   1 volume d'air qui fournit   40°
     1 volume d'air qui fournit   30°

Font 2 volumes d'air qui fournissent 40°

Or, 40° partagés entre 2 ou divisés par 2 égale $\frac{40}{2}$ = Rép. 20° pour la température moyenne.

1636.   1$^{\text{kilog.}}$ d'eau à 0°
     1$^{\text{kilog.}}$ d'eau à 79°

Font 2$^{\text{kilog.}}$ d'eau et 79°. Or, $\frac{79}{2}$ = Rép. 39°,5.

1637.   1$^{\text{kil.}}$ d'eau à 40°
     1$^{\text{kil.}}$ d'eau à 15°

Font 2$^{\text{kil.}}$ d'eau et 55°. Or, $\frac{55}{2}$ = Rép. 27°,5.

1638.   1er CAS. $\begin{cases} 1^{\text{lit.}} \text{ d'eau à } 100° \\ 1^{\text{lit.}} \text{ d'eau à } \;\;0° \\ \text{Font } 2^{\text{lit.}} \text{ d'eau et } 100°. \; \frac{100}{2} = \text{R. } 50°. \end{cases}$

2me CAS. $\begin{cases} 1^{\text{lit.}} \text{ d'eau à } 100° \\ 2^{\text{lit.}} \text{ d'eau à } \;\;0° \\ \text{Font } 3^{\text{lit.}} \text{ d'eau et } 100°. \; \frac{100}{3} = \text{R. } 33°,3. \end{cases}$

3ᵉ CAS. $\left\{\begin{array}{l} 1^{\text{lit.}} \text{ d'eau à } 100° \\ 3^{\text{lit.}} \text{ d'eau à } 0° \\ \overline{\text{Font } 4^{\text{lit.}} \text{ d'eau et } 100°.} \end{array}\right.$ Or, $\frac{100}{4} =$ Rép. 25°.

1639. Additionnez les 7 résultats et divisez leur somme par 7, vous aurez $\frac{28000}{7} =$ Rép. 4000 mèt. (1)

1640. La 1ʳᵉ personne buvant ⅔ litre $= 0^{\text{l}},666..$
La 2ᵉ — ½ litre $= 0,5$
La 3ᵉ — 0 litre $= 0$

Les 3 personnes boivent $\overline{1^{\text{l}},166}$

Or, $\frac{1,166}{3} =$ Rép. $0^{\text{l}},372$ pour la quantité cherchée.

1641. La température cherchée

$$= \frac{6°,5 + 11° + 9°,33}{3} = \text{Rép. } 8°,94.$$

1642. La population ayant été, en 1831, de 32.569.223 habitants, et en 1851, de 35.781.628 ; la différence de ces deux nombres ou 3.212.405 exprime le nombre d'habitants dont la population s'est accrue pendant 20 ans. Il suffit donc de diviser 3.212.405 par 20 pour avoir l'accroissement demandé. L'opération donne $\frac{3.212.405}{20} =$ Rép. 160620ʰ,25.

1643. Faites la somme des places obtenues par chaque élève, puis divisez ces sommes par 12, vous aurez :

$\frac{28}{12} = 2\frac{1}{3} = 2,33$ pour la *place moyenne* d'Ernest.

$\frac{30}{12} = 2\frac{1}{2} = 2,50$ pour la *place moyenne* de Félix.

Or, comme plus la moyenne est petite, plus elle se rapproche du numéro 1, qui est la 1ʳᵉ place, il s'ensuit qu'Ernest qui a le plus petit numéro moyen doit être considéré comme le premier.

1644. Les résultats obtenus différant peu les uns des autres, il est probable que chacun d'eux s'éloigne

---

(1) La distance de 4000 mètres est bien réellement celle à laquelle parviennent les bombes lancées par les mortiers de cette espèce. Ces bombes pèsent 90 kilog.

peu de la vérité, c'est-à-dire de la superficie réelle du champ. D'un autre côté, on doit supposer que les erreurs commises par les opérateurs sont, les unes en plus, les autres en moins, ce qui fait qu'étant ajoutées entre elles, ces erreurs se compensent en partie. Par conséquent, en prenant *la moyenne* ou le 5me du total, on aura une erreur qui, selon toute probabilité, ne sera que le 5me de l'erreur commise par l'un des opérateurs. On trouve ainsi $24^{ares},98$ pour la moyenne cherchée, et l'on est fondé à penser que cette moyenne diffère moins de la vérité que chacun des résultats obtenus. Parmi ces résultats, le 3e est celui qui se rapproche le plus de la moyenne trouvée. Donc c'est le troisième arpenteur qui a trouvé la superficie probable du champ. (1)

1645. Les résultats trouvés étant différents les uns des autres, il est évident qu'il y a erreur dans quelques-uns, peut-être dans tous ; mais comme, en définitive, ils diffèrent entre eux d'une faible quantité, on doit supposer que chacun d'eux s'écarte peu de la vérité ou du poids réel de l'objet. On doit admettre également, comme dans l'exemple précédent, que les erreurs se compensent en partie par l'addition, d'où il suit qu'en prenant la moyenne ou le 7me de la somme des résultats, on aura une erreur qui ne sera probablement que le 7me de l'erreur commise par l'un des opérateurs. On trouvera ainsi $47^{gram.},3$ pour la moyenne cherchée, et l'on doit croire que cette moyenne diffère moins de la vérité que chacun des résultats trouvés. Parmi ces résultats il en est un (le 7me) qui égale la moyenne trouvée ; donc c'est le plus exact, ou celui qui approche le plus de la vérité.

1646. D'après la règle énoncée à la page 225 (1re partie), on a :

---

(1) Voyez sur les limites de la précision dans les mesures, *la pratique des poids et mesures de M. Saigey.*

$$
\begin{array}{ll}
\text{Somme des} & +\ 4^o \\
\text{valeurs positives} & +\ 6^o \\
& \overline{+\ 10^o}
\end{array}
\qquad
\begin{array}{ll}
\text{Somme des} & -\ 2^o \\
\text{valeurs négatives} & -\ 3^o \\
& \overline{-\ 5^o}
\end{array}
$$

$$
\begin{array}{r}
\text{de} \ \ 10 \\
\text{ôtez} \ \ 5 \\
\hline
\text{Reste} \ \ 5
\end{array}
$$

Or, le reste 5 divisé par 4, nombre des températures observées, donne $\frac{5}{4} =$ Rép. $+\ 1^o,25$ (ou $1^o,25$ au-dessus de zéro), en affectant le quotient du signe des quantités qui ont donné la plus grande somme.

1647. D'après la règle énoncée au numéro précédent, faites séparément la somme des quantités positives et la somme des quantités négatives, vous aurez :

$$
\begin{array}{ll}
& +\ 2^o \\
\text{Somme des} & +\ 3^o,7 \\
\text{valeurs positives} & +\ 4^o \\
& \overline{+\ 9^o,7}
\end{array}
\qquad
\begin{array}{ll}
& -\ 1 \\
\text{Somme des} & -\ 5^o,5 \\
\text{valeurs négatives} & \overline{-\ 6^o,5}
\end{array}
$$

$$
\begin{array}{r}
\text{de} \ \ 9^o,7 \\
\text{ôtez} \ \ 6^o,5 \\
\hline
\text{Reste} \ \ 3^o,2
\end{array}
$$

Or, le reste 3,2 divisé par 6, nombre des températures indiquées, donne $\frac{3,2}{6} =$ Rép. $+\ 0^o,53$ (ou 53 centièmes de degré au-dessus de zéro), en affectant le quotient du signe des quantités qui ont donné la plus grande somme.

1648. En procédant comme au numéro précédent, on aura :

$$
\begin{array}{ll}
& +\ 2^o \\
\text{Somme des} & +\ 5^o \\
\text{valeurs positives} & +\ 7^o
\end{array}
\qquad
\begin{array}{ll}
& -\ 4^o \\
& -\ 6^o \\
\text{Somme des} & -\ 3^o \\
\text{valeurs négatives} & \overline{-\ 13^o}
\end{array}
$$

$$
\begin{array}{r}
\text{de} \ \ 13^o \\
\text{ôtez} \ \ 7^o \\
\hline
\text{Reste} \ \ 6^o
\end{array}
$$

Or, le reste 6 divisé par 5, nombre des températures

observées, donne $\frac{6}{5} =$ Rép. — 1°,2 (ou 1°,2 au-dessous de zéro) en affectant ce quotient du signe des quantités qui ont donné la plus grande somme.

1649. Le moyen le plus simple pour résoudre ce problème consiste à faire, d'un côté, la somme des bénéfices, de l'autre, la somme des pertes ; à diviser ensuite la différence des deux sommes par 4, nombre d'années d'exploitation. On aurait ainsi pour résultat final 21 fr. de *perte moyenne*.

Mais, quelque simple qu'il soit ce procédé nous éloignerait de notre but qui est de familiariser les élèves avec l'usage et l'interprétation des valeurs négatives. Nous dirons donc :

Les quantités données représentant, les unes des bénéfices, les autres des pertes, il y a lieu de considérer ces quantités sous les deux acceptions définies dans la note de la page 223 (1re partie), c'est-à-dire les premières comme positives, les secondes comme négatives. Cela posé, on aura :

<table>
<tr><td>Somme des valeurs positives</td><td>+ 476^f
+ 1290
+ 1766^f</td><td>Somme des valeurs négatives</td><td>— 540^f
— 1310
— 1850^f</td></tr>
</table>

$$\begin{array}{ll} \text{de} & 1850 \text{ fr.} \\ \text{ôtez} & 1766 \\ \hline \text{Reste} & 84 \text{ fr.} \end{array}$$

Or, le reste 84 divisé par 4, nombre d'années d'exploitation, donne $\frac{84}{4} =$ Rép. — 21 fr., en affectant ce quotient du signe des quantités qui ont donné la plus grande somme. Le résultat — 21 fr. signifie qu'au lieu de produire des bénéfices et, par suite, un revenu moyen, l'exploitation présente, au contraire, une perte moyenne annuelle de 21 fr. Mais au lieu de dire, pour répondre à la question, que le résultat est une perte de 21 fr., on dit en langage algébrique, que le revenu moyen est de — 21 fr.

1650. Considérez les minutes d'avance comme valeur positive, les minutes de retard comme valeur négative, vous aurez pour l'expression de la 1re $+$ 3^{min}. ½ $=$ 3^{min},5 ; pour la deuxième $-$ 4^{min}. ⅓ $=$ $-$ 4^{min},33.

$$\begin{array}{rl} \text{de} & 4,33 \\ \text{ôtez} & 3,50 \\ \hline \text{Reste} & 0,83 \end{array}$$

D'où $\frac{0,83}{2} =$ Rép. $-$ 0^{min}., 41 en affectant ce quotient du signe de la plus grande quantité. Ce résultat signifie que la montre retarde plus qu'elle n'avance, et que sa variation moyenne est de 0^{min}., 41 en retard.

$$\begin{array}{lcccr} \textbf{Quantités.} & & \textbf{Facteurs.} & & \textbf{Valeurs ou produits.} \\ \textbf{1651.} \quad 5 \ \text{hectol.} & \times & 45 & = & 225 \ \text{fr.} \\ 9 & \times & 46 & = & 414 \\ 12 & \times & 47 & = & 564 \\ \hline 26 \ \text{hectol.} & & & \text{valent} & 1203 \ \text{fr.} \end{array}$$

1 hectolitre vaut (prix moyen) $\frac{1203}{26} =$ Rép. 46^{f},27.

$$\begin{array}{lcccr} \textbf{Quantités.} & & \textbf{Facteurs.} & & \textbf{Produits.} \\ \textbf{1652.} \quad 4 \ \text{ouvriers} & \times & 3^{\text{f}} & = & 12^{\text{f}} \\ 6 & \times & 2,50 & = & 15 \\ 7 & \times & 2,45 & = & 17,15 \\ 3 & \times & 1,75 & = & 5,25 \\ \hline 20 \ \text{ouvriers coûtent} & & & & 49^{\text{f}},40 \end{array}$$

1 ouvrier coûte (en moyenne) $\frac{49,4}{20} =$ Rép. 2^{f},47.

$$\begin{array}{lcccr} \textbf{Quantités.} & & \textbf{Facteurs.} & & \textbf{Produits.} \\ \textbf{1653.} \quad 300 \ \text{fr.} & \times & \frac{5}{100} & = & 15 \ \text{fr. d'intérêt} \\ 200 & \times & \frac{6}{100} & = & 12 \\ 400 & \times & \frac{4}{100} & = & 16 \\ \hline 900 \ \text{fr. produisent} & & & & 43 \ \text{fr. d'intérêt.} \end{array}$$

1 fr. produit $\frac{43}{900}$, et 100 fr. produisent $\frac{43}{900} \times 100$ $=$ Rép. 4^{f},78 d'intérêt moyen.

	Quantités.		Facteurs.		Produits.
1654.	100 fr.	$\times$	95^f,9	$=$	9590 fr.
	120	$\times$	97	$=$	11640
	140	$\times$	96,4	$=$	13496
	460	$\times$	97,55	$=$	44873
	820 fr. produisent. . . .				79599 fr.

Le prix au cours moyen ressort donc à $\frac{79599}{820} =$ Rép. 97^f,07.

	Quantités.		Facteurs.		Produits.
1655.	3 m. cub.	$\times$	150^m	$=$	450^m
	4 —	$\times$	120	$=$	480
	6 —	$\times$	90	$=$	540
	13 m. cub. produisent. . .				1470^m de distance parcourue.

1 m. cub. produira $\frac{1470}{13} =$ Rép. 113^m,07 de distance moyenne.

Pour bien comprendre ce résultat, il faut se rappeler ce qui a été dit, problème 1626, à savoir que :

3^m. cub. transportés à 150^m	$=$ 3 $\times$ 150 ou 450^m. cub. transportés à	1^m
4 — —	120 $=$ 4 $\times$ 120	480 — —	1^m
6 — —	90 $=$ 6 $\times$ 90	540 — —	1^m
13 mét. cubes		1470 m. cub. transportés à	1^m

Il suit de là que 1470 mètres cubes transportés à 1 mètre équivalent à 13 mét. cubes transportés aux différentes distances énoncées dans le problème. La question se réduit donc à chercher la distance à laquelle ces 13 mètres cubes doivent être transportés pour faire l'équivalent de 1470 mèt. cubes transportés à 1 mètre de distance, ce qui revient à chercher la distance par laquelle il faut multiplier 13 pour avoir 1470. La division donne $\frac{1470}{13} = 113^m,07$ comme par l'autre procédé.

On voit par là, que

3 mètres cubes transportés à 150 mètres
150	— —	à 3
450	— —	à 1
1	— —	à 450

Forment quatre quantités équivalentes.

	Quantités.		Facteurs.		Produits.
1656.	2145 kilog.	$\times$	13^f,5	$=$	289^f,57
	1516 —	$\times$	12	$=$	181 ,92
	1897 —	$\times$	13 ,75	$=$	260 ,84
	1920 —	$\times$	12 ,25	$=$	235 ,20
	1674 —	$\times$	14 ,1	$=$	236 ,03
	9152 kilog. ont produit				1203^f,56

Le rendement moyen $= \frac{9152}{5} =$ 1re Rép. 1830^k,4.

Le revenu moyen $= \frac{1203,56}{5} =$ 2me Rép. 240^f,71.

	Qantités.		Facteurs.		Produits.
1657.	500^f	$\times$	2	$=$	1000^f
	800	$\times$	5	$=$	4000
	300	$\times$	4	$=$	1200
	1600^f	produisent			6200^f

$\frac{6200}{1600} =$ R. 3 mois 26 jours pour l'échéance demandée.

On comprendra facilement ce résultat, en se rappelant que les intérêts sont proportionnels aux capitaux et aux temps de placement. Il résulte de là que :

500^f dans 2 mois rapportent le même intérêt que 500 $\times$ 2 ou 1000 dans 1 m.
800 dans 5 mois $=$ 800 $\times$ 5 ou 4000 $=$
300 dans 4 mois 300 $\times$ 4 ou 1200
1600^f 6200^f dans 1 m.

d'où il suit que 6200 fr. rapportent dans 1 mois le même intérêt que 1600^f somme des 3 billets, pendant les divers temps exprimés dans le problème. La ques- se réduit donc à chercher le temps pendant lequel 1600 fr. rapportent le même intérêt que 6200 fr. dans 1 mois ; ce qui revient à chercher le nombre x de mois par lequel il faut multiplier 1600 pour avoir 6200 fr. La division de 6200 par 1600 fera connaître ce nombre. En effet, on a 1600 $\times x =$ 6200, d'où l'on tire $x = \frac{6200}{1600} =$ 3^{mois} 26^{jours} pour l'échéance demandée. (1)

____

(1) Comme on le voit, cette solution est indépendante du taux de
de l'intérêt qu'on suppose le même pour tous les billets.

1658. Même raisonnement que pour le problème précédent.

Disposition de l'opération.

Quantités	Facteurs	Produits
400 fr. ×	6 =	2400 fr.
1200 ×	3 =	3600
800 ×	5 =	4000

Somme des quantités. 2400 fr. Somme des produits. 10000 fr.

$\frac{10000}{2400}$ = Rép. 4 mois 5 jours pour l'époque cherchée.

1659. Même raisonnement que pour le probl. 1657.

Disposition de l'opération.

Quantités	Facteurs	Produits
2600 fr, ×	3 =	7800 fr.
3000 ×	7 =	21000
4000 ×	5 =	20000

Somme des quantités. 9600 fr. Total des produits. 48800 fr.

$\frac{48800}{9600}$ = Rép. 5 mois 2 jours ½.

1660. Les temps se trouvant ici exprimés en mois et en jours, on réduira le tout en jours, après quoi l'on raisonnera comme au problème 1657.

Disposition de l'opération.

Quantités	Facteurs	Produits
350 fr. ×	45 =	15750 fr.
780 ×	105 =	81900

Somme des quantités. 1130 fr. Somme des produits. 97650 fr.

$\frac{97650}{1130}$ = Rép. 86 jours.

1661. Cherchez d'abord le temps qui reste à courir depuis le 5 juin jusqu'à l'échéance de chacune des sommes données, vous trouverez les résultats suivants :

Du 5 juin au   16 juin   il y a 11 jours
—   28 juin   23
—   3 juillet   28
—   11 août   67
—   2 septembre   89

Cela fait, résolvez le problème, en raisonnant comme au problème 1657.

Disposition de l'opération.

Quantités.	Facteurs.		Produits.
540	× 11	=	5940 fr.
960	× 23	=	22080
1225	× 28	=	34300
730	× 67	=	48910
1410	× 89	=	125490

Somme des quantités. 4865   Somme des produits. 236720 fr.

$$\frac{236720}{4865} = 48 \text{ jours } \frac{6}{10}.$$

L'échéance cherchée sera donc à 48 jours $\frac{6}{10}$, en nombre rond 49 jours, c'est-à-dire au 24 juillet, attendu que du 5 juin au 24 juillet il y a 49 jours savoir : 25 jours du 5 au 30 juin, et 24 jours de juillet.

PROBLÈMES

SUR LA RÈGLE DE MÉLANGE OU D'ALLIAGE.

1662. 25$^{bout.}$ × 0,5 = 12^f,5
 35 × 0,8 = 28

Donc 60$^{bout.}$ coûtent 40^f,5 d'où $\frac{40,5}{60}$ = R. 0^f,675.

1663. 10$^{hect.}$ × 50^f = 500^f
 15 × 45 = 675

Donc 25$^{hect.}$ coûtent 1175^f, d'où $\frac{1175}{25}$ = Rép. 47^f.

1664. 5$^{lit.}$ × 65° = 325°
 12 × 20° = 240°

Donc 17$^{lit.}$ produisent 565°, d'où $\frac{565}{17}$ = Rép. 33°,2.

1665. $6^{\text{lit.}} \times 40° = 240°$

$8 \times 60° = 480°$

Donc $\overline{14^{\text{lit.}}}$ produisent $\overline{720°}$, d'où $\frac{720}{14} =$ Rép. 51°,4.

1666. $65^{\text{g}} \times 910 = 59150$

$15 \times 750 = 11250$

Donc $\overline{80^{\text{g}}}$ prod. 70400, d'où $\frac{70400}{80} =$ Rép. 880 *millièmes.*

1667. $10^{\text{sacs}} \times 15^{\text{f}} = 150^{\text{f}}$

$15 \times 13 = 195$

$8 \times 12 = 96$

Donc $\overline{33^{\text{sacs}}}$ valent $\overline{441^{\text{f}}}$, d'où $\frac{441}{33} =$ Rép. 13^{f},36.

1668. $10^{\text{hect.}} \times 24^{\text{f}} = 240^{\text{f}}$

$12 \times 25 = 300$

$7 \times 30 = 210$

Donc $\overline{29^{\text{hect.}}}$ valent $\overline{750^{\text{f}}}$, d'où $\frac{750}{29} =$ R. 25^{f},86.

1669. $3^{\text{k}} \times 8^{\text{f}} = 24^{\text{f}}$

$2 \times 5 = 10$

$1 \times 2 = 2$

Donc $\overline{6^{\text{k}}}$ coûtent $\overline{36^{\text{f}}}$, d'où $\frac{36}{6} =$ Rép. 6 francs.

1670. $10^{\text{hect.}} \times 24^{\text{f}} = 240^{\text{f}}$

$15 \times 27 = 405$

$9 \times 30 = 270$

Donc $\overline{34^{\text{hect.}}}$ valent $\overline{915^{\text{f}}}$, d'où $\frac{915}{34} =$ Rép. 26^{f},91

1671. $0^{\text{k}},643 \times 0,840 = 0,54012$ de fin.

$0,327 \times 0,925 = 0,302475$

$0,084 \times 0,930 = 0,07812$

Donc $\overline{1^{\text{k}},054}$ produit $\overline{0,920715}$ de fin d'où $\frac{0,920715}{1,054}$

$=$ Rép. 0,873, où 873 millièmes de fin.

1672. $1^{\text{lit.}} \times 13 = 13^{\text{cent.}}$

$2 \times 12 = 24$

$3 \times 11 = 33$

$4 \times 14 = 56$

Donc $\overline{10^{\text{lit.}}}$ coûtent $1^{\text{f}},26$ d'où $\frac{1,26}{10} =$ Rép. 0^{f},126.

1673. $27^f,5 \begin{bmatrix} 25^f & 2^h,5 \\ 30 & 2\ ,5 \end{bmatrix}$ Ce qui veut dire que $2^h,5$ à 25 fr. et $2^h,5$ à 30, font

Total : 5^h un mélange de 5^h à $27^f,50$.

En effet, on a :

$$2^h,5 \times 25 = 62^f,5$$
$$2\ ,5 \times 30 = 75$$

Donc 5^h valent $137^h,5$ d'où $\frac{137,5}{5} = 27^f,50$

1674. $40^o \begin{bmatrix} 100^o & 30 \text{ parties} \\ 10^o & 60 \end{bmatrix}$ Ce qui veut dire que 30 parties d'eau à 100^o

Total : 90 parties plus 60 parties d'eau à 10^o font un mélange de 90 parties à 40^o. En effet, on a :

$$30 \times 100^o = 3000^o$$
$$60 \times 10^o = 600^o$$

Donc 90 parties font 3600^o, d'où $\frac{3600}{90} = 40^o$.

1675.

$67^{cent.},5 \begin{bmatrix} 50^c & 2^b,5 \\ 70 & 17\ ,5 \end{bmatrix}$ *Preuve.* $\begin{bmatrix} 2^b,5 \times 50 = 1^f,25 \\ 17\ ,5 \times 70 = 12\ ,25 \end{bmatrix}$

Total : $20^{bout.}$ Donc $20^{bout.}$ valent $13^f,50$ d'où $\frac{13,5}{20} = 0^f,675$.

1676. L'eau ne coûtant rien on met un zéro à la place du prix et l'on a :

$30^{cent.} \begin{bmatrix} 40^c & 30^l \\ 0 & 10^l \end{bmatrix}$ *Preuve.* $\begin{bmatrix} 30^l \times 40 = 1200^c \\ 10^l \text{ d'eau} \times 0 = 0 \end{bmatrix}$

Total : 40^l Donc $40^{lit.}$ coûtent 1200^c d'où $\frac{1200}{40} = 30$ centimes.

1677. $54^o \begin{bmatrix} 86^o & 14 \text{ part.} \\ 40^o & 32 \end{bmatrix}$ *Preuve* $\begin{cases} 14 \times 86^o = 1204^o \\ 32 \times 40^o = 1280^o \end{cases}$

Total : 46   Donc 46 part. produisent 2484° d'où $\frac{2484}{46} = 54^o$.

1678. $3^f,5$ $\begin{cases} 4^f,25 & 0^k,5 \\ 3 & 0,75 \end{cases}$ *Pr.* $\begin{cases} 0^k,5 \times 4^f,25 = 2^f,125 \\ 0,75 \times 3 = 2,25 \end{cases}$

Total $1^k,25$ Donc $1^k,25$ valent $4^f,375$

d'où $\dfrac{4,375}{1,25} = 3^f,5.$

1679. 890 $\begin{cases} 940 & 15 \text{ parties} \\ 875 & 50 \end{cases}$ *Preuve* $\begin{cases} 15 \times 940 = 14100 \\ 50 \times 875 = 43750 \end{cases}$

Total 65 parties Donc 65 produisent 57850

d'où $\dfrac{57850}{65} = 890.$

1680.

840 $\begin{cases} 920 & 90 \text{ parties} \\ 750 & 80 \end{cases}$ *Preuve.* $\begin{cases} 90 \times 920 = 82800 \\ 80 \times 750 = 60000 \end{cases}$

Total 170 Donc 170 produisent 142800

d'où $\dfrac{142800}{170} = 840.$

1681.

55^c $\begin{cases} 65 & 10 \times 5 = 15 \\ 50 & 10 \\ 45 & 10 \end{cases}$ *Preuve.* $\begin{cases} 15^k \times 65 = 975^{cent} \\ 10 \times 50 = 500 \\ 10 \times 45 = 450 \end{cases}$

Total 35 Donc 35^k valent $1925^{cent}.$

d'où $\dfrac{1925}{35} = 55.$

1682.

890 $\begin{cases} 920 & 50 \times 30 = 80 \\ 860 & 30 \\ 840 & 30 \end{cases}$ *Preuve* $\begin{cases} 80 \times 920 = 73600 \\ 30 \times 860 = 25800 \\ 30 \times 840 = 25200 \end{cases}$

140 Donc 140 valent 124600

d'où $\dfrac{124600}{140} = 890.$

1683. Comme il y a des francs et des centimes, réduisez tout en centimes, puis divisez par 10. Le calcul aura la disposition suivante :

27 $\begin{cases} 30 & 2 \\ 28 & 1 \\ 26 & 1 \\ 25 & 3 \end{cases}$ *Preuve.* $\begin{cases} 2 \text{ parties} \times 3^f = 6^f \\ 1 \times 2,8 = 2,8 \\ 1 \times 2,6 = 2,6 \\ 3 \times 2,5 = 7,5 \end{cases}$

7 Donc 7 parties valent $18^f,9$

d'où $\dfrac{18,9}{7} = 2^f,70.$

1684.

$$71° \left\{\begin{array}{l} 86° \\ 82 \\ 70 \\ 47 \\ 45 \end{array}\right. \quad 24 + 1 = \begin{array}{l} 26 \\ 25 \\ 11 \\ 11 \\ 15 \end{array} \quad Preuve. \left\{\begin{array}{l} 26 \times 86 = 2236° \\ 25 \times 82 = 2050 \\ 11 \times 70 = 770 \\ 11 \times 47 = 517 \\ 15 \times 45 = 675 \end{array}\right.$$

88 parties. Donc 88 marquent 6248°

d'où $\frac{6248}{88} = 71°$.

1685. Comme il y a des francs et des centimes, réduisez tout en centimes. Le calcul aura la disposition suivante :

$$100 \left[\begin{array}{ll} 125 & 20 \\ 80 & 25 \end{array}\right. \quad Preuve. \left[\begin{array}{l} 20 \text{ bout. à } 1^f,25 = 25^f \\ 25 \quad— \quad \text{à } 0^f,80 = 20 \end{array}\right.$$

$$45 \qquad \text{Donc 45 bouteilles valent } 45^f$$

d'où $\frac{45}{45} = 1$ fr.

Mais comme la quantité de vin à $1^f,25$ est fixée à 30 bouteilles, on dira : Puisque dans le mélange obtenu 20 bouteilles du 1er vin exigent 25 bouteilles du 2e, une bouteille du 1er vin exigera 20 fois moins ou $\frac{25}{20}$, et 30 bouteilles exigeront 30 fois $\frac{25}{20} = $ Rép. 37 ½. bouteilles à $0^f,80$.

En effet $30 \times 1^f,25 = 37^f,5$

$37,5 \times 0^f,80 = 30^f$

Donc $\overline{67,5}$ bout. valent $\overline{67^f,5}$ d'où $\frac{67,5}{67,5} = 1^f$.

1686. $18° \left[\begin{array}{ll} 73° & 13 \\ 5° & 55 \end{array}\right. \quad Preuve. \left[\begin{array}{l} 13 \times 73° = 949° \\ 55 \times 5° = 275° \end{array}\right.$

$$68 \qquad \text{Donc 68 part. prod. } 1224°$$

d'où $\frac{1224}{68} = 18°$ pour la température d'une partie du mélange ou du mélange lui-même. Or, puisque dans le mélange ci-dessus, 13 parties ou 13 litres d'eau à 73° exigent 55 litres d'eau à 5°, 1 litre d'eau à 73° exigera 13 fois moins ou $\frac{55}{13}$, et 25 litres exigeront 25 fois $\frac{55}{13} = $ Rép. $105^l,7$ d'eau à 5°.

$Preuve. \left[\begin{array}{l} 25 \times 73° = 1825° \\ 105,7 \times 5° = 528,5 \end{array}\right.$

Donc $130^l,7$ produisent $2353°,5$ d'où $\frac{2353,5}{130,7} = 18°$.

1687.

$$215 \begin{bmatrix} 275 & 50 \\ 165 & 60 \end{bmatrix} \quad Preuve. \quad \begin{bmatrix} 50^{j} \times 2^{f},75 = 137^{f},5 \\ 60 \times 1,65 = 99 \end{bmatrix}$$

110 journées. Donc 110 journées valent 236^{f},5 d'où $\frac{236,5}{110} = 2^{f},15.$

Mais, puisque dans ce mélange de journées, il faut 50 journées à 2^{f},75 pour 60 journées à 1^{f},65, pour 1 journée des premières il faudra 50 fois moins de ces dernières ou $\frac{60}{50}$, et pour 40 des premières il faudra 40 fois $\frac{60}{50} =$ Rép. 48 journées à 1^{f},65.

$$Preuve. \begin{bmatrix} 40 \text{ journées à } 2^{f},75 = 110^{f} \\ 48 \quad — \quad \text{à } 1^{f},65 = 79,20 \end{bmatrix}$$

Donc 88 journées valent 189^{f},20 d'où $\frac{189,2}{88} = 2^{f},15.$

1688. L'eau ne marquant pas de degré, ce composant sera représenté par 0. Par conséquent, on aura :

$$50^{o} \begin{bmatrix} 86^{o} & 50^{lit.} \\ 0^{o} & 36 \end{bmatrix} \quad Preuve. \quad \begin{bmatrix} 50^{l} \times 86^{o} = 4300^{o} \\ 36 \times 0^{o} = 0 \end{bmatrix}$$

86 litres. Donc 86^{l} produisent 4300° d'où $\frac{4300}{86} = 50^{o}.$

Mais puisque dans un tel mélange, 50 litres d'alcool à 86° exigent 36 litres d'eau, 1 litre à 86 degrés exigera 50 fois moins d'eau ou $\frac{36}{50}$, et 20 litres d'alcool à 86° exigeront 20 fois $\frac{36}{50} = \frac{720}{50} =$ Rép. 14^{l},5 d'eau.

$$Preuve. \begin{bmatrix} 20^{l} \quad \text{à } 86^{o} = 1720^{o} \\ 14^{l},5 \text{ à } 0^{o} = 0^{o} \end{bmatrix}$$

Donc 34^{l},5 prod. 1720° d'où $\frac{1720}{34,5} = 50^{o}.$

1689.

$$25 \begin{cases} 12 \quad\quad 15 \text{ parties} \\ 17 \quad\quad 15 \\ 40 \; 13 \times 8 = 21 \end{cases} Preuve \begin{cases} 15 \times 12 = 480 \\ 15 \times 17 = 255 \\ 21 \times 40 = 840 \end{cases}$$

51 parties donc 51 part. coûtent 12^{f}75 d'où $\frac{12,75}{51} = 0^{f},25.$

Mais, puisque dans le mélange trouvé, 15 parties ou 15 hectol. de maïs exigent 15 hectol. de seigle et 21 hectol. de froment, 1 hectol. de maïs exigera 15 fois moins des deux autres sortes de grains ou $\frac{15}{15}$ de seigle, et $\frac{21}{15}$ de froment, et 2 hectol. de maïs exigeront 2 fois $\frac{15}{15}$, $\frac{21}{15} = \frac{30}{15}$, $\frac{42}{15} = 1$ hectol. de seigle, 2^{hectol},8 de froment. Donc pour faire du pain à 25 centimes le kilog. avec les prix marqués ci-dessus, il faut Rép. 2 hectol. de maïs, 2 hectol. de seigle, 2^{hectol},8 de froment.

$$\textit{Preuve.} \begin{cases} 2 & \text{hectol. maïs} & \times 12 = & 24 \text{ fr.} \\ 2 & \text{hectol. seigle} & \times 17 = & 34 \\ \underline{2,8} & \text{hectol. froment} \times 40 = & \underline{112} \\ 6^{\text{h}},8 & & \text{coûtent} & 170 \text{ fr.} \end{cases}$$

d'où $\frac{170}{6,8} = 25$ fr. ou 0^{f},25 pour le kilog.

$$1690. \quad 64 \begin{cases} 72 & 16 \text{ sacs} \\ 66 & 4 \\ 60 & 2 \\ 48 & 8 \end{cases} \textit{Preuve} \begin{cases} 16 \text{ sacs à } 72 = 1152^{\text{f}} \\ 4 \quad\text{—}\quad 66 = 264 \\ 2 \quad\text{—}\quad 60 = 120 \\ \underline{8} \quad\text{—}\quad 48 = \underline{384} \end{cases}$$

$$30 \text{ sacs. Donc } 30 \text{ sacs valent } 1920^{\text{f}}$$

d'où $\frac{1920}{30} = 64$ fr.

Mais, puisque dans un tel mélange 8 sacs à 48 fr. exigent 16, 4, 2 sacs des autres prix, 1 sac à 48 fr. exigera 8 fois moins ou $\frac{16}{8}$ $\frac{4}{8}$ $\frac{2}{8}$, et 3 sacs à 48 fr. exigeront 3 fois plus ou $\frac{3 \times 16}{8}$ $\frac{3 \times 4}{8}$ $\frac{3 \times 2}{8} = 6, 1,5, 0,75$.

$$\textit{Preuve} \begin{cases} 3 & \text{sacs à } 48 = 144 \text{ fr.} \\ 6 & \text{—} \quad 72 = 432 \\ 1,5 & \text{—} \quad 66 = 99 \\ 0,75 & \text{—} \quad 60 = \underline{45} \end{cases}$$

$$11,25 \text{ sacs} \quad \text{valent } 720 \text{ fr.}$$

d'où $\frac{720}{11,25} = 64$ fr.

1691 Cherchons d'abord le titre du lingot d'après la quantité de cuivre qu'il contient. Ce lingot pesant 3^{k},15 le cuivre forme les $\frac{2}{10}$ de 3^{k},15 $= 0^{\text{k}}$,63; le reste ou l'argent pur 3^{k},15 $- 0^{\text{k}}$,63 $= 2^{\text{k}}$,52 en forme les $\frac{252}{315} = 0,8$, ce qui veut dire que le lingot est au titre de

$\frac{8}{10}$ ou de 800 *millièmes*. Cela posé, l'opération est ramenée aux cas précédents.

$$850 \begin{cases} 800 & 40^{part.} \\ 890 & 50 \end{cases} \quad Preuve. \begin{cases} 40 \times 800 = 32000 \\ 50 \times 890 = 44500 \end{cases}$$

$$\overline{90}\text{ parties.} \quad \text{Donc } \overline{90}^{part.}\text{ produisent }\overline{76500}$$

d'où $\frac{76500}{90} = 850$.

Mais comme le poids de l'argent à 0,800 est fixé à $3^k,15$ on dira : Puisque 40 parties ou 40 grammes du lingot donné exigent 50 parties ou 50 grammes d'argent à 890, 1 gramme du lingot exigera 40 fois moins ou $\frac{50}{40} = \frac{5}{4}$ d'argent à 890, et $3^k,15$ ou 3150 grammes d'argent à 800 (poids du lingot donné) exigeront 3150 fois $\frac{5}{4} =$ Rép $3^k,9375$ d'argent à 890.

$$Preuve. \begin{cases} 3^k,1500 \times 800 = 2520 \\ 3\ ,9375 \times 890 = 3504,375 \end{cases}$$

$$\text{Donc } \overline{7^k,0875}\text{ produisent }\overline{6024,375}$$

d'où $\frac{6024,375}{7,0875} = 850$.

1692. $\quad 800 \begin{bmatrix} 835 & 40^p. \\ 760 & 35 \end{bmatrix} \quad Preuve. \begin{bmatrix} 40 \times 835 = 33400 \\ 35 \times 760 = 26600 \end{bmatrix}$

$$\overline{75}\text{ parties Donc } 75\text{ p. produisent }\overline{60000}$$

d'où $\frac{60000}{75} = 800$.

Mais comme l'alliage total est fixé à 600 grammes, on dira : Puisque dans l'alliage obtenu ci-dessus l'or à 835 et l'or à 760 forment, l'un les $\frac{40}{75}$, l'autre les $\frac{35}{75}$, on fera un alliage proportionnel dans les conditions du problème, en prenant les $\frac{40}{75}$ de 600 grammes = 1re R. 320 grammes pour le 1er, les $\frac{35}{75} =$ 2me Rép. 280 grammes pour le 2me.

$$Preuve. \begin{bmatrix} 320 \times 835 = 267200 \\ 280 \times 760 = 212800 \end{bmatrix}$$

$$\overline{600^g}\text{ produisent }\overline{480000}\text{ d'où }\frac{480000}{600} = 800.$$

1693.

$$55^o \begin{bmatrix} 90^o & 5\text{ parties} \\ 50 & 35 \end{bmatrix} \quad Preuve. \begin{bmatrix} 5 \times 90^o = 450 \\ 35 \times 50 = 1750 \end{bmatrix}$$

$$\overline{40}\text{ parties.} \quad \text{Donc } 40\text{ p. produisent }\overline{2200^o}$$

d'où $\frac{2200}{40} = 55^o$

Or, puisque l'alcool à 90° et l'alcool à 50° forment, l'un les $\frac{5}{40}$, l'autre les $\frac{35}{40}$ du mélange obtenu, on obtiendra un mélange semblable répondant aux conditions du problème, en prenant les $\frac{5}{40}$ de 100 litres = Rép. 12l,5 pour le 1er, les $\frac{35}{40}$ de 100 litres = R. 87l,5 pour le 2me.

$$\textit{Preuve.} \left[\begin{array}{l} 12^l,5 \times 90° = 1125° \\ 87,5 \times 50 = 4375 \end{array}\right.$$

100l produisent 5500° d'où $\frac{5500}{100} = 55°$

1694. Comme il y a des francs et des centimes, réréduisez tout en centimes.

$$130 \left[\begin{array}{ll} 125 & 10^l \\ 140 & 5 \end{array}\right. \qquad \textit{Preuve.} \left[\begin{array}{l} 10 \times 125 = 12^l,5 \\ 5 \times 140 = 7 \end{array}\right.$$

$$15^l \qquad \text{Donc } 15^{lit.} \text{ coûtent } 19^f,5$$

d'où $\frac{19,5}{15} = 1^f,30$.

Mais, puisque les deux vins à 1f,25 et à 1f,40 forment, l'un les $\frac{10}{15}$, l'autre les $\frac{5}{15}$ du mélange obtenu, on formera un mélange semblable répondant aux conditions du problème, en prenant les $\frac{10}{15}$ de 200 litres = 1re Rép 133l,33 du 1er, les $\frac{5}{15}$ de 200 litres = 2e Rép. 66l,66 pour le 2me.

$$\textit{Preuve.} \left[\begin{array}{l} 133^l,33 \times 1^f,25 = 166^f,67 \\ 66^l,66 \times 1^f,40 = 93^f,33 \end{array}\right.$$

200 litres coûtent 260f,00 d'où $\frac{260}{200} =$ 1f,30.

$$\textbf{1695.} \quad 26° \left[\begin{array}{ll} 50° & 8^{\text{parties}} \\ 18° & 24 \end{array}\right. \qquad \textit{Preuve.} \left[\begin{array}{l} 8 \times 50° = 400° \\ 24 \times 18 = 430° \end{array}\right.$$

$$32^p \qquad \text{Donc } 32 \text{ p. produisent } 832°$$

d'où $\frac{832}{32} = 26°$.

Mais, puisque l'eau de Bourbonne et l'eau froide forment, l'une les $\frac{8}{32} = \frac{1}{4}$, l'autre les $\frac{24}{32} = \frac{3}{4}$ du mélange obtenu, on fera un mélange semblable au premier, en prenant le $\frac{1}{4}$ de 250 litres = 1re Rép. 62l,5 d'eau de Bourbonne, les $\frac{3}{4}$ de 250 litres = 2e Rép. 187l,5 d'eau froide.

$$\text{Preuve.}\begin{bmatrix} 62^l,5 \times 50^o = 3125^o \\ 187,5 \times 18 = 3375 \end{bmatrix}$$

Donc 250 litres prod. 6500° d'où $\frac{6500}{250} = 26^o$.

1696. $31^o \begin{bmatrix} 100^o & 11^p \\ 20 & 69 \end{bmatrix}$ Preuve. $\begin{bmatrix} 11 \times 100^o = 1100^o \\ 69 \times 20 = 1380 \end{bmatrix}$

$80^{part.}$ Donc 80 p. produisent 2480° d'où $\frac{2480}{80} = 31^o$ pour la température d'une partie du mélange ou du mélange total.

Or, puisque l'eau bouillante et l'eau froide forment, l'une les $\frac{11}{80}$, l'autre les $\frac{69}{80}$ du mélange obtenu, on fera un mélange semblable, en prenant les $\frac{11}{80}$ de 250 litres $= 1^{re}$ Rép. $34^l,37$ d'eau bouillante, et les $\frac{69}{80}$ de 250 lit. $= 2^e$ Rép. $215^l,63$ d'eau froide.

$$\text{Preuve.}\begin{bmatrix} 34^l,37 \times 100^o = 3437^o \\ 215,63 \times 20 = 4312^o,6 \end{bmatrix}$$

Donc 250 litres produisent $7749^o,6$ d'où $\frac{7749,6}{250} = 31^o$ à 0,01 près.

1697. $3 \begin{bmatrix} 5^f & 1^{bout.} \\ 2^f & 2 \end{bmatrix}$ Preuve. $\begin{bmatrix} 1^{bout.} \text{ à } 5^f = 5^f \\ 2 \quad \text{ à } 2 = 4 \end{bmatrix}$

$3^{bout.}$ Donc $3^{bout.}$ valent 9^f d'où $\frac{9}{3} = 3$ fr.

Mais, puisque la bouteille à 5 fr. et la bouteille à 2^f forment, l'une le $\frac{1}{3}$, l'autre les $\frac{2}{3}$ du mélange obtenu, en prenant le $\frac{1}{3}$ puis les $\frac{2}{3}$ de 400 ou $133^{bout.},3$ et $266^{bout.},7$ on aura trouvé les quantités qu'on a dû prendre de chaque espèce de vin pour former 400 bouteilles de mélange.

$$\text{Preuve.}\begin{bmatrix} 133^{bout.},3 \times 5 \text{ fr.} = 666^f,5 \\ 266 \quad ,7 \times 2 \text{ fr.} = 533^f,4 \end{bmatrix}$$

Donc 400 bouteilles valent $1199^f,9$ d'où $\frac{1199,9}{400} = 3$ fr. à 0,01 près.

1698.

Le 1er lingot pesant $25 + 3 = 28$ gr. l'argent en forme les $\frac{25}{28} = 0,893$

Le 2e — $38 + 4 = 42$ gr. — — $\frac{38}{42} = 0,905$

Le 3e — $20 + 2 = 22$ gr. — — $\frac{20}{22} = 0,904$

C'est-à-dire que les 3 lingots donnés sont aux titres 893, 905, 904 *millièmes*, ce qui ramène la question aux cas précédents.

$$904 \begin{bmatrix} 893 & 1 \\ 905 & 11 \end{bmatrix} \qquad Preuve. \begin{bmatrix} 1 \times 893 = 893 \\ 11 \times 905 = 9955 \end{bmatrix}$$

$$\overline{12 \text{ parties}} \qquad \text{Donc 12p. contiennent } 10848$$

d'où $\frac{10848}{12} = 904$.

D'où l'on conclut que 1 partie ou 1 gramme du 1er lingot et 11 grammes du 2me feraient un alliage ou un 3e lingot à 904. Or, comme l'alliage total est fixé à 22 grammes, on dira : Puisque les deux premiers lingots forment l'un le $\frac{1}{12}$, l'autre les $\frac{11}{12}$ de l'alliage obtenu ci-dessus, on fera un alliage proportionnel en prenant le $\frac{1}{12}$ de 22 grammes $= 1^g,8333$ pour le 1er lingot, et les $\frac{11}{12}$ de 22 grammes $= 20^g,1666$ pour le 2me lingot.

$$Preuve. \begin{bmatrix} 1^g,8333 \times 893 = 1637,1369 \\ 20,1666 \times 905 = 18250,7730 \end{bmatrix}$$

Donc $\overline{22 \text{ gr.}}$ produisent $19887,9099$ d'où

$\frac{19887,9099}{22} = 904$ à 0,001 près.

PROBLÈMES

SUR LA RÈGLE DE FAUSSE POSITION.

1699. 1re supposition.   2me supposition.

	1re supposition		2me supposition	
Age du père	33 ans.		Age du père	36 ans.
Age du fils	11		Age du fils	12
Total :	44 ans.		Total :	48 ans.
On doit avoir :	56		On doit avoir :	56
1re erreur en moins	12 ans.		2e erreur en moins	8 ans.

On a ainsi :

1re supposition   33   1re erreur en moins   12
2e   —   36   2e   —   8

Or, la différence des produits $432 - 264 = 168$ divisée par la différence des erreurs $12 - 8 = 4$ donne $\frac{168}{4} = 42$ pour l'âge du père. L'âge du fils est donc $\frac{42}{3} = 14$. En effet, $42 + 14 = 56$.

1700. *1re Supposition.*   *2me Supposition.*

	1re Supp.			2me Supp.
Antoine	12 ans.		Antoine	24 ans.
Jean	6		Jean	12
Pierre	2		Pierre	4
Total :	20 ans.		Total :	40 ans.
On doit avoir :	70		On doit avoir :	70
1re erreur —	50 ans.		2e erreur —	30 ans.

On a donc :

$$\text{1re supposition } 12 \qquad \text{1re erreur } - 50$$
$$\text{2e supposition } 24 \qquad \text{2e erreur } - 30 \quad {}^{(1)}$$

Or, la différence des produits $24 \times 50 - 12 \times 30 = 840$ divisée par la différence des erreurs $50 - 30 = 20$ donne $\frac{840}{20} =$ Rép. 42 pour l'âge d'Antoine

Vérification :

Antoine	42 ans.
Jean	21
Pierre	7
Total :	70 ans.

1701. *1re Supposition 8.*   *2me Supposition 12.*

Donne   Donne

$$8 \times 4 - 6 = 26 \qquad 12 \times 4 - 6 = 42$$
$$8 \times 3 + 5 = 29 \qquad 12 \times 3 + 5 = 41$$
$$\text{1re erreur } - 3 \qquad\qquad \text{2e errreur } + 1$$

On a donc :

$$\text{1re supposition } 8 \qquad \text{1re erreur } - 3$$
$$\text{2e supposition } 12 \qquad \text{2e erreur } + 1 \quad {}^{(2)}$$

Or, la somme des produits $8 \times 1 + 12 \times 3 = 44$ divisée par la somme des erreurs $3 + 1 = 4$ donne $\frac{44}{4} =$ Rép. 11 pour le nombre cherché. En effet, $11 \times 4 - 6 = 11 \times 3 + 5$.

---

(1) La différence comme la somme des erreurs doit s'opérer, abstraction faite des signes qui les précèdent, par la raison que ces signes n'ont pas ici la signification qu'on leur donne en Algèbre. Voyez note de la page 223 (1re Partie.)

(2) Voyez note ci-dessus.

1702. 1re *Supposition.*   2me *Supposition.*

Le plus petit nombre $=$ 0   Le plus petit nombre $=$ 1
Le plus grand nombre $=$ 72   Le plus grand nombre $=$ 71
             Somme 72   Somme 72

      Donne   Donne

72 $-$ 0 $=$ 72   71 $-$ 1 $=$ 70
   On doit avoir   20   On doit avoir   20

    1re erreur $+$ 52   2me erreur $+$ 50

     On a donc :

   1re supposition 0   1re erreur $+$ 52
   2me supposition 1   2me erreur $+$ 50

Or, la 1re erreur 52 divisée par la différence des deux erreurs 52 $-$ 50 $=$ 2 donne $\frac{52}{2}$ $=$ Rép. 26 pour le plus petit nombre. 72 $-$ 26 $=$ 46 donne le plus grand nombre.

Vérification : 26 $+$ 46 $=$ 72 ; 46 $-$ 26 $=$ 20

1703. 1re *Supposition,*   2me *Supposition.*

Pièces de 5 fr. $=$ 0   Pièces de 5 fr. $=$ 1
Pièces de 2 fr. $=$ 120   Pièces de 2 fr. $=$ 119

         Total : 120   Total : 120

     Donne   Donne

2 $\times$ 120 $=$ 240 fr.   5 $\times$ 1 $=$ 5 $\Big\}$ 243
  On doit avoir 438   2 $\times$ 119 $=$ 238

1re erreur $-$ 198 fr.   On doit avoir   438

                      2me erreur $-$ 195

    1re supposition 0   1re erreur $-$ 198
    2me supposition 1   2me erreur $-$ 195

Or, la 1re erreur 198 divisée par la différence des erreurs 198 $-$ 195 $=$ 3 donne $\frac{198}{3}$ $=$ Rép. 66 pièces de 5 fr., etc.

1704. 1re *Supposition.*   2me *Supposition.*

Petite partie $=$ 0   Petite partie $=$ 1
Grande partie $=$ 47   Grande partie $=$ 46

         Total : 47   Total : 47

Donne   Donne

$$\frac{\frac{6}{3}}{\frac{47}{5}} = \begin{matrix} 0 \\ 9\frac{2}{5} \end{matrix} \qquad \frac{\frac{4}{3}}{\frac{46}{5}} = \left.\begin{matrix} \frac{5}{15} \\ \frac{138}{15} \end{matrix}\right\} \frac{143}{15}$$

Total : $9\frac{2}{5}$

On doit avoir 11   On doit avoir 11 ou $\frac{162}{15}$

1re erreur $-\frac{8}{3}$ 2me erreur $-\frac{22}{15}$

On a donc :

1re supposition $= 0$ 1re erreur $-\frac{8}{3} = \frac{24}{15}$

2me supposition $= 1$ 2me erreur $-\frac{22}{15} = \frac{22}{15}$

Or, la 1re erreur $\frac{24}{15}$ divisée par la différence des *deux* erreurs $\frac{2}{15}$ donne $\frac{24}{2} =$ Rép. 12 pour la plus petite partie ; $47 - 12 = 35$ représente la plus grande. En effet, $\frac{12}{3} + \frac{35}{5} = \frac{60}{15} + \frac{105}{15} = 11$.

1705.   1re *Supposition.*   2me *Supposition.*

Drap à 35 fr.   0^m   Drap à 35 fr.   1^m
Drap à 30,5   130^m   Drap à 30,5   129^m

Total : 130^m   Total : 130^m

Donne   Donne

$$\left.\begin{matrix} 35 \times 0 = 0 \\ 30,5 \times 130 = 3965 \end{matrix}\right\} 3965^f \qquad \left.\begin{matrix} 35 \times 1 = 35^f \\ 30,5 \times 129 = 3934,50 \end{matrix}\right\} 3969^{f},5$$

On doit avoir   4190^f   On doit avoir   4190

1re erreur — 225^f   2me erreur — 220^f,5

1re supposition $= 0$ 1re erreur — 225

2me supposition $= 1$ 2me erreur — 220,5

Or, la 1re erreur 225 divisée par la différence des erreurs $225 - 220,5 = 4,5$ donne $\frac{225}{4,5} =$ Rép. 50 mètres de drap à 35 fr. ; $130 - 50 = 80$ mètres de drap à 30^f,50.

Vérification : $50^m \times 35^f = 1750$ fr.

$\ 80 \times 30,5 = 2440$

$\ \overline{130^m} \qquad \overline{4190}$ fr.

1706.   1re *Supposition.*   2me *Supposition.*

Bouteilles de 5 litr.   0   Bouteilles de 5 litr.   1
Bouteilles de 12   60   Bouteilles de 12   59

Total : 60   Total : 60

<table>
<tr><td>Donne</td><td></td><td>Donne</td><td></td></tr>
<tr><td>5 × 0 = 0 }</td><td>720l</td><td>5 × 1 = 5 }</td><td>713l</td></tr>
<tr><td>12 × 60 = 720 }</td><td></td><td>12 × 59 = 708 }</td><td></td></tr>
</table>

On doit avoir 629   On doit avoir 629

1re erreur + $\overline{91^l}$ 2me erreur + $\overline{84^l}$

1re supposition 0   1re erreur + 91

2me supposition 1   2me erreur + 84

Or, la 1re erreur 91 divisée par la différence des erreurs 91 — 84 = 7 donne $\frac{91}{7}$ = Rép. 13 bouteilles de 5 litres ; 60 — 13 = 47 bouteilles de 12 litres. En effet :

$$13 \times 5 = 65$$
$$47 \times 12 = \underline{564}$$

$\underline{60}$ bouteilles. $\underline{629}$ litres.

1707. *1re Supposition.*   *2me Supposition.*

Café à 1f,5	7k	Café à 1f,5	7k
— à 1,38	0	— à 1,38	1
— à 1,3	29	— à 1,3	28
Total :	$\overline{36^k}$	Total :	$\overline{36^k}$

Donne   Donne

1,50 × 7 = 10f,5)		1f,50 × 7 = 10f,5)	
1,38 × 0 = 0 }	48f,2	1,38 × 1 = 1,38 }	48f,28
1,30 × 29 = 37,7)		1,30 × 28 = 36,4)	

On doit avoir 36k × 1f,35 = $\underline{48^f,6}$ On doit avoir 36k × 1f,35 = $\underline{48^f,6}$

1re erreur — 0f,4   2me erreur — 0f,32

On a donc :

1re supposition 0   1re erreur — 0,4

2me supposition 1   2me erreur :— 0,32

Or, la 1re erreur 0,40 divisée par la différence des erreurs 0,40 — 0,32 = 8 donne $\frac{40}{8}$ = Rép. 5 kilog. café à 1f,30. 36 — (5 + 7) = 24 kilog. café à 1f,30.

Vérification :   7 kil. × 1f,50 = 10f,50

      5 × 1,38 = 6 ,90

     24 × 1,30 = $\underline{31 ,20}$

$\underline{36}$ kilog. $\underline{48^f,60}$

d'où $\frac{48,6}{36}$ = 1f,35 le litre.

1708. 1re *Supposition.*   2me *Supposition.*

Farine à 0f,27   0k   Farine à 0f,27   1k
Farine à 0 ,23   100   Farine à 0 ,23   99

       Total : 100k   Total : 100k

          Donne   Donne

$0,27 \times 0 = 0$ } $0^f,27 \times 1 = 0^f,27$ }
$0,23 \times 100 = 23$ } 23f $0,23 \times 99 = 22,77$ } 23f,04

On doit avoir 100k $\times$ 0f,24 = 24f   On doit avoir 100k $\times$ 0f,24 = 24

       1re erreur — 1f   2me erreur — 0f,96

          On a donc :

1re supposition 0   1re erreur — 1.
2me supposition 1   2me erreur — 0,96

Or, la 1re erreur 1 divisée par la différence des deux erreurs 1 — 0,96 = 0,04 donne $\frac{1}{0,04}$ = Rép. 25 kil. farine à 0f,27. 100k — 25k = 75 kilog. farine à 0f,23. En effet :

$$25^k \times 0^f,27 = 6^f,75$$
$$75 \times 0,23 = 17,25$$
$$\overline{100 \text{ kilog.}} \qquad 24 \text{ fr. d'où } \frac{24}{100} =$$

0f,24 le kilog.

1709. 1re *Supposition.*   2me *Supposition.*

Vin à 0f,90   35l   Vin à 0f,90   35l
Vin à 1,25   0   Vin à 1,25   1
Vin à 0 ,75   115   Vin à 0 ,75   114

       Total : 150l   Total : 150l

          Donne   Donne

$0^f,90 \times 35 = 31^f,50$ } $0^f,90 \times 35 = 31^f,50$ }
$1,25 \times 0 = 0$ } 117f75 $1,25 \times 1 = 1,25$ } 118f25
$0,75 \times 115 = 86,25$ } $0,75 \times 114 = 85,50$ }

On doit avoir 150l $\times$ 1f = 150f   On doit avoir 150l $\times$ 1f = 150f

       1re erreur — 32f,25   2me erreur — 31f,75

          On a donc :

1re supposition 0   1re erreur — 32,25
2me supposition 1   2me erreur — 31,75

Or, la 1re erreur 32,25 divisée par la différence des deux erreurs 32,25 — 31,75 = 0,5 donne $\frac{32,25}{0,5}$ = R. 64^l,5 vin à 1^f,25. 115^l — 64^l,5 = 50^l,5 vin à 0^f,75.

Vérification :

$$35^l \times 0^f{,}90 = 31^f{,}50$$
$$64,5 \times 1,25 = 80,625$$
$$50,5 \times 0,75 = 37,875$$

150 litres   150 fr.

1710. 20 pièces à 32 fr. = 640 fr. dont le 10me = 64 fr. forme le 10me du prix d'achat. Cela posé :

1re *Supposition.*	2me *Supposition.*
Pièces de 2me qualité 0	Pièces de 2me qualité 1
Pièces de 1re qualité 20	Pièces de 1re qualité 19
Total : 20	Total : 20

Donne à gagner   Donne

20 × 5 fr. = 100 fr.   Perte 1 × 4 fr. = 4 fr.
Je dois gagner   64   Gain 19 × 5 fr. = 95 fr.

1re erreur + 36 fr.   Gain : 91 fr.
            Je dois gagner 64

2me erreur + 27 fr.

ainsi donc :

1re supposition 0   1re erreur + 36
2me supposition 1   2me erreur + 27

Or, la 1re erreur 36 divisée par la différence des erreurs 36 — 27 = 9 donne $\frac{36}{9}$ = Rép. 4 pour le nombre de pièces de 2me qualité ; 20 — 4 = 16 représente le nombre de pièces de la 1re qualité.

Vérification :

$$16 \times 5 = 80 \text{ fr. gain}$$
$$4 \times 4 = 16 \text{ fr. perte}$$

64 fr. gain.

1711. La question se complique ici de ce que l'on ne connait ni le nombre total des pièces, ni le nombre de chaque espèce. Mais si l'on considère que pour former la longueur la plus *approchée* du décimètre (1), faut 2 pièces de 5 fr. plus 1 pièce de 2 fr., ou bien 2 pièces de 2 fr. plus 1 pièce de 5 fr., c'est-à-dire 3 pièces, ni plus ni moins dans les deux cas, on en conclura qu'il faut 30 pièces des deux espèces pour former la valeur la plus approchée du mètre, ou sa valeur exacte elle-même. Cela posé :

1re *Supposition.*	**2me** *Supposition.*
Pièces de 2 fr. 0	Pièces de 2 fr. 1
Pièces de 5 fr. 30	Pièces de 5 fr. 29
Total : $\overline{30}$	Total : $\overline{30}$
Donne	**Donne**

$$30 \times 0^m,037 = 1^m,11$$
$$\text{On doit avoir } \underline{1^m}$$
$$1^{re} \text{ erreur} + 0^m,11$$

$$\left. \begin{array}{l} 1 \times 0^m,027 = 0^m,027 \\ 29 \times 0,037 = 1^m,073 \end{array} \right\} 1^m,1$$
$$\text{On doit avoir} \quad \overline{1^m}$$
$$2^{me} \text{ erreur} + 0^m,1$$

Ainsi donc :

$$1^{re} \text{ supposition } 0 \qquad 1^{re} \text{ erreur} + 0,11$$
$$2^{me} \text{ supposition } 1 \qquad 2^{me} \text{ erreur} + 0,10$$

Or, la 1re erreur 0,11 divisée par la différence des erreurs $0,11 - 0,1 = 0,01$ donne $\frac{11}{1} =$ Rép. 11 pièces de 2 fr.; $30 - 11 = 19$ pièces de 5 fr.

$$\textit{Vérification : } \quad 11 \times 0^m,027 = 0^m,297$$
$$\underline{19 \times 0^m,037 = 0^m,703}$$
$$30 \text{ pièces.} \qquad 1 \text{ mètre.}$$

1712. On voit facilement que le nombre demandé est plus grand que 1 et plus petit que 2, et en poussant un peu plus loin le tâtonnement, on reconnaît qu'il doit être un peu moindre que 1,3. Ainsi :

---

(1) Voyez dans notre Arithmétique in-12, 32me édition, page 161, les différents diamètres de la monnaie française.

1re supposition $x = 1,3$ donne :

$$x^3 = \qquad 2,197$$
$$\sqrt{x} = \qquad 1,140175$$

D'où $2,197 - 1,140175 = 1,056825$
On doit avoir $\qquad 1$

1re erreur $+$ $0,056825$

2me supposition $x = 1,29$ donne :

$$x^3 = \qquad 2,146689$$
$$\sqrt{x} = \qquad 1,135782$$

D'où $2,146689 - 1,135782 = 1,010907$
On doit avoir $\qquad 1$

2me erreur $+$ $0,010907$

On a donc :

1re supposition $x = 1,3$ 1re erreur $+ 0,056825$
2me   — $x = 1,29$ 2me erreur $+ 0,010907$

Or, la différence des produits $0,073042 - 0,014179 = 0,0591251$ divisée par la différence des erreurs $0,056825 - 0,010907 = 0,045918$ donne $\frac{0,0591251}{0,045918} =$ Rép. $1,2876$ pour valeur approchée du nombre inconnu. En faisant $x = 1,2876$ on a $x^3 = 2,13472976$ et $\sqrt{x} = 1,13472464$ quantités dont la différence $1,00000512$ ne diffère en *plus* de 1 que de $0,00000512$.

Une seconde opération, en prenant pour 3e supposition $x = 1,28759$ ferait trouver la valeur de l'inconnue avec au moins 10 décimales exactes, approximation plus que suffisante dans la plupart des cas.

EXERCICES SUR L'EXTRACTION DE LA RACINE CARRÉE DES
NOMBRES ENTIERS CARRÉS PARFAITS. (1)

1713. $\sqrt{121} = 11$ $\sqrt{289} = 17$ $\sqrt{361} = 19$
1714. $\sqrt{676} = 26$ $\sqrt{1225} = 35$ $\sqrt{1849} = 43$
1715. $\sqrt{2704} = 52$ $\sqrt{5929} = 77$ $\sqrt{7744} = 88$
1716. $\sqrt{8836} = 94$ $\sqrt{17424} = 132$ $\sqrt{45796} = 214$

---

(1) Les nombres compris dans les numéros 1 à 16 sont tous des

1717. $\sqrt{106276}$ = 326 $\sqrt{174724}$ = 418
1718. $\sqrt{301401}$ = 549 $\sqrt{389376}$ = 624
1719. $\sqrt{522729}$ = 723 $\sqrt{664225}$ = 815
1720. $\sqrt{942841}$ = 971 $\sqrt{2359296}$ = 1536
1721. $\sqrt{9903609}$ = 3147 $\sqrt{62615569}$ = 7913
1722. $\sqrt{88943761}$ = 9431 $\sqrt{1308630625}$ = 36175
1723. $\sqrt{11236}$ = 106 $\sqrt{258064}$ = 508
1724. $\sqrt{656100}$ = 810 $\sqrt{16867449}$ = 4107
1725. $\sqrt{49589764}$ = 7042 $\sqrt{28622500}$ = 5350
1726. $\sqrt{38477209}$ = 6203 $\sqrt{64641600}$ = 8040
1727. $\sqrt{81072016}$ = 9004 $\sqrt{412374249}$ = 20307
1728. $\sqrt{961310025}$ = 31005 $\sqrt{3600240004}$ = 60002

EXERCICES SUR L'EXTRACTION DE LA RACINE CARRÉE DES NOMBRES DÉCIMAUX CARRÉS PARFAITS. (1)

1729. $\sqrt{5,29}$ = 2,3 $\sqrt{2,1904}$ = 1,48
1730. $\sqrt{40,5769}$ = 6,37 $\sqrt{0,0225}$ = 0,15
1731. $\sqrt{16,7281}$ = 4,09 $\sqrt{0,010201}$ = 0,101
1732. $\sqrt{52,9984}$ = 7,28 $\sqrt{0,376996}$ = 0,614
1733. $\sqrt{9,272025}$ = 3,045 $\sqrt{0,010609}$ = 0,103
1734. $\sqrt{4,62551049}$ = 2,1507 $\sqrt{416,9764}$ = 20,42
1735. $\sqrt{250600,36}$ = 500,6 $\sqrt{0,00006084}$ = 0,0078

EXTRACTION PAR APPROXIMATION DE LA RACINE CARRÉE DES NOMBRES ENTIERS OU DÉCIMAUX.

1736. $\sqrt{40,96}$ = Rép. 6,4
1737. $\sqrt{0,045}$ = Rép. 0,21
1738. $\sqrt{7,2}$ = Rép. 2,68

carrés parfaits ; par conséquent, leurs racines sont toutes exactes. De plus les numéros 11 à 16 offrent le cas où, après avoir abaissé une tranche à côté d'un reste, et après avoir séparé le dernier chiffre à droite de ce reste, on obtient un dividende plus petit que le double des chiffres déjà obtenus à la racine. (Voyez notre Arith in-12, 32me édition, page 261.

(1) Voyez notre Arith. in-12, page 266, 32me édition.

1739.	$\sqrt{29}$	$=$	Rép. 5,3
1740.	$\sqrt{42,131}$	$=$	Rép. 6,49
1741.	$\sqrt{0,45678}$	$=$	Rép. 0,675
1742.	$\sqrt{70}$	$=$	Rép. 8,36
1743.	$\sqrt{0,18109}$	$=$	Rép. 0,425
1744.	$\sqrt{31,027}$	$=$	Rép. 5,57
1745.	$\sqrt{0,09242}$	$=$	Rép. 0,304
1746.	$\sqrt{227}$	$=$	Rép. 15,06
1747.	$\sqrt{3,141}$	$=$	Rép. 1,773
1748.	$\sqrt{0,00723}$	$=$	Rép. 0,085
1749.	$\sqrt{1000}$	$=$	Rép. 31,62
1750.	$\sqrt{8,725}$	$=$	Rép. 2,953
1751.	$\sqrt{6}$	$=$	Rép. 2,449
1752.	$\sqrt{3,54}$	$=$	Rép. 1,882
1753.	$\sqrt{10152}$	$=$	Rép. 100,75
1754.	$\sqrt{0,0042853}$	$=$	Rép. 0,065
1755.	$\sqrt{280}$	$=$	Rép 16,7332
1756.	$\sqrt{0,0228615}$	$=$	Rép. 0,4781
1757.	$\sqrt{0,375}$	$=$	Rép. 0,61237
1758.	$\sqrt{2}$	$=$	Rép. 1,41421
1759.	$\sqrt{0,002509}$	$=$	Rép. 0,05009

EXTRACTION DE LA RACINE CARRÉE DES FRACTIONS ORDINAIRES

LES DEUX TERMES ÉTANT DES CARRÉS PARFAITS.

1760.	$\sqrt{\tfrac{4}{9}} = \text{R.}\ \tfrac{2}{3}$	$\sqrt{\tfrac{16}{25}} = \text{R.}\ \tfrac{4}{5}$	$\sqrt{\tfrac{36}{49}} = \text{R.}\ \tfrac{6}{7}$
1761.	$\sqrt{\tfrac{1}{81}} = \text{R.}\ \tfrac{1}{9}$	$\sqrt{\tfrac{25}{64}} = \text{R.}\ \tfrac{5}{8}$	$\sqrt{\tfrac{49}{121}} = \text{R.}\ \tfrac{7}{11}$
1762.	$\sqrt{\tfrac{144}{169}} = \text{R.}\ \tfrac{12}{13}$	$\sqrt{\tfrac{196}{225}} = \text{R.}\ \tfrac{14}{15}$	$\sqrt{\tfrac{256}{400}} = \text{R.}\ \tfrac{16}{20}$
1763.	$\sqrt{\tfrac{361}{441}} = \text{R.}\ \tfrac{19}{21}$	$\sqrt{\tfrac{484}{529}} = \text{R.}\ \tfrac{22}{23}$	$\sqrt{\tfrac{625}{841}} = \text{R.}\ \tfrac{25}{29}$
1764.	$\sqrt{\tfrac{4}{2601}} = \text{R.}\ \tfrac{1}{51}$	$\sqrt{\tfrac{289}{1156}} = \text{R.}\ \tfrac{17}{34}$	$\sqrt{\tfrac{784}{1936}} = \text{R.}\ \tfrac{28}{44}$

EXTRACTION DE LA RACINE CARRÉE DES FRACTIONS ORDINAIRES

LES DEUX TERMES N'ÉTANT PAS DES CARRÉS PARFAITS.

1765.	$\sqrt{\tfrac{1}{4}}$	$=$	$\sqrt{0,25}$	$=$	0,50
1766.	$\sqrt{\tfrac{1}{3}}$	$=$	$\sqrt{0,6666}$	$=$	0,81

1767. $\sqrt{\tfrac{4}{5}}$ = $\sqrt{0,8}$ = Rép. 0,894
1768. $\sqrt{\tfrac{5}{6}}$ = $\sqrt{0,83333333}$ = Rép. 0,9128
1769. $\sqrt{\tfrac{1}{9}}$ = $\sqrt{0,111111}$ = Rép. 0,333
1770. $\sqrt{\tfrac{3}{8}}$ = $\sqrt{0,375}$ = Rép. 0,612
1771. $\sqrt{\tfrac{5}{9}}$ = $\sqrt{0,5555}$ = Rép. 0,74
1772. $\sqrt{8\tfrac{4}{7}}$ = $\sqrt{\tfrac{60}{7}}$ = $\sqrt{8,571428}$ = Rép. 2,927
1773. $\sqrt{\tfrac{3}{11}}$ = $\sqrt{0,272727}$ = Rép. 0,522
1774. $\sqrt{\tfrac{7}{15}}$ = $\sqrt{0,46666666}$ = Rép. 0,6831
1775. $\sqrt{\tfrac{2}{13}}$ = $\sqrt{0,1538}$ = Rép. 0,39
1776. $\sqrt{\tfrac{5}{14}}$ = $\sqrt{0,357142}$ = Rép. 0,597
1777. $\sqrt{\tfrac{8}{21}}$ = $\sqrt{0,3809}$ = Rép. 0,61
1778. $\sqrt{\tfrac{6}{17}}$ = $\sqrt{0,352941}$ = Rép. 0,594
1779. $\sqrt{4\tfrac{1}{7}}$ = $\sqrt{\tfrac{29}{7}}$ = $\sqrt{4,1428}$ = Rép. 2,03
1780. $\sqrt{\tfrac{11}{60}}$ = $\sqrt{0,183333}$ = Rép. 0,428
1781. $\sqrt{\tfrac{10}{44}}$ = $\sqrt{0,227272}$ = Rép. 0,476
1782. $\sqrt{\tfrac{3}{109}}$ = $\sqrt{0,02752294}$ = Rép. 0,1659
1783. $\sqrt{\tfrac{89}{148}}$ = $\sqrt{0,601351}$ = Rép. 0,775
1784. $\sqrt{\tfrac{1}{3104}}$ = $\sqrt{0,0003221649}$ = Rép. 0,01794

PROBLÈMES

SUR L'EXTRACTION DE LA RACINE CARRÉE.

1785. La racine carrée de 160000 ou $\sqrt{160000}$ = Rép. 400.

1786. Puisque 9 fois la racine carrée d'un nombre vaut 126, cette racine vaut le $\tfrac{1}{9}$ de 126 ou $\tfrac{126}{9} = 14$, et le nombre cherché égale le carré de 14 ou R. 196.

1787. D'après les données de la question 86$^{\text{hectol.}}$ est le carré du nombre cherché. Donc on connaîtra ce nombre en extrayant la racine carrée de 86, qui est Rép. 9$^{\text{hectol.}}$,27 ou 927 litres à 1 litre près.

1788. L'épaisseur demandée $= \sqrt{\dfrac{2 \times (3^{m},5)^2}{5}} = \sqrt{\tfrac{2450}{5}}$ = Rép. 0^{m},99.

1789. Puisque 6889 est le produit de deux nombres égaux, il est le carré de ces nombres, ou, ce qui revient au même, ces nombres sont l'un ou l'autre la racine carrée de 6889, qui est Rép. 83.

1790. Il est évident que le nombre de marches multiplié par le nombre de millimètres doit donner la hauteur de la tour ; or, comme ces deux nombres sont égaux, la hauteur de la tour est le carré de l'un d'eux, ou, ce qui revient au même, l'un de ces nombres $= \sqrt{25^m,6} = \sqrt{25600^{mm}} =$ Rép. 160.

1791. Puisque le nombre de pauvres est égal à celui des pains que chacun reçoit, il doit être tel qu'en le multipliant par lui-même on reproduise les 289 pains distribués. Donc 289 est le carré du nombre cherché, ou, ce qui revient au même, ce nombre $= \sqrt{289} =$ Rép. 17.

1792. Puisque le nombre d'œufs de la première ponte multiplié par le même nombre d'œufs de la seconde donnerait 68761426176 poissons, il est clair que ce dernier nombre est le carré de l'un des premiers ou, ce qui revient au même, l'un des premiers nombres $= \sqrt{68761426176} =$ Rép. 262224.

1793. Puisque la chambre est carrée, chacun de ses côtés contient le même nombre de carreaux, et ce nombre doit être tel qu'en le multipliant par lui-même on reproduise les 1521 carreaux de la chambre. Par conséquent, 1521 est le carré d'un des côtés de la chambre, ou, ce qui revient au même, l'un quelconque de ces côtés $= \sqrt{1521} =$ Rép. 39.

1794. D'après les conditions du problème, chaque rangée aura le même nombre de choux ; or, ce nombre doit être tel qu'en le multipliant par lui-même on ait pour produit le carré 4096. Donc ce même nombre est la racine carrée de 4096 ou Rép. 64.

1795. Puisque le champ est carré et qu'il contient 529 arbres plantés aussi en carré, chaque côté du champ contient le même nombre d'arbres, et ce nombre doit être tel qu'en le multipliant par lui-même on obtienne un produit égal à 529, c'est-à-dire que ce nombre est la racine carrée de 529 ou 23. Mais par la forme même du carré ce nombre 23 qui exprime le nombre d'arbres plantés sur chacun des côtés du champ exprime aussi le nombre des rangées qui y aboutissent; donc le nombre demandé = Rép. 23.

1796. Le côté demandé $= \sqrt{1^m,64} =$ Rép. $1^m,28$ à 1 centimètre près.

1797. Si un soldat occupe $\frac{1}{3}$ de mètre, 1000 soldats occuperont $\frac{1}{3} \times 1000$ ou $\frac{1000}{3} = 333^{m. \, car.},3$; telle est la surface que la cour devrait avoir. Or, comme la question exige qu'elle soit carrée, on obtiendra le côté de ce carré, en extrayant la racine carrée de 333,3. L'opération donne $\sqrt{333,3} =$ Rép. $18^m,2$ à $0^m,1$ près.

1798. La surface du tapis $= 12,5 \times 1,35 = 1^{re}$ Rép. $16^{m. \, car.},875$. La longueur d'un côté $= \sqrt{16,875} = 2^{me}$ Rép. $4^m,1$ à 0,1 près.

1799. Puisque la nouvelle table est un carré, sa surface $1^{m. \, car.},6$ est le produit de deux nombres égaux, ou, ce qui revient au même, l'un de ces nombres $= \sqrt{1,6} =$ Rép. $1^m,264$ à $0^m,001$ près.

1800. Réduite en carré la feuille de papier aura pour surface $0^m,2 \times 0^m,3 = 0^{m. \, car.},06$. Mais tout carré est le produit d'un de ses côtés multiplié par lui-même; donc ce côté $= \sqrt{0,06} =$ R. $0^m,2449$ à $0^m,0001$ près.

1801. Tout carré ayant pour mesure le produit d'un de ses côtés multiplié par lui-même, la surface carrée $9^h,4084$ a aussi pour mesure le produit du côté cherché multiplié par lui-même. Donc on connaîtra ce côté en extrayant la racine carrée de $9^h,4084$ ou 94084 mètres carrés. Cette racine est Rép. 306 mètres à 1 mètre carré près.

1802. La longueur du lambris est égale à la longueur des 4 côtés de la salle. Or, la salle étant un carré, sa superficie 83 mètres est égale au produit d'un de ses côtés multiplié par lui-même. Par conséquent, on connaîtra ce côté en extrayant la racine carrée de 83 qui est 9m,11. Par suite la longueur du lambris sera 9m,11 × 4 = Rép. 36m,44 à 1 centimètre près.

1803. Puisque la vigne est un carré, sa surface 3h,5 = 35000 mètres carrés est le produit d'un de ses côtés multiplié par lui-même. Par conséquent, ce côté = $\sqrt{35000}$ = 187 mètres; comme il y aura 4 côtés égaux leur longueur totale qui est aussi celle du fossé sera 187 × 4 = 748 mètres. Or, si le mètre courant doit me revenir à 0f,4, les 748 mètres me reviendront à 748 × 0,4 = Rép. 299f,2.

1804. A raison de 1 mètre par coup de parc, 441 moutons occupent 441 mètres carrés. Or, si 441 mètres carrés est la surface du parc en carré, on connaîtra l'un de ses côtés en extrayant la racine carrée de 441 qui est 21, et comme il y a quatre côtés égaux le pourtour du parc sera 21 × 4 = 84 mètres. Cela posé, autant de fois 84 contiendra 2m,7 autant de claies de cette longueur il faudra dresser pour chaque carré. L'opération donne $\frac{84}{2,7}$ = Rép. 31,1 claies.

1805. La mesure demandée = $\sqrt{231}$ = Rép. 15m,1 à 0m,1 près.

1806. Puisque les mûriers sont à 7 mètres, ils occupent 7 × 7 = 49 mètres carrés de surface. Par conséquent, autant de fois cette surface sera contenue dans la surface de la pièce, autant d'arbres cette pièce contiendra. L'opération donne $\frac{6,0025}{49}$ = $\frac{60025}{49}$ = 1225 arbres. Mais, puisque ces 1225 arbres sont plantés en carré, chaque face de la pièce en contient le même nombre. Par conséquent, 1225 est le produit de ce nombre multiplié par lui-même, ou, ce qui est la même chose, ce nombre est la racine carrée de 1225 qui est Rép. 35.

1807. Pour que chaque tas fume 36, 49, 81 centiares, il faut que chaque carré qui doit le contenir ait une surface carrée de 36 centiares $=$ 36 mètres carrés dans le 1er cas ; de 49 centiares $=$ 49 mètres carrés dans le 2e cas ; de 81 centiares $=$ 81 mètres carrés dans le 3e cas. Cela posé, si nous cherchons quels sont les côtés de ces divers carrés, nous aurons : $\sqrt{36} = 6^m$ pour le 1er ; $\sqrt{49} = 7^m$ pour le 2e ; $\sqrt{81} = 9^m$ pour le 3e ; c'est-à-dire que les carrés, ou, ce qui revient au même, les tas de fumier seront, suivant le cas, à la distance de 6^m, 7^m, 9^m les uns des autres.

1808. D'après le 2e principe du probl. 1412, sur la chute des corps, les espaces parcourus pendant 1 et x secondes sont entre eux comme les carrés de ces nombres, c'est-à-dire comme $1^2 : x^2$. On aura donc la proportion $4^m,9 : 109^m :: 1^2 : x^2$, d'où $x = \sqrt{\frac{109}{4,9}} =$ Rép. 4 secondes $\frac{7}{10}$.

1809. L'espace parcouru par un corps pesant pendant la 1re seconde de sa chute étant $4^m,9$ (principe du probl. 1412), et la vitesse au bout de ce temps de $9^m,81$ (principe du probl. 1417), si nous désignons par x la vitesse correspondant à l'espace 132^m, nous aurons la proportion $4^m,9 : 132^m :: (9,81)^2 : x^2$

$$d'où \quad x = \sqrt{\frac{132 \times (9,81)^2}{4,9}} = \sqrt{\frac{12703,1652}{4,9}} = \sqrt{2592}$$

$= $ Rép. $50^m,9$.

1810. 1° L'espace parcouru par un corps pesant pendant la 1re seconde de chute étant $4^m,9$ (principe du probl. 1412), et sa vitesse au bout de ce temps de $9^m,81$ (principe du probl. 1417), si nous désignons par x l'espace correspondant à la vitesse 500 mètres, nous aurons (données du probl. 1419) la proportion suivante : $\quad 4^m,9 : x :: (9,81)^2 : (500)^2$

de laquelle on tire

$$x = \frac{(500)^2 \times 4,9}{(9,81)^2} = 1^{re} \text{ Rép. } 12729 \text{ mètres.}$$

2° Mais d'après le probl. 1412, les espaces parcourus sont entre eux comme les carrés des temps de chute ; si donc nous désignons par x la durée de chute du boulet, c'est-à-dire le temps qu'il mettrait à parcourir 12729 mètres, nous aurons la proportion $4^m,9$: 12729^m :: $1^s{}^2$: $x^s{}^2$ d'où $x = \sqrt{\frac{12729}{4,9}} = 2^e$ Rép. 50 secondes $\frac{9}{10}$.

1811. L'espace parcouru par un corps pesant pendant 1 seconde est $4^m,9$ (probl. 1412), et sa vitesse au bout de ce temps est $9^m,81$ (probl. 1417). Mais d'après le probl. 1419, les espaces parcourus par le corps dans sa chute verticale sont entre eux comme les carrés des vitesses acquises par ce corps au bas de sa chute. Si donc, on désigne par x, x', x'', x''' les vitesses correspondant aux espaces $3^m,5$; $6^m,3$; $9^m,8$; 14^m ; on aura les quatre proportions suivantes :

$$4^m,9 \ : \ 3^m,5 \ :: \ (9^m,81)^2 \ : \ x^2$$
$$4^m,9 \ : \ 6^m,3 \ :: \ (9^m,81)^2 \ : \ x'^2$$
$$4^m,9 \ : \ 9^m,8 \ :: \ (9^m,81)^2 \ : \ x''^2$$
$$4^m,9 \ : \ 14^m \ :: \ (9^m,81)^2 \ : \ x'''^2$$

desquelles on tire :

$$x = \sqrt{\frac{(9,81)^2 \times 3,5}{4,9}} = 1^{re} \text{ Rép. } 8^m,3$$

$$x' = \sqrt{\frac{(9,81)^2 \times 6,3}{4,9}} = 2^e \text{ Rép. } 11^m,12$$

$$x'' = \sqrt{\frac{(9,81)^2 \times 9,8}{4,9}} = 3^e \text{ Rép. } 13^m,87$$

$$x''' = \sqrt{\frac{(9,81)^2 \times 14}{4,9}} = 4^e \text{ Rép. } 16^m,58$$

1812. L'espace parcouru par un corps pesant pendant 1 seconde étant $4^m,9$ d'après le problème 1412, et sa vitesse, au bout de ce temps, de $9^m,81$ d'après le problème 1417, si nous désignons par x^m la vitesse correspondant à l'espace 3^m qui est la hauteur de l'eau au-dessus du centre de la buse, pour le 1er cas, nous aurons, d'après le problème 1419 la proportion $4^m,9$: 3^m :: $(9^m,81)^2$: x^{m2}, d'où $x = \sqrt{\dfrac{(9,81)^2 \times 3}{4,9}} = \sqrt{\dfrac{96,24 \times 3}{4,9}} = 1^{re}$ Rép. $7^m,67$.

Par un raisonnement semblable on trouvera que la vitesse demandée pour le 2me cas $= 2^{me}$ Rép. $4^m,43$.

1813. La hauteur de l'eau qui est de 2 mètres au-dessus du seuil de la vanne, quand celle-ci est tout à fait abaissée, sera, dans les conditions du problème, réduite à $2 - \dfrac{0,04}{2} = 1^m,98$ après la levée de la vanne. Cela posé, si l'on se rappelle que l'espace parcouru par un corps pesant pendant l'unité de temps étant de $4^m,9$ (D'après le problème 1412) sa vitesse, au bout de ce temps, est de $9^m,81$; qu'enfin les espaces parcourus sont entre eux comme les carrés des vitesses, on aura, en nommant x^m la vitesse cherchée :

Espace $4^m,9$: espace $1^m,98$ :: vitesse $(9^m,81)^2$: vitesse x^{m2} ou plus simplement $4,9$: $1,98$ :: $(9,81)^2$: x^2, d'où $x = \sqrt{\dfrac{(9,81)^2 \times 1,98}{4,9}} \sqrt{\dfrac{96,24 \times 1,98}{4,9}} = $ Rép. $6^m,23$.

1814. D'après le principe énoncé, les durées des oscillations correspondant aux pendules donnés, sont entre elles comme les racines carrées des longueurs de ces pendules, c'est-à-dire comme $\sqrt{0^m,4417}$: $\sqrt{0^m,4417 \times 3}$; Or, la durée des oscillations du premier pendule étant, par hypothèse, de $1^s,5$, si nous désignons par x^s la durée des oscillations du deuxième pendule, nous aurons la proportion $1^s,5$: x^s :: $\sqrt{0^m,4417}$: $\sqrt{1^m,3251}$ ou $(1,5)^2$: x^2 :: $0,4417$: $1,3251$, d'où $x = \sqrt{\dfrac{(1,5)^2 \times 1,3251}{0,4417}} = $ Rép. $2^s\frac{6}{10}$.

1815. 1° La longueur de l'échelle $= \sqrt{10^2 \times 3^2} = \sqrt{109} = $ Rép. $10^m,44$ à $0^m,01$ près.

2° La hauteur de la tour $= \sqrt{12^2 - 4^2} = \sqrt{128} = $ Rép. $11^m,31$ à $0^m,01$ près.

3° La distance du pied de l'échelle à celui de la tour $= \sqrt{13^2 - 11^2} = \sqrt{48} =$ Rép. 6^m,92 à 0^m,01.

1816. Nous supposons le tableau d'équerre à ses 4 angles, ce qui veut dire que ces angles sont droits. Cela étant, il est clair que si l'on trace, sur le tableau, la diagonale bd, elle représentera l'hypoténuse de deux triangles rectangles dab bcd, et, comme ces triangles sont égaux, on pourra prendre indifféremment l'un ou l'autre. Prenons bcd, par exemple, nous aurons, en vertu du principe énoncé au numéro précédent, $bd = \sqrt{(1^m,2)^2 + (0^m,86)^2} = \sqrt{2^m,1796} =$ Rép. 1^m,476 à 0^m,001 près.

1817. Posez la proportion 27 $: x :: x : 83$; x sera le moyen proportionnel cherché (1) et aura pour valeur $\sqrt{27 \times 83} =$ Rép. 47,33.

1818. Le produit $36 \times 104 = 3744$. Or, ce produit est aussi le carré du nombre cherché, puisqu'il est le résultat de ce nombre multiplié par lui-même. Donc ce nombre est la racine de $3744 =$ Rép. 61,1 à $\frac{1}{10}$ près.

1819. Dans la proportion donnée on a $x \times x$ ou $x^2 = 5 \times 60 = 300$, d'où l'on tire $x = \sqrt{300} =$ Rép. 17,32 à 0,01 près.

EXERCICES SUR L'EXTRACTION DE LA RACINE CUBIQUE DES NOMBRES ENTIERS CUBES PARFAITS.

1820. $\sqrt[3]{125} =$ Rép. 5 $\quad \sqrt[3]{216} =$ Rép. 6 $\quad \sqrt[3]{512} =$ Rép. 8

1821. $\sqrt[3]{729} =$ Rép. 9 $\quad \sqrt[3]{1331} =$ R. 11 $\quad \sqrt[3]{4913} =$ Rép. 17

1822. $\sqrt[3]{12167} =$ R. 23 $\quad \sqrt[3]{74088} =$ R. 42 $\quad \sqrt[3]{314432} =$ R. 68

1823. $\sqrt[3]{531441} =$ Rép. 81 $\quad \sqrt[3]{1191016} =$ Rép. 106

1824. $\sqrt[3]{3652264} =$ Rép. 154 $\quad \sqrt[3]{5735339} =$ Rép. 179

1825. $\sqrt[3]{8365427} =$ Rép. 203 $\quad \sqrt[3]{44738875} =$ Rép. 355

---

(1) Page 270 de notre Arithmétique in-12, 32e édition.

1826. $\sqrt[3]{97336000}$ = Rép. 460 $\sqrt[3]{128024064}$ = Rép. 504

1827. $\sqrt[3]{258474853}$ = Rép. 637 $\sqrt[3]{733870808}$ = Rép. 902

1828. $\sqrt[3]{2342039552}$ = R. 1328 $\sqrt[3]{9514651159}$ = R. 2119

1829. $\sqrt[3]{43651389761}$ = 3521 $\sqrt[3]{64240300125}$ = R. 4005

1830. $\sqrt[3]{202986461133}$ = 5877 $\sqrt[3]{670611173777}$ = 8753

1831. $\sqrt[3]{733870808000}$ = 9020 $\sqrt[3]{70220085705216}$ = 41256

1832. $\sqrt[3]{2709911644888}$ = Rép. 13942 $\sqrt[3]{359577108631000}$
= Rép. 71110.

EXERCICES SUR L'EXTRACTION DE LA RACINE CUBIQUE
DES NOMBRES DÉCIMAUX CUBES PARFAITS.

1833. $\sqrt[3]{5,832}$ = Rép. 1,8 $\sqrt[3]{0,343}$ = Rép. 0,7

1834. $\sqrt[3]{39,304}$ = Rép. 3,4 $\sqrt[3]{0,002744}$ = Rép. 0,14

1835. $\sqrt[3]{438,976}$ = Rép. 7,6 $\sqrt[3]{10,503459}$ = Rép. 2,19

1836. $\sqrt[3]{0,008242408}$ = 0,202 $\sqrt[3]{573,856191}$ = Rép. 8,31

1837. $\sqrt[3]{890,277128}$ = 9,62 $\sqrt[3]{0,107850176}$ = Rép. 0,476.

1838. $\sqrt[3]{0,203297472}$ = 0,588 $\sqrt[3]{95,443993}$ = Rép. 4,57

1839. $\sqrt[3]{0,804357}$ = 0,93 $\sqrt[3]{141,665198597}$ = Rép. 5,213

1840. $\sqrt[3]{0,000132651}$ = 0,051 $\sqrt[3]{220,020692653}$ = 6,037

1841. $\sqrt[3]{1048,772096}$ = 10,16 $\sqrt[3]{1,009027027}$ = R. 1,003

1842. $\sqrt[3]{41,349947912}$ = 3,458 $\sqrt[3]{560495,306125}$ = 82,45

1843. $\sqrt[3]{0,000000103823}$ = Rép. 0,0047 $\sqrt[3]{439,149302801}$
= Rép. 7,601.

1844. $\sqrt[3]{0,000000000512}$ = R. 0,0008 $\sqrt[3]{407,264487378624}$
= R. 7,4124.

EXERCICES SUR L'EXTRACTION, PAR APPROXIMATION, DE LA RACINE CUBIQUE DES NOMBRES ENTIERS OU DÉCIMAUX.

1845. $\sqrt[3]{1028}$ = Rép. 10,09

1846. $\sqrt[3]{17,834}$ = Rép. 2,6

1847. $\sqrt[3]{0,09}$ = Rép. 0,44

1848. $\sqrt[3]{52,147}$ = Rép. 3,73

1849. $\sqrt[3]{0,0429}$ = Rép. 0,35

1850. $\sqrt[3]{1,125}$ = Rép. 1,04

1851. $\sqrt[3]{0,0004}$ = Rép. 0,07

1852. $\sqrt[3]{553387,8}$ = Rép. 82,1

1853. $\sqrt[3]{0,01048}$ = Rép. 0,218

1854. $\sqrt[3]{137,4}$ = Rép. 5,16

1855. $\sqrt[3]{0,00076}$ = Rép. 0,091

1856. $\sqrt[3]{8,79}$ = Rép. 2,063

1857. $\sqrt[3]{0,00000064}$ = Rép. 0,008

1858. $\sqrt[3]{29935,38}$ = Rép. 31,05

1859. $\sqrt[3]{3,54}$ = Rép. 1,524

1860. $\sqrt[3]{0,00243}$ = Rép. 0,1346

1861. $\sqrt[3]{5035,481}$ = Rép. 17,14

1862. $\sqrt[3]{0,0000066}$ = Rép. 0,0187

1863. $\sqrt[3]{319592}$ = Rép. 68,37

1864. $\sqrt[3]{0,000000149}$ = Rép. 0,0053

1865. $\sqrt[3]{97,5456}$ = Rép. 4,6033

1866. $\sqrt[3]{0,00000000019}$ = Rép. 0,0005

EXERCICES SUR L'EXTRACTION DE LA RACINE CUBIQUE
DES FRACTIONS ORDINAIRES,
LES DEUX TERMES ÉTANT DES CUBES PARFAITS.

1867. $\sqrt[3]{\frac{8}{27}} =$ R. $\frac{2}{3}$ $\quad \sqrt[3]{\frac{64}{125}} =$ R. $\frac{4}{5}$ $\quad \sqrt[3]{\frac{343}{512}} =$ R. $\frac{7}{8}$

1868. $\sqrt[3]{\frac{1}{8}} =$ R. $\frac{1}{2}$ $\quad \sqrt[3]{\frac{27}{64}} =$ R. $\frac{3}{4}$ $\quad \sqrt[3]{\frac{125}{216}} =$ R. $\frac{5}{6}$

1869. $\sqrt[3]{\frac{729}{1000}} =$ R. $\frac{9}{10}$ $\quad \sqrt[3]{\frac{1}{8000}} =$ R. $\frac{1}{20}$ $\quad \sqrt[3]{\frac{1331}{1728}} =$ R. $\frac{11}{12}$

1870. $\sqrt[3]{\frac{1}{27}} =$ R. $\frac{1}{3}$ $\quad \sqrt[3]{\frac{2197}{2744}} =$ R. $\frac{13}{14}$ $\quad \sqrt[3]{\frac{3375}{4096}} =$ R. $\frac{15}{16}$

1871. $\sqrt[3]{\frac{4913}{5832}} =$ R. $\frac{17}{18}$ $\quad \sqrt[3]{\frac{10648}{39304}} =$ R. $\frac{22}{34}$ $\quad \sqrt[3]{\frac{9261}{704969}} =$ R. $\frac{21}{89}$

EXERCICES SUR L'EXTRACTION DE LA RACINE CUBIQUE
DES FRACTIONS ORDINAIRES,
LES DEUX TERMES N'ÉTANT PAS DES CUBES PARFAITS.

1872. $\sqrt[3]{\frac{2}{3}} = \sqrt[3]{0,666}$ $\quad =$ Rép. 0,8

1873. $\sqrt[3]{\frac{3}{17}} = \sqrt[3]{0,17647}$ $\quad =$ Rép. 0,56

1874. $\sqrt[3]{\frac{5}{6}} = \sqrt[3]{0,833333333}$ $\quad =$ Rép. 0,941

1875. $\sqrt[3]{\frac{4}{9}} = \sqrt[3]{0,444444}$ $\quad =$ Rép. 0,76

1876. $\sqrt[3]{\frac{2}{5}} = \sqrt[3]{0,400000}$ $\quad =$ Rép. 0,73

1877. $\sqrt[3]{\frac{6}{7}} = \sqrt[3]{0,857}$ $\quad =$ Rép. 0,9

1878. $\sqrt[3]{\frac{5}{8}} = \sqrt[3]{0,625000000}$ $\quad =$ Rép. 0,854

1879. $\sqrt[3]{\frac{7}{9}} = \sqrt[3]{0,777777}$ $\quad =$ Rép. 0,91

1880. $\sqrt[3]{\frac{15}{6}} = \sqrt[3]{2,500000}$ $\quad =$ Bép. 0,35

1881. $\sqrt[3]{\frac{1}{19}} = \sqrt[3]{0,052631578}$ $\quad =$ Rép. 0,374

1882. $\sqrt[3]{\frac{5}{37}} = \sqrt[3]{0,135135135135} =$ Rép. 0,5131

1883. $\sqrt[3]{\frac{11}{41}} = \sqrt[3]{0,268292}$ $\quad =$ Rép. 0,64

1884. $\sqrt[3]{\frac{51}{50}} = \sqrt[3]{1,020000000} \qquad = $ Rép. 1,006

1885. $\sqrt[3]{\frac{3}{25}} = \sqrt[3]{0,120000} \qquad = $ Rép. 0,49

1886. $\sqrt[3]{\frac{2}{64}} = \sqrt[3]{0,031250000} \qquad = $ Rép. 0,314

1887. $\sqrt[3]{\frac{7}{115}} = \sqrt[3]{0,060800} \qquad = $ Rép. 0,39

1888. $\sqrt[3]{\frac{56}{309}} = \sqrt[3]{0,181229773462} = $ Rép. 0,5659

PROBLÈMES

SUR LES RACINES CUBIQUES.

1889. D'après la proportion donnée, on a $x \times x^2 = 3 \times 72$ ou $x^3 = 216$, d'où $x = \sqrt[3]{216} = $ Rép. 6.

1890. Si l'on désigne par x le nombre inconnu, on aura, d'après les données de la question, $x^3 + (15)^3 = 20951$ ou $x^3 = 20951 - (15)^3$ ou enfin $x^3 = 17576$, d'où $x = \sqrt[3]{17576} = $ Rép. 26.

1891. Désignons par x la semence demandée, nous aurons $x^3 = 488$ hectolitres d'où $x = \sqrt[3]{488} = $ Rép. 7$^{\text{hectol.}}$,87 à 1 litre près.

1892. Tout cube ayant pour volume le cube de son arête, le trou proposé aura aussi pour volume le cube d'un de ses côtés. Mais ce volume est égal à 2 mètres cubes ; par conséquent, il suffira d'extraire la racine 3e ou cubique de 2 pour avoir le côté demandé. L'opération donne $\sqrt[3]{2}$ mètres cubes $= $ Rép. 1^m,25 à 0^m,01 près.

1893. Le réservoir devant contenir 5000 hectolitres ou 500 mètres cubes, son arête devrait être telle qu'en la multipliant deux fois par elle-même, ou, ce qui est la même chose, en l'élevant au cube, on eût un volume égal à 500 mètres cubes. Donc cette quantité serait le cube de l'arête cherchée ; par conséquent, on trouvera cette arête en extrayant la racine cubique de 500 qui est Rép. 7^m,9 à 1 décimètre près.

1894. La profondeur demandée doit être telle qu'en l'élevant au cube on ait pour produit 3549 litres ou 3m. cubes,549. Donc si nous nommons x cette profondeur, nous aurons $x^3 = 3$m. cubes,549 d'où $x = \sqrt[3]{3{,}549} = $ Rép. 1m,56 à 0m,01 près.

1895. Puisque la cuve doit avoir la forme d'un cube, son volume 40 hectol. ou 4 mèt. cubes est égal au cube de son arète ; or, cette arète n'étant qu'une des trois dimensions égales de la cuve, si nous la désignons par x, nous aurons $x^3 = 4$ mèt. cubes, d'où $x = \sqrt[3]{4} = $ Rép. 1m,58 à 0m,01 près.

1896. D'après les données de la question la caisse doit avoir un volume égal à 4580 centimètres cubes ou 0m. cub.,00458. Mais cette caisse a aussi pour volume le cube de son arète. Donc en nommant x l'arète cherchée, on aura $x^3 = 0$m. cube,00458, d'où $x = \sqrt[3]{0{,}00458} = $ 1re Rép. 0m,166 à 0m,001 près.

D'un autre côté on a 0m,00458 = 2e Rép. 4l,58.

1897. Si dans une heure la source donne 120 litres, dans 15 heures elle donnera $15 \times 120 = 1800$ litres ou 1m. cube,8. Telle est le volume d'eau que le bassin peut contenir. Or, ce volume a aussi pour mesure le produit des trois dimensions égales, c'est-à-dire le cube de l'arète, puisque le bassin a la forme d'un cube. Par conséquent, en nommant x cette arète, on aura $x^3 = 4$m. cub.,8 d'où $x = \sqrt[3]{1}$m. cub.,8 = Rép. 1m,21 à 0m,01 près.

1898. Placé dans la caisse, le café doit présenter la forme d'un cube ayant pour volume 83l,5 ou 0m. cub.,0835. Mais le volume de tout cube a pour mesure la 3e puissance ou le cube de son arète. Donc, on connaîtra l'arète ou l'une des trois dimensions égales de la caisse, en extrayant la racine cubique de 0m. cub.,0835. L'opération donne $\sqrt[3]{0{,}0835} = $ Rép. 0m,437 à 0m,001 près.

1899. Pour connaître la superficie de la face, il faut connaître l'un de ses côtés, et ce côté n'est autre chose que l'arête du dé. Cherchons donc avant tout cette arête, pour cela nous dirons : Le dé ayant la forme d'un cube, son volume 3 cent. cubes a pour mesure le cube de son arête, ou, ce qui revient au même, cette arête est la racine cubique de 3 cent. cubes = 1$^{cent.}$,44 à 1 dix-millimètre près.

Cela posé, il suffira d'élever au carré 1,44 pour avoir la superficie demandée. L'opération donne $(1,44)^2$ = Rép. 2$^{cent.}$ car ,07.

1900. Puisque le nouveau réservoir est cubique, son volume = $5 \times 3 \times 2 = 30$ mèt. cubes est le cube de son arête. Par conséquent, cette arête = $\sqrt[3]{30}$ = Rép. 3^m,10 à 0^m,01 près.

1901. La nouvelle fosse doit contenir $9 \times 4 \times 2$ = 72 mèt. cubes de fumier; or, comme ce fumier ou la fosse elle-même aura la forme d'un cube, si l'on désigne par x l'arête de ce cube, on aura $x^3 = 72$ d'où $x = \sqrt[3]{72}$ = R. 4^m,16 en tout sens, à 0^m,01 près.

1902. Nommons x l'arête du cube, nous aurons x^3 = 2197 mèt. cubes, d'où $x = \sqrt[3]{2197}$ = 13 mètres. 13 est donc l'arête de ce cube ou l'un des côtés de la base. On connaîtra cette base en élevant 13 au carré. L'opération donne $(13)^2$ = Rép. 169 mètres carrés.

1903. 1 kilog. d'eau représente en volume 1 décimètre cube. Par conséquent, 13^k,2 représentent 13$^{décim. cub.}$,2; or, sous la forme d'un cube, ce volume est égal au cube de l'arête, et si l'on réfléchit que cette arête est une des dimensions égales demandées, on tirera sa valeur de l'égalité suivante : $x^3 = 13^{d. cub.}$,2 d'où $x = \sqrt[3]{13,2}$ = Rép. 2$^{décim.}$,36 à 0^m,001 près.

1904. Si le béton avait le même poids que l'eau, attendu que 1 litre ou 1 décimètre cube pèse 1 kilog. les 2600 kilog. que pèse le bloc représenteraient 2600 décimètres cubes. Mais à volume égal, le béton pèse 2,5 fois autant que l'eau, ou, ce qui est la même chose, à poids égal le volume du béton est 2,5 fois plus petit. Il suit de là que 2600 kilog. d'eau représentent 2600 décim. cubes et que 2600 kil. de béton représentent un volume 2,5 fois plus petit que 2600 ou $\frac{2600}{2,5} = 1^{\text{m. cub.}},04$. Tel est donc le volume du bloc ; or, comme ce bloc a la forme d'un cube, si nous désignons par x son arête ou le côté cherché, nous aurons $x^3 = 1^{\text{m. cub.}},04$ d'où $x = \sqrt[3]{1,04} =$ Rép. $1^{\text{m}},01$ à 1 centimètre près.

1905. Si l'étain avait le même poids que l'eau, les 786 grammes que pèse la boule représenteraient un volume de 786 centimet. cubes, puisque 1 centim. cube d'eau pèse 1^{gr}. Mais à volume égal l'étain pèse 7,29 fois autant que l'eau, ou, ce qui est la même chose, à poids égal le volume de l'étain est 7,29 fois plus petit. Par conséquent, si 786 grammes d'eau représentent en volume 786 cent. cubes, 786 grammes d'étain représentent un volume 7,29 fois plus petit ou $\frac{786}{7,29} = 108$ centim. cubes. Tel sera donc le volume de la boule ; or, comme elle doit prendre la forme d'un cube, si l'on nomme x l'arête de ce cube, ou l'une des dimensions cherchées, on aura $x^3 = 108$, d'où $x = \sqrt[3]{108} =$ Rép. $4^{\text{cent. cub.}},76$ à 1 dix-millimètre près.

PROBLÈMES DE RÉCAPITULATION GÉNÉRALE

1906. On a par les proportions :

$1^{\text{hect.}} : 0^{\text{hect.}},4889 :: 2600^{\text{kil.}} : x$, d'où $x =$ 1re Rép. 1271 kilog.

$1^{\text{hect.}} : 0^{\text{hect.}},4889 :: 3850^{\text{kil.}} : x$, d'où $x =$ 2me Rép. 1882 kilog.

1907. En nommant x la population cherchée, on a la proportion $53 : 38 :: 1400 : x$, d'où $x =$ Rép. 1004 millions ou 10 milliards 40 millions.

1908. En tenant compte des jours de chômage forcé, tels que les dimanches, fêtes, accidents ou maladie, on trouve que l'ouvrier le plus assidu ne travaille pas plus de 300 jours dans l'année. Par conséquent, l'ouvrier qui travaille tous les jours gagne $300 \times 3^f,50 = 1050$ fr. mais il dépense $300 \times 2^f,45 = 735$ fr., différence ou économie 315 fr., tandis que l'ouvrier qui chôme le lundi, c'est-à-dire qui perd 52 jours, gagne $300 - 52 = 248$ jours à $3^f,50 = 793^f,60$; mais il dépense $300 \times 2,45 = 735$ fr. Différence $58^f,60$. La différence des économies $= 315^f - 58^f,60$ — Rép. $256^f,40$.

1909. Si 60 mètres de chemin exige 1 minute de temps, autant de fois 60 sera contenu dans 8 kilom. ou 8000 mètres, autant de minutes il faudra. La division donne $\frac{8000}{60} = $ R. $133^{\text{minutes}} \frac{4}{6}$ ou $2^{\text{heures}} 13^{\text{min}}.\frac{1}{3}$

1910. Puisque les eaux mettent une seconde pour faire $2^m,5$ de chemin, autant de fois ce nombre sera contenu dans la longueur du fleuve qui est de 1550 kilom. (1550000 mètres), autant de secondes les eaux mettront pour franchir cette distance. La division donne $\frac{1550000}{2,5} = 620000^s = 10333^m,33 = 172^h 13^m$ $=$ Rép. 7 jours 4 heures 13 minutes.

1911. On trouve la hauteur cherchée par la proportion $1 : 12732000 :: x : 8588$, d'où $x =$ Rép. $0^m,0007$ ou $\frac{7}{10}$ de millimètre.

1912. 1er CAS. Si l'évaporation met 1 an ou 365 jours pour enlever $0^m,60$ d'eau, pour enlever $0^m,01$ elle mettra 60 fois moins de temps ou la 60me partie de 365. Or, $\frac{365}{60} = $ 1re Rép. 6 jours 2 heures.

2me CAS. Même raisonnement que ci-dessus, on a pour 2me Rép. 1 jour 20 heures.

1913. Le karat valant $0^g,2055$ 279 karats valent $0^g,2055 \times 279 = 57^g,33$. Par conséquent, la différence entre les poids métriques des deux diamants $=$ $63 - 57,33 = $ Rép. $5^g,67$.

1914. Chaque voyage comprend 8 kilomètres pour l'aller et le retour, plus 900 mètres correspondant au temps perdu pour la charge et la décharge du tombereau ; ce qui fait 8^{kilom},9 réellement ou fictivement parcourus par le tombereau. Cela étant, autant de fois 8,9 est contenu dans 36, autant de voyages on trouvera. On a donc $\frac{36}{8,9} =$ Rép. 4 voyages.

1915. En nommant x la hauteur cherchée, on a la proportion $4,9 : x :: 1^{\text{s}^2} : 30^{\text{s}^2}$ ou $4,9 : x :: 1 : 900$, d'où $x =$ Rép. 4410 mètres.

1916. Si 0^{kil},03 de graines produisent 40 kilog. de cocons, 0^{k},001 de graines produira $\frac{40}{30} =$ 1^{kilog},333 de cocons, et 0^{k},34 de graines produiront $340 \times 1,333 = $ 533^{k},2 de cocons. Mais, puisque 40 kilog. de cocons donne 4 kilog. de soie 1 kilog. de cocons donne $\frac{4}{40} = $ 0^{k},1 de soie, et les 533^{kilog},2 de cocons produits par les 3^{hectog},3 de graines donneront $533,2 \times 0,1 = $ Rép. 53^{kilog},22 de soie.

1917. Si 3 kilom. de chemin exige 1 heure de temps, autant de fois 3 sera contenu dans 81000, autant d'heures il faudra. On a donc $\frac{81000}{3} = $ 27000 heures $=$ 1125 jours $=$ Rép. 3 ans 30 jours.

1918. Puisque en 1 heure, le terrassier enlève 1 mètre cube, en 5 h. 40 min. ou 5 heures $\frac{40}{60}$, il enlèvera $5 \frac{40}{60}$ fois 1 mètre cube $=$ 5$^{\text{mèt. cub.}}$ $\frac{2}{3}$.

1919. 25 kilom. parcourus dans 1 heure $=$ 25000 mètres parcourus dans 3600 secondes, ce qui donne $\frac{25000}{3600} = $ 1re Rép. 6^{m},9 pour la vitesse par seconde des bateaux à la descente.

On trouvera de la même manière la vitesse à la montée $=$ 2me Rép. 2^{m},1.

1920. La somme des volumes $2 + 1 = 3$, c'est-à-dire que le volume d'hydrogène doit être les $\frac{2}{3}$, et le volume d'oxygène ou le volume cherché le $\frac{1}{3}$ de 20. Or, le $\frac{1}{3}$ de $20 = \frac{20}{3} = $ Rép. 6$^{\text{décim. cub.}}$,666.

Preuve $\left\{\begin{array}{l} \text{1 vol. oxygène} = \quad 6^{\text{décim. cub.}},666 \\ \text{2 vol. hydrogène} = 13 \qquad\quad 332 \end{array}\right.$

Total : $19^{\text{décim. cub.}},998$

ou 20 décimètres cubes à 2 centimètres cubes près.

1921. Posez la proportion 150 : 1,20 :: 10000 : x, d'où $x = \frac{1,2 \times 10000}{150}$ = Rép. 80 fr.

1922. 1er CAS. Si 4 mètres de chemin exigent 1 seconde de temps, autant de fois 4 sera contenu dans 10 kilomètres ou 10000 mètres, autant de secondes il faudra aux bateaux pour franchir cette distance sur la Basse-Loire. Or, $\frac{10000}{4}$ = 2500 secondes ; $\frac{2500}{60}$ = 1re Rép. 41 minutes 4 secondes ;

2me CAS. Même raisonnement que ci-dessus ; on trouvera 2me Rép. 36 minutes 14 secondes pour le temps qu'il faut aux bateaux pour faire 10 kilomètres sur la Garonne.

1923. 1er CAS. Si 1 mètre de chemin exige 1 seconde de temps, 1 kilomètre exigera 1000 secondes ou $\frac{1000}{60}$ 1re Rép. 16 minutes 40 secondes ;

2me CAS. Puisque 0m,84 de chemin exige 1 seconde, autant de fois 0,84 sera contenu dans 1 kilomètre ou 1000 mètres, autant de secondes il faudra. On a donc $\frac{1000}{0,84}$ = 1190 secondes ; $\frac{1190}{60}$ = Rép. 19 minutes 45 secondes.

1924. Puisque 1 mètre cube d'eau de mer produit 25 kilog. de sel, ces 25 kilog. répandus uniformément sur 1 mètre carré, forment une couche de sel ayant pour volume 1 mètre carré multiplié par une hauteur x qu'il s'agit de déterminer. Or, d'après la formule. Volume = $\frac{\text{Poids}}{\text{Densité}}$ (Problème 777, 1re partie), on a 1 mètre carré $\times$ $x = \frac{25}{2,26}$, d'où $x = \frac{0,025}{2,26}$ = 0m,011. Telle est la hauteur de la couche de sel produite par une couche d'eau de mer de 1 mètre de hauteur. Posez donc la proportion 0m,011 : 12m :: 1 : x, de laquelle on tire x = Rép. 1191 mètres.

1925. S'il faut à l'électricité 1 seconde de temps pour parcourir 446400 kilom., pour 1 mètre il lui faudra 446400000 fois moins de temps ou la 446400000e partie de 1 seconde $= \frac{1}{446400000}$, et pour 4 millions de mètres il lui faudra $\frac{1}{446400000} \times 4000000 =$ Rép. 0s,009, c'est-à-dire à peu près $\frac{1}{100}$ de seconde.

1926. Un certain nombre de degrés Farenheit étant donné, il faut en retrancher 32 et multiplier le reste par $\frac{5}{9}$ pour en faire des degrés centigrades. On a ainsi $(104 - 32) \times \frac{5}{9} = $ 1re Rép. 40° centig. pour la chaleur qui fait éclore les œufs ; $(167 - 32) \times \frac{5}{9} = $ 2e R. 75° centig. pour la chaleur qui les fait cuire.

1927. 1 pied $=$ 0m,32484 ; donc 50 pieds $=$ 0,32484 $\times$ 50 $=$ 16m,242 ; or, si dans 3 mois ou 90 jours, les tiges poussent de 16m,242, dans 1 jour ou 24 heures, elle poussent de la 90e partie de 16,242 $= \frac{16,242}{90} =$ Rép. 0m,18.

1928. Tableaux des données :

(1) 100 kilog. 18k,5   (2) 100 kilog. 36k   (3) 100 kil. 54k
     30000 x 30000 x 30000 x

D'où l'on tire les proportions :
(1) 100 : 30000 :: 18,5 : x, d'où $x =$ 1re R. 5550k
(2) 100 : 30000 :: 36 : x, d'où $x =$ 2e R. 10800k
(3) 100 : 30000 :: 54 : x, d'où $x =$ 3e R. 16200k

1929. Autant de fois 10 mètres est contenu dans 40000000, autant de secondes il faudrait. On a donc $\frac{40000000}{10} = $ 4000000 secondes ou $\frac{4000000}{60} = $ 66666m,6 ou $\frac{66666,6}{60} = $ 1111h,1 ou $\frac{1111,1}{24} = $ Rép. 46 jours $\frac{3}{10}$.

1930. 1° Réaumur vaut $\frac{5}{4}$ de degré centig. ; donc 48° Réaumur vaudront $\frac{5}{4} \times 48 = \frac{240}{4} = $ Rép. 60° au-dessous de 0°.

1931. 150 lieues de 4 kilom. $=$ 600000m ; 72 heures $=$ 72 $\times$ 60 $\times$ 60 $=$ 259200 secondes. Or, 600000 mètres parcourus en 259200s donnent $\frac{600000}{259200} = $ 2m,3. On a donc vitesse des rennes $=$ 8m,4 ; vitesse des chevaux $=$ 2m,3 ; différence 8,4 — 2,3, $=$ Rép. 6m,1.

1932. Puisque l'hydrogène pèse 11117,26 fois moins que l'eau, pour représenter 1 gram. qui est le poids de 1 centim. cube d'eau, il faudra 11117,26 cent. cubes d'hydrogène, et pour les 11^{gr},112 de ce gaz qui entrent dans 100 grammes d'eau, il faudra $11117{,}26 \times 11{,}112 = 123535$ centim. cubes. Conséquemment, pour 1000 grammes (1 kilog.) d'eau, il faudra $123535 \times 10 = $ Rép. $1^{m.\ cub.}$,235 d'hydrogène.

Un raisonnement analogue fera trouver le volume d'oxygène = Rép. $0^{m.\ cub.}$,617.

1933. 1ᵉʳ Tableau des données :   2ᵐᵉ Tableau des données :

3500 kilog.	7	3500 kilog.	7
x	6	x	5

Le rendement du seigle étant de 3500 kilog., si nous représentons par x le rendement de l'épeautre, ces rendements seront entre eux comme 7 : 6, d'où la proportion $3500 : x :: 7 : 6$, de laquelle on tire $x = \frac{3500 \times 6}{7} = $ 1ʳᵉ Rép. 3000 kilog.

Par un raisonnement analogue on trouvera le rendement de l'orge = 2ᵐᵉ Rép. 2643 kilog.

1934. D'après la table I, sur 1286 enfants nés en même temps, il y en a 828 de survivants à l'âge de 18 ans ; or, la moitié de ce nombre ou 414 se trouvant compris entre 423 qui correspond à 63 ans, et 409 qui correspond à 64 ans, c'est entre ces deux âges que les individus en question seront réduits à la moitié. Conséquemment, les survivants auront de 63 à 64 ans, et comme ils en ont actuellement 18, ce sera dans 63 — 18 ou 64 — 18, 45 ou 46 ans que la chose arrivera. On trouvera de même que les individus seront réduits au $\frac{1}{3}$ dans 53 ou 54 ans, et que les survivants auront alors de 71 à 72 ans ; que la réduction au $\frac{1}{4}$ n'aura lieu que dans 57 ou 58 ans, et que les survivants auront alors de 75 à 76 ans.

1935. La table I indique que sur 1286 individus nés en même temps, le nombre des survivants à l'âge de 23 ans, est de 790. Or, la moitié de ce nombre ou 395 correspond à Rép. 65 ans.

1936. Divisez par le nombre des vivants à 35 ans le nombre ou la somme des survivants à tous les âges, vous aurez ainsi $\frac{24776}{694} = 31$ ans 5 mois ; de ce quotient retranchez $\frac{1}{2}$ ou 6 mois, il restera 31 ans 5 mois — 6 mois = Rép. 30 ans 11 mois. Ce résultat est conforme à celui de la 4e colonne de la table I.

1937. Divisez par les 1286 naissances, la somme 51467 des vivants à tous les âges, vous aurez $\frac{51467}{1286} = 40$; de ce quotient retranchez 6 mois, il restera Rép. 39 ans 6 mois, pour la durée de la vie moyenne cherchée.

1938. D'après la table I, le nombre des vivants à l'âge de 18 ans est 828, dont la moitié 414 tombe entre 423 qui correspond à 63 ans, et 409 qui correspond à 64 ans. La vie probable du jeune homme de 18 ans est donc de 63 — 18 ou 64 — 18, c'est-à-dire Rép. de 45 à 46 ans. Si l'on veut le résultat plus exact, on dira : Si 14, différence entre 423 et 409, donne 1 an ou 12 mois de différence entre 63 et 64, 9, différence entre 423 et 414, donnera x, d'où $x = \frac{12 \times 9}{14} = 8$ mois. Donc la vie probable est de 63 ans 8 mois — 18 ans = Rép. 45 ans 8 mois.

1939. La table I montre que sur 1286 enfants de naissance, il en reste la moitié ou 643, 42 ans après ou à 42 ans. Cet âge est donc la vie probable de l'enfant qui vient de naître.

1940. La table I montre que le nombre des vivants à l'âge de 31 ans est 726, dont la moitié 363 tombe entre 364 qui correspond à 67 ans, et 347 qui correspond à 68 ans. La vie probable d'une personne de 31 ans est donc de 67 — 31 ou 68 — 31, c'est-à-dire de 36 à 37 ans. Mais pour avoir un résultat plus approché on dira : Si 17, différence entre les nombres 364 et 347, donne 1 an (12 mois) de différence entre 67 et 68, 1, différence entre 364 et 363, donnera x, d'où $x = \frac{12}{17} = \frac{363}{47} = $ Rép. 21 jours. La vie probable sera donc de 36 ans 21 jours.

1941. La table I montre que le nombre des vivants à l'âge de 50 ans est 581, dont la moitié 290,5 correspond à très-peu près à 71 ans; le mari de 50 ans peut donc espérer vivre encore 71 — 50 = 21 ans. De même, le nombre des vivants à l'âge de 32 ans est 718, dont la moitié 359 tombe entre 364 qui correspond à 67 ans, et 347 qui correspond à l'âge de 68 ans. Par consé-quent, la femme qui a 32 ans peut espérer vivre encore 67 — 32 ou 68 — 32, c'est-à-dire de 35 à 36 ans, et par suite, survivre à son mari de 35 — 21 ou 36 — 21, c'est-à-dire de 14 à 15 ans.

1942. La table I montre que sur 1286 enfants qui naissent au même instant, il en reste 814 à l'âge de 20 ans. Or, si de ce nombre on retranche le $\frac{1}{4}$ ou 203,5 on aura pour les $\frac{3}{4}$ restants le nombre 610,5. Ce nombre tombant entre 615 qui correspond à 46 ans, et 607 qui correspond à 47 ans, on en conclut que l'âge des sur-vivants sera Rép. de 46 à 47 ans.

1943. La table I montre que sur 1286 enfants nés au même instant, le nombre des survivants à l'âge de 10 ans est de 879, dont la moitié 439,5 tombe entre 450 qui correspond à 61 ans, et 437 qui correspond à 62 ans. La vie probable d'un enfant de 10 ans est donc de 61 — 10 ou 62 — 10, c'est-à-dire de 51 à 52 ans. Donc cet enfant mourra probablement avant le père dont la mort ne doit arriver que dans 84 — 30 = 54 ans. On trouvera de même que l'âge probable des autres enfants est de 52 à 53 ans pour l'enfant de 9 ans, de 55 à 56 pour les deux autres, d'où l'on conclura que ce sont les deux aînés qui mourront avant leur père, et qu'ils auront alors de 61 à 62 ans.

1944. Cherchez dans la table I le nombre des vivants à l'âge de 38 ans; divisez par ce nombre, le nombre ou la somme des survivants à tous les âges, vous aurez ainsi $\frac{19713}{674}$ = 29 ans 5 mois. De ce quotient retran-chez $\frac{1}{2}$ ou 6 mois, il restera 29 ans 5 mois — 6 mois = 28 ans 11 mois pour la durée de la vie moyenne d'une personne de 38 ans. Il s'agit maintenant de déter miner la vie probable de la même personne ; pour cela on dira : sur 1286 enfants nés en même temps, le nombre des survivants à l'âge de 38 ans est 671, dont la moitié 335,5 tombe entre 347 qui correspond à 68 ans, et 329 qui correspond à 69 ans. La vie probable de la personne est donc entre 68 et 69 ans. Pour avoir un résultat plus approché, on se servira de la méthode d'interpolation indiquée (problèmes 1938, 1940,) et l'on dira : Si 18, différence entre les nombres 347 et 329, donne 1 an ou 12 mois entre 68 et 69 ans, 11,5 différence entre 347, et 335,5 donnera $x = \frac{12 \times 11,5}{18} = 8$ mois ; donc la vie probable est de 68 ans 8 mois — 38 ans = 30 ans 8 mois. On a donc :

$$
\begin{array}{lll}
\text{Vie probable} & 30 \text{ ans} & 8 \text{ mois} \\
\text{Vie moyenne} & 28 \text{ ans} & 11 \text{ mois} \\
\hline
\text{Différence cherchée :} & 1 \text{ an} & 9 \text{ mois}
\end{array}
$$

1945. La table I montre que, sur 1286 enfants nés au même instant la moitié seulement ou 643 parviennent à l'âge de 42 ans ; par conséquent, la vie probable pour les enfants de cette catégorie est de 42 ans. De même, sur 1071 enfants qui survivent à l'âge de 1 an, la moitié ou 535,5 seulement atteignent 54 ans 2 mois — 1 an = 53 ans 2 mois. En procédant de la même manière pour tous les âges de la vie humaine, on formerait un tableau représentant la durée de la vie probable pour chaque âge, et les résultats seraient les mêmes que ceux consignés dans la 5e colonne de la table I ; or, cette colonne montre que c'est à l'âge de 3 ans qu'on peut espérer vivre le plus longtemps possible.

1946. Cherchez dans la table I le cas où la durée de la vie probable est égale à la moitié de l'âge, vous aurez trouvé l'âge demandé, lequel correspond à 47 ans. A cet âge, en effet, on a 23 ans 4 mois de vie probable, c'est à dire qu'on a l'espoir de vivre encore, à très-peu près, la moitié du nombre d'années que l'on a.

1947. Pour résoudre cette question, il suffit de chercher dans la table I le cas où il y a égalité entre le temps qu'on a vécu et celui qu'on doit vivre encore, ou, ce qui revient au même, le cas où la vie probable est égale à l'âge. La table montre que cet âge correspond à 34 ans.

1948. 100° centig. = 180° Far., d'où 1° centig. = $\frac{180}{100}$ = 1re Rép. $\frac{9}{5}$° Far. 180° Far. = 100° centig., d'où 1° Far. = $\frac{100}{180}$ = 2me Rép. $\frac{5}{9}$° centigrade.

1949. Tableau des données : 0°,1   2000 ans.
                              20° x

d'où la proportion 0°,1 : 20° :: 2000 : x, de laquelle on tire $x = \frac{20 \times 2000}{0,1}$ = Rép. 400000 ans.

1950. 1 heure = 60 × 60 = 3600 secondes ; par conséquent, la vitesse de la marée par seconde = $\frac{77}{3600}$ = Rép. 21m,4.

1951. Posez les deux proportions :
x : 100 :: 10 : 43, d'où x = 1re Rép. 23kilog. 3 blé
x : 100 :: 10 : 39, d'où x = 2e Rép. 25kilog. 6 seigle

1952. La vitesse du cheval pendant une minute = 378 mètres ; celle de la marée, dans le même temps = $\frac{45}{60} = \frac{45000}{60}$ = 750 mètres ; donc il s'en faut de 750 — 378 = Rép. 372 mètres que le cheval aille aussi vite que la marée ; c'est-à-dire que la vitesse de la marée sur ce point est à peu près double de celle du cheval.

1953. La vitesse de 500 mètres par seconde répond à 500 × 60 = 30 kilomètres par minute ; à 30 × 60 = 1800 kilomètres par heure ; à 1800 × 24 = 43200 kilom. par jour ; à 43200 × 365 = 15768000 kilom. par année. Or, puisque le boulet franchirait cette distance en 1 an, en allant de la sorte pendant 360 ans, il franchirait la distance du Soleil à Neptune. Cette distance sera donc 15768000 × 360 = 5676480000 kilomètres = Rép. 1419120000 lieues de 4 kilomètres.

1954. Représentons par 1 la longueur du pendule proposé, ainsi que le nombre de ses oscillations, et par x la longueur cherchée ; la proportion à résoudre, d'après la deuxième relation, sera celle-ci, 1 : $\frac{1}{2}$ :: $\sqrt{x}$: $\sqrt{1}$, ou bien, en élevant tous les termes au carré,

$1 : \frac{1}{4} :: x : 1$, d'où $x =$ Rép. 4. C'est-à-dire que pour rendre le nombre des oscillations d'un pendule 2 fois plus petit, il faut rendre ce pendule 4 fois plus long.

1955. Désignons par I la longueur du pendule dont les oscillations durent $\frac{3}{4}$ de seconde ou $0^s,75$, et par x la longueur du pendule dont les oscillations ont $1^s,5$ de durée. Ces longueurs ou plutôt leurs racines carrées, sont entre elles comme les durées des oscillations qui leur correspondent, c'est-à-dire comme $0,75 : 1,50$. Par conséquent, on aura $0^s,75 : 1^s,50 :: \sqrt{1} : \sqrt{x}$, ou bien, en élevant au carré $(0,75)^2 : (1,5)^2 :: 1 : x$,

d'où $x = \dfrac{(1,5)^2}{(0,75)^2} =$ Rép. 4.

C'est-à-dire que les longueurs des pendules sont entre elles dans le rapport de 1 à 4.

1956. La durée du pendule proposé est à celle du pendule à seconde comme $0^s,5 : 1$ seconde ; or, ces durées sont aussi entre elles comme les racines carrées des longueurs des pendules ; donc, en nommant x la longueur du pendule proposé, on aura la proportion $0,5 : 1 :: \sqrt{x} : \sqrt{0,994}$, ou bien, en élevant au carré, $(0,5)^2 : 1^2 :: x : 0,994$, d'où $x =$ Rép. $0^m,248$.

1957. La lampe suspendue à la voûte d'une église peut être considérée comme un pendule composé ayant pour longueur la hauteur de l'église moins 2 mètres. Cela posé, si l'on compare le nombre de balancements exécutés par ce pendule pendant 1 minute, avec le nombre des balancements exécutés par le pendule à seconde, on voit que ces nombres sont entre eux comme $14 : 60$; mais ces nombres sont aussi entre eux, en raison inverse des racines carrées des longueurs des pendules ; donc en nommant x la longueur totale de la lampe et de la corde qui la soutient, on aura la proportion $14 : 60 :: \sqrt{0^m,994} : \sqrt{x^m}$ ou bien celle-ci, $14^2 : 60^2 :: 0^m,994 : x^m$, en élevant au carré tous les termes de la première, (N° 265 — 7° de notre Arith. in-12). De l'une ou de l'autre on tire $x = 18^m,26$. Telle est la distance du cul de lampe à la voûte ; ajou-

tez 2 mètres à cette distance, vous aurez 18m,26 +
2m = Rép. 20m,26 pour la hauteur de l'église.

1958. Le pendule à secondes fait 60 oscillations
par minute, tandis que le pendule proposé n'en ferait
qu'une dans le même temps. Ces deux nombres d'oscillations sont donc entre eux comme 1 : 60; mais ils
sont aussi entre eux en raison inverse des racines
carrées des longueurs des pendules; si donc on nomme
x la longueur du pendule cherché, on aura la proportion 1 : 60 :: $\sqrt{0,994}$: $\sqrt{x}$ ou bien celle-ci :
1^2 : 60^2 :: 0,994 : x, en élevant au carré tous les
termes de la première, (No 265 — 7o de notre Arith.
in-12). De l'une ou l'autre de ces proportions on tire x
= Rép. 3578m,4.

1959. Le pendule à secondes exécute 60 oscillations par minute; or, puisque dans le même temps
le pendule donné en exécute 7,47 il est évident que
ces deux nombres sont entre eux comme 60 : 7,47.
Mais d'après le probl. 1814, ces nombres sont aussi
en raison inverse des longueurs des pendules; si donc
on nomme x la longueur du pendule qui fait 7,47
oscillations, on aura la proportion 60 : 7,47 :: $\sqrt{x}$
: $\sqrt{0^m,994}$ ou bien celle-ci : $(60)^2$: $(7,47)^2$ :: x :
$0^m,994$, en élevant au carré tous les termes de la première proportion (No 265 — 7o de notre Arith. in-12).
On en tire x = 64 mètres. Telle est la longueur du pendule cherché, ajoutez-y 1 mètre, vous aurez 64 + 1
= Rép. 65 mètres pour la hauteur de la voûte au-
dessus du pavé.

1960. Autant de fois 1 kilog. (ou 1000 gr.) contient
50 grammes, autant de kilog. de cocons il faudra.
L'opération donne $\frac{1000}{50}$ = Rép. 16k,667.

1961. Lorsque deux hommes portent un poids libre-
ment suspendu à une barre, la charge est égale à la
moitié du poids pour chacun des porteurs, si le poids
est au milieu; elle est 2, 3, 4 fois plus forte pour
celui des porteurs qui se trouve 2, 3, 4 fois plus près
du poids que l'autre porteur; il suit de là que les

deux charges sont inversement proportionnelles aux longueurs de la barre, et réciproquement. Il s'agit donc de partager 2 mètres en deux parties proportionnelles aux nombres 15 et 85; or, 15 + 85 = 100. Donc les deux longueurs cherchées seront l'une les $\frac{45}{100}$ de 2 mèt. $= 0^m,3$, l'autre les $\frac{85}{100}$ de 2 mèt. $= 1^m,7$ et comme ces longueurs doivent être prises inversement, il en résulte que le fardeau devra être suspendu à $1^m,7$ de l'enfant, ou à $0^m,3$ de l'homme.

1962. Tableau des données :

(1) $\quad 100^l$ eau $\quad 3^l$ air $\qquad$ (2) $\quad 100^l$ eau $\quad 6^l$ air
$\quad\ \ 1000 \qquad\ \ x \qquad\qquad\qquad 1000 \qquad\qquad x$

Posez donc les proportions :

(1) $\quad 100 : 1000 :: 3 : x$, d'où $x =$ Rép. 30 lit.
(2) $\quad 100 : 1000 :: 6 : x$, d'où $x =$ Rép. 60 lit.

1963. 1er cas. 100 kil. coûtant 5 fr., 1 kil. coûte $\frac{5}{100}$, et 1800 kil. coûtent $\frac{5}{100} \times 1800 =$ R. 90 fr.

2me cas. 100 kil. coûtant 6f,5 fr., 1 kil. coûte $\frac{6,5}{100}$, et 1800 kilog. coûtent $\frac{6,5}{100} \times 1800 =$ Rép. 117 fr.

1964. 24 heures $= 24 \times 60 \times 60^s = 86400$ secondes. Si donc la Terre fait en 86400 secondes un tour sur elle-même, l'Equateur qui a 40 millions de mètres fait $\frac{40000000}{86400} = 463$ mètres par seconde. On a donc la vitesse du boulet $= 500$ mètres; la vitesse de la Terre $= 463$ mètres. C'est donc le boulet qui a la plus grande vitesse et qui fait 37 mètres de plus par seconde. Il est bien entendu que la vitesse de rotation de la Terre diminue de l'Equateur aux Pôles.

1965. Tableaux des données :

(1) $\quad 29250 \qquad 30000 \qquad$ (2) $\quad 37500 \qquad 30000$
$\quad\ \ x \qquad\qquad 100 \qquad\qquad\quad\ x \qquad\qquad 100$

d'où les proportions :

(1) $20250 : x :: 30000 : 100$, d'où $x =$ R. $97^k,5$
(2) $37500 : x :: 30000 : 100$, d'où $x =$ R. 125^k

1966. 21213 pieds $= 21213 \times 0^m,32484 = 8840^m$
$\qquad 2872$ fathoms $= 2872 \times 1^m,829 = 5253$

Donc la profondeur cherchée $= 14093$ mèt.

1967. 1 heure $= 60 \times 60^s = 3600$ secondes ; or, si 3600 secondes représentent 36 kilom. de chemin parcouru, 1 seconde représente $\frac{36}{3600} = \frac{36000}{3600} =$ Rép. 10^m. 10 mètres est donc la vitesse du convoi par seconde.

1968. 1er cas. Posez la proportion : $15 : 100 :: x : 228$, d'où $x = 1^{re}$ Rép. 34^{kilog}, 2 son.

Maintenant de 228 kilog., poids total du blé, dans, le 1er cas, retranchez 2 % de déchet, soit $2,28 \times 2 = 4^{kilog}$,56 plus les 34^{kilog},2 de son, vous aurez $228 - 38,76 = 2^{me}$ Rép. 189^{kil},24 farine.

2me cas. Posez la proportion $20 : 100 :: x : 317$, d'où $x = 1^{re}$ Rép. 63^k,4 son.

De 317, poids total du blé, retranchez 2 % de déchet, soit $3,17 \times 2 = 6^k$,34 plus les 63^k,4 de son , vous aurez $317 - 69,74 = 2^e$ Rép. 247^k,26 farine.

1969. 8 minutes 13 secondes $= 8^m \frac{13}{60} = 8^m$,217. Posez donc la proportion $35 : 752 :: 8,217 : x$, d'où $x = \frac{752 \times 8,217}{35} =$ Rép. 176^m,5 ou 2^{heures} 56^m,6

1970. 39 jours 5 heures $= 39^j \frac{5}{24} \times 24 = 940^h$,992 ; par conséquent, 39 jours 5 heures 6 minutes $= 940,992 \times 60 + 6 =$ Rép. 56511^m,95.

1971. Posez la proportion $5 : 100 :: x : 30000$, d'où $x = 1500$ kilog. sucre. Telle est la quantité de sucre produite par 1 hectare de terrain ; pour 13 hectares, on aura $1500 \times 13 =$ Rép. 19500 kilog.

1972. 1 heure $= 60 \times 60^s = 3600$ secondes ; par conséquent, la vitesse de la marée $= \frac{622}{3600} = \frac{622000}{3600} =$ Rép. 173 mètres

1773. pendant 20 jours, 8 chevaux consomment $20 \times 8 \times 5^k = 800$ kilog. de foin sec. Posez donc la proportion $12 : 40 :: 800 : x$, d'où $x =$ Rép. 2666^k6.

1974. Posez la proportion $8^s,5 : 154^s :: 4^m : x$, d'où $x = \frac{154 \times 4}{8,5} =$ Rép. $72^{mèt}$,5.

1975. D'après les données du probl. 1412, sur la chute des corps pesants, les espaces parcourus pendant 1 seconde et 8 secondes sont entre eux comme les carrés de ces nombres, c'est-à-dire comme $1^2 : 8^2$. Or, l'espace parcouru dans 1 seconde étant $4^m,9$, si l'on désigne par x l'espace correspondant à 8 secondes. On aura la proportion $4^m,9 : x :: 1^2 : 8^2$, d'où $x = 4,9 \times 64 =$ Rép. $313^m,6$.

1976. Tableaux des données :

$$(1)\ \ \begin{matrix} 30000 & 19050 \\ 100 & x \end{matrix} \qquad (2)\ \ \begin{matrix} 30000 & 21900 \\ 100 & x \end{matrix}$$

d'où les proportions :

(1) $100 : 30000 :: x : 19050$, d'où $x =$ Rép. $63^k,5$
(2) $100 : 30000 :: x : 21900$, d'où $x =$ Rép. 73 k.

1977. D'après le probl. 956, le contour demandé $= 1,25 \times 3,1416 =$ Rép. $3^m,927$.

1978. Une douzaine d'œufs pèse $0^k,324 \times 2 = 0^k,648$ et coûte $0^f,7$. Posez donc la proportion $0^k,648 : 1$ kilog. $:: 0^f,7 : x$, d'où $x = \frac{0,7}{0,648} = 1^f,08$; tel doit être le prix du bœuf quand les œufs coûtent $0^f,7$; or, puisque dans notre exemple, le bœuf ne coûte que 1 fr., il est à meilleur marché, avec une différence de 8 centimes par kilogramme.

1979. Exprimé en temps, le contour de l'Équateur ou $360^o = 24$ heures ; exprimé en degrés de longitude, ce même contour $= 40000$ kilomètres. Posez donc les deux proportions :

(1) $145^o : 360^o :: x^h : 24^h$, d'où $x = 1^{re}$ R. $9^h 40^m$.
(2) $145^o : 360^o :: x^k : 40000^k$, d'où $x = 2^e$ R. 16111^k.
ou 4028 lieues de 4 kilomètres.

1980. Posez la proportion $5 : 100 :: x : 30000$, dans laquelle $x = 1500$ kilog. exprime la quantité de sucre produite par 1 hectare. Or, si 1500 kilog. de sucre exigent 1 hectare de terrain, autant de fois 1500 sera contenu dans 120 ou 130 millions, autant d'hectares il faudrait ; la division donne $\frac{120000000}{1500} = 80000$

hectares, et $\frac{130000000}{1500} = 86667$ hectares; il faudrait donc Rép. 80000 à 86667 hectares.

1981. Posez les quatre proportions :

$0^h,3 : 1^h :: x^k : 20$, d'où $x = $ 1re R. 6^k
$0,43 : 1 :: x : 17$, d'où $x = $ 2e R. 7 ,31
$0,04 : 1 :: x : 25$, d'où $x = $ 3e R. 1
$0,192 : 1 :: x : 42$, d'où $x = $ 4e R. 8 ,064

1982. Le fonds commun se compose du reste 274f,5 plus 100 plus 25 plus 37,5 plus 105, moins 23 de prélèvement, en tout : 519 fr.

La part de chacun est le tiers 173 fr.

Le 1er recevra 173 — 100 = 73f
Le 2e , 173 — (25 + 37,5) = 110 ,5
Le 3e , 173 — 105 + 25 = 91

Ces trois sommes forment le reste 274f,5

1983. A 1f,5 le kilog, 1 gram. d'huile coûte 0f,0015 et 42 grammes coûtent 0f,063 ou 6centim. 3 à l'heure. A 2f,8 le kilog., 1 bougie coûte $\frac{2,8}{10} = 0f,28$, et comme elle dure 5 heures, elle coûte $\frac{0,28}{5} = 0f,056$ ou 5cent. 6 à l'heure. Cela posé, pour qu'il soit indifférent d'employer l'un ou l'autre éclairage, il faut qu'il y ait entre leurs prix le même rapport qu'entre leurs intensités, c'est-à-dire qu'on ait la proportion $20 : 3 :: 6,3 : x$, x désignant le prix d'une heure d'éclairage par la bougie; on trouve $x = $ 0cent. ,945. Tel doit être le prix de la bougie quand l'huile revient à 6cent. 3 ; or, puisque dans notre cas, la bougie revient à 5cent. ,6, elle est moins avantageuse que l'huile.

1984. Si la tige en fonte avait la même section que la tige en buis, elle supporterait $100 \times 13 = 1300$ kilog. Or, puisque à section égale, les deux matières supportent : l'une 1300, l'autre 1400 kilog., la ténacité de la fonte est à celle du buis comme Rép. $1300 : 1400$ ou comme $1 : 1,08$.

1985. Posez les deux proportions :

$1 : 234 :: 2 : x$, d'où $x = $ Rép. 468 déc. cub. sable
$1 : x :: 2 : 356$, d'où $x = $ Rép. 712 déc. cub. chaux

1986. D'après ce qui a été dit au probl. 1926, $190^{\circ},4$ Farenheit $= (190,4 - 32) \times \frac{5}{9} = 88^{\circ}$ centig. ; il s'en faut donc de $100 - 88 = 12^{\circ}$ centig. que la 1re source soit tout à fait bouillante. D'un autre côté, d'après le probl. 548, $77^{\circ},3$ Réaumur $= 77,3 \times \frac{5}{4} = 96^{\circ},4$ centig. ; il s'en faut donc de $100 - 96,4 = 3^{\circ},6$ centig. que la 2me source soit tout à fait bouillante.

1987. Représentons par I la grandeur des 35 bouteilles, nous aurons pour tableau des données :

35	I	Moins les bouteilles sont grandes, plus il en
x	$\frac{1}{3,5}$	faut pour la même quantité de vin. x est

donc plus grand que son homogène 35, d'où la proportion $35 : x :: \frac{1}{3,5} : 1$, de laquelle on tire $x = $ Rép. $192 \frac{1}{2}$, c'est-à-dire 193 bouteilles.

1988. Tableau des données :

$1^{\text{m}},2$	$1^{\text{m}},8$	d'où la proportion $1,2 : x :: 1,8 : 24$
x	24	d'où $x = \frac{24 \times 1,2}{1,8} = $ Rép. 16 mètres.

1989. Si 100 clous pèsent $1^{\text{kilog.}},25$, 1 clou pèse $\frac{1,25}{100}$ 32 clous pèsent $\frac{1,25}{100} \times 32 = $ Rép. $0^{\text{kilog.}},4$.

1990. Réduisez au même dénominateur les deux nombres fractionnaires $1\frac{5}{6}$, $1\frac{3}{5}$, vous aurez $\frac{55}{30}$, $\frac{48}{30}$, ou plus simplement 55 et 48 pour les nombres qui expriment les hauteurs relatives des marches; par conséquent, vous aurez pour tableau des données :

45 marches	55 hauteur	Moins les marches ont de
x	48	hauteur, plus il en faut.

Posez donc la proportion $45 : x :: 48 : 55$, d'où $x = \frac{45 \times 55}{48} = $ Rép. 51 à 52 marches.

1991. Posez les deux proportions :
$100 : x :: 12,61 : 20$, d'où $x = $ Rép. 158^{l} vin de Champagne
$100 : x :: 12,32 : 20$, d'où $x = $ Rép. 162^{l} vin de Côte-Rôtie

1992. Il faut savoir d'abord laquelle des deux étoffes est la plus large ; pour cela il faut réduire au même dénominateur les fractions $\frac{3}{4}$, $\frac{2}{3}$; on a ainsi $\frac{9}{12}$, $\frac{8}{12}$ ou 9 : 8 pour le rapport des longueurs, et par suite, le tableau des données suivantes :

5   9   Moins il y a de largeur, plus il faut de
x 8   mètres, d'où la proportion 5 : x :: 8 : 9,
d'où $x = \frac{5 \times 9}{8} =$ Rép. 5^m,625.

1993. D'après le probl. 583, un plan est à l'échelle de $\frac{1}{1250}$, lorsque 1 mètre sur le plan représente 1250 mètres sur le terrain, et réciproquement ; on a donc pour tableau des données :

1250   1   d'où la proportion 13 : 1250 :: x : 1,
13   x d'où $x = \frac{13}{1250} =$ Rép. 0^m,01.

1994. 75 + 1145 donne le fonds 1220 fr.

Le premier associé aura la moitié — 75 = 535 fr.
Le deuxième associé aura la moitié   = 610 fr.

Ces deux sommes forment le reste 1145 fr.
Le gain de chaque associé $= \frac{1220}{2}$ — 500 = 110 fr.

1995. En nommant x la hauteur cherchée, on aura la proportion 2 : x :: 3 : 75, d'où $x = \frac{2 \times 75}{3} =$ Rép. 50 mètres.

1996. Puisque 1^m,5 de chemin exige 1 seconde de temps, autant de fois 1,5 sera contenu dans 1000 mèt., autant de secondes il faudra pour faire le kilomètre. La division donne 666^s,6 ou $\frac{666,6}{60} =$ Rép. 11^m 6^s.

1997. Les vitesses des deux projectiles sont évidemment entre elles comme 250 : 1,1 ou dans le rapport de 250 à 1,1 $= \frac{250}{1,1} = 227,2$, c'est-à-dire dans le rapport de 227,2 à 1.

1998 A raison de 1 litre $\frac{1}{2}$, cinq personnes consomment $1,5 \times 5 = 7^l,5$ de vin par jour. La provision annuelle du ménage sera donc de $7,5 \times 365 = 2737^l,5$. Cela posé, puisque pour 100 litres de vin il faut 150 litres de vendanges, pour 2737^l,5 de vin il faudra $\frac{150}{100} \times 2737,5 = 4106^l,25$ de vendanges, mais d'un autre côté, si 30 hectolitres ou 3000 litres de vendanges exigent 1 hectare de vigne, 4106^l,25 de vendanges exigeraient $\frac{4106,25}{3000}$ = Rép. 1 hectare 36 ares 87 centiares.

1999. D'après le principe énoncé, 1 centimètre cube d'eau pesé dans dans l'air perd exactement une partie de son poids égale au poids du centimètre cube d'air qu'il déplace ; or, comme l'air pèse 773,28 fois moins que l'eau, 1 centim. cube d'air pèse 773,28 fois moins que 1 centimètre cube d'eau ou $\frac{1}{773,28}$ = 0$^{gr.}$,0013. Par conséquent, le poids dans l'air de 1 centimètre cube d'eau = 1 gram. — 0^{gr},0013 = Rép. 0^{gr},9987. Ce résultat indique aussi que le centimètre cube d'eau pèse 1$^{millig.}$,3 de moins dans l'air que dans le vide.

2000. 1re Conclusion. La pierre n° 1 perd dans l'eau 16 centigrammes sur 42 ou $\frac{16}{42}$ = 0^g,381 sur 1 gram. Or, $\frac{1}{0,381}$ = 2,652, densité du cristal de roche. Par conséquent, la pierre en question peut être cette substance elle-même, mais à coup sûr n'est pas un diamant.

2me Conclusion. La pierre n° 2 perd 3 centigrammes sur 12 ou $\frac{3}{12}$ = 0^g,25 sur 1 gramme. Or, $\frac{1}{0,25}$ = 4, densité du saphir ; par conséquent, la pierre n° 2 peut bien être cette substance elle-même, mais ne saurait être un vrai diamant.

3me Conclusion. La pierre n° 3 perd 6 centigram. sur 21 ou $\frac{6}{21}$ = 0^g,286 sur 1 gramme. Or, $\frac{1}{0,286}$ = 3,5 densité du diamant. Par conséquent, la pierre n° 3, seule, est un diamant véritable, parce qu'elle a précisément la densité, et par conséquent, le caractère distinctif du vrai diamant.

FIN.

BIBLIOTHÈQUE IMPÉRIALE IMPR.

ERRATA

Page 28 (probl. 234), *lisez* les rendrait, *au lieu de* : les rendraient.

Page 292. Note du probl. 1448, *lisez* 1468, *au lieu de* : 1467.

Page 304 (probl. 1499), *lisez* : Calculez les accroissements progressifs de 1 fr. pour chaque année jusqu'à 50 ans, d'après la deuxième méthode du problème 1498, vous formerez ainsi la table suivante qui répond à toutes les conditions du problème, *au lieu de* : la table 11 ci-après, calculée par logarithmes, répond à toutes les questions du problème.

Page 305 Table 11, 5me colonne, 3me ligne, *lisez* 1,15762, *au lieu de* : 1,15763.

Page 323 (probl. 1525), *à remplacer par le texte suivant* :

D'après la table 1, page 168 (1re partie), un individu de 44 ans a chance de vivre encore 26 ans ; donc pour chaque somme de 100 fr. qu'il placera en viager, il touchera une rente annuelle ou annuité capable d'amortir 100 fr. en 26 ans. Or, la table IV, colonne du 5 %, indique que cette annuité est de 6f,9564. Mais, puisque l'annuité 6,9564 représente un placement de 100 fr., l'annuité 1 fr. représente un placement de $\frac{100}{6,9564}$, et l'annuité ou la rente viagère 600 fr. représente $\frac{100}{6,9564} \times 600 = 8625^f,15$. Tel est donc le capital que l'individu doit placer ou donner, pour se faire une rente viagère de 600 fr.

Page 323 (problème 1526), *lisez* et 4000 fr., *au lieu de* : et 400 fr.

TABLE DES MATIÈRES.

FIN DE LA TABLE.

Carpentras. Imp. de E. Rolland.

www.ingramcontent.com/pod-product-compliance
Lightning Source LLC
LaVergne TN
LVHW020249060726
842525LV00001B/195